高等学校安全工程系列教材

安全评价

王起全　等编著

化学工业出版社

·北京·

《安全评价》包括7章内容，分别是总论，危险、有害因素识别及评价单元的划分，安全评价方法，安全对策措施，评价结论，安全评价过程控制，安全评价在教学实践中的运用。在总论部分，讲述安全评价基本理论、原理；在危险、有害因素识别及评价单元的划分部分，突出资料的整理收集、项目选址的最新法规要求，提高读者对危险源辨识实践运用能力；在安全评价方法部分，通过实例对定性、定量评价方法深入分析，探析了各方法的巧妙使用，并介绍了多种新型安全评价方法的原理及运用；在安全对策措施、评价结论部分讲述安全对策措施的基本要求、具体内容，以及评价结论的分析处理；在安全评价过程控制部分阐述安全评价过程控制体系及其持续改进；在安全评价在教学实践中的运用部分讲述以课程设计的实践方式完成安全评价任务。《安全评价》突出新法规、新标准、新方法、新成果和新技能的引入和实践，每章均设置了学习目标和复习思考题。

《安全评价》可作为高等学校安全工程、消防工程专业教材，也可作为安全评价考试辅导材料，并可为安全评价师开展安全评价工作提供参考。

图书在版编目（CIP）数据

安全评价/王起全等编著．—北京：化学工业出版社，2015.9（2022.7重印）
高等学校安全工程系列教材
ISBN 978-7-122-24426-0

Ⅰ.①安…　Ⅱ.①王…　Ⅲ.①安全评价-高等学校-教材
Ⅳ.①X913

中国版本图书馆CIP数据核字（2015）第140640号

责任编辑：杜进祥　　　　文字编辑：孙凤英
责任校对：宋　玮　　　　装帧设计：韩　飞

出版发行：化学工业出版社（北京市东城区青年湖南街13号　邮政编码100011）
印　　装：涿州市般润文化传播有限公司
787mm×1092mm　1/16　印张19½　字数495千字　2022年7月北京第1版第6次印刷

购书咨询：010-64518888　　　　售后服务：010-64518899
网　　址：http://www.cip.com.cn
凡购买本书，如有缺损质量问题，本社销售中心负责调换。

定　　价：45.00元　　

前言

从 20 世纪 80 年代开始，我国先后制定并颁布了一系列法规，以期在安全生产监管工作中建立安全评价制度。2014 年《安全生产法》(修正案) 等法律法规明确了安全评价在安全生产中的地位。目前，我国的安全评价工作已经发展到初步成熟的阶段，形成了覆盖生产经营活动的各个阶段，包括安全预评价、安全验收评价和安全现状评价在内的安全评价体系。

作为现代安全管理模式，安全评价体现安全生产以人为本和预防为主的理念，对于安全生产发挥着日益重要的技术保障作用，生产经营单位为保障自身的安全发展，已经开始越来越多地采用安全评价这一安全管理手段。

本书将安全工程专业学科、行业的基础知识与安全评价新技术、新成果及评价项目实际案例相结合，从科学与技术、基础与应用、宏观与微观的综合层次上阐述安全评价技术理论、方法与实践，为读者学习安全评价的基本原理、方法，掌握危险源的识别，并利用各种现代技术方法，分析、计算风险转化为事故的可能性，预测其将会造成的对人的伤害或物的损失的严重程度、波及范围，进而提出技术性或管理性的措施，防范事故的发生，或降低事故对人的伤害或物的损失程度奠定理论和实践基础。

本书特色鲜明、实践性强，主要特色分为以下几个方面：

第一，基于风险管理的理念，将安全评价基础知识与安全评价方法实践相结合，提供多种定性、定量评价分析方法，为开展安全评价实践工作，编制层次水平较高的安全评价报告提供有效的学习资料。

第二，增加实践性图片、漫画等实例分析题目，并介绍模拟软件等新型安全评价的新知识，新成果内容，有助于提高安全评价活动的实践能力。

第三，增加安全评价在教学中的应用内容，通过大学本科安全评价课程设计的实践方式，培养学生完成安全评价模拟任务及安全评价专业实践及创新能力。

第四，提供最新国家安全评价相关规定文件以及安全评价标准等内容，使读者掌握国家最新动态，实现知识及时更新。

本书由王起全等编著，孙贵磊、徐素睿、张心远、杜艳洋提供了大力帮助。在编著过程中，听取了不少专家、学者的宝贵意见和建议，在此表示衷心感谢！

由于编著者水平有限，难免存在疏漏之处，敬请批评指正，以便持续改进！

王起全

2015 年 4 月

目录

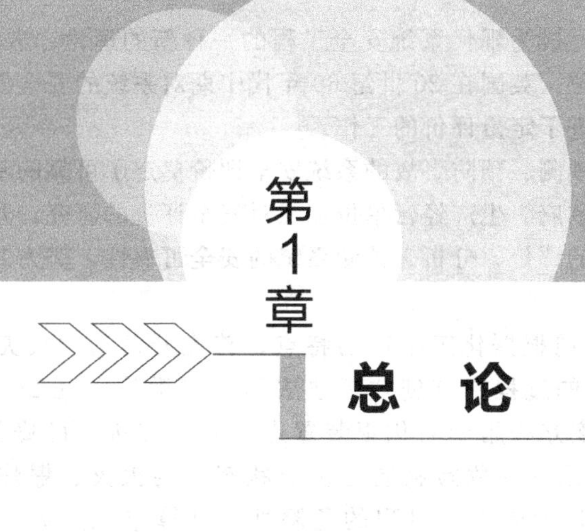

第1章 总论

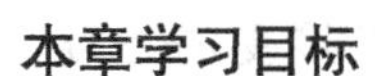

本章学习目标

1. 了解安全评价国内外发展现状。
2. 掌握安全评价内涵，熟悉与安全评价相关的基本概念。
3. 掌握安全评价分类及内容，熟悉安全评价目的、意义和作用。
4. 掌握安全评价程序，熟悉安全评价依据及风险判别指标的确定要求。
5. 熟悉安全评价原理、原则及限制因素。

1.1 安全评价发展现状

1.1.1 安全评价国外发展现状

安全评价技术起源于20世纪30年代，是随着保险业的发展需要而发展起来的。保险公司为客户承担各种风险，必然要收取一定的费用，而收取的费用多少是由所承担的风险大小决定的。因此，就产生了一个衡量风险程度的问题，这个衡量风险程度的过程就是当时的美国保险协会所从事的风险评价。

安全评价工作开展较早的国家是美国、英国和日本，始于20世纪50～60年代。安全评价技术在20世纪60年代得到了很大的发展，首先使用于美国军事工业，1962年4月美国公布了第一个有关系统安全的说明书“空军弹道导弹系统安全工程”，以此作为对民兵式导弹计划有关的承包商提出了系统安全的要求，这是系统安全理论的首次实际应用。1966年美国波音公司和华盛顿大学在西雅图召开安全系统工程专门学术讨论会议，以波音公司为中心对航空工业开展安全性可靠性分析和设计的研究，在导弹和超音速飞机的安全性评价方面取得了很好的效果。1969年美国国防部批准颁布了最具有代表性的系统安全军事标准《系统安全大纲要点》（MIL-STD-822），对完成系统在安全方面的目标、计划和手段，包括设计、措施和评价，提出了具体要求和程序，此项标准于1977年修订为MIL-STD-822A，1984年又修订为MIL-STD-822B，该标准对系统整个寿命周期中的安全要求、安全工作项目都作了具体规定。我国于1990年10月由国防科学技术工业委员会批准发布了类似美国军用标准MIL-STD-822B的军用标准《系统安全性通用大纲》（GJB 900—90）。MIL-STD-822系统安全标准从一开始实施，就对世界安全和防火领域产生了巨大影响，迅速为日本、英国和欧洲其他国家引进使用。此后，系统安全工程方法陆续推广到航空、航天、核工业、石油、化工等领域，并不断发展、完善，成为现代系统安全工程的一种新的理论、方法体系，在当今安全科学中占有非常重要的地位。英国在20世纪60年代中期对系统的安全性和可靠性问题采用概率评价方法，进一步推进了定量评价的工作。

系统安全工程的发展和应用，为预测、预防事故的系统安全评价奠定了可靠的基础。安全评价的现实作用又促使许多国家的政府、生产经营单位加强对安全评价的研究，开发自己的评价方法，对系统进行事先、事后的评价，分析、预测系统的安全可靠性，努力避免不必要的损失。

1964年美国道（DOW）化学公司根据化工生产的特点，首先开发出“火灾、爆炸危险指数评价法”，在不断改进提高的过程中首创“指数法”，“指数法”在20世纪70年代以后受到国际上的广泛重视。该方法用于对化工装置进行安全评价，已修订6次，1993年已发展到第七版，它是以单元重要危险物质在标准状态下的火灾、爆炸或释放出危险性潜在能量大小为基础，同时考虑工艺过程的危险性，计算单元火灾爆炸指数（F&EI），确定危险等级，并提出安全对策措施，使危险降低到人们可以接受的程度。由于该评价方法日趋科学、合理、切合实际，在世界工业界得到一定程度的应用，引起各国的广泛研究、探讨，推动了评价方法的发展。1974年英国帝国化学公司（ICI）蒙德（Mond）部在道化学公司评价方法的基础上引进了毒性概念，并发展了某些补偿系数，提出了“蒙德火灾、爆炸、毒性指标评价法”。1974年美国原子能委员会在没有核电站事故先例的情况下，应用系统安全工程分析方法，提出了著名的《核电站风险报告》（WASH-1400），并被以后发生的核电站事故所证实。1976年日本劳动省颁布了“化工厂安全评价六阶段法”，该法采用了一整套系统安全工程的综合分析和评价方法，使化工厂的安全性在规划、设计阶段就能得到充分的保证。由于安全评价技术的发展，安全评价已在现代生产经营单位管理中占有优先的地位。

由于安全评价在减少事故，特别是重大恶性事故方面取得的巨大效益，许多国家的政府和生产经营单位愿意投入巨额资金进行安全评价，美国原子能委员会1974年发表的《核电站风险报告》就用了70人·年的工作量，耗资300万美元，相当于建造一座1000MW核电站投资的百分之一。据统计，美国各公司共雇佣了3000名左右的风险专业评价和管理人员，美国、加拿大等国就有50余家专门进行安全评价的“安全评价咨询公司”，且业务繁忙。当前，大多数工业发达国家已将安全评价作为工厂设计和选址、系统设计、工艺过程、事故预防措施及制定应急计划的重要依据。近年来，为了适应安全评价的需要，世界各国开发了包括危险辨识、事故后果模型、事故频率分析、综合危险定量分析等内容的商用化安全评价计算机软件包，随着信息处理技术和事故预防技术的进步，新的实用安全评价软件不断地进入市场。计算机安全评价软件包可以帮助人们找出导致事故发生的主要原因，认识潜在事故的严重程度，并确定降低危险的方法。

尽管国内外已研究开发出几十种安全评价方法和商业化的安全评价软件包，但由于安全评价不仅涉及自然科学，而且涉及管理学、逻辑学、心理学等社会科学的相关知识，另外，安全评价指标及其权值的选取与生产技术水平、安全管理水平、生产者和管理者的素质以及社会和文化背景等因素密切相关，因此，每种评价方法都有一定的适用范围和限度。定性评价方法主要依靠经验判断，不同类型评价对象的评价结果没有可比性。美国道化学公司开发的火灾爆炸危险指数评价法主要用于评价规划和运行的石油、化工生产经营单位生产和储存装置的火灾、爆炸危险性，该方法在指标选取和参数确定等方面还存在缺陷。概率风险评价方法以人机系统可靠性分析为基础，要求具备评价对象的元部件和子系统以及人的可靠性数据库和相关的事故后果伤害模型。定量安全评价方法的完善，还需进一步研究各类事故后果模型、事故经济损失评价方法、事故对生态环境影响评价方法、人的行为安全性评价方法以及不同行业可接受的风险标准等。

20世纪70年代以后世界范围内发生了许多震惊世界的火灾、爆炸、有毒物质的泄漏事故。例如：1974年英国夫利克斯保罗化工厂发生的环己烷蒸气爆炸事故，死亡29人、受伤109人，直接经济损失达700万美元；1975年荷兰国营矿业公司10万吨乙烯装置中的烃类气体逸出，发生蒸气爆炸，死亡14人，受伤106人，毁坏大部分设备；1978年西班牙巴塞罗那市和巴来西亚市之间的通道上，一辆满载丙烷槽车因充装过量发生爆炸，当时正有800多人在风景区度假，烈火浓烟造成150人被烧死、120多人烧伤、100多辆汽车和14幢建筑物被烧毁的惨剧；1984年墨西哥城液化石油气供应中心站发生爆炸，事故中约有490人死亡、4000多人受伤，另有900多人失踪，供应站内所有设施毁损殆尽；1988年英国北海石油平台因天然气压缩间发生大量泄漏而大爆炸，在平台上工作的230余名工作人员只有67人幸免于难，使英国北海油田减产12%；1984年12月3日凌晨印度博帕尔农药厂发生一起甲基异氰酸酯泄漏的恶性中毒事故，有2500多人中毒死亡，20余万人中毒，深受其害，是世界上绝无仅有的大惨案。

恶性事故造成的人员严重伤亡和巨大的财产损失，促使各国政府、议会立法或颁布规定，规定工程项目、技术开发项目都必须进行安全评价，并对安全设计提出明确的要求。日本《劳动安全卫生法》规定由劳动基准监督署对建设项目实行事先审查和许可证制度；美国对重要工程项目的竣工、投产都要求进行安全评价；英国政府规定，凡未进行安全评价的新建生产经营单位不准开工；欧共体1982年颁布《关于工业活动中重大危险源的指令》，欧共体成员国陆续制定了相应的法律；国际劳工组织（ILO）也先后公布了1988年的《重大事故控制指南》、1990年的《重大工业事故预防实用规程》和1992年的《工作中安全使用化学品实用规程》，对安全评价提出了要求。2002年欧盟“未来化学品”白皮书中，明确危险化学品的登记及风险评价，作为政府的强制性的指令。

目前，国外有许多进行安全性评价的机构和组织。按照行业的不同，主要包括化工工艺过程安全评价、航空安全评价及管理、火灾爆炸风险评价及模拟、机械工艺过程安全评价、航空安全评价及管理、火灾爆炸风险评价及模拟、机械安全及可靠性分析、核电站的安全及可靠性分析等。世界各国对安全评价技术的推广和应用有了普遍认同。通过安全评价，在生产过程中，可以明确存在的危险因素、主要危险源及应采取的安全技术措施等问题；可以评价设备、设施和系统在生产、储存、使用中是否符合有关法律、法规、标准的规定；可以对潜在的事故进行定性分析与预测；进而了解和掌握相关安全法规和标准。安全评价技术的推广和应用，有利于新建、扩建、改建项目竣工的安全管理，也有利于企业现役装置的安全管理。毋庸置疑，这是加强企业安全管理的重要基础。伴随现代科技的发展，特别是数学方法和计算机科学技术的发展，以模糊数学、灰色理论、人工神经网络、计算机专家系统、DPS数据处理系统等先进科学技术方法被广泛应用在系统安全评价中。

随着经济和社会发展，国内外把安全评价融入到职业安全健康管理体系及企业风险管理的框架中，特别是风险管理标准（ISO 31000—2009）、风险管理-原则与实施指南（GB/T 24353—2009）及风险管理-风险评估技术（GB/T 27921—2011）等的出版和发布，为安全评价在未来深入和发展提供了保障。

1.1.2 安全评价国内发展现状

20世纪80年代初期，安全系统工程引入我国，受到许多大中型生产经营单位和行业管理部门的高度重视。通过吸收、消化国外安全检查表和安全分析方法，机械、冶金、化工、航空、航天等行业的有关生产经营单位开始应用安全分析评价方法，如安全检查表（SCL）、事故树分析（FTA）、故障类型及影响分析（FMFA）、事件树分析（ETA）、预先危险性分析（PHA）、危险与可操作性研究（HAZOP）、作业条件危险性评价（LEC）、保护层分析法（LOPA）等，有许多生产经营单位将安全检查表和事故树分析法应用到生产班组和操作岗位。此外，一些石油、化工等易燃、易爆危险性较大的生产经营单位，应用道化学公司火灾、爆炸危险指数评价方法进行了安全评价，许多行业和地方政府有关部门制定了安全检查表和安全评价标准。

为推动和促进安全评价方法在我国生产经营单位安全管理中的实践和应用，1986 年原劳动人事部分别向有关科研单位下达了机械工厂危险程度分级、化工厂危险程度分级、冶金工厂危险程度分级等科研项目。1987 年原机械电子部首先提出了在机械行业内开展机械工厂安全评价，并于 1988 年 1 月 1 日颁布了第一个部颁安全评价标准《机械工厂安全性评价标准》，1997 年进行了修订，颁布了修订版。该标准的颁布执行，标志着我国机械工业安全管理工作进入了一个新的阶段，修订版则更贴近国家最新安全技术标准，覆盖面更宽，指导性和可操作性更强，计分更趋合理。机械工厂安全性评价标准分为两部分，一是危险程度分级，通过对机械行业 1000 多家重点生产经营单位 30 余年事故统计分析结果，用 18 种设备（设施）及物品的拥有量来衡量生产经营单位固有的危险程度并作为划分危险等级的基础；二是机械工厂安全性评价，包括综合管理评价、危险性评价、作业环境评价三个方面，主要评价生产经营单位安全管理绩效，方法是采用了以安全检查表为基础、打分赋值的评价方法。

由原化工部劳动保护研究所提出的化工厂危险程度分级方法是在吸收道化学公司火灾、爆炸危险指数评价方法的基础上，通过计算物质指数、物量指数和工艺参数、设备系数、厂房系数、安全系数、环境系数等，得出工厂的固有危险指数，进行固有危险性分级，用工厂安全管理的等级修正工厂固有危险等级后，得出工厂的危险等级。

《机械工厂安全性评价标准》已应用于我国 1000 多家生产经营单位，化工厂危险程度分级方法和冶金工厂危险程度分级方法等也在相应行业的几十家生产经营单位进行了实践。此外，我国有关部门还颁布了《石化生产经营单位安全性综合评价办法》《电子生产经营单位安全性评价标准》《航空航天工业工厂安全评价规程》《兵器工业机械工厂安全性评价方法和标准》《医药工业生产经营单位安全性评价通则》等。

1991 年国家“八五”科技攻关课题中，安全评价方法研究列为重点攻关项目。由原劳动部劳动保护科学研究所等单位完成的“易燃、易爆、有毒重大危险源识别、评价技术研究”，将重大危险源评价分为固有危险性评价和现实危险性评价，后者是在前者的基础上考虑各种控制因素，反映了人对控制事故发生和事故后果扩大的主观能动作用。固有危险性评价主要反映物质的固有特性、危险物质生产过程的特点和危险单元内、外部环境状况，分为事故易发性评价和事故严重度评价。事故易发性取决于危险物质事故易发性与工艺过程危险性的耦合。易燃、易爆、有毒重大危险源识别评价方法填补了我国跨行业重大危险源评价方法的空白，在事故严重度评价中建立了伤害模型库，采用了定量的计算方法，使我国工业安全评价方法的研究初步从定性评价阶段进入定量评价阶段。

与此同时，安全预评价工作随着建设项目“三同时”工作向纵深发展过程中开展起来。1988 年国内一些较早实施建设项目“三同时”的省、市，根据原劳动部［1988］48 号文的有关规定，在借鉴国外安全性分析、评价方法的基础上，开始了建设项目安全预评价实践。

经过几年的实践，在初步取得经验的基础上，1996年10月原劳动部颁发了第3号令，规定六类建设项目必须进行劳动安全卫生预评价。预评价是根据建设项目的可行性研究报告内容，运用科学的评价方法，分析和预测该建设项目存在的职业危险、有害因素的种类和危险、危害程度，提出合理可行的安全技术和管理对策，作为该建设项目初步设计中安全技术设计和安全管理、监察的主要依据。与之配套规章、标准还有原劳动部第10号令、第11号令和部颁标准《建设项目（工程）劳动安全卫生预评价导则》（LD/T 106—1998）。这些法规和标准在进行预评价的阶段、预评价承担单位的资质、预评价程序、预评价大纲和报告的主要内容等方面作了详细的规定，规范和促进了建设项目安全预评价工作的开展。中国加入WTO以后，国际标准趋向同一性，建立在高技术含量基础上的政府决策、越来越大的社会评价需求，将对安全评价和安全中介组织的发展提出更新更高的要求。

2002年6月29日中华人民共和国第70号主席令颁布了《中华人民共和国安全生产法》，规定生产经营单位的建设项目必须实施"三同时"，即：生产经营单位新建、改建、扩建工程项目（建设项目）的安全设施，必须与主体工程同时设计、同时施工、同时投入生产和使用。安全设施投资应当纳入建设项目概算。同时还规定矿山建设项目和用于生产、储存危险物品的建设项目应进行安全条件论证和安全评价。2014年安全生产法（修正案）第二十九条规定：矿山、金属冶炼建设项目和用于生产、储存、装卸危险物品的建设项目，应当按照国家有关规定进行安全评价。2002年1月9日中华人民共和国国务院令第344号发布了《危险化学品管理条例》，在规定了对危险化学品各环节管理和监督办法等的同时，提出了"生产、储存、使用剧毒化学品的单位，应当对本单位的生产、储存装置每年进行一次安全评价；生产、储存、使用其他危险化学品的单位，应当对本单位的生产、储存装置每两年进行一次安全评价"的要求。新修订的《危险化学品安全管理条例》（591号令）已在2011年2月16日国务院第144次常务会议修订通过，自2011年12月1日起施行。规定了生产、储存危险化学品的企业，应当委托具备国家规定的资质条件的机构，对本企业的安全生产条件每3年进行一次安全评价，提出安全评价报告。安全评价报告的内容应当包括对安全生产条件存在的问题进行整改的方案。生产、储存危险化学品的企业，应当将安全评价报告以及整改方案的落实情况报所在地县级人民政府安全生产监督管理部门备案。在港区内储存危险化学品的企业，应当将安全评价报告以及整改方案的落实情况报港口行政管理部门备案。《中华人民共和国安全生产法》和《危险化学品管理条例》的颁布，必将进一步推动安全评价工作向更广、更深的方向发展。

国务院机构改革后，国家安全生产监督管理局重申要继续做好建设项目安全预评价、安全验收评价、安全现状综合评价及专项安全评价。国家安全生产监督管理局陆续发布了《安全评价通则》及各类安全评价导则，对安全评价单位资质重新进行了审核登记，并通过安全评价人员培训班和专项安全评价培训班对全国安全评价从业人员进行培训和资格认定，使得安全评价更加有章可依，从业人员素质大大提高，为新形势下的安全评价工作提供了技术和质量保证。

安全评价逐渐被我国企业认可和接受，被安全生产相关人员接受，并正在快速发展。按照《安全评价机构管理规定》的要求，进行安全评价机构资质的重新申办工作，将有很多高水平的安全评价人员和具有雄厚实力的企业参与到安全评价工作中来。安全评价是企业安全生产风险管理的基础，这一点已被越来越多的企业管理人员和政府官员所认识，除政府法律法规要求企业依法进行的安全评价之外，一些企业为了风险管理的需要，自觉地开展针对性的安全评价，将安全评价工作作为企业日常安全管理的一部分。针对安全生产的特点，政府将逐渐推进企业安全生产风险管理，将企业建立在遵守法律法规、持续改进基础上的定期安全评价，作为对高风险行业企业监管的重要手段，政府鼓励企业开展安全评价，并将安全评价的结果作为政府实施安全生产监管的依据。同时，安全评价人员在从业过程中，不断学习国内外先进经验，提高自身业务素质，提高从业能力和水平。将开发很多安全评价方法、数据库和评价软件，不但推动安全科学技术的发展，而且将成为一个具有生机的新领域。安全评价的市场巨大，企业需要安全评价，安全评价作为企业风险管理的基础和企业安全生产的保障，必将在我国快速发展。

1.2 安全评价概述

现代安全管理理论认为，安全是相对的，事故是绝对的，尽管我们在生产生活过程中采取有效的预防控制措施，但还是可能会发生事故的，并且可能造成人和物的损失，其原因是生产系统中客观上存在着危险性。在一定条件下，若危险性失去控制或防范不周，便会导致事故的发生。为杜绝或减少事故的发生，人们就要摸清事故发生的规律，采取积极的措施以消除系统存在的危险性或抑制危险性的发展。因此，为了有效地预防和控制事故的发生，降低事故发生导致的人员死亡和财产损失，安全评价被广泛应用。

所谓“评价”是指“按照明确目标，测定对象的属性，明确其价值的过程”。就是在对系统进行评价时，要从明确评价目标开始，通过评价目标规定评价对象，并对其功能、特性等属性进行科学的测定，最后由测定者根据给定的评价目标规定评价对象，并把测定结果变化成价值，作为决策的依据。

2007 年，国家安全监管总局批准颁发了《安全评价通则》（AQ 8001—2007）、《安全预评价导则》（AQ 8002—2007）、《安全验收评价导则》（AQ 8003—2007）。根据上述标准，安全评价也称为风险评价或危险评价，是以实现安全为目的，应用安全系统工程原理和方法，辨识与分析工程、系统、生产经营活动中的危险、有害因素，预测发生事故或造成职业危害的可能性及严重程度，提出科学、合理、可行的安全对策措施建议，作出评价结论的活动。安全评价可针对一个相对独立的对象，也可针对一定区域范围进行。安全评价贯穿于工程、系统的设计、建设、运行和退役整个生命周期的各个阶段。对工程、系统进行安全评价既是政府安全监督管理的需要，也是企业、生产经营单位搞好安全生产的重要保证。

安全评价作为预测、预防事故的重要手段，将传统安全管理方法的凭经验进行管理，转变为预先辨识系统的危险性，事先预测、预防的“事前过程”。因此，可以说安全评价是安全管理和决策科学化的基础，是依靠现代科学技术预防事故的具体体现。

1.2.1 与安全评价相关的基本概念

1.2.1.1 安全和本质安全

（1）安全　安全，泛指没有危险，不出现事故的状态，也可以认为是免遭不可接受危险的伤害。

生产过程中的安全，即安全生产，指的是“不发生工伤事故、职业病、设备或损失的威胁”。

工程上的安全性，是用概率表示近似客观量，用以衡量安全的程度。

系统工程中安全的概念，认为世界上没有绝对安全的事物，任何事物中都包含不安全因素，具有一定的危险性。安全和危险是一对互为存在前提的术语，在安全评价中，主要是指人和物的安全和危险。在系统整个寿命期间内，安全性与危险性互为补数。

（2）本质安全　本质安全是指从根源上消除或减少危险，而不是通过附加的安全防护措施来控制风险。本质安全是生产中“预防为主”的根本体现，也是安全生产的最高境界。实际上，由于技术、资金和人们对事故的认识等原因，目前还很难做到本质安全，只能作为追求的目标。

1.2.1.2　危险与危险度

根据系统安全工程的观点，危险是指系统中导致发生不期望后果的可能性超过了人们可承受的程度。从危险的概念来看，危险是人们对事物的具体认识，必须明确对象，如危险环境、危险条件、危险物质、危险因素等。

危险度一般是指危险的度量，危险一般不能定量，而危险度则可定量，等价于风险。

1.2.1.3　风险

风险是危险、危害事故发生的可能性与危险、危害事故严重程度的综合度量。风险通常用字母 R 表示，它等于事故发生的概率（频率）（P）与事故损失严重程度（后果）（S）的乘积。即：

$$R=PS \tag{1-1}$$

风险影响因素如图 1-1 所示。

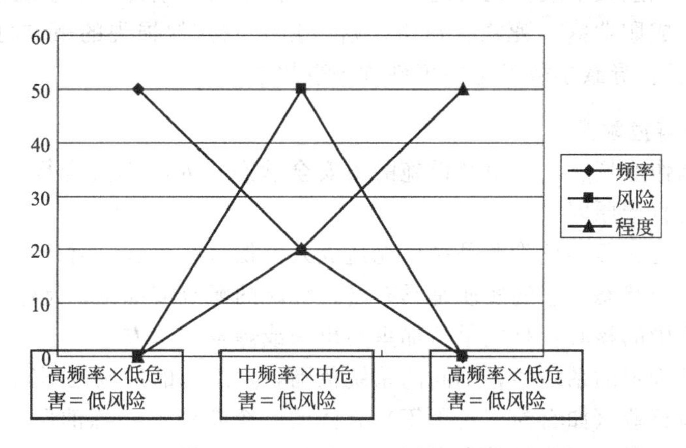

图 1-1　风险影响因素

由于概率值难于取得，常用事故频率代替概率，这时式(1-1) 可表示为：

$$风险率=\frac{事故次数}{单位时间}\times\frac{事故损失}{事故次数}=\frac{事故损失}{单位时间}$$

单位时间可以是系统的运行周期，也可以是一年或几年；事故损失可以表示为死亡人数、事故次数、损失工作日数或经济损失等；风险率是二者之商，可以定量表示为百万工时死亡事故率、百万工时总事故率等，对于财产损失可以表示为千人经济损失率等。

在安全评价的过程中，常用风险评估的模式分析企业风险。风险评估是由风险识别、风险分析及风险评价构成的一个完整过程（参见图 1-2）。该过程的开展方式不仅取决于安全评价过程的背景，还取决于开展风险评估工作所使用的方法与技术。

1.2.1.4　事故与事件

在生产过程中，事故是指造成人员死亡、伤害、职业病、财产损失或其他损失的意外事

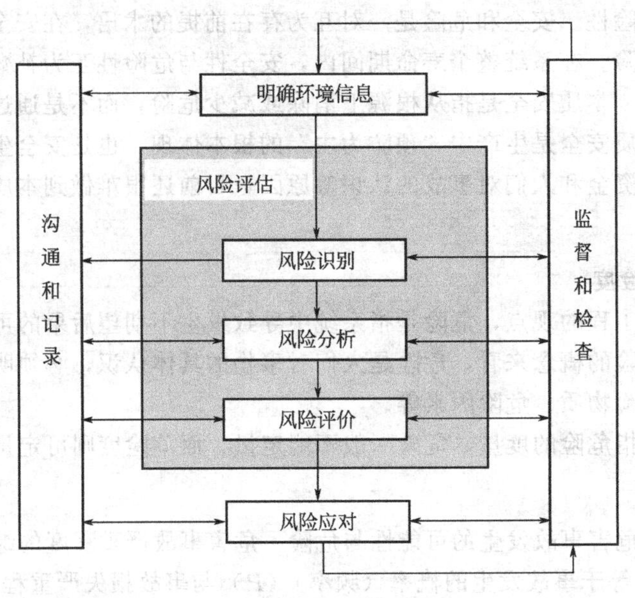

图 1-2　风险评估过程

件。事故是意外事件，是人们不期望发生的；同时该事件产生了违背人们意愿的后果。

事件的发生可能造成事故，也可能并未造成任何损失。事件包括事故事件，也包括未遂事件。对于没有造成职业病、死亡、伤害、财产损失或其他损失的事件可称之为“未遂事件”或“未遂过失”。导致事故发生的事件称为事故事件。

1.2.1.5　事故隐患与危险源

事故隐患是指作业场所、设备及设施的不安全状态，人的不安全行为和管理上的缺陷，是引发安全事故的直接原因。

从安全生产角度解释，危险源是指可能造成人员伤害、疾病、财产损失、作业环境破坏或其他损失的根源或状态。它的实质是具有潜在危险的源点或部位，是爆发事故的源头，是能量、危险物质集中的核心，是能量从那里传出来或爆发的地方。

危险源存在于确定的系统中，不同的系统范围，危险源的区域也不同。例如，从全国范围来说，对于危险行业（如石油、化工等）具体的一个企业（如炼油厂）就是一个危险源。而从一个企业系统来说，可能是某个车间、仓库就是危险源，一个车间系统可能是某台设备是危险源；因此，分析危险源应按系统的不同层次来进行。

事故隐患与危险源不是等同的概念，事故隐患是指作业场所、设备及设施的不安全状态，人的不安全行为和管理上的缺陷。它实质是有危险的、不安全的、有缺陷的“状态”，这种状态可在人或物上表现出来，如人走路不稳、路面太滑都是导致摔倒致伤的隐患；也可表现在管理的程序、内容或方式上，如检查不到位、制度的不健全、人员培训不到位等。

一般来说，危险源可能存在事故隐患，也可能不存在事故隐患，对于存在事故隐患的危险源一定要及时加以整改，否则随时都可能导致事故。现实中的危险源实际上处于各自的受控状态或监控状态，由于不同的人为干预，即便是同一类的危险源，现实危险度会截然不同。最典型的例子是核电站，从危险源的角度讲，核反应堆是极其重大的危险源，但是由于管理严密，多重保护和预警、反馈技术的有效控制，安全性很高，因此，不一定形成事故隐患。

实际中，对事故隐患的控制管理总是与一定的危险源联系在一起，因为没有危险的隐患也就谈不上要去控制它；而对危险源的控制，实际就是消除其存在的事故隐患或防止其出现事故隐患。

1.2.1.6 重大危险源与重大事故隐患

广义上说，可能导致重大事故发生的危险源就是重大危险源。但各国政府部门为了对重大危险源进行安全生产监察，对重大危险源做出了规定。我国标准《重大危险源辨识》(GB 18218—2009) 和《中华人民共和国安全生产法》对重大危险源做出了明确的规定。《中华人民共和国安全生产法》第九十六条的解释是：重大危险源，是指长期地或者临时地生产、搬运、使用或者储存危险物品，且危险物品的数量等于或者超过临界量的单元（包括场所和设施）。

各国政府部门对重大危险源的定义、规定的临界量是不同的。无论是重大危险源的范围，还是重大危险源临界量，都是为了防止重大事故发生，从国家的经济实力、人们对安全与健康的承受水平和安全监督管理的需要给出的，随着人们生活水平的提高和对事故控制能力的增强，重大危险源的规定也会发生改变。

事故隐患分为一般事故隐患和重大事故隐患。一般事故隐患，是指危害和整改难度较小，发现后能够立即整改排除的隐患。重大事故隐患，是指危害和整改难度较大，应当全部或者局部停产停业，并经过一定时间整改治理方能排除的隐患，或者因外部因素影响致使生产经营单位自身难以排除的隐患。加强对重大事故隐患的控制管理，对于预防特大安全事故有重要的意义。2007 年 12 月 22 日国家安全生产监督管理总局局长办公会议审议通过《安全生产事故隐患排查治理暂行规定》(国家安全生产监督管理总局令第 16 号)，2008 年 2 月 1 日起施行。此规定中对重大事故隐患的评估、组织管理、整改等要求作了具体规定。

1.2.1.7 安全对策措施

安全对策措施是要求设计单位、生产单位、经营单位在建设项目设计、生产经营、管理中采取的消除或减弱危险、有害因素的技术措施和管理措施，是预防事故和保障整个生产、经营过程安全的对策措施。安全对策措施包括安全技术措施和安全管理措施两类。

把上述概念形成的体系，绘制出事故、危险源、事故隐患及事故之间关系，如图 1-3 所示。

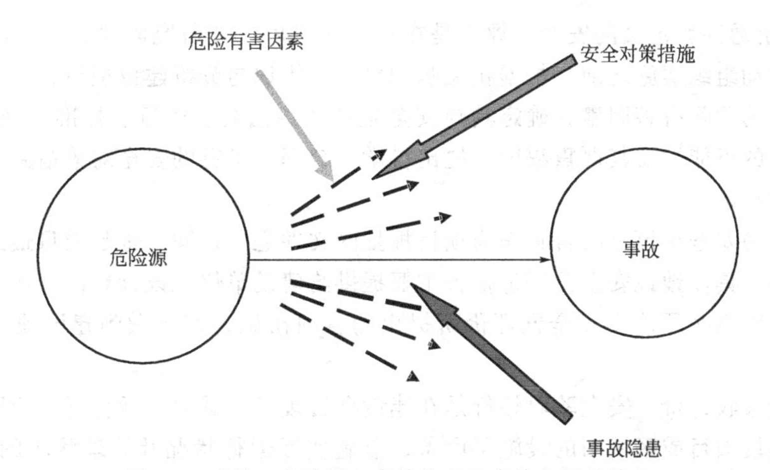

图 1-3 事故、危险源、事故隐患及事故之间的关系

1.2.1.8 系统和系统安全

系统是指由若干相互联系的、为了达到一定目标而具有独立功能的要素所构成的有机整体。对生产系统而言，系统构成包括人员、物资、设备、资金、任务指标和信息六个要素。

系统安全是指在系统寿命期间内应用系统安全工程和管理方法，识别系统中的危险源，定性或定量表征其危险性，并采取控制措施使其危险性最小化，从而使系统在规定的性能、时间和成本范围内达到最佳的可接受安全程度。因此，在生产中为了确保系统安全，需要按系统工程的方法，对系统进行深入分析和评价，及时发现固有和潜在的各类危险和危害，提出应采取的解决方案和途径。

1.2.1.9 安全系统工程

安全系统工程是以预测和防止事故为中心，以识别、分析评价和控制安全风险为重点，开发、研究出来的安全理论和方法体系。它将工程和系统中的安全作为一个整体系统，应用科学的方法对构成系统的各个要素进行全面的分析，判明各种状况下危险因素的特点及其可能导致的灾害性事故，通过定性和定量分析对系统的安全性做出预测和评价，将系统事故降至最低的可接受限度。危险识别、风险评价、风险控制是安全系统工程方法的基本内容，其中危险识别是风险评价和风险控制的基础。

1.2.2 安全评价分类及内容

1.2.2.1 安全评价分类

目前国内通常根据工程、系统生命周期和评价的目的将安全评价分为安全预评价、安全验收评价、安全现状综合评价和专项安全评价四类。（实际它是三大类，即安全预评价、安全验收评价、安全现状评价，专项评价应属现状评价的一种，属于政府在特定的时期内进行安全生产专项整治时开展的评价。）

（1）安全预评价　安全预评价就是在项目建设前，根据建设项目可行性研究报告的内容，应用安全评价的原理和方法对系统（工程、项目）中存在的危险、有害因素及其危害性进行预测性评价。分析和预测该建设项目存在的危险、有害因素的种类和程度，提出合理可行的安全对策措施和建议，用以指导建设项目的初步设计。安全预评价是安全评价的一个重要组成部分，是切实落实建设项目安全生产“三同时”、工业建设安全生产规划的技术支撑与保障。

《安全评价通则》定义的安全预评价是在建设项目可行性研究阶段、工业园区规划阶段或生产经营活动组织实施之前，根据相关基础材料，辨识与分析建设项目、工业园区、生产经营活动潜在的危险有害因素，确定其与安全生产法律法规、规章、标准、规范的符合性，预测发生事故的可能性及其严重程度，提出科学、合理、可行的安全对策措施建议，做出安全评价结论的活动。

最后形成的安全预评价报告将作为项目报批的文件之一，同时也是项目最终设计的重要依据文件之一。具体地说安全预评价报告主要提供给建设单位、设计单位、业主、政府管理部门，在设计阶段必须落实安全预评价所提出的各项措施，切实做到建设项目在设计中的“三同时”。

（2）安全验收评价　安全验收评价是在建设项目竣工、试生产运行正常或区域建设完成后，通过对建设项目或区域内的设施、设备、装置实际运行状况及管理状况的检查、确认、分析，查找存在的危险、有害因素，确定其与安全生产法律法规、技术标准的符合性，预测发生事故或造成职业危害的可能性和严重程度，提出科学、合理、可行的安全风险管理对策措施建议。

《安全评价通则》定义的安全验收评价在建设项目竣工后正式生产运行前或工业园区建

设完成后，通过检查建设项目安全设施与主体工程同时设计、同时施工、同时投入生产和使用的情况或工业园区内的安全设施、设备、装置投入生产和使用情况，检查安全生产管理措施到位情况，检查安全生产规章制度健全情况，检查事故应急救援预案建立情况，审查确定建设项目、工业园区建设满足安全生产法律法规、规章、标准、规范要求的符合性，从整体上确定建设项目、工业园区的运行状况和安全管理情况，做出安全验收评价结论的活动。

安全验收评价是“三同时”的验证，为安全验收进行的技术准备，最终形成的安全验收评价报告将作为建设项目安全验收审批的依据。另外，通过安全验收评价还可检查生产经营单位的安全生产保障，确认《安全生产法》的落实。

(3) 安全现状综合评价　安全现状评价是针对生产经营活动、区域运行管理的安全风险状况、安全管理状况进行安全评价，辨识与分析其存在的危险、有害因素，确定其与安全生产法律法规、技术标准的符合性，预测发生事故或造成职业危害的可能性和严重程度，提出科学、合理、可行的安全风险管理对策措施建议。

《安全评价通则》定义的安全现状评价是针对生产经营活动中、工业园区内的事故风险、安全管理等情况，辨识与分析其存在的危险、有害因素，审查确定其与安全生产法律、规章、标准、规范要求的符合性，预测发生事故或造成职业危害的可能性及其严重程度，提出科学、合理、可行的安全对策措施建议，做出安全现状评价结论的活动。

安全现状评价可针对一个完整的独立系统、区域，也可针对特定或局部的生产方式、生产工艺、生产装置或某一场所进行。安全现状评价不受行业限制，任何行业任何运营企业都可做安全现状评价，评价形成的现状综合评价报告的内容应纳入生产经营单位安全隐患整改和安全管理计划，并按计划加以实施和检查。

(4) 专项安全评价　专项安全评价是针对某一项活动或场所，如一个特定的行业、产品、生产方式、生产工艺或生产装置等，存在的危险、有害因素进行的安全评价，目的是查找其存在的危险、有害因素，确定其程度，提出合理可行的安全对策措施及建议。

专项安全评价是根据政府有关管理部门的要求进行的，是对专项安全问题进行的专题安全分析评价，如危险化学品专项安全评价，煤矿（非煤矿山）专项评价、民用爆破器材和烟花爆竹专项评价等。评价所形成的专项安全评价报告则是上级主管部门批准其获得或保持生产经营营业执照所要求的文件之一。

1.2.2.2 安全评价内涵及主要内容

随着现代科学技术的发展，在安全技术领域里，由以往主要研究、处理那些已经发生和必然发生的事件，发展为主要研究、处理那些还没有发生，但有可能发生的事件，并把这种可能性具体化为一个数量指标，计算事故发生的概率，划分危险等级，制定安全标准和对策措施，并进行综合比较和评价，从中选择最佳的方案，预防事故的发生。安全评价通过危险性识别及危险度评价，客观地描述系统的危险程度，指导人们预先采取相应措施，来降低系统的危险性。

安全评价是一个利用安全系统工程原理和方法识别和评价系统、工程存在的风险的过程，这一过程包括危险、有害因素识别及危险和危害程度评价两部分。危险、有害因素识别的目的在于识别危险来源；危险和危害程度评价的目的在于确定和衡量来自危险源的危险性及危险程度、应采取的控制措施，以及采取控制措施后仍然存在的危险性是否可以被接受。在实际的安全评价过程中，这两个方面是不能截然分开、孤立进行的，而是相互交叉、相互重叠于整个评价工作中。安全评价的基本内涵如图 1-4 所示。

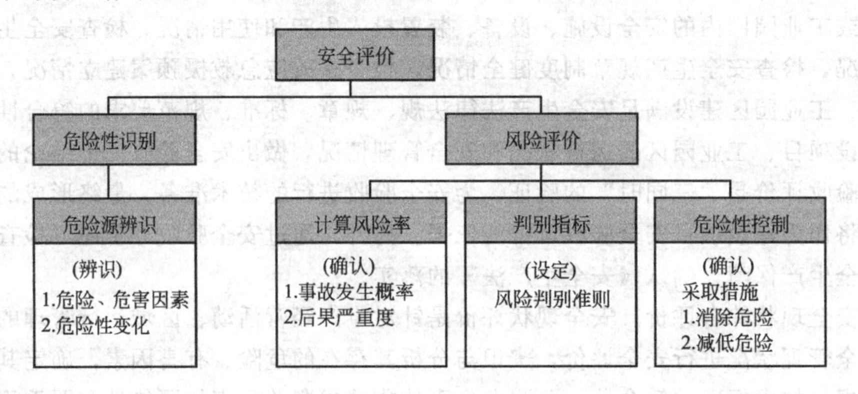

图 1-4　安全评价的基本内涵

(1) 安全预评价内容

① 前期准备工作应包括：明确评价对象和评价范围；组建评价组；收集国内外相关法律法规、标准、行政规章、规范；收集并分析评价对象的基础资料、相关事故案例；对类比工程进行实地调查等内容。

② 辨识和分析评价对象可能存在的各种危险、有害因素；分析危险、有害因素发生作用的途径及其变化规律。

③ 评价单元划分应考虑安全预评价的特点，以自然条件、基本工艺条件、危险、有害因素分布及状况、便于实施评价为原则进行。

④ 根据评价的目的、要求和评价对象的特点、工艺、功能或活动分布，选择科学、合理、适用的定性、定量评价方法，对危险、有害因素导致事故发生的可能性及其严重程度进行评价。对于不同的评价单元，可根据评价的需要和单元特征选择不同的评价方法。

⑤ 为保障评价对象建成或实施后能安全运行，应从评价对象的总图布置、功能分布、工艺流程、设施、设备、装置等方面提出安全技术对策措施；从评价对象的组织机构设置、人员管理、物料管理、应急救援管理等方面提出安全管理对策措施；其他安全对策措施。

⑥ 评价结论。应概括评价结果，给出评价对象在评价时的条件下与国家有关法律法规、标准、行政规章、规范的符合性结论，给出危险、有害因素引发各类事故的可能性及其严重程度的预测性结论，明确评价对象建成或实施后能否安全运行的结论。

(2) 安全验收评价内容　安全验收评价主要包括：危险、有害因素的辨识与分析；符合性评价和危险危害程度的评价；安全对策措施建议；安全验收评价结论等内容。

安全验收评价主要从以下方面进行评价：评价对象前期（安全预评价、可行性研究报告、初步设计中安全卫生专篇等）对安全生产保障等内容的实施情况和相关对策措施建议的落实情况；评价对象的安全对策措施的具体设计、安装施工情况有效保障程度；评价对象的安全对策措施在试投产中的合理有效性和安全措施的实际运行情况；评价对象的安全管理制度和事故应急预案的建立与实际开展和演练有效性。

① 前期准备工作包括：明确评价对象及其评价范围；组建评价组；收集国内外相关法律法规、标准、行政规章、规范；安全预评价报告、初步设计文件、施工图、工程监理报告、工业园区规划设计文件；各项安全设施、设备、装置检测报告、交工报告、现场勘察记

录、检测记录；查验特种设备使用、特种作业、从业等许可证件；典型事故案例、事故应急预案及演练报告、安全管理制度台账、各级各类从业人员安全培训落实情况等实地调查收集到的基础资料。

② 参考安全预评价报告，根据周边环境、平立面布局、生产工艺流程、辅助生产设施、公用工程、作业环境、场所特点或功能分布，分析并列出危险、有害因素及其存在部位、重大危险源的分布、监控情况。

③ 划分评价单元应符合科学、合理的原则。评价单元可按以下内容划分：法律、法规等方面的符合性；设施、设备、装置及工艺方面的安全性；物料、产品安全性能；公用工程、辅助设施配套性；周边环境适应性和应急救援有效性；人员管理和安全培训方面充分性等。评价单元的划分应能够保证安全验收评价的顺利实施。

④ 根据建设项目或工业园区建设的实际情况选择适用的评价方法。同时，要做符合性评价以及事故发生的可能性及其严重程度的预测。

符合性评价：检查各类安全生产相关证照是否齐全，审查、确认主体工程建设、工业园区建设是否满足安全生产法律法规、标准、行政规章、规范的要求，检查安全设施、设备、装饰是否已与主体工程同时设计、同时施工、同时投入生产和使用，检查安全生产管理措施是否到位，安全生产规章制度是否健全，是否建立了事故应急救援预案。事故发生的可能性及其严重程度的预测：采用科学、合理、适用的评价方法对建设项目、工业园区实际存在的危险、有害因素引发事故的可能性及其严重程度进行预测性评价。

⑤ 安全对策措施建议。根据评价结果，依照国家有关安全生产的法律法规、标准、行政规章、规范的要求，提出安全对策措施建议。安全对策措施建议应具有针对性、可操作性和经济合理性。

⑥ 安全验收评价结论。安全验收评价结论应包括：符合性评价的综合结果；评价对象运行后存在的危险、有害因素及其危险危害程度；明确给出评价对象是否具备安全验收的条件。对达不到安全验收要求的评价对象明确提出整改措施建议。

（3）安全现状评价内容　安全现状评价报告的内容一般包括以下几点。

① 前言。包括项目单位简介、评价项目的委托方及评价要求和评价目的。

② 评价项目概况。应包括评价项目概况、地理位置及自然条件、工艺过程、生产、运行现状、项目委托约定的评价范围、评价依据（包括法规、标准、规范及项目的有关事故分析与重大事故的模拟文件）。

③ 评价程序和评价方法。说明针对主要危险、有害因素和生产特点选用的评价程序和评价方法。

④ 危险性先分析。应包括工艺流程、工艺参数、控制方式、操作条件、物料种类与理化特性、工艺布置、总图位置、公用工程的内容，运用选定的分析方法对生产中存在的危险、危害隐患逐一分析。

⑤ 危险度与危险指数分析。根据危险、有害因素分析的结果和确定的评价单元、评价要素，参照有关资料和数据，用选定的评价方法进行定量分析。

⑥ 事故分析与重大事故模拟。结合现场调查结果，以及同行或同类生产的事故案例分析、统计其发生的原因和概率，运用相应的数学模型进行重大事故模拟。

⑦ 对策措施与建议。综合评价结果，提出相应的对策措施与建议，并按照风险程度的高低进行解决方案的排序。

⑧ 评价结论。明确指出项目安全状态水平，并简要说明。

1.3 安全评价的目的、意义

1.3.1 安全评价的目的

安全评价的目的是查找、分析和预测工程、系统存在的危险、有害因素及可能导致的危险、危害后果和程度，提出合理可行的安全对策措施，指导危险源监控和事故预防，以达到最低事故率、最少损失和最优的安全投资效益。安全评价要达到的目的包括以下几个方面。

（1）促进实现本质安全化生产　系统地从工程、系统设计、建设、运行等过程对事故和事故隐患进行科学分析，针对事故和事故隐患发生的各种可能原因事件和条件，提出消除危险的最佳技术措施方案。特别是从设计上采取相应措施，实现生产过程的本质安全化，做到即使发生误操作或设备故障时，系统存在的危险因素也不会因此导致重大事故发生。

（2）实现全过程安全控制　在设计之前进行安全评价，可避免选用不安全的工艺流程和危险的原材料以及不合适的设备、设施，当必须采用危险工艺或危险材料时，通过评价可以提出降低或消除危险的有效方法。设计之后进行的评价，可查出设计中的缺陷和不足，及早采取改进和预防措施。系统建成以后运行阶段进行的系统安全评价，可了解系统的现实危险性，为进一步采取降低危险性的措施提供依据。

（3）建立系统安全的最优方案，为决策提供依据　通过安全评价分析系统存在的危险源、分布部位、数目、事故的概率、事故严重度，预测和提出应采取的安全对策措施等，决策者可以根据评价结果选择系统安全最优方案和管理决策。

（4）为实现安全技术、安全管理的标准化和科学化创造条件　通过对设备、设施或系统在生产过程中的安全性是否符合有关技术标准、规范相关规定的评价，对照技术标准、规范找出存在的问题和不足，以实现安全技术和安全管理的标准化、科学化。

1.3.2 安全评价的意义

安全评价的意义在于可有效地预防事故发生，减少财产损失和人员伤亡和伤害。安全评价与日常安全管理和安全监督监察工作不同，安全评价从技术带来的负效应出发，分析、论证和评估由此产生的损失和伤害的可能性、影响范围、严重程度及应采取的对策措施等。安全评价的意义如下。

（1）安全评价是安全生产管理的一个必要组成部分　“安全第一，预防为主”是我国安全生产的基本方针，作为预测、预防事故重要手段的安全评价，在贯彻安全生产方针中有着十分重要的作用，通过安全评价可确认生产经营单位是否具备了安全生产条件。

（2）有助于政府安全监督管理部门对生产经营单位的安全生产实行宏观控制　安全预评价将有效地提高工程安全设计的质量和投产后的安全可靠程度；投产时的安全验收评价将根据国家有关技术标准、规范对设备、设施和系统进行符合性评价，提高安全达标水平；系统运转阶段的安全技术、安全管理、安全教育等方面的安全状况综合评价，可客观地对生产经营单位安全水平做出结论，使生产经营单位不仅了解可能存在的危险性，而且明确如何改进安全状况，同时也为安全监督管理部门了解生产经营单位安全生产现状、实施宏观控制提供基础资料；通过专项安全评价，可为生产经营单位和政府安全监督管理部门提供管理依据。

（3）有助于安全投资的合理选择　安全评价不仅能确认系统的危险性，而且还能进一步考虑危险性发展为事故的可能性及事故造成损失的严重程度，进而计算事故造成的危害，即风险率，并以此说明系统危险可能造成负效益的大小，以便合理地选择控制、消除事故发生的措施，确定安全措施投资的多少，从而使安全投入和可能减少的负效益达到合理的平衡。

（4）有助于提高生产经营单位的安全管理水平　安全评价可以使生产经营单位安全管理变事后处理为事先预测、预防。传统安全管理方法的特点是凭经验进行管理，多为事故发生后再进行处理的“事后过程”。通过安全评价，可以预先识别系统的危险性，分析生产经营单位的安全状况，全面地评价系统及各部分的危险程度和安全管理状况，促使生产经营单位达到规定的安全要求。

安全评价可以使生产经营单位安全管理变纵向单一管理为全面系统管理，安全评价使生产经营单位所有部门都能按照要求认真评价本系统的安全状况，将安全管理范围扩大到生产经营单位各个部门、各个环节，使生产经营单位的安全管理实现全员、全面、全过程、全时空的系统化管理。

系统安全评价可以使生产经营单位安全管理从传统的经验管理变为目标管理。仅凭经验、主观意志和思想意识进行安全管理，没有统一的标准、目标。安全评价可以使各部门、全体职工明确各自的安全指标要求，在明确的目标下，统一步调，分头进行，从而使安全管理工作做到科学化、统一化、标准化。

（5）有助于生产经营单位提高经济效益　安全预评价可减少项目建成后由于安全要求引起的调整和返工建设，安全验收评价可将一些潜在发生的事故消除在设施开工运行前，安全现状综合评价可使生产经营单位较好了解可能存在的危险并为安全管理提供依据。生产经营单位的安全生产水平的提高，事故发生率的下降可以带来经济效益的提高，使生产经营单位真正实现安全、生产和经济的同步增长。

1.4　安全评价程序及依据

1.4.1　安全评价的程序

安全评价程序主要包括：前期准备，辨识与分析危险、有害因素，划分评价单元，定性、定量评价，提出安全对策、措施、建议，做出安全评价结论，编制安全评价报告。具体程序如图1-5所示。

（1）前期准备　明确被评价对象，备齐有关安全评价所需的设备、工具，收集国内外相关法律法规、技术标准及工程、系统的技术资料。

（2）辨识与分析危险、有害因素　根据被评价对象的具体情况，辨识和分析危险、有害因素，确定危险、有害因素存在的部位、存在的方式、事故发生的途径及其变化的规律。

（3）划分评价单元　在辨识和分析危险、有害因素的基础上，划分评价单元。评价单元的划分应科学、合理，便于实施评价、相对独立且具有明显的特征界限。

（4）定性、定量评价　根据评价单元的特征，选择合理的评价方法，对评价对象发生事故的可能性及其严重程度进行定性、定量评价。

（5）安全对策、措施、建议　依据危险、有害因素辨识结果与定性、定量评价结果，遵循针对性、技术可行性、经济合理性的原则，提出消除或减弱危险、有害因素的技术和管理措施建议。

（6）安全评价结论　根据客观、公正、真实的原则，严谨、明确地做出评价结论。

（7）安全评价报告的编制　依据安全评价的结果编制相应的安全评价报告。安全评价报告是安全评价过程的具体体现和概括性总结；是评价对象完善自身安全管理、应用安全技术

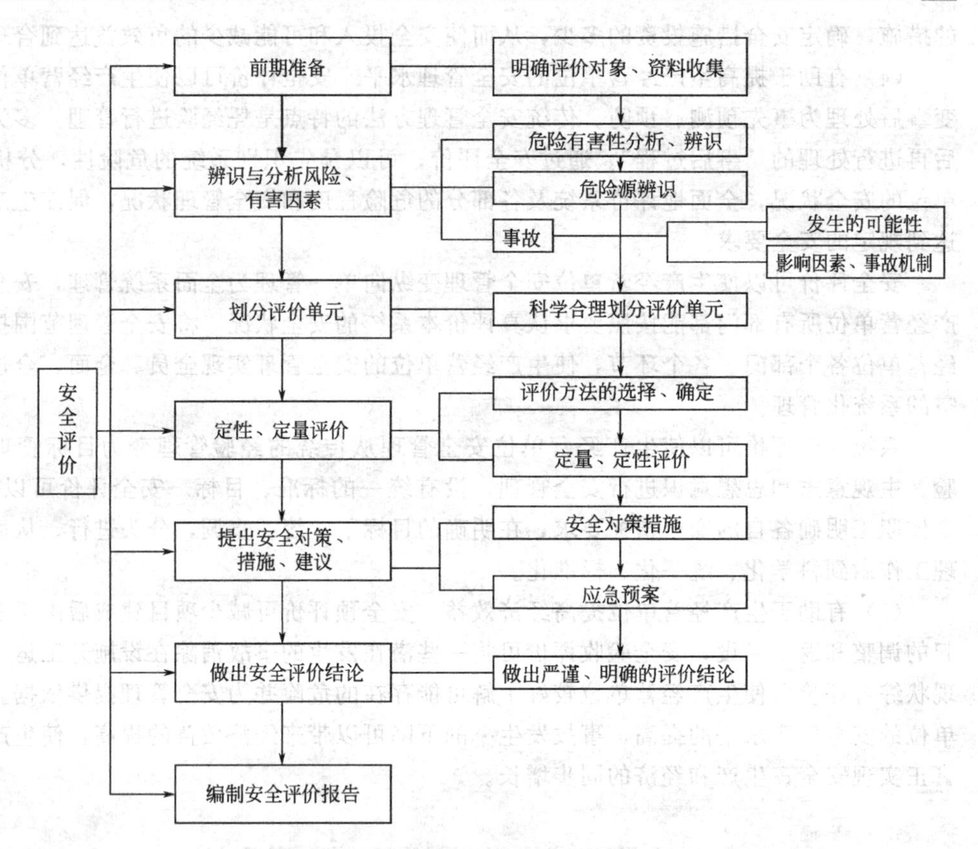

图 1-5 安全评价程序

等方面的重要参考资料；是由第三方出具的技术性咨询文件，可为政府安全生产管理、安全监察部门、行业主管部门等相关单位对评价对象的安全行为进行法律法规、标准、行政规章、规范的符合性判别所用；是评价对象实现安全运行的技术性指导文件。

1.4.2 安全评价依据

安全评价是政策性很强的一项工作，必须依据我国现行的法律、法规和技术标准，以保障被评价项目的安全运行，保障劳动者在劳动过程中的安全与健康。安全评价涉及的现行主要法规、标准，这些法规、标准等可随法规、标准条文的修改或新法规、标准的出台而变动。

1.4.2.1 法律、法规

安全评价依据的主要法律、法规如下。

(1) 宪法　宪法的许多条文直接涉及安全生产和劳动保护问题，这些规定即是安全法规制定的最高法律依据，又是安全法律、法规的一种表现形式。

(2) 法律　是由国家立法机构以法律形式颁布实施的，例如《中华人民共和国劳动法》《中华人民共和国安全生产法》《中华人民共和国矿山安全法》等。

《中华人民共和国劳动法》设立了劳动安全专章，对以下方面提出了明确要求：劳动安全卫生设施必须符合国家规定的标准；劳动安全卫生设施必须与主体工程同时设计、同时施工、同时投入生产和使用的“三同时”原则；从事特种作业的劳动者必须经过专门培训并取得特种作业资格。《中华人民共和国安全生产法》涉及安全评价的规定有：依法设立的为安全生产提供服务的中介机构，依照法律、行政法规和执业准则，接受生产经营单位的委托为其安全生产工作提供技术服务；矿山建设项目和用于生产、储存危险物品的建设项目，应当分别按照国家有关规定进行安全条件论证和安全评价；生产经营单位对重大危险源，应当登记建档，进行定期检测、评估、监控，并制定应急预案，告知从业人员和相关人员在紧急情况下应采取的应急措施；承担安全评价、认证、检测、检验工作的机构违规的处罚原则。《中华人民共和国矿山安全法》对矿山建设的安全保障、矿山开采的安全保障、矿山生产经营单位的安全管理、矿山事故处理、矿山安全的行政管理及法律责任等做了明确规定。

(3) 行政法规　由国务院制定的安全生产行政法规。例如国务院发布的《安全生产许可证条例》《危险化学品管理条例》《女职工保护规定》等。

如《安全生产许可证条例》规定：国家对矿山企业、建筑施工企业和危险化学品、烟花爆竹、民用爆破器材生产企业实行安全生产许可制度。企业取得安全生产许可证，应当具备下列安全生产条件：

① 建立、健全安全生产责任制，制定完备的安全生产规章制度和操作规程；

② 安全投入符合安全生产要求；

③ 设置安全生产管理机构，配备专职安全生产管理人员；

④ 主要负责人和安全生产管理人员经考核合格；

⑤ 特种作业人员经有关业务主管部门考核合格，取得特种作业操作资格证书；

⑥ 从业人员经安全生产教育和培训合格；

⑦ 依法参加工伤保险，为从业人员缴纳保险费；

⑧ 厂房、作业场所和安全设施、设备、工艺符合有关安全生产法律、法规、标准和规程的要求；

⑨ 有职业危害防治措施，并为从业人员配备符合国家标准或者行业标准的劳动防护用品；

⑩ 依法进行安全评价；

⑪ 有重大危险源检测、评估、监控措施和应急预案；

⑫ 有生产安全事故应急救援预案、应急救援组织或者应急救援人员，配备必要的应急救援器材、设备；

⑬ 法律、法规规定的其他条件。

相关安全评价要求、安全法规的颁布，必将进一步推动安全评价工作向更广、更深的方向发展。

(4) 部门规章　由国务院有关部门制定的专项安全规章，是安全法规各种形式中数量最多的。如国家安全生产监督管理局发布的《安全评价通则》及各类安全评价导则，国家安全生产监督管理总局发布的《建设项目职业卫生“三同时”监督管理暂行办法》《生产经营单位安全培训规定》等。国家安全生产监督管理局、国家煤矿安全监督局（安监管技装字[2002] 45号）《关于加强安全评价机构管理的意见》明确规定安全评价的主要内容为：安全评价是指运用定量或定性的方法，对建设项目或生产经营单位存在的职业危险因素和有害因素进行识别、分析和评估；安全评价包括安全预评价、安全验收评价、安全现状综合评价和专项安全评价。国家安全生产监督管理局《安全评价通则》规定了系统、工程的安全评价的基本原则和要求、评价工作程序、评价报告书的内容及要求、评价方法的选择原则、评价报告书的格式等，是具体进行评价工作的操作依据。

(5) 地方性法规和地方规章　地方法规是由各省、自治区、直辖市人大及其常务委员会制定的有关安全生产的规范性文件；地方规章是由各省、自治区、直辖市政府，其首府所在地的市和经国务院批准的较大的市政府制定的有关安全生产的专项文件。

（6）国际法律文件　主要是我国政府批准加入的国际劳工公约。

1.4.2.2　安全评价依据的标准

安全评价依据的标准众多，不同行业会涉及不同的标准，难以一一列出。一些常用标准、规范应当注意的是，标准有可能更新，应注意使用最新版本的标准。安全评价相关标准可按来源、法律效力、对象特征等分类。

（1）按标准来源分类　可分为四类：一是由国家主管标准化工作的部门颁布的国家标准，例如《生产设备安全卫生设计总则》（GB 5083）、《安全标志及其使用导则》（GB 2894）等；二是国务院各部委发布的行业标准，例如《城市轨道交通试运营前安全评价规范》（AQ 8007）、《化工企业定量风险评价导则》（AQ/T 3046）等；三是地方政府制定发布的地方标准，例如《不同行业同类工种职工个人劳动防护用品发放标准》（［91］鲁劳安字第582号）；四是企业发布的标准。

（2）按标准法律效率分类　可分为两类：一是强制性标准，例如《建筑设计防火规范》（GB 50016）、《爆炸和火灾危险环境电力装置设计规范》（GB 50058）等；二是推荐性标准，例如《生产过程和危害因素分类与代码》（GB/T 13861）、《生产经营单位安全生产事故应急预案编制导则》（GB/T 29639）等。

（3）按标准对象的特征分类　安全生产标准分为五类：基础标准、管理标准、技术标准、方法标准和产品标准。

① 基础标准。基础类标准主要指在安全生产领域的不同范围内，对普遍的、广泛通用的共性认识所做的统一规定，是在一定范围内作为制定其他安全标准的依据和共同遵守的准则。其内容包括制定安全标准所必须遵循的基本原则、要求、术语、符号；各项应用标准、综合标准赖以制定的技术规定；物质的危险性和有害性的基本规定；材料的安全基本性质以及基本检测方法等。

② 管理标准。管理类标准是指通过计划、组织、控制、监督、检查、评价与考核等管理活动的内容程序、方式，使生产过程中人、物、环境各个因素处于安全受控状态，直接服务于生产经营科学管理的准则和规定。安全生产方面的管理标准主要包括安全教育、培训和考核等标准，重大事故隐患评价方法及分级等标准，事故统计、分析等标准，安全系统工程标准，人机工程标准以及有关激励与惩处标准等。

③ 技术标准。技术类标准是指对于生产过程中的设计、施工、操作、安装等具体技术要求及实施程序中设立的必须符合一定安全要求以及能达到此要求的实施技术和规范的总称。这类标准有金属非金属矿山安全规程、石油化工企业设计防火规范、烟花爆竹工厂设计安全规范、烟花爆竹劳动安全技术规程、民用爆破器材工厂设计安全规范、建筑设计防火规范等。

④ 方法标准。方法类标准是对各项生产过程中技术活动的方法所做出的规定。安全生产方面的方法标准主要包括两类，一类以试验、检查、分析、抽样、统计、计算、测定、作业等方法为对象制定的标准。例如：试验方法、检查方法、分析计法、测定方法、抽样方法、设计规范、计算方法、工艺规程、作业指导书、生产方法、操作方法等。另一类是为合理生产优质产品，并在生产、作业、试验、业务处理等方面为提高效率而制定的标准。这类标准有安全帽测试方法、防护服装机械性能、材料抗刺穿性及动态撕裂性的试验方法、安全

评价通则、安全预评价导则、安全验收评价导则、安全现状评价导则等。

⑤ 产品标准。产品类标准是对某一具体安全设备、装置和防护用品及其试验方法、检测检验规则、标志、包装、运输、储存等方面所做的技术规定。它是在一定时期和一定范围内具有约束力的技术准则，是产品生产、检验、验收、使用、维护和洽谈贸易的重要技术依据，对于保障安全、提高生产和使用效益具有重要意义。产品标准的主要内容包括：a. 产品的适用范围；b. 产品的品种、规格和结构形式；c. 产品的主要性能；d. 产品的试验、检验方法和验收规则；e. 产品的包装、储存和运输等方面的要求。这类标准主要是对某类产品及其安全要求做出的规定，如煤矿安全监控系统、煤矿用隔离式自救器等。

1.4.2.3 风险判别指标

风险判别指标或判别准则的目标值，是用来衡量系统风险大小以及危险、危害性是否可接受的尺度。无论是定性评价，还是定量评价，若没有指标，评价将无法判定系统的危险和危害性是高还是低，是否达到了可接受的程度，以及改善到什么程度系统的安全水平才可以接受，定性、定量评价也就失去了意义。在判别指标中，特别值得说明的是风险的可接受指标。世界上没有绝对的安全，所谓安全就是事故风险达到了合理可行并尽可能低的程度。减少风险是要付出代价的，无论减少危险发生的概率还是采取防范措施使可能造成的损失降到最小，都要投入资金、技术和劳务。通常的做法是将风险限定在一个合理的、可接受的水平上。因此，在安全评价中不是以危险性、危害性为零作为可接受标准，而是以这个合理的、可接受的指标作为可接受标准。指标不是随意规定的，而是根据具体的经济、技术情况和对危险、危害后果，危险、危害发生的可能性（概率、频率）和安全投资水平进行综合分析、归纳和优化，通常依据统计数据，有时也依据相关标准，制定出的一系列有针对性的危险危害等级、指数，以此作为要实现的目标值，即可接受风险。

可接受风险是指在规定的性能、时间和成本范围内达到的最佳可接受风险程度。显然，可接受风险指标不是一成不变的，它将随着人们对危险根源的深入了解、随着技术的进步和经济综合实力的提高而变化。另外需要指出，风险可接受并非说我们就放弃对这类风险的管理，因为低风险随时间和环境条件的变化有可能升级为重大风险，所以应不断进行控制，使风险始终处于可接受范围内。随着与国际并轨的需要，在安全评价中经常采用一些国外的定量评价方法，其指标反映了评价方法制定国家（或公司）的经济、技术和安全水平，一般是比较先进的，采用时必须考虑二者之间的具体差异，进行必要的修正，否则会得出不符合实际情况的评价结果。常用的风险判别指标有安全系数、安全指标、失效概率、事故频率、财产损失率和死亡概率等。

1.5 安全评价的原理、原则及限制因素

1.5.1 安全评价的原理

虽然安全评价的领域、种类、方法、手段种类繁多，而且评价系统的属性、特征及事件的随机性千变万化，各不相同，究其思维方式却是一致的，可归纳为以下四个基本原理，即：相关性原理，类推原理，惯性原理和量变到质变原理。

1.5.1.1 相关性原理

一个系统，其属性、特征与事故和职业危害存在着因果的相关性，这是系统因果评价方

法的理论基础。

（1）系统特征及结构　安全评价把研究的所有对象都视为系统。系统是指为实现一定的目标，由多种彼此有机联系的要素组成的整体。系统有大有小，千差万别，但所有的系统都具目的性、集合性、相关性、阶层性、整体性、适应性等基本特征。每个系统都有着自身的总目标，而构成系统的所有子系统、单元都为实现这一总目标而实现各自的分目标。如何使这些目标达到最佳，这就是系统工程要研究解决的问题。系统的整体目标（功能）是由组成系统的各子系统、单元综合发挥作用的结果。因此，不仅系统与子系统，子系统与单元有着密切的关系，而且各子系统之间、各单元之间、各元素之间也都存在着密切的相关关系。所以，在评价过程中只有找出这种相关关系，并建立相关模型，才能正确地对系统的安全性做出评价。系统的结构可用下列公式表达：

$$E=\max f(X,R,C)$$

式中　E——最优结合效果；

X——系统组成的要素集，即组成系统的所有元素；

R——系统组成要素的相关关系集，即系统各元素之间的所有相关关系；

C——系统组成的要素及其相关关系在各阶层上可能的分布形式；

f——X，R，C 的结合效果函数。

对系统的要素集（X）、关系集（R）和层次分布形式（C）的分析，可阐明系统整体的性质。要使系统目标达到最佳程度，只有使上述三者达到最优结合，才能产生最优的结合效果 E。对系统进行安全评价，就是要寻求 X，R 和 C 的最合理的结合形式，即具有最优结合效果 E 的系统结构形式在对应系统目标集和环境因素约束集的条件，给出最安全的系统结合方式。例如，一个生产系统一般是由若干生产装置、物料、人员（X 集）集合组成的；其工艺过程是在人、机、物料、作业环境结合过程（人控制的物理、化学过程）中进行的（R 集）；生产设备的可靠性、人的行为的安全性、安全管理的有效性等因素层次上存在各种分布关系（C 集）。安全评价的目的，就是寻求系统在最佳生产（运行）状态下的最安全的有机结合。

要对系统做出准确的安全评价，必须对要素之间及要素与系统之间的相关形式和相关程度给出量的概念。这就需要明确哪个要素对系统有影响，是直接影响还是间接影响；哪个要素对系统影响大，大到什么程度，彼此是线性相关，还是指数相关等等。要做到这一点，就要求在分析大量生产运行、事故统计资料的基础上，得出相关的数学模型，以便建立合理的安全评价数学模型。例如，用加权平均法进行生产经营单位安全评价中确定各子系统安全评价的权重系数，实际上就是确定生产经营单位整体与各子系统之间的相关系数；这种权重系数代表了各子系统的安全状况对生产经营单位整体安全状况的影响大小，也代表了各子系统的危险性在生产经营单位整体危险性中的比重；一般地说，权重系数都是通过大量事故统计资料的分析，权衡事故发生的可能性大小和事故损失的严重程度而确定下来的。

（2）因果关系　有因才有果，这是事物发展变化的规律。事故和导致事故发生的各种原因（危险因素）之间存在着相关关系，表现为依存关系和因果关系；危险因素是原因，事故是结果，事故的发生是由许多因素综合作用的结果。分析各因素的特征、变化规律、影响事故发生和事故后果的程度以及从原因到结果的途径，揭示其内在联系和相关程度，才能在评价中得出正确的分析结论，采取恰当的对策措施。例如，可燃气体泄漏爆炸事故是由可燃气体泄漏，与空气混合达到爆炸极限和存在引燃能源三个因素综合作用的结果，而这三个因素又是设计失误、设备故障、安全装置失效、操作失误、环境不良、管理不当等一系列因素造成的，爆炸后果的严重程度又和可燃气体的性质（闪点、燃点、燃烧速度、燃烧热值等）、可燃性气体的爆炸量及空间密闭程度等因素有着密切的关系，在评价中需要分析这些因素的因果关系和相互影响程度，并定量地加以评述。

事故的因果关系是：事故的发生有其原因因素，而且往往不是由单一原因因素造成的，而是由若干个原因因素耦合在一起，当出现符合事故发生的充分与必要条件时，事故就必然会立即爆发；多一个原因因素不需要，少一个原因因素事故就不会发生。而每一个原因因素又由若干个二次原因因素构成；依次类推三次原因因素……消除一次，或二次，或三次……原因因素，破坏发生事故的充分与必要条件，事故就不会产生，这就是采取技术、管理、教育等方面的安全对策措施的理论依据。

在评价系统中，找出事故发展过程中的相互关系，借鉴历史、同类情况的数据、典型案例等，建立起接近真实情况的数学模型，则评价会取得较好的效果，而且越接近真实情况，效果越好，评价得越准确。

1.5.1.2 类推原理

“类推”亦称“类比”。类推推理是人们经常使用的一种逻辑思维方法，常用来作为推出一种新知识的方法。它是根据两个或两类对象之间存在着某些相同或相似的属性，从一个已知对象具有的某个属性来推出另一个对象具有此种属性的一种推理。在安全生产、安全评价中同样也有着特殊的意义和重要的作用。类比推理常常被人们用来类比同类装置或类似装置的职业安全的经验、教训，采取相应的对策措施防患于未然，实现安全生产。类推评价法是经常使用的一种安全评价方法。它不仅可以由一种现象推算另一现象，还可以依据已掌握的实际统计资料，采用科学的估计推算方法来推算得到基本符合实际的所需资料，以弥补调查统计资料的不足，供分析研究用。

类推评价法的种类及其应用领域取决于评价对象事件与先导事件之间联系的性质。若这种联系可用数字表示，则称为定量类推；如果这种联系关系只能定性处理，则称为定性类推。常用的类推方法有如下几种。

(1) 平衡推算法　指根据相互依存的平衡关系来推算所缺的有关指标的方法。例如，利用海因利希关于重伤、死亡、轻伤及无伤害事故比例 1∶29∶300 的规律，在已知重伤死亡数据的情况下，可推算出轻伤和无伤害事故数据；利用事故的直接经济损失与间接经济损失的比例为 1∶4 的关系，从直接损失推算间接损失和事故总经济损失；利用爆炸破坏情况推算离爆炸中心多远处的冲击波超压（ΔP，单位为 MPa）或爆炸坑（漏斗）的大小，来推算爆炸物的 TNT 当量。这些都是一种平衡推算法的应用。

(2) 代替推算法　指利用具有密切联系（或相似）的有关资料、数据来代替所缺资料、数据的方法。例如，对新建装置的安全预评价，可使用与其类似的已有装置资料、数据对其进行评价；在安全评价中，人们常常类比同类或类似装置检测数据进行评价。

(3) 因素推算法　指根据指标之间的联系，从已知因素的数据推算有关未知指标数据的方法。例如，已知系统事故发生概率 P 和事故损失严重度 S，就可利用风险率 R 与 P、S 的关系来求得风险率 R：$R=PS$。

(4) 抽样推算法　指根据抽样或典型调查资料推算系统总体特征的方法。这种方法是数理统计分析中常用的方法，是以部分样本代表整个样本空间来对总体进行统计分析的一种方法。

(5) 比例推算法　是根据社会经济现象的内在联系，用某一时期、地区、部门或单位的实际比例，推算另一时期、地区、部门或单位有关指标的方法。如：控制图法的控制中心线的确定，是根据上一个统计期间的平均事故率来确定的。国外各行业安全指标的确定，通常也都是根据前几年的年度事故平均数值来进行确定的。

(6) 概率推算法　概率是指某一事件发生的可能性大小。事故的发生是一种随机事件；任何随机事件，在一定条件下是否发生是没有规律的，但其发生概率是一客观存在的定值。因此，根据有限的实际统计资料，采用概率论和数理统计方法可求出随机事件出现各种状态的概率。可以用概率值来预测未来系统发生事故可能性的大小，以此来衡量系统危险性的大小、安全程度的高低。

美国原子能委员会关于“商用核电站风险评估报告”采用的方法基本上是概率推算法。

1.5.1.3　惯性原理

任何事物在其发展过程中，从其过去到现在以及延伸至将来，都具有一定的延续性，这种延续性称为惯性。利用惯性可以研究事物或一个评价系统的未来发展趋势。如从一个单位过去的安全生产状况、事故统计资料找出安全生产及事故发展变化趋势，以推测其未来安全状态。利用惯性原理进行评价时应注意以下两点。

(1) 惯性的大小　惯性越大，影响越大；反之，则影响越小。例如，一个生产经营单位如果疏于管理，违章作业、违章指挥、违反劳动纪律严重，事故就多，若任其发展则会愈演愈烈，而且有加速的态势，惯性越来越大。对此，必须立即采取相应的对策措施，破坏这种格局，亦即中止或改变这种不良惯性，才能防止事故的发生。

(2) 惯性发展趋势　一个系统的惯性是这个系统内的各个内部因素之间互相联系、互相影响、互相作用，按照一定的规律发展变化的一种状态趋势。因此，只有当系统是稳定的，受外部环境和内部因素的影响产生的变化较小时，其内在联系和基本特征才可能延续下去，该系统所表现的惯性发展结果才基本符合实际。但是，绝对稳定的系统是没有的，因为事物发展的惯性在受外力作用时，可使其加速或减速甚至改变方向。这样就需要对一个系统的评价进行修正，即在系统主要方面不变而其他方面有所偏离时，就应根据其偏离程度对所出现的偏离现象进行修正。

1.5.1.4　量变到质变原理

任何一个事物在发展变化过程中都存在着从量变到质变的规律。同样，在一个系统中，许多有关安全的因素也都一一存在着量变到质变的规律；在评价一个系统的安全时，也都离不开从量变到质变的原理。例如：许多定量评价方法中，有关危险等级的划分应用量变到质变的原理。如“道化学公司火灾、爆炸危险指数评价法”（第七版）中，关于按 F&EI（火灾、爆炸指数）划分的危险等级，从 1 至≥159，经过了≤60、61～96、97～127、128～158、≥159 的量变到质变的不同变化层次，即分别为“最轻”级、“较轻”级、“中等”级、“很大”级、“非常大”级；而在评价结论中，“中等”级及其以下的级别是“可以接受的”，而“很大”级、“非常大”级则是“不能接受的”。因此，在安全评价时，考虑各种危险、有害因素，对人体的危害，以及采用的评价方法进行等级划分等，均需要应用量变到质变的原理。

在实际评价工作中，人们综合应用基本原理指导安全评价，并创造出各种评价方法，进一步在各个领域中加以运用。掌握评价的基本原理可以建立正确的思维程序，对于评价人员开拓思路、合理选择和灵活运用评价方法都是十分必要的。由于世界上没有一成不变的事物，评价对象的发展不是过去状态的简单延续，评价的事件也不会是自己的类似事件的机械再现，相似不等于相同。因此，在评价过程中，还应对客观情况进行具体细致的分析，以提高评价结果的准确程度。

1.5.2 安全评价的原则

安全评价是落实“安全第一，预防为主，综合治理”方针的重要技术保障，是安全生产监督管理的重要手段。安全评价工作以国家有关安全的方针、政策和法律、法规、标准为依据，运用定量和定性的方法对建设项目或生产经营单位存在的职业危险、有害因素进行识别、分析和评价，提出预防、控制、治理对策措施，为建设单位或生产经营单位减少事故发生的风险，为政府主管部门进行安全生产监督管理提供科学依据。安全评价是关系到被评价项目能否符合国家规定的安全标准，能否保障劳动者安全与健康的关键性工作。由于这项工作不但具有较复杂的技术性，而且还有很强的政策性；因此，要做好这项工作，必须以被评价项目的具体情况为基础，以国家安全法规及有关技术标准为依据，用严肃的科学态度，认真负责的精神，强烈的责任感和事业心，全面、仔细、深入地开展和完成评价任务。在工作中必须自始至终遵循合法性、科学性、公正性和针对性原则。

(1) 合法性　安全评价是国家以法规形式确定下来的一种安全管理制度，安全评价机构和评价人员必须由国家安全生产监督管理部门予以资质核准和资格注册，只有取得了认可的单位才能依法进行安全评价工作。政策、法规、标准是安全评价的依据，政策性是安全评价工作的灵魂。所以，承担安全评价工作的单位必须在国家安全生产监督管理部门的指导、监督下严格执行国家及地方颁布的有关安全的方针、政策、法规和标准等；在具体评价过程中，全面、仔细、深入地剖析评价项目或生产经营单位在执行产业政策、安全生产和劳动保护政策等方面存在的问题，并且在评价过程中主动接受国家安全生产监督管理部门的指导、监督和检查，力争为项目决策、设计和安全运行提出符合政策、法规、标准要求的评价结论和建议，为安全生产监督管理提供科学依据。

(2) 科学性　安全评价涉及学科范围广，影响因素复杂多变。安全预评价在实现项目的本质安全上有预测、预防性；安全现状综合评价在整个项目上具有全面的现实性；验收安全评价在项目的可行性上具有较强的客观性；专项安全评价在技术上具有较高的针对性。为保证安全评价能准确地反映被评价项目的客观实际和结论的正确性，在开展安全评价的全过程中，必须依据科学的方法、程序，以严谨的科学态度全面、准确、客观地进行工作，提出科学的对策措施，做出科学的结论。危险、有害因素产生危险、危害后果需要一定条件和触发因素，要根据内在的客观规律分析危险、有害因素的种类、程度，产生的原因及出现危险、危害的条件及其后果，才能为安全评价提供可靠的依据。

现有的评价方法均有其局限性。评价人员应全面、仔细、科学地分析各种评价方法的原理、特点、适用范围和使用条件，必要时，还应用几种评价方法进行评价，进行分析综合、互为补充、互相验证，提高评价的准确性，避免局限和失真；评价时，切忌生搬硬套、主观臆断、以偏概全。从收集资料、调查分析、筛选评价因子、测试取样、数据处理、模式计算和权重值的给定，直至提出对策措施、做出评价结论与建议等，每个环节都必须严守科学态度，用科学的方法和可靠的数据，按科学的工作程序一丝不苟地完成各项工作，努力在最大程度上保证评价结论的正确性和对策措施的合理性、可行性和可靠性。

受一系列不确定因素的影响，安全评价在一定程度上存在误差。评价结果的准确性直接影响决策的正确，安全设计的完善，运行是否安全、可靠。因此，对评价结果进行验证十分重要。为不断提高安全评价的准确性，评价单位应有计划、有步骤地对同类装置、国内外的安全生产经验、相关事故案例和预防措施以及评价后的实际运行情况进行考察、分析、验证，利用建设项目建成后的事后评价进行验证，并运用统计方法对评价误差进行统计和分析，以便改进原有的评价方法和修正评价的参数，不断提高评价的准确性、科学性。

（3）公正性　评价结论是评价项目的决策依据、设计依据、能否安全运行的依据，也是国家安全生产监督管理部门在进行安全监督管理的执法依据。因此，对于安全评价的每一项工作都要做到客观和公正。既要防止受评价人员主观因素的影响，又要排除外界因素的干扰，避免出现不合理、不公正。评价的正确与否直接涉及被评价项目能否安全运行；涉及国家财产和声誉会不会受到破坏和影响；涉及被评价单位的财产会否受到损失，生产能否正常进行；涉及周围单位及居民会否受到影响；涉及被评价单位职工乃至周围居民的安全和健康。因此，评价单位和评价人员必须严肃、认真、实事求是地进行公正的评价。

安全评价有时会涉及一些部门、集团、个人的某些利益。因此，在评价时，必须以国家和劳动者的总体利益为重，要充分考虑劳动者在劳动过程中的安全与健康，要依据有关标准法规和经济技术的可行性提出明确的要求和建议。评价结论和建议不能模棱两可、含糊其辞。

（4）针对性　进行安全评价时，首先应针对被评价项目的实际情况和特征，收集有关资料，对系统进行全面的分析；其次要对众多的危险、有害因素及单元进行筛选，针对主要的危险、有害因素及重要单元应进行重点评价；并辅以重大事故后果和典型案例进行分析、评价。由于各类评价方法都有特定适用范围和使用条件，要有针对性地选用评价方法；最后要从实际的经济、技术条件出发，提出有针对性的、操作性强的对策措施，对被评价项目做出客观、公正的评价结论。

1.5.3　安全评价的限制因素

根据经验和预测技术、方法进行的安全评价在理论和实践上都还存在很多限制，应该认识到在安全评价结果的基础上做出的安全管理决策的质量，与对被评价对象的了解程度、对危险可能导致事故的认识程度和采用安全评价方法的准确性等有关。安全评价存在的限制因素主要来自以下两个方面。

（1）评价方法　安全评价方法多种多样，各有其适用对象，各有其优缺点，各有其局限性。许多方法是利用过去发生过的事件的概率和危害程度做出推断，往往对高风险性事件更为关注，而高风险事件通常发生概率很小，概率值误差很大，因此在预测低风险事件危险度时可能会得出不符合实际的判断。有时在利用定量评价方法计算绝对风险度时，选取事件的发生频率和事故的严重度的基准标准不准时得出的结果可能会有高达数倍的不准确性。另外，方法的误用也会导致错误的评价结果。

（2）评价人员的素质和经验　许多安全评价具有高度主观的性质，评价结果与假设条件密切相关。不同的评价人员使用相同的资料评价同一个对象，由于评价人员的业务素质不同，可能会得出不同的结果。尽管有很多经验性的预测方法，安全评价的质量在很大程度上还取决于判断正确与否，尤其是假设条件。只有训练有素且经验丰富的安全评价从业人员，才能得心应手地使用各种安全评价方法，辅以丰富的经验，得出正确的评价结论。在很多情况下，由于许多事故在评价前并未发生过，安全评价使用定性方法来确定潜在事故的危险性，依靠评价人员个人或集体的智慧来判断确定可能导致事故的原因及其产生的后果，评价结果的可靠性往往与评价人员的技术素质和经验相关。

复习思考题

1. 试述安全评价的定义、内涵。

2. 试述安全、事故、风险的含义。
3. 试述风险判别指标和风险可接受标准？
4. 安全评价如何分类？各类之间有什么异同？
5. 安全评价依据的法规主要有哪些？
6. 安全评价程序有哪些？
7. 安全评价限制因素有哪些？
8. 安全评价与三同时的关系是什么？
9. 安全评价与安全管理的关系是什么？
10. 安全评价的目的、意义和作用是什么？
11. 简述量变到质变原理对安全评价的指导意义。
12. 简述安全评价类推原理，并举例说明两种常用的类推方法。
13. 简述安全评价的原则。
14. 简述安全评价的限制因素。

第2章 危险、有害因素识别及评价单元的划分

本章学习目标

1. 了解安全评价相关法律法规信息，熟悉安全评价对象有关的生产安全事故案例信息筛选，了解安全评价基础信息资料（包括内容）。
2. 了解安全评价对象及安全评价范围确定，熟悉安全评价现场调查常用的分析方法，掌握现场询问调查法和德尔菲法的优缺点。
3. 熟悉现场勘查内容，掌握风向玫瑰图，能够计算泄压面积，熟悉安全评价工作进度甘特图。
4. 了解危险、有害因素定义及分类，掌握《生产过程危险和危害因素分类与代码》(GB/T 13861—2009) 及《企业职工伤亡事故分类》(GB 6441—86)。
5. 能运用《危险化学品重大危险源辨识》(GB 18218—2009) 识别重大危险源，掌握重大危险源分级方法。
6. 了解识别危险、有害因素的原则及方法，熟悉安全评价单元划分的方法。

2.1 前期准备和现场勘查

2.1.1 安全评价前期准备

前期准备是安全评价项目进行危险、有害因素识别的基础，是在安全评价项目启动前，需要完成的一项重要基础工作。前期准备工作主要包括：采集安全评价相关的法律法规信息；采集与安全评价对象有关的生产安全事故案例信息；采集安全评价过程中涉及的人、机、物、法、环基础信息技术资料。

2.1.1.1 安全评价相关法律法规信息

安全评价相关法律法规信息是安全评价的重要参考依据，安全评价中辨识出来的危险和有害因素对应的安全控制措施要符合法律法规要求，对不符合法律法规要求被判定为“事故隐患”，必须按法律法规的要求采取有效控制措施消除发生事故的隐患。由于法律法规信息是动态变化的，因此，安全评价必须关注法律、法规信息，力求用最新的法律、法规指导评价。

安全评价项目所需法律法规信息要从评价项目的实际情况着手，先采集普遍适用于评价项目的法律法规信息，再采集安全评价项目特殊性的法律法规信息。《安全生产法》《消防法》《劳动法》《职业病防治法》等属于普遍适用的法律信息。普遍适用的法规和部门规章信

息主要是有关行政法规和部门规章。特殊适用的评价项目法律信息要以评价项目进行判断，如电力项目适用《电力法》、港口项目适用《港口法》等。特殊适用评价项目行政法规和部门规章主要指评价项目所在地的地方性法规和地方政府规章。对于安全评价项目适用的各类标准，也应尽量收集全面，用于指导安全评价。安全评价法律法规信息的采集，可以采用多种途径，如：网络信息采集、图书馆检索及购买法规数据库等，安全评价项目法律法规信息应根据信息的属性及周期，随时更新，与时俱进。

安全评价相关法律法规信息采集内容用于安全评价依据，为安全评价项目整个过程提供法律、法规支撑。安全评价依据的书写格式要规范统一，书写顺序为国家法律、法规及其他规范性文件，法在前，行政法规在后，部门规章、政策再后，国家大于部门，同类型文件放在一起，同级文件可按时间顺序排列。安全评价依据的标准也要按国家标准、行业标准、地方性标准等分类排序，同时注意强制性标准和推荐性标准适用的范围，标准代号、顺序号及发布时间要按顺序排好。安全评价依据参考实例如下。

(1) 安全法律、法规、规定

①《中华人民共和国安全生产法》(中华人民共和国主席令第七十号)，2014 年 12 月实施。

②《安全生产许可证条例》(中华人民共和国国务院令 397 号)，2014 年修订版。

③《起重机械安全监察规定》(国家质量监督检验检疫总局令第 92 号)，2007 年 6 月施行。

④《建设项目安全设施“三同时”监督管理暂行办法》(国家安全生产监督管理总局令第 36 号)，2011 年 2 月施行。

……

(2) 安全评价标准、规范、规程

①《危险化学品重大危险源辨识》(GB 18218—2009)。

② 生产经营单位安全生产事故应急预案编制导则 (GB/T 29639—2013)。

③《建筑设计防火规范》(GB 50016—2014)。

④《工业企业设计卫生标准》(GBZ 1—2010)。

⑤《安全评价通则》(AQ 8001—2007)。

……

2.1.1.2 安全评价对象有关的生产安全事故案例信息筛选

在安全评价中进行生产事故案例分析，不是为了进行事故处理，不是为了确定事故责任，而是通过分析过去事故的案例信息，确定安全评价项目的危险有害因素，从事故中找事件，从事件中找隐患，从隐患中找危险源，从危险源中找危险有害因素，减低发生事故风险，为安全评价提供技术支持。事故与事件、隐患、危险源及安全措施的内联关系如图 2-1 所示。

在安全评价中通过分析过去发生事故的案例，来识别评价对象可能存在的事故隐患，需要尽可能检索同行业发生过的事故，找出事故要件与评价对象比较，筛选出与评价项目具有相同或相似要件的事故案例。借助事故模型化，可以查明以往发生的事故的直接原因、间接原因和主要原因，用以预测类似事故发生的可能性，同时也可以做出安全评价和安全决策。

对事故进行案例分析，是将事故原因进行细分，以便有效地分析事故，进而制定更有针对性的安全措施。事故原因分析按照《企业职工伤亡事故调查分析规则》分为直接原因和间接原因两类。机械、物质或环境的不安全状态或人的不安全行为者为直接原因。在《企业职

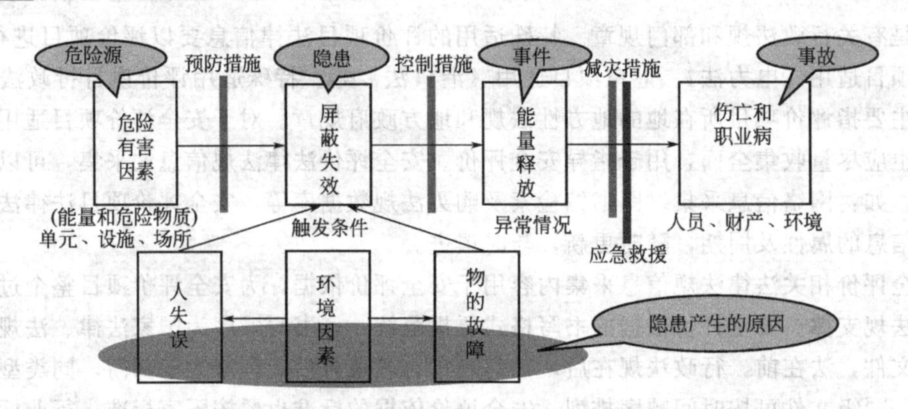

图 2-1　事故与事件、隐患、危险源及安全措施的内联关系

工伤亡事故分类标准》(GB 6441—86) 中有具体规定。直接原因如下所述。

(1) 机械、物质或环境的不安全状态

① 防护、保险、信号缺乏或有缺陷；无防护或防护不当。

② 设备、设施、工具、附件有缺陷，如设计不当、结构不合安全要求；强度不够；设备在非正常状态下运行；维修调整不良等。

③ 个人防护用品用具缺少或有缺陷。

④ 人生产场地环境不良。

(2) 人的不安全行为

① 操作错误，忽视安全，忽视警告。

② 造成安全装置失效。

③ 使用不安全设备。

④ 人手代替工具操作。

⑤ 物体存放不当。

⑥ 冒险进入危险场所。

⑦ 攀、坐不安全位置。

⑧ 在起吊物下作业、停留。

⑨ 机器运转时进行加油、修理、检查、调整、焊接、清扫等工作。

⑩ 有分散注意力的行为。

⑪ 在必须使用个人防护用品用具的作业或场合中，忽视其使用。

⑫ 不安全装束。

⑬ 对易燃、易爆等危险品处理错误。

在《企业职工伤亡事故调查分析规则》中规定属于下列情况者为间接原因。

① 技术和设计上有缺陷——工业构件、建筑物、机械设备、仪器仪表、工艺过程、操作方法、维修检验等的设计、施工和材料使用存在问题。

② 教育培训不够，未经培训，缺乏或不懂安全操作技术知识。

③ 劳动组织不合理。

④ 对现场工作缺乏检查或指导错误。

⑤ 没有安全操作规程或指导错误。

⑥ 没有或不认真实施事故防范措施；对事故隐患整改不力。

⑦ 其他（如应急预案不完善，安全投入不到位，员工安全意识差及企业安全管理混乱

等)。

2.1.1.3　安全评价基础信息资料

(1) 收集项目概况　项目概况是安全评价的基础信息，项目概况一般包括：建设项目名称、建设单位（或生产经营单位）全称、项目所在位置（地址）、项目性质、项目批准文件、项目总投资、技术保密要求、企业规模、平面布局、组织结构、生产人员、工艺流程、主要原料和产品方案、设计情况、论证情况、检测（检查）情况、评价（评估）情况、安全培训状况、安全管理状况等。

(2) 建立信息资料档案　针对安全评价基础信息资料采集的内容进行分类，并建立档案。档案信息内容主要包括：项目概况信息；危险有害因素信息；安全设施信息；事故隐患信息；安全管理信息；类比工程信息；评价机构采集直接信息时的原始记录；各种检测检验报告或论证文件；项目组内部讨论会议的记录，过程控制记录及评价机构内部或外部对评价报告的审核意见等。这些信息在评价过程中不断补充和更新，直到评价项目完成。

2.1.1.4　评价对象及评价范围确定

评价范围是指评价机构对评价项目实施评价时，评价内容所涉及的领域和评价对象所处的地理界限，必要时还包括评价责任界定。评价范围保证评价项目包含了所有要做的工作，而且只包含要求的工作。这就要涉及评价范围的定义和说明，哪些属于评价项目范围，哪些不属于评价项目范围。

虽然评价范围与委托评价单位需要达到的目的密切相关，但安全评价必须考虑评价系统的完整性，所以评价范围的确定要将评价目的与涉及系统一并考虑。如果仅依据委托评价单位的要求确定评价范围，在实施评价时就可能因评价系统不完整，无法得出较准确的评价结果和结论。

评价范围确定主要有两个方面：一是对评价范围的定义；二是评价范围的说明。在评价范围说明中要突出三点：说明评价内容所涉及的领域、说明评价对象所处的地理界限、说明评价责任的界定。评价范围的定义和说明，是评价机构、委托评价单位和相关方（政府管理部门）的共识，是进行安全评价的基础，必须写入《安全评价合同》和《安全评价报告》。

评价范围一般由评价目的所决定，评价内容一般由评价类型、评价系统和评价主线决定，地理界线一般由评价系统的边界性所决定，评价责任一般由评价目的、评价类型所决定。综合评价目的、评价类型、评价系统和评价主线的基本信息，确定评价范围，并在评价报告中对评价范围做出说明。

评价对象及范围实例如下：

本预评价的对象及范围为某有限公司在某化工基地新建125万吨/年甲醇工程项目。对该项目建成投产后的安全状况进行预评价。评价活动是在遵循有关劳动安全法规及标准的前提下，主要依据某设计院编制的项目可行性研究报告进行的。涉及该项目的职业卫生、环境及消防等专项，不属本预评价范围，应遵照国家的有关规定及标准执行。

2.1.2　安全评价现场勘查

2.1.2.1　现场调查常用的分析方法

2.1.2.1.1　现场询问观察法

(1) 按部门调查　按部门调查是以企业部门为中心进行调查的方式，一个部门往往涉及并承担多个过程的职能，因此，调查时应以主要职能为主线进行调查，该方法的优点是调查效率高，缺点是调查内容分散。

(2) 按过程调查　按过程调查是以过程为中心进行调查的方式。一个过程往往涉及多个部门，因此，调查时应以主要职能部门为主线进行调查。该方法的优点是目标集中，易体现安全评价的符合性，缺点是效率低。

(3) 顺向追踪　顺向追踪也称归纳式调查，是顺序调查的方式，从安全管理理念、安全管理制度、责任制等文件查到安全管理措施、危险有害因素的控制。从每层安全措施或设施的危险有害因素控制失效的可能性，判断事故发生的途径及事故发生的概率。该方法的优点是可以系统了解企业安全管理的整个过程，可以观察到各接口协调的情况，缺点是调查时间过长。

(4) 逆向追溯　逆向追溯也称演绎式调查，是逆向调查的方式，先假设事故发生，调查危险有害因素的控制措施，再追查企业安全管理制度及安全理念等文件。从事故形成条件的可能性推出发生事故的原因及概率。该方法的优点是从结果查起，针对性强，容易发现问题，但调查问题如果比较复杂，需要有专业人员进行分析。

2.1.2.1.2　德尔菲法

德尔菲法（Delphi method）是采用背对背的通信方式征询专家小组成员的预测意见，经过几轮征询，使专家小组的预测意见趋于集中，最后做出符合未来发展趋势的预测结论。德尔菲法又名专家意见法或专家函询调查法，是依据系统的程序，采用匿名发表意见的方式，即团队成员之间不得互相讨论，不发生横向联系，只能与调查人员发生关系，以反复的填写问卷，以集结问卷填写人的共识及搜集各方意见，可用来构造团队沟通流程，应对复杂任务难题的管理技术。该方法主要是由调查者拟定调查表，按照既定程序，以函件的方式分别向专家组成员进行征询；而专家组成员又以匿名的方式（函件）提交意见。经过几次反复征询和反馈，专家组成员的意见逐步趋于集中，最后获得具有很高准确率的集体判断结果。该方法可以用于安全评价过程或系统生命周期的任何阶段。

德尔菲法的一般程序如下。

① 成立调查组，确定调查目的，拟订调查提纲。首先必须确定目标，拟订出要求专家回答问题的详细提纲，并同时向专家提供有关背景材料，包括预测目的、期限、调查表填写方法及其他希望要求等说明。

② 选择一批熟悉本问题的专家，一般至少为 20 人，包括安全理论和实践等各方面专家。

③ 以通信方式向各位选定专家发出调查表，征询意见。

④ 对返回的意见进行归纳综合，定量统计分析后再寄给有关专家，每个成员收到一本问卷结果的复制件。

⑤ 看过结果后，再次请成员提出他们的方案。第一轮的结果常常是激发出新的方案或改变某些人的原有观点。

⑥ 重复④、⑤两步直到取得大体上一致的意见。

这种方法的优点主要是简便易行，用途广泛，费用较低，具有一定科学性和实用性，在大多数情况下可以得到比较准确的预测结果，可以避免会议讨论时产生的害怕权威随声附和，或固执已见，或因顾虑情面不愿与他人意见冲突等弊病；同时也可使大家发表的意见较快收敛，参加者也易接受结论，具有一定程度综合意见的客观性。但缺点是调查建立在专家主观判断的基础之上的，因此，专家的学识、兴趣和心理状态对调查结果影响较大，从而使预测结论不够稳定。采用函询方式调查，客观上使调查组与专家之间的信息交流受到一定限制，可能影响预测进度与调查结论的准确性。由于专家一般时间紧，回答总是往往比较草率，同时由于决策主要依靠专家，因此归根到底仍属专家们的集体主观判断。此外，在选择合适的专家方面也较困难，征询意见的时间较长，对于快速决策难于使用等。尽管如此，本方法因简便可靠，仍不失为一种人们常用的有效的调查分析的方法。

2.1.2.2 现场勘查的主要内容

2.1.2.2.1 选址及平面布置布局勘查

评价机构在签订评价合同前，应先对评价项目所处位置的水文、地质和气象条件进行了解，项目建于江海边是否会受潮汛或洪水的影响，地质条件与项目的建构筑防震等级是否匹配，项目是否考虑地质沉降因素，评价项目平面布置是否考虑本地区全年风向和夏季风向的影响，石油化工企业不宜设在窝风地带等等。特别是预评价项目更要深入分析平衡各种问题，找出最优方案。

(1) 周边环境调查 如国务院591号令《危险化学品安全管理条例》第十九条规定：除运输工具加油站、加气站外，危险化学品的生产装置和储存数量构成重大危险源的储存设施，与下列场所、区域的距离必须符合国家标准或者国家有关规定：

① 居民区、商业中心、公园等人口密集区域；

② 学校、医院、影剧院、体育场（馆）等公共设施；

③ 供水水源、水厂及水源保护区；

④ 车站、码头（按照国家规定，经批准，专门从事危险化学品装卸作业的除外）、机场以及公路、铁路、水路交通干线，地铁风亭及出入口；

⑤ 基本农田保护区、畜牧区、渔业水域和种子、种畜、水产苗种生产基地；

⑥ 河流、湖泊、风景名胜区和自然保护区；

⑦ 军事禁区、军事管理区；

⑧ 法律、行政法规规定予以保护的其他区域。

对重大危险源周边分布要进行调查，掌握周边的基本安全状况，尤其针对具有爆炸性危险范围内500m内基本情况及有毒物泄漏的1000m以内的基本情况要做好登记和记录，为风险评价的定量分析计算距离是否符合法规要求提供基本数据参考。

(2) 主要频率风调查

① 风向 气象上把风吹来的方向确定为风的方向。因此，风来自北方叫做北风，风来自南方叫做南风，风来自西方叫做西风，风来自东方叫做东风。当风向在某个方位左右摆动不能肯定时，则加以“偏”字，如偏北风。当风速小于或等于0.2m/s时，称为静风。

② 风向的测量 风向的测量用方位来表示。如陆地上，一般用8个或16个方位表示，海上多用36个方位表示；在高空则用角度表示。用角度表示风向，是把圆周分成360°，北风（N）是0°（即360°），东风（E）是90°，南风（S）是180°，西风（W）是270°，其余的风向都可以由此计算出来（图2-2）。

③ 风向频率 为了表示某个方向的风出现的频率，通常用风向频率这个量，它是指一年（月）内某方向风出现的次数和各方向风出现的总次数的百分比，即：

$$某风向频率=(某风向出现次数/风向的总观测次数)\times 100\%$$

由计算出来的风向频率，可以知道某一地区哪种风向比较多，哪种风向最少。

④ 风向玫瑰图 风向玫瑰图（简称风玫瑰图）也叫风向频率玫瑰图，它是根据某一地

区多年平均统计的各个风向和风速的百分数值，并按一定比例绘制，一般多用 8 个或 16 个罗盘方位表示，由于形状酷似玫瑰花朵而得名（图 2-3）。玫瑰图上所表示风的吹向，是指从外部吹向地区中心的方向，各方向上按统计数值画出的线段，表示此方向风频率的大小，线段越长表示该风向出现的次数越多。将各个方向上表示风频的线段按风速数值百分比绘制成不同颜色的分线段，即表示出各风向的平均风速，此类统计图称为风频风速玫瑰图。

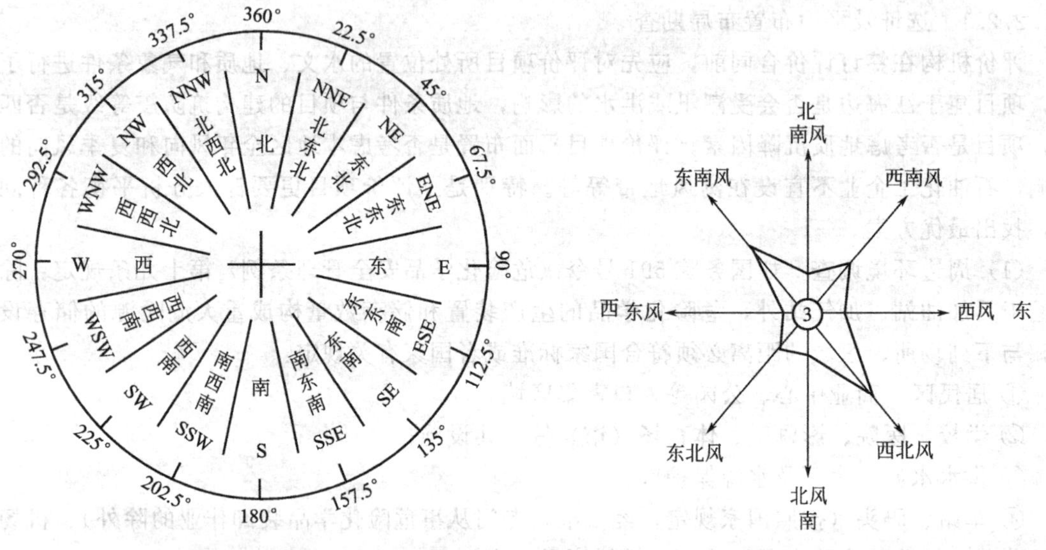

图 2-2　用角度表示风向　　　图 2-3　风向玫瑰图

如：某地区，全年测定风向 24 次，实测数据记录如下：东风 1 次，东南风 4 次，南风 2 次，西南风 3 次，西风 2 次，西北风 5 次，北风 2 次，东北风 2 次，另有 3 次为静风。夏季的主导频率风为东南风，冬季的主导频率风为西北风。该地区全年西北风的频率（全年 24 次测定风向中，有 5 次为西北风）最高，夏季，该地区以东南风为主导风向（全年 24 次测定风向中，有 4 次为东南风），该地区除夏季刮东南风和冬季刮西北风外，很少有其他方向的风，全年最少频率风为东风（全年 24 次测定风向中，只有 1 次为东风），平面设置原则是：办公与生活区应设置在可能散发有毒气体（或蒸气）装置的上风侧。

a. 请以 8 个方位，画出风向玫瑰图。风向玫瑰图如图 2-4 所示。

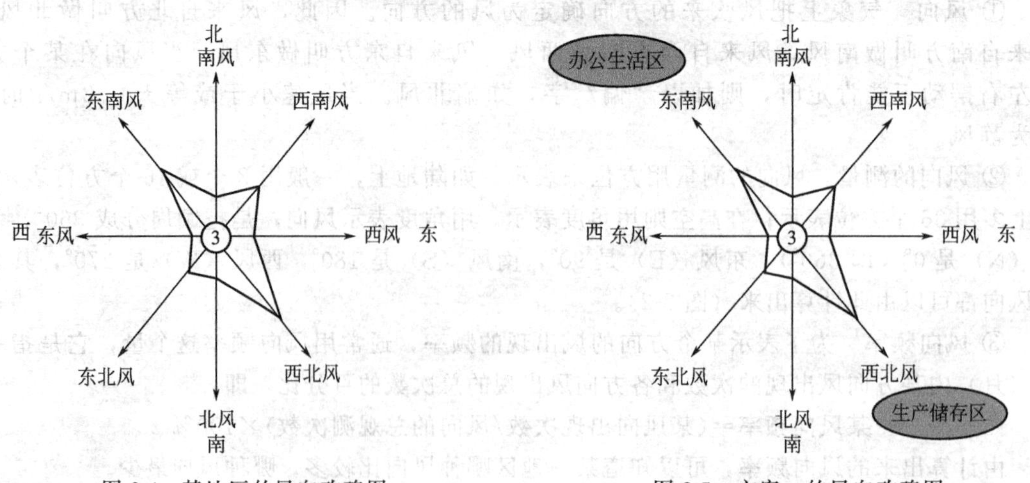

图 2-4　某地区的风向玫瑰图　　　图 2-5　方案一的风向玫瑰图

b. 根据风向玫瑰图，设置某企业生活区和原料储存区分布示意图。

通过分析得出如下三种方案。

方案一：该地区全年西北风的频率（全年 24 次测定风向中，有 5 次为西北风）最高，所以西北风式主导风向。考虑到主导风向是西北风，故将生产储存区设在东南方向，将办公生活区设在西北方向，这样可避开西北风将生产储存区的有毒气体（或蒸气）吹到办公生活区。如图 2-5 所示。

方案二：由于西北风是该地区全年主导风向也是冬季主导风向，方案一在冬季是有效的。但到了夏季，该地区以东南风为主导风向（全年 24 次测定风向中，有 4 次为东南风），生产储存区有毒气体（或蒸气）从东南将吹到设在西北方向的办公生活区；更甚者，有毒气体（或蒸气）夏季受气温影响挥发量比冬天大得多。为此，将办公生活区设在东南方向、生产储存区设在西北方向，这样可避开夏季东南风将有毒气体（或蒸气）吹到生活区，但仍解决不了冬季刮西北风时，生产储存区有毒气体（或蒸气）可从西北吹到设在东南的办公生活区。因有毒气体（或蒸气）冬季受气温冷却影响，挥发量比夏季少得多，故方案二优于方案一。如图 2-6 所示。

方案三：继续考察，发现该地区除夏季刮东南风和冬季刮西北风外，很少有其他方向的风，全年最少频率风为东风（全年 24 次测定风向中，只有 1 次为东风），也就是说，全年基本上不刮东风。因此，将生产储存区设在全年最小频率风的上风侧（东面），将办公生活区设在全年最小频率风的下风侧（西面），最合理。这样，因季风将装置的有毒气体（或蒸气）吹到生活区的概率（可能性）最小。如图 2-7 所示。

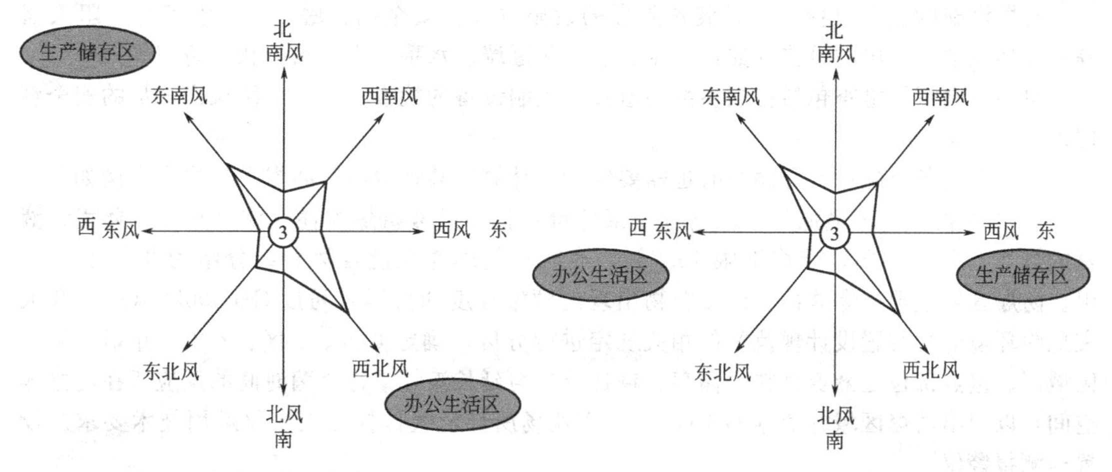

图 2-6　方案二的风向玫瑰图　　　　图 2-7　方案三的风向玫瑰图

（3）平面设计及功能分区　单元平面设计的内容繁多，涉及面广，影响因素多，是一项综合性很强的工作。作为安全评价人员，应正确理解平面设计的内容，准确把握企业各工艺环节的布置要求，从中找出安全生产的必须要素。平面设计包括的主要内容有：合理确定各建筑物、构筑物和各种工程设施的平面位置；合理组织人流、物流，选择运输方式，布置交通运输线路；根据工艺、运输等要求，结合地形，合理进行竖向设计；根据各有关专业的管线设计进行管线综合布置；进行厂区绿化和美化设计。

单元平面布置的一般要求包括：符合工艺流程，顺畅、连续、短捷；满足运输要求，运费能耗最小；利用自然条件，因地制宜布置；注意建（构）筑物朝向，满足通风采光要求；满足职业健康要求，有利于环境保护；符合防护间距，确保安全生产；适应生产弹性，合理预留发展；合理利用山地地形，灵活多样布置。山地地形总平面布置考虑的主要因素包括：加强对地形、地质、水文、气象条件的勘测和调查研究；充分重视自然灾害对地形地貌，企业建设区域的影响；充分利用山地地势，因地制宜，合理进行总平面布置；总平面布置应与所采用的运输方式相适应；必须考虑企业厂区截洪排洪的要求。

企业功能分区也是安全评价现场勘查需要关注的重点，将企业各类建（构）筑物及设施按其功能和要求不同进行必要的分区，是解决安全问题的一种很好的处理方法。功能分区内容包括：将生产性质相同、功能相近，工艺联系密切的建（构）筑物布置在一个生产区内；原料或燃料相同或者采用的运输方式相同的车间，可以合并在一个功能区内；布置在同一生产区的建（构）筑物对防火、职业健康、防震等要求相同或相近；要求同一动力供应的车间，尽量集中布置在同一生产区内；功能分区应考虑人流和交通的便利，一般是以道路或通道作为分区的界限。

2.1.2.2.2 评价项目现场勘查

(1) 安全距离检查 一般认为“安全距离”是防火间距、卫生防护距离、机械防护安全距离等“安全防护距离”的总称。安全防护距离一般有内部安全距离和外部安全距离之分，其主要区别在于“可被接受”的标准，即破坏标准，同时要考虑建设项目用地和周边环境。

(2) 安全设备设施的运行检查 防火设施检查包括：按易燃物质的不同等级提出建筑物的不同耐火等级规定；为了控制火灾的火势，提出建筑物的面积规定；为了控制火灾对周围建筑物的影响，提出与相邻建筑物的间距规定；为了便于人员发生火灾后逃生，提出设置建筑物必要逃生通道；为了解决初始火灾的灭火，提出必须配备的灭火设施。

防爆设施的检查包括：设备装置防爆的设施（如：安全阀、爆破片、温度计、阻火器等）和环境空间防爆的设施（如：泄压面积、防爆墙、水幕、高压水枪和消防车等）。

自动控制系统检查包括控制参数的检查、控制设备的检查及监控系统操作人员的安全管理检查。

在安全设备设施检查方面有时也需要定量的计算。某评价项目防爆设施检查实例如下。

① 爆炸性气体环境危险区域划分 某评价项目涉及液氨爆炸性气体（蒸气）环境，液氨的爆炸上限 27.4%，爆炸下限 15.7%，液氨蒸气爆炸性混合物分级分组为ⅡA 级，T1 组。防爆区域应根据爆炸性气体混合物出现的频繁程度和持续时间按 GB 50058《爆炸和火灾危险环境电力装置设计规范》的相关规定进行分区，确定 0 区、1 区、2 区，并划出防爆区域图。重点部位是液氨物料的储存、输送及参与延长液氨消毒杀菌时间的反应所在的立体空间，以划出防爆区域并依据 GB 12358《作业场所环境气体检测报警仪通用技术要求》设置检测报警仪。

② 厂房的防爆检查 氨瓶仓库与加氨间属于有爆炸危险的厂房。液氨所处厂房的上部空间已设置强排风设施，且通风良好，厂房的承重结构采用钢筋混凝土结构。

氨瓶仓库与加氨间的总控制室独立设置。

③ 泄压面积计算 厂房的长径比＞3 时，宜将该建筑划分为长径比≤3 的多个计算段，泄压面积计算公式：

$$A = 10CV^{\frac{2}{3}}$$

式中 A——泄压面积，m^2；

V——厂房的容积，m^3；

C——厂房容积为 $1000m^3$ 时的泄压比，m^2/m^3，氨为 $0.030m^2/m^3$（查表 2-1 获取）。

表 2-1 厂房内爆炸性危险物质的类别与泄压比值 单位：m^2/m^3

厂房内爆炸性危险物质的类别	C 值
氨以及粮食、纸、皮革、铅、铬、铜等 $K_{尘}<10MPa \cdot m/s$ 的粉尘	≥0.030
木屑、炭屑、煤粉、锑、锡等 $10MPa \cdot m/s \leq K_{尘} \leq 30MPa \cdot m/s$ 的粉尘	≥0.055
丙酮、汽油、甲醇、液化石油气、甲烷、喷漆间或干燥室以及苯酚树脂、铝、镁、锆等 $K_{尘}>30MPa \cdot m/s$ 的粉尘	≥0.110
乙烯	≥0.160
乙炔	≥0.200
氢	≥0.250

氨瓶仓库的泄压面积计算：

经实地测量，氨瓶仓库的容积约为 $V=780m^3$，故泄压面积为：

$$A=10\times0.030\times780^{\frac{2}{3}}=25.4\ (m^2)$$

加氨间的泄压面积计算：

经实地测量，加氨间的容积约为 $V=200m^3$

$$A=10\times0.030\times200^{\frac{2}{3}}=10.3\ (m^2)$$

也就是说，氨瓶仓库泄压面积达 $25.4m^2$ 才满足要求，加氨间的泄压面积达 $10.3m^2$，才满足要求。

(3) 防范及监控设施检查　防范设施实际上是对事故防范的设施，属于控制型的安全设施，也包括“安全附件的间接设施”。监控设施实际上是对事故发生前的警示设施，属于提示型的安全设施，也包括“预先警告的提示设施”。

(4) 检测检验状况核查与汇总　根据评价项目重大危险源的实际情况，核对防爆电器检测、安全阀检测、报警仪标定、避雷设施检测、压力容器检验和防爆起重机检验等情况。相关检测检验核对如表 2-2 所示。

表 2-2 相关检测检验核对

序号	检测检验内容	法定资质检测检验单位	检测检验结果	检验日期或下次检验日期
1	防爆电气及安装	某电气防爆检验站	合格	检验日期：××××.××.××
2	安全阀	某特种设备监督检验技术研究院	合格	检验日期：××××.××.××
3	报警仪	某计量测试技术研究院	合格	校准日期：××××.××.××
4	避雷设施	某避雷装置监测站	合格	检验日期：××××.××.××
5	压力容器	某特种设备监督检验技术研究院	合格	下次检验时间：按钢瓶标注
6	防爆起重机	某特种设备监督检验技术研究院	合格	下次检验时间：××××.××.××

(5) 安全管理情况调查　安全管理情况调查主要包括：安全管理组织和制度检查、安全生产日常管理检查、安全设施维护、安全培训及监督和检查等内容。

2.1.3 安全评价计划编制

安全评价工作计划是评价机构在完成某个安全评价项目期间，对评价工作过程进行的总体设计、对评价工作内容预先做出的日程安排。通过编制安全评价计划对评价工作的内容和过程提出总体设计方案，保证安全评价工作的进度，增加评价工作的可操作性。

安全评价工作计划是安全评价工作过程实施方案和日程安排，因此要从“做什么”、“怎么做”和“做到何种程度”进行具体说明。与委托评价单位签订《安全评价合同》之后，在工况调查、分析危险和有害因素分布及其受控制情况的基础上，依据委托评价单位的需求、评价类型和评价机构的技术能力，对照有关安全生产的法律法规和技术标准，确定安全评价的重点和要求，考虑评价项目的实际情况选择评价方法，并测算安全评价进度，编制《安全评价工作计划》。

将安全评价具体工作，按工作过程顺序相连（纵坐标），标出每个项目工作起始时间和完成时间（横坐标），建立评价工作计划进度表，即甘特图。如能将网络计划技术应用于安全评价工作的进度安排，则能体现科学进度管理的有效性，在同等工作量下提高工作效率。

图 2-8 为某项目安全评价工作进度甘特图。

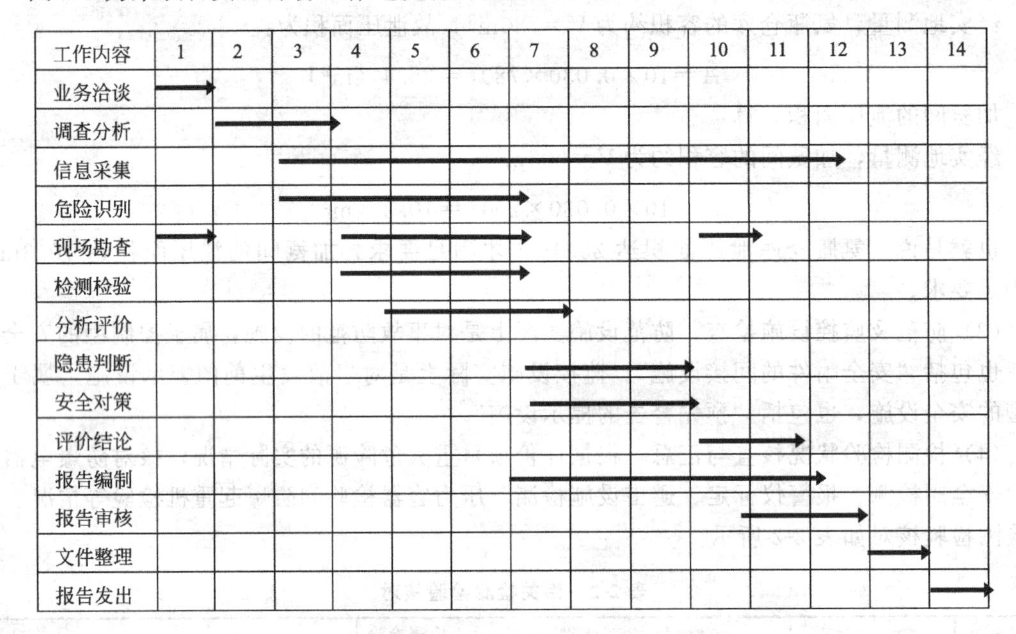

图 2-8 某项目安全评价工作进度甘特图

2.2 危险、有害因素定义及分类

危险源辨识也称危险、有害因素辨识。危险因素是指能对人造成伤亡或对物造成突发性损害的因素，如火灾、爆炸等。有害因素是指能影响人的身体健康，导致疾病，或对物造成慢性损害的因素，如噪声、粉尘等。通常情况下，二者并不加以区分而统称为危险、有害因素，主要指客观存在的危险、有害物质或能量超过临界值的设备、设施和场所等。

对危险、危害因素进行分类，是为便于进行危险、危害因素分析。危险、危害因素的分类方法有许多种，常用的主要包括按导致事故、危害的直接原因，参照事故类别，职业病类别三种方法。

2.2.1 按导致事故和职业危害的直接原因进行分类

根据 GB/T 13861—2009《生产过程危险和危害因素分类与代码》的规定，将生产过程中的危险、危害因素分为四类。

(1) 人的因素

11 心理生理性危险和有害因素

1101 负荷超限

110101 体力负荷超限　110102 听力负荷超限

110103 视力负荷超限　110199 其他负荷超限

1102 健康状况异常

1103 从事禁忌作业

1104 心理异常

110401 情绪异常　110402 冒险心理

110403 过度紧张　110499 其他心理异常

1105 辨识功能缺陷

110501 感知延迟　110512 辨识错误

110599 其他辨识功能缺陷

1199 其他心理、生理性危险和有害因素

12 行为性危险和有害因素

1201 指挥错误

120101 指挥失误　120102 违章指挥

120199 其他指挥错误

1202 操作错误

120201 误操作　120202 违章作业

120299 其他操作错误

1203 监护失误

1299 其他行为性危险和有害因素

(2) 物的因素

21 物理性危险和有害因素

2101 设备、设施、工具、附件缺陷

210101 强度不够　210102 刚度不够

210103 稳定性差　210104 密封不良

210105 耐腐蚀性差　210106 应力集中

210107 外形缺陷　210108 外露运动件

210109 操纵器缺陷　201010 制动器缺陷

210111 控制器缺陷

210199 其他设备、设施、工具、附件缺陷

2102 防护缺陷

210201 无防护　210202 防护装置、设施缺陷

210203 防护不当　210204 支撑不当

210205 防护距离不够　210299 其他防护缺陷

2103 电伤害

210301 带电部位裸露　210302 漏电

210303 静电和杂散电流　210304 电火花

210399 其他电伤害

2104 噪声

210401 机械性噪声
210402 电磁性噪声
210403 流体动力性噪声
210499 其他噪声

2105 振动危害

210501 机械性振动
210502 电磁性振动
210503 流体动力性振动
210599 其他振动危害

2106 电离辐射

2107 非电离辐射

210701 紫外辐射
210702 激光辐射
210703 微波辐射
210704 超高频辐射
210705 高频电磁场
210706 工频电场

2108 运动物伤害

210801 抛射物
210802 飞溅物
210803 坠落物
210804 反弹物
210805 土、岩滑动
210806 料堆（垛）滑动
210807 气流卷动
210899 其他运动物伤害

2109 明火

2110 高温物质

211001 高温气体
211002 高温液体
211003 高温固体
211099 其他高温物质

2111 低温物质

211101 低温气体
211102 低温液体
211103 低温固体
211199 其他低温物质

2112 信号缺陷

211201 无信号设施
211202 信号选用不当
211203 信号位置不当
211204 信号不清
211205 信号显示不准
211299 其他信号缺陷

2113 标志缺陷

211301 无标志
211302 标志不清晰
211303 标志不规范
211304 标志选用不当
211305 标志位置缺陷
211399 其他标志缺陷

2114 有害光照

2199 其他标志缺陷

22 化学性危险和有害因素

2201 爆炸品

2202 压缩气体和液化气体

2203 易燃液体

2204 易燃固体、自然物品体和遇湿易燃物品

2205 氧化剂和有机过氧化物

2206 有毒品

2207 放射性物品

2208 腐蚀品
2209 粉尘与气溶胶
2299 其他化学性危险和有害因素
23 生物性危险和有害因素
2301 致病微生物
230101 细菌　　230102 病毒
230103 真菌　　230199 其他致病微生物
2302 传染病媒介物
2303 致害动物
2304 致害植物
2399 其他生物性危险和有害因素
(3) 环境因素
31 室内作业场所环境不良
3101 室内地面滑
3102 室内作业场所狭窄
3103 室内作业场所杂乱
3104 室内地面不平
3105 室内梯架缺陷
3106 地面、墙和天花板上的开口缺陷
3107 房屋基础下沉
3108 室内安全通道缺陷
3109 房屋安全出口缺陷
3110 采光照明不良
3111 作业场所空气不良
3112 室内温度、湿度、气压不适
3113 室内给、排水不良
3114 室内涌水
3199 其他室内作业场所环境不良
32 室外作业场地环境不良
3201 恶劣气候与环境
3202 作业场地和交通设施湿滑
3203 作业场地狭窄
3204 作业场地杂乱
3205 作业场地不平
3206 航道狭窄，有暗礁或险滩
3207 脚手架、阶梯和活动架缺陷
3208 地面开口缺陷
3209 建筑物和其他结构缺陷
3210 门和围栏缺陷
3211 作业场地基础下沉
3212 作业场地安全通道缺陷

3213 作业场地安全出口缺陷
3214 作业场地光照不良
3215 作业场地空气不良
3216 作业场地温度、湿度、气压不适
3217 作业场地涌水
3299 其他室外作业场地环境不良
33 地下（含水下）作业环境不良
3301 隧道/矿井顶面缺陷
3302 隧道/矿井正面或侧壁缺陷
3303 隧道/矿井地面缺陷
3304 地下作业面空气不良
3305 地下火
3306 冲击地压
3307 地下水
3308 水下作业供氧不当
3399 其他地下作业环境不良
39 其他作业环境不良
3901 强迫体位
3902 综合性作业不良
3999 以上未包括的其他作业环境不良
(4) 管理因素
41 职业安全卫生组织机构不健全
42 职业安全卫生责任制未落实
43 职业安全卫生管理规章制度不完善
4301 建设项目“三同时”制度未落实
4302 操作规程不规范
4303 事故应急预案与响应缺陷
4304 培训制度不完善
4399 其他职业安全卫生管理规章制度不完善
44 职业安全卫生投入不足
45 职业健康管理不完善
49 其他管理因素缺陷

2.2.2 参照《企业职工伤亡事故分类》(GB 6441—86) 进行分类

参照《企业职工伤亡事故分类》(GB 6441—86)，综合考虑起因物、引起事故的诱导性原因、致害物、伤害方式等，将危险因素分为 20 类。此种分类方法所列的危险、危害因素与企业职工伤亡事故处理（调查、分析、统计）、职业病处理和职工安全教育的口径基本一致，为安监部门、行业主管部门安全监管人员和企业广大职工、安全管理人员所熟悉，易于接受和理解，便于实际应用。

(1) 物体打击　是指物体在重力或其他外力的作用下产生运动，打击人体造成人身伤亡事故，不包括因机械设备、车辆、起重机械、坍塌等引发的物体打击。

（2）车辆伤害　是指企业机动车辆在行驶中引起的人体坠落和物体倒塌、下落、挤压伤亡事故，不包括起重设备提升、牵引车辆和车辆停驶时发生的事故。

（3）机械伤害　是指机械设备运动（静止）部件、工具、加工件直接与人体接触引起的夹击、碰撞、剪切、卷入、绞、碾、割、刺等伤害，不包括车辆、起重机械引起的机械伤害。

（4）起重伤害　是指各种起重作业（包括起重机安装、检修、试验）中发生的挤压、坠落、（吊具、吊重）物体打击和触电。

（5）触电　包括雷击伤亡事故。

（6）淹溺　包括高处坠落淹溺，不包括矿山、井下透水淹溺。

（7）灼烫　是指火焰烧伤、高温物体烫伤、化学灼伤（酸、碱、盐、有机物引起的体内外灼伤）、物理灼伤（光、放射性物质引起的体内外灼伤），不包括电灼伤和火灾引起的烧伤。

（8）火灾　是指造成人员伤亡的企业火灾事故。

（9）高处坠落　是指在高处作业中发生坠落造成的伤亡事故，不包括触电坠落事故。

（10）坍塌　是指物体在外力或重力作用下，超过自身的强度极限或因结构稳定性破坏而造成的事故，如挖沟时的土石塌方、脚手架坍塌、堆置物倒塌等，不适用于矿山冒顶片帮和车辆、起重机械、爆破引起的坍塌。

（11）冒顶片帮　是指矿山开采、掘进及其他坑道作业发生的顶板冒落、侧壁垮塌发生的伤亡事故。

（12）透水　矿山开采及其他坑道作业时因涌水造成的伤害。

（13）爆破伤害　是指爆破作业中发生的伤亡事故，包括因爆破引起的中毒。

（14）火药爆炸　是指火药、炸药及其制品在生产、加工、运输、储存中发生的爆炸事故。

（15）瓦斯爆炸　包括瓦斯、煤尘与空气混合物形成的混合物爆炸。

（16）锅炉爆炸　是指工作压力在0.07MPa以上，以水为介质的蒸汽锅炉的爆炸。

（17）容器爆炸　包括物理性爆炸和化学性爆炸。

（18）其他爆炸　是指可燃气体、蒸气、粉尘与空气混合物形成的爆炸性混合物的爆炸，炉膛、钢水包、亚麻粉尘的爆炸等。

（19）中毒和窒息　是指职业性毒物进入人体引起的急性中毒、缺氧窒息、中毒性窒息伤害。

（20）其他伤害　是指上述范围以外的伤害事故。

2.2.3 参照《职业病范围和职业病患者处理办法的规定》或《职业病分类和目录》分类

参照原卫生部、原劳动部、全国总工会等颁发的《职业病范围和职业病患者处理办法的规定》，将有害因素分为生产性粉尘、毒物、噪声与振动、高温、低温、辐射（电离辐射、非电离辐射）、其他有害因素七类。

按2002年原卫生部和原劳动保障部联合印发的《职业病目录》分为10大类115种。根据新修订的《职业病防治法》，原卫生部、安全监管总局、人力资源和社会保障部、全国总工会对《职业病目录》进行修订，修订后的《职业病分类和目录》分为10大类132种。

（1）职业性尘肺病及其他呼吸系统疾病

① 尘肺（肺尘埃沉着病，下同）病　主要包括：硅沉着病、煤工尘肺、石墨尘肺、炭黑尘肺、石棉肺、滑石尘肺、水泥尘肺、云母尘肺、陶工尘肺、铝尘肺、电焊工尘肺、铸工尘肺，及根据《尘肺病诊断标准》和《尘肺病理诊断标准》可以诊断的其他尘肺病。

② 其他呼吸系统疾病　主要包括：过敏性肺炎、棉尘病、哮喘、金属及其化合物粉尘肺沉着病（锡、铁、锑、钡及其化合物等）、刺激性化学物所致慢性阻塞性肺疾病，及硬金属肺病（钨、钛、钴等）。

（2）职业性皮肤病　主要包括：接触性皮炎、光接触性皮炎、电光性皮炎、黑变病、痤疮、溃疡、化学性皮肤灼伤、白斑，及根据《职业性皮肤病诊断标准（总则）》可以诊断的其他职业性皮肤病。

（3）职业性眼病　主要包括：化学性眼部灼伤、电光性眼炎，及白内障（含放射性白内障、三硝基甲苯白内障）。

（4）职业性耳鼻喉口腔疾病　主要包括：噪声聋、铬鼻病、牙酸蚀病及爆震聋。

（5）职业性化学中毒　主要包括：铅及其化合物中毒（不包括四乙基铅）、汞及其化合物中毒、锰及其化合物中毒、镉及其化合物中毒、铍病、铊及其化合物中毒、钡及其化合物中毒、钒及其化合物中毒、磷及其化合物中毒、砷及其化合物中毒、铀及其化合物中毒、砷化氢中毒、氯气中毒、二氧化硫中毒、光气中毒、氨中毒、偏二甲基肼中毒、氮氧化合物中毒、一氧化碳中毒、二硫化碳中毒、硫化氢中毒、磷化氢、磷化锌、磷化铝中毒、氟及其无机化合物中毒、氰及腈类化合物中毒、四乙基铅中毒、有机锡中毒、羰基镍中毒、苯中毒、甲苯中毒、二甲苯中毒、正己烷中毒、汽油中毒、一甲胺中毒、有机氟聚合物单体及其热裂解物中毒、二氯乙烷中毒、四氯化碳中毒、氯乙烯中毒、三氯乙烯中毒、氯丙烯中毒、氯丁二烯中毒、苯的氨基及硝基化合物（不包括三硝基甲苯）中毒、三硝基甲苯中毒、甲醇中毒、酚中毒、五氯酚（钠）中毒、甲醛中毒、硫酸二甲酯中毒、丙烯酰胺中毒、二甲基甲酰胺中毒、有机磷中毒、氨基甲酸酯类中毒、溴甲烷中毒、拟除虫菊酯类中毒、铟及其化合物中毒、溴丙烷中毒、碘甲烷中毒、氯乙酸中毒、环氧乙烷中毒，及上述条目中未提及的化学因素所致中毒，所发生的中毒与接触的职业有害因素之间存在直接因果联系，根据相关职业病诊断标准可以诊断的其他职业中毒。

（6）物理因素所致职业病　主要包括：中暑、减压病、高原病、航空病、手臂振动病、激光所致眼（角膜、晶状体、视网膜）灼伤，及冻伤。

（7）职业性放射性疾病　主要包括：外照射急性放射病、外照射亚急性放射病、外照射慢性放射病、内照射放射病、放射性皮肤疾病、放射性肿瘤（新增矿工高氡暴露所致肺癌）、放射性骨损伤、放射性甲状腺疾病、放射性性腺疾病、放射复合伤，及根据《职业性放射性疾病诊断标准（总则）》可以诊断的其他放射性损伤。

（8）职业性传染病　主要包括：炭疽、森林脑炎、布氏杆菌病，及医护人员因职业暴露感染艾滋病。

（9）职业性肿瘤　主要包括：石棉所致肺癌、胸膜间皮瘤、联苯胺所致膀胱癌、苯所致白血病、氯甲醚所致肺癌、砷及其化合物所致肺癌、皮肤癌、氯乙烯所致肝血管肉瘤、焦炉逸散物所致肺癌、六价铬化合物所致肺癌、毛沸石所致肺癌、胸膜间皮瘤，煤焦油、煤焦油沥青、石油沥青所致皮肤癌，β-萘胺所致膀胱癌，及双氯甲醚所致肺癌。

（10）其他职业病　金属烟热及井下作业所致肘、膝滑囊炎。

2.3 重大危险源辨识

2.3.1 重大危险源的辨识标准

防止重大工业事故发生的第一步是辨识或确认企业的重大危险源。一般由政府主管部门或权威机构在物质毒性、燃烧、爆炸特性基础上，确定危险物质及其临界量标准（即重大危险源辨识标准）。通过危险物质及其临界量标准，就可以确定哪些是可能发生重大事故的潜在危险源。

关于重大危险源的辨识标准及方法，参考国外同类标准，结合我国工业生产的特点和火灾、爆炸、毒物泄漏重大事故的发生规律，以及 1997 年由原劳动部组织实施的重大危险源普查试点工作中对重大危险源辨识进行试点的情况，国家经贸委安全科学技术研究中心（现国家安全生产监督管理局安全科学技术研究中心）和中国石油化工股份有限公司青岛安全工程研究院起草提出了国家标准 GB 18218—2000《重大危险源辨识》，此标准自 2001 年 4 月 1 日实施。2009 年 3 月，由国家安监总局提出，国家质监总局、国家标准化管理委员会联合发布新的重大危险源标准 GB 18218—2009《危险化学品重大危险源辨识》，代替 GB 18218—2000《重大危险源辨识》，新标准于 2009 年 12 月起实施。

我国重大危险源的辨识、申报登记工作按此标准进行，该标准规定了辨识危险化学品重大危险源的依据和方法。适用于危险化学品的生产、使用、储存和经营等各企业或组织。不适用于：

（1）核设施和加工放射性物质的工厂，但这些设施和工厂中处理非放射性物质的部门除外；

（2）军事设施；

（3）采矿业，但涉及危险化学品的加工工艺及储存活动除外；

（4）危险化学品的运输；

（5）海上石油天然气开采活动。

2.3.1.1 危险化学品重大危险源的辨识依据

对危险化学品重大危险源的辨识依据是危险化学品的危险特性及其数量，在表 2-4 范围内的危险化学品，其临界量按 2-3 确定；未在表 2-3 范围内的危险化学品，依据其危险性，按表 2-4 确定临界量；若一种危险化学品具有多种危险性，按其中最低的临界量确定。具体见表 2-3 和表 2-4。

表 2-3　危险化学品名称及其临界量

序号	类别	危险化学品名称和说明	临界量/t
1	爆炸品	叠氮化钡	0.5
2		叠氮化铅	0.5
3		雷酸汞	0.5
4		三硝基苯甲醚	5
5		三硝基甲苯	5
6		硝化甘油	1
7		硝化纤维素	10
8		硝酸铵(含可燃物>0.2%)	5

续表

序号	类别	危险化学品名称和说明	临界量/t
9	易燃气体	丁二烯	5
10		二甲醚	50
11		甲烷,天然气	50
12		氯乙烯	50
13		氢	5
14		液化石油气(含丙烷、丁烷及其混合物)	50
15		一甲胺	5
16		乙炔	1
17		乙烯	50
18	毒性气体	氨	10
19		二氟化氧	1
20		二氧化氮	1
21		二氧化硫	20
22		氟	1
23		光气	0.3
24		环氧乙烷	10
25		甲醛(含量>90%)	5
26		磷化氢	1
27		硫化氢	5
28		氯化氢	20
29		氯	5
30		煤气(CO、CO和H_2、CH_4的混合物等)	20
31		砷化三氢(胂)	12
32		锑化氢	1
33		硒化氢	1
34		溴甲烷	10
35	易燃液体	苯	50
36		苯乙烯	500
37		丙酮	500
38		丙烯腈	50
39		二硫化碳	50
40		环己烷	500
41		环氧丙烷	10
42		甲苯	500
43		甲醇	500
44		汽油	200
45		乙醇	500
46		乙醚	10
47		乙酸乙酯	500
48		正己烷	500

续表

序号	类别	危险化学品名称和说明	临界量/t
49	易于自燃的物质	黄磷	50
50		烷基铝	1
51		戊硼烷	1
52	遇水放出易燃气体的物质	电石	100
53		钾	1
54		钠	10
55	氧化性物质	发烟硫酸	100
56		过氧化钾	20
57		过氧化钠	20
58		氯酸钾	100
59		氯酸钠	100
60		硝酸(发红烟的)	20
61		硝酸(发红烟的除外,含硝酸>70%)	100
62		硝酸铵(含可燃物≤0.2%)	300
63		硝酸铵基化肥	1000
64	有机过氧化物	过氧乙酸(含量≥60%)	10
65		过氧化甲乙酮(含量≤60%)	10
66	毒性物质	丙酮合氰化氢	20
67		丙烯醛	20
68		氟化氢	1
69		环氧氯丙烷(3-氯-1,2-环氧丙烷)	20
70		环氧溴丙烷(表溴醇)	20
71		甲苯二异氰酸酯	100
72		氯化硫	1
73		氰化氢	1
74		三氧化硫	75
75		烯丙胺	20
76		溴	20
77		亚乙基亚胺	20
78		异氰酸甲酯	0.75

表 2-4 未在表 2-3 中列举的危险化学品类别及其临界量

类别	危险性分类及说明	临界量/t
爆炸品	1.1A 项爆炸品	1
	除 1.1A 项外的其他 1.1 项爆炸品	10
	除 1.1 项外的其他爆炸品	50

续表

类别	危险性分类及说明	临界量/t
气体	易燃气体:危险性属于2.1项的气体	10
	氧化性气体:危险性属于2.2项非易燃无毒气体且次要危险性为5类的气体	200
	剧毒气体:危险性属于2.3项且急性毒性为类别1的毒性气体	5
	有毒气体:危险性属于2.3项的其他毒性气体	50
易燃液体	极易燃液体:沸点≤35℃且闪点<0℃的液体;或保存温度一直在其沸点以上的易燃液体	10
	高度易燃液体:闪点<23℃的液体(不包括极易燃液体);液态退敏爆炸品	1000
	易燃液体:23℃≤闪点<61℃的液体	5000
易燃固体	危险性属于4.1项且包装为Ⅰ类的物质	200
易于自燃的物质	危险性属于4.2项且包装为Ⅰ或Ⅱ类的物质	200
遇水放出易燃气体的物质	危险性属于4.3项且包装为Ⅰ或Ⅱ的物质	200
氧化性物质	危险性属于5.1项且包装为Ⅰ类的物质	50
	危险性属于5.1项且包装为Ⅱ或Ⅲ类的物质	200
有机过氧化物	危险性属于5.2项的物质	50
毒性物质	危险性属于6.1项且急性毒性为类别1的物质	50
	危险性属于6.1项且急性毒性为类别2的物质	500

注：以上危险化学品危险性类别及包装类别依据GB 12268确定，急性毒性类别依据GB 20592确定。

2.3.1.2 重大危险源的辨识指标

单元内存在危险化学品的数量等于或超过表2-3、表2-4规定的临界量，即被定为重大危险源。单元内存在的危险化学品的数量根据处理危险化学品种类的多少区分为以下两种情况。

(1) 单元内存在的危险化学品为单一品种，则该危险化学品的数量即为单元内危险化学品的总量，若等于或超过相应的临界量，则定为重大危险源。

(2) 单元内存在的危险化学品为多品种时，则按式(2-1)计算，若满足式(2-1)，则定为重大危险源。

$$q_1/Q_1+q_2/Q_2+\cdots+q_n/Q_n\geqslant 1 \tag{2-1}$$

式中 q_1，q_2，…，q_n——每种危险化学品实际存在量，t;

Q_1，Q_2，…，Q_n——与各危险化学品相对应的临界量，t。

2.3.2 重大危险源评价分级

危险化学品单位应当对重大危险源进行安全评估并确定重大危险源等级。危险化学品单位可以组织本单位的注册安全工程师、技术人员或者聘请有关专家进行安全评估，也可以委托具有相应资质的安全评价机构进行安全评估。依照法律、行政法规的规定，危险化学品单位需要进行安全评价的，重大危险源安全评估可以与本单位的安全评价一起进行，以安全评价报告代替安全评估报告，也可以单独进行重大危险源安全评估。重大危险源根据其危险程度，分为一级、二级、三级和四级，一级为最高级别。危险化学品重大危险源分级方法如下。

(1) 分级指标　采用单元内各种危险化学品实际存在（在线）量与其在《危险化学品重

大危险源辨识》(GB 18218) 中规定的临界量比值，经校正系数校正后的比值之和 R 作为分级指标。

(2) R 的计算方法

$$R=\alpha\left(\beta_1\frac{q_1}{Q_1}+\beta_2\frac{q_2}{Q_2}+\cdots+\beta_n\frac{q_n}{Q_n}\right)$$

式中　q_1，q_2，…，q_n——每种危险化学品实际存在（在线）量，t；

Q_1，Q_2，…，Q_n——与各危险化学品相对应的临界量，t；

β_1，β_2，…，β_n——与各危险化学品相对应的校正系数；

α——该危险化学品重大危险源厂区外暴露人员的校正系数。

(3) 校正系数 β 的取值　根据单元内危险化学品的类别不同，设定校正系数 β 值，见表2-5和表2-6。

表 2-5　校正系数 β 的取值

危险化学品类别	毒性气体	爆炸品	易燃气体	其他类危险化学品
β	见表 2-6	2	1.5	1

注：危险化学品类别依据《危险货物品名表》中分类标准确定。

表 2-6　常见毒性气体校正系数 β 的取值

毒性气体名称	一氧化碳	二氧化硫	氨	环氧乙烷	氯化氢	溴甲烷	氯
β	2	2	2	2	3	3	4
毒性气体名称	硫化氢	氟化氢	二氧化氮	氰化氢	碳酰氯	磷化氢	异氰酸甲酯
β	5	5	10	10	20	20	20

注：未在表 2-6 中列出的有毒气体可按 $\beta=2$ 取值，剧毒气体可按 $\beta=4$ 取值。

(4) 校正系数 α 的取值　根据重大危险源的厂区边界向外扩展 500m 范围内常住人口数量，设定厂外暴露人员校正系数 α 值，见表 2-7。

表 2-7　校正系数 α 的取值

厂外可能暴露人员数量	α	厂外可能暴露人员数量	α
100 人以上	2.0	1～29 人	1.0
50～99 人	1.5	0 人	0.5
30～49 人	1.2		

(5) 分级标准　根据计算出来的 R 值，按表 2-8 确定危险化学品重大危险源的级别。

表 2-8　危险化学品重大危险源级别和 R 值的对应关系

危险化学品重大危险源级别	R 值	危险化学品重大危险源级别	R 值
一级	$R\geqslant100$	三级	$50>R\geqslant10$
二级	$100>R\geqslant50$	四级	$R<10$

2.3.3　可容许风险标准

(1) 可容许个人风险标准　个人风险是指因危险化学品重大危险源各种潜在的火灾、爆炸、有毒气体泄漏事故造成区域内某一固定位置人员的个体死亡概率，即单位时间内（通常为年）的个体死亡率。通常用个人风险等值线表示。通过定量风险评价，危险化学品单位周边重要目标和敏感场所承受的个人风险应满足表 2-9 中可容许风险标准要求。

表 2-9　可容许个人风险标准

危险化学品单位周边重要目标和敏感场所类别	可容许风险(以年计)
1. 高敏感场所(如学校、医院、幼儿园、养老院等) 2. 重要目标(如党政机关、军事管理区、文物保护单位等) 3. 特殊高密度场所(如大型体育场、大型交通枢纽等)	$<3\times10^{-7}$
1. 居住类高密度场所(如居民区、宾馆、度假村等) 2. 公众聚集类高密度场所(如办公场所、商场、饭店、娱乐场所等)	$<1\times10^{-6}$

(2) 可容许社会风险标准　社会风险是指能够引起≥N 人死亡的事故累积频率(F)，也即单位时间内(通常为年)的死亡人数。通常用社会风险曲线(F-N 曲线)表示。

可容许社会风险标准采用 ALARP(as low as reasonable practice)原则作为可接受原则。ALARP 原则通过两个风险分界线将风险划分为 3 个区域，即：不可容许区、尽可能降低区(ALARP)和可容许区。

① 若社会风险曲线落在不可容许区，除特殊情况外，该风险无论如何不能被接受。

② 若落在可容许区，风险处于很低的水平，该风险是可以被接受的，无需采取安全改进措施。

③ 若落在尽可能降低区，则需要在可能的情况下尽量减少风险，即对各种风险处理措施方案进行成本效益分析等，以决定是否采取这些措施。

通过定量风险评价，危险化学品重大危险源产生的社会风险应满足图 2-9 中可容许社会风险标准要求。

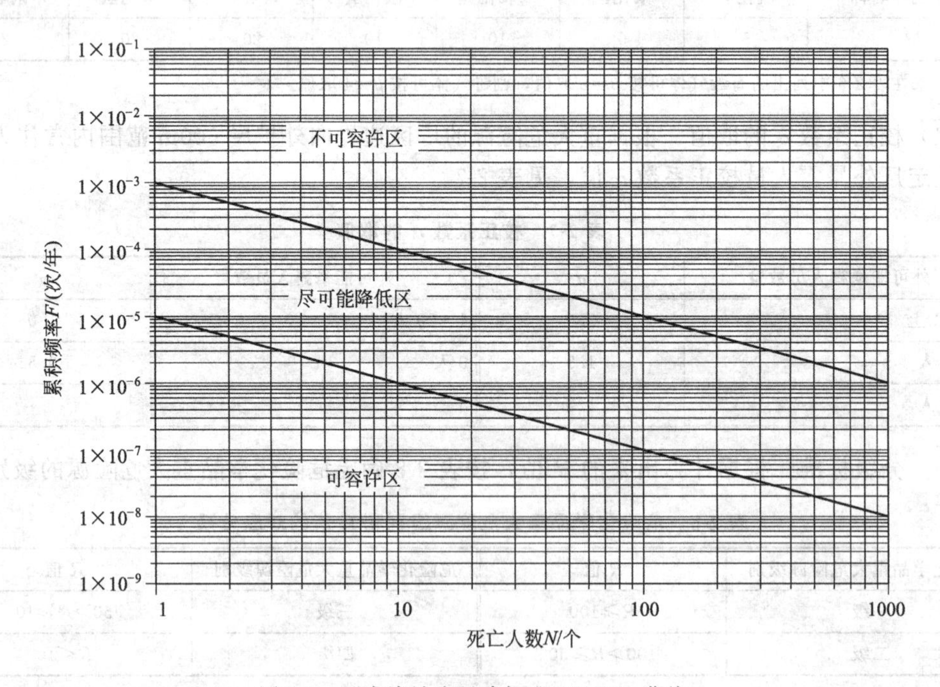

图 2-9　可容许社会风险标准(F-N)曲线

2.3.4　重大危险源的安全管理与监督

2.3.4.1　重大危险源技术监控

(1) 重大危险源宏观监控系统　安全生产监督管理部门依据有关法规对存在重大危险源

的企业实施分级管理，针对不同级别的企业确定规范的现场监督方法，督促企业执行有关法规，建立监控机制，并督促隐患整改。建立健全新建、改建企业重大危险源申报、分级制度，使重大危险源管理规范化、制度化。同时与技术中介组织配合，根据企业的行业、规模等具体情况提供监控的管理及技术指导。在各地开展工作的基础上，逐步建立全国范围内的重大危险源信息系统；以便各级安全生产监督管理部门及时了解、掌握重大危险源状况。从而建立企业负责，安全生产监督管理部门监督的重大危险源监控体系。

重大危险源的安全监督管理工作主要由区县一级安全部门进行。信息网络建成之后，市级安全部门可以通过网络针对一、二级危险源的情况和监察信息进行了解，有重点地进行现场监察；国家安全监督管理部门可以通过网络对各城市的一级危险源的监察情况进行监督。

(2) 重大危险源实时监控预警技术　重大危险源对象大多数时间运行在安全状况下。监控预警系统的目的主要是监视其正常情况下危险源对象的运行情况及状态，并对其实时和历史趋势做一个整体评判，对系统的下一时刻做出一种超前（或提前）的预警行为。因而在正常工况下和非正常工况下应该有对危险源对象及参数的记录显示、报表等功能。

① 正常运行阶段。正常工况下危险源运行模拟流程和进行主要参数（温度、压力、浓度、油/水界面、泄漏检测传感器输出等）的数据显示、报表、超限报警，并根据临界状态判据自动判断是否转入应急控制程序。

② 事故临界状态。被实时监测的危险源对象的各种参数超出正常值的界限，向事故生成方向转化，如不采取应急控制措施就会引发火灾、爆炸及重大毒物泄漏事故。

在这种状态下，监控系统一方面给出声、光或语言报警信息，由应急决策显示排除故障系统的操作步骤，指导操作人员正确、迅速恢复正常工况，同时发出应急控制指令（例如，条件具备时可自动开启喷淋装置使危险源对象降温，自动开启泄放阀降压，关闭进料阀制止液位上升等）；或者当可燃气体传感器检测到危险源对象周围空气中的可燃气体浓度达到阈值时，监控预警系统将及时报警，同时还能根据检测的可燃气体的浓度及气象参数（风速、风向、气温、气压、温度等）传感器的输出信息，快速绘制出混合气云团在电子地图上的覆盖区域、浓度预测值，以便采取相应的措施，防止火灾、毒物的进一步扩大。

③事故初始阶段。如果上述预防措施全部失效，或因其他原因致使危险源及周边空间已经起火，为及时控制火势以及与消防措施紧密结合，可从两个方面采取补救措施：a. 应用“早期火灾智能探测与空间定位系统”及时报告火灾发生的准确位置，以便迅速扑救；b. 自动启动应急控制系统，将事故抑制在萌芽状态。

2.3.4.2 生产经营单位重大危险源安全管理

《危险化学品重大危险源辨识》(GB 18218—2009) 出台后，国家安全生产监督管理部门颁布实施了《危险化学品重大危险源监督管理暂行规定》（安监总局 40 号令），对政府和企业如何对重大危险源监督和管理方面提出了一些科学合理的法定基本要求，为有效预防和控制重大危险源工业事故奠定了良好的基础。

生产经营单位应建立健全重大危险源安全管理制度，制定重大危险源安全管理技术措施。危险物品的生产、经营、储存以及矿山、建筑施工等生产经营单位应当建立应急救援组织，配备必要的应急救援器材、设备，并进行经常性维护、保养，保证正常运转；生产经营规模较小的，可以不建立应急救援组织，应当指定兼职的应急救援人员。

生产经营单位应按照国家相关法律、法规和标准规定制定并及时完善重大危险源事故应急预案。生产经营单位应针对重大危险源每年至少开展一次综合应急演练或专项应急演练，每半年至少开展一次现场处置应急演练。生产经营单位应对涉及重大危险源的从业人员进行应急管理培训，使其全面掌握本岗位的安全操作技能和在紧急情况下应当采取的应急措施。生产经营单位应将重大危险源可能发生事故的后果及应急措施等信息告知可能受影响的单位和人员。

生产经营单位应在重大危险源现场设置明显的安全警示标志。生产经营单位应根据重大危险源的等级，建立健全相应的安全监控系统或安全监控设施，保证安全监控系统或监控设施有效运行，并落实监控责任。生产经营单位应依据国家相关规定对重大危险源进行定期的检测，并做好检测、检验记录。生产经营单位应对重大危险源，有重大危险源的建筑物、构筑物及其周边环境开展隐患排查，及时采取措施消除隐患。生产经营单位主要负责人应保证重大危险源安全管理所需资金的投人。

危险化学品单位应当依法制定重大危险源事故应急预案，建立应急救援组织或者配备应急救援人员，配备必要的防护装备及应急救援器材、设备、物资，并保障其完好和方便使用；配合地方人民政府安全生产监督管理部门制定所在地区涉及本单位的危险化学品事故应急预案。对存在吸入性有毒、有害气体的重大危险源，危险化学品单位应当配备便携式浓度检测设备、空气呼吸器、化学防护服、堵漏器材等应急器材和设备；涉及剧毒气体的重大危险源，还应当配备两套以上（含本数）气密型化学防护服；涉及易燃易爆气体或者易燃液体蒸气的重大危险源，还应当配备一定数量的便携式可燃气体检测设备。危险化学品单位应当对辨识确认的重大危险源及时、逐项进行登记建档。重大危险源档案应当包括下列文件、资料：

（1）辨识、分级记录；

（2）重大危险源基本特征表；

（3）涉及的所有化学品安全技术说明书；

（4）区域位置图、平面布置图、工艺流程图和主要设备一览表；

（5）重大危险源安全管理规章制度及安全操作规程；

（6）安全监测监控系统、措施说明，检测、检验结果；

（7）重大危险源事故应急预案、评审意见、演练计划和评估报告；

（8）安全评估报告或者安全评价报告；

（9）重大危险源关键装置、重点部位的责任人、责任机构名称；

（10）重大危险源场所安全警示标志的设置情况；

（11）其他文件、资料。

2.3.4.3 重大危险源监督

地方各级人民政府应当针对本行政区域内的重大危险源或受重大危险源威胁的周边生产经营单位和社区、乡镇等，按照分级管理的原则，组织有关部门和单位制定针对性的应急预案，建立应急救援体系，并责令有关单位采取安全防范措施。地方各级人民政府安全生产监督管理部门对本行政区域内生产经营单位重大危险源的辨识、评估、登记建档、备案、核销、安全管理等工作实行综合监管。其他负有安全生产监督管理职责的部门对本行业（领域）内的重大危险源的辨识、评估、登记建档、备案、核销、安全管理等工作实施日常监督管理。

县级人民政府安全生产监督管理部门应当每季度将辖区内的一级、二级重大危险源备案材料报送至设区的市级人民政府安全生产监督管理部门。设区的市级人民政府安全生产监督管理部门应当每半年将辖区内的一级重大危险源备案材料报送至省级人民政府安全生产监督管理部门。危险化学品单位新建、改建和扩建危险化学品建设项目，应当在建设项目竣工验收前完成重大危险源的辨识、安全评估和分级、登记建档工作，并向所在地县级人民政府安全生产监督管理部门备案。

地方各级人民政府安全生产监督管理部门应建立重大危险源信息管理系统，对重大危险源备案等实施动态监管，并制定重大危险源监督检查计划，对生产经营单位重大危险源的安全管理情况进行专项监督检查。地方各级人民政府安全生产监督管理部门和其他负有安全生产监督管理职责的部门在检查中发现重大危险源存在事故隐患，应当责令生产经营单位立即整改，不能立即整改的，必须坚持整改措施、资金、期限、责任单位、应急预案“五落实”；在整改前或者整改中无法保证安全的，应当责令生产经营单位从危险区域内撤出作业人员，暂时停产、停业或者停止使用。事故隐患排除后，方可恢复生产经营。

2.4　危险、有害因素的识别过程

尽管现代生产过程千差万别，但如果能够通过事先对危险、有害因素的识别，找出可能存在的危险、危害，就能够对所存在的危险、危害采取相应的措施（如修改设计，增加安全设施等），从而可以大大提高生产过程和系统的安全性。在进行危险、有害因素的识别时，要全面、有序地进行识别，防止出现漏项，宜按厂址、总平面布置、道路及运输、建（构）筑物、生产工艺、物流、主要设备装置、作业环境管理等几方面进行。识别的过程实际上就是系统安全分析的过程。

(1) 厂址　从厂址的工程地质、地形地貌、水文、气象条件、周围环境、交通运输条件、自然灾害、消防支持等方面分析、识别。

(2) 总平面布置　从功能分区、防火间距和安全间距、风向、建筑物朝向、危险有害物质设施、动力设施（氧气站、乙炔气站、压缩空气站、锅炉房、液化石油气站等）、道路、储运设施等方面进行分析、识别。

(3) 道路及运输　从运输、装卸、消防、疏散、人流、物流、平面交叉运输和竖向交叉运输等几方面进行分析、识别。

(4) 建（构）筑物　从厂房的生产火灾危险性分类、耐火等级、结构、层数、占地面积、防火间距、安全疏散等方面进行分析识别。从库房储存物品的火灾危险性分类、耐火等级、结构、层数、占地面积、安全疏散、防火间距等方面进行分析、识别。

(5) 工艺过程

① 对新建、改建、扩建项目设计阶段危险、有害因素的识别应从以下 6 个方面进行分析识别。

a. 对设计阶段是否通过合理的设计，尽可能从根本上消除危险、有害因素的发生进行考查。例如是否采用无害化工艺技术，以无害物质代替有害物质并实现过程自动化等，否则就可能存在危险。

b. 当消除危险、有害因素有困难时，对是否采取了预防性技术措施来预防或消除危险、危害的发生进行考查。例如是否设置安全阀、防爆阀（膜）；是否有有效的泄压面积和可靠的防静电接地、防雷接地、保护接地、漏电保护装置等。

c. 当无法消除危险或危险难以预防的情况下，对是否采取了减少危险、危害的措施进行考查。例如是否设置防火堤、涂防火涂料；是否是敞开或半敞开式的厂房；防火间距、通风是否符合国家标准的要求等；是否以低毒物质代替高毒物质；是否采取了减震、消声和降温措施等。

d. 当在无法消除、预防、减弱的情况下，对是否将人员与危险、有害因素隔离等进行考查。如是否实行遥控、设隔离操作室、安全防护罩、防护屏、配备劳动保护用品等。

e. 当操作者失误或设备运行一旦达到危险状态时，对是否能通过联锁装置来终止危险、危害的发生进行考查。如锅炉极低水位时停炉联锁和冲剪压设备光电联锁保护等。

f. 在易发生故障和危险性较大的地方，对是否设置了醒目的安全色、安全标志和声、光警示装置等进行考查。如厂内铁路或道路交叉路口、危险品库、易燃易爆物质区等。

② 对安全现状综合评价可针对行业和专业的特点及行业和专业制定的安全标准、规程进行分析、识别。

针对行业和专业的特点，可利用各行业和专业制定的安全标准、规程进行分析、识别。例如安监部门会同有关部委制定了冶金、电子、化学、机械、石油化工、轻工、塑料、纺织、建筑、水泥、制浆造纸、平板玻璃、电力、石棉、核电站等一系列安全标准及安全规程、规定，评价人员应根据这些标准、规程、规定、要求对被评价对象可能存在的危险有害因素进行分析和识别。以化工、石油化工为例，工艺过程的危险、有害性识别有以下几种情况。

a. 存在不稳定物质的工艺过程，这些不稳定物质有原料、中间产物、副产物、添加物或杂质等；

b. 含有易燃物料而且在高温、高压下运行的工艺过程；

c. 含有易燃物料且在冷冻状况下运行的工艺过程；

d. 在爆炸极限范围内或接近爆炸性混合物的工艺过程；

e. 有可能形成尘、雾爆炸性混合物的工艺过程；

f. 有剧毒、高毒物料存在的工艺过程；

g. 储有压力能量较大的工艺过程。

③ 根据典型的单元过程（单元操作）进行危险有害因素的识别。典型的单元过程是各行业中具有典型特点的基本过程或基本单元，这些单元过程的危险、有害因素已经归纳总结在许多手册、规范、规程和规定中，通过查阅均能得到。这类方法可以使危险、有害因素的识别比较系统，避免遗漏。

(6) 生产设备、装置　对于工艺设备可从高温、低温、高压、腐蚀、振动、关键部位的备用设备、控制、操作、检修和故障、失误时的紧急异常情况等方面进行识别。对机械设备可从运动零部件和工件、操作条件、检修作业、误运转和误操作等方面进行识别。对电气设备可从触电、断电、火灾、爆炸、误运转和误操作、静电、雷电等方面进行识别。另外，还应注意识别高处作业设备、特殊单体设备（如锅炉房、乙炔站、氧气站）等的危险、有害因素。

(7) 作业环境　注意识别存在毒物、噪声、振动、高温、低温、辐射、粉尘及其他有害因素的作业部位。

(8) 安全管理措施　可以从安全生产管理组织机构、安全生产管理制度、事故应急救援预案、特种作业人员培训、日常安全管理等方面进行识别。

在安全评价危险源分析过程中，常常从以上 8 个方面进行分析，图 2-10 是作业现场一幅图片，通过分析找出危险因素有 23 处。

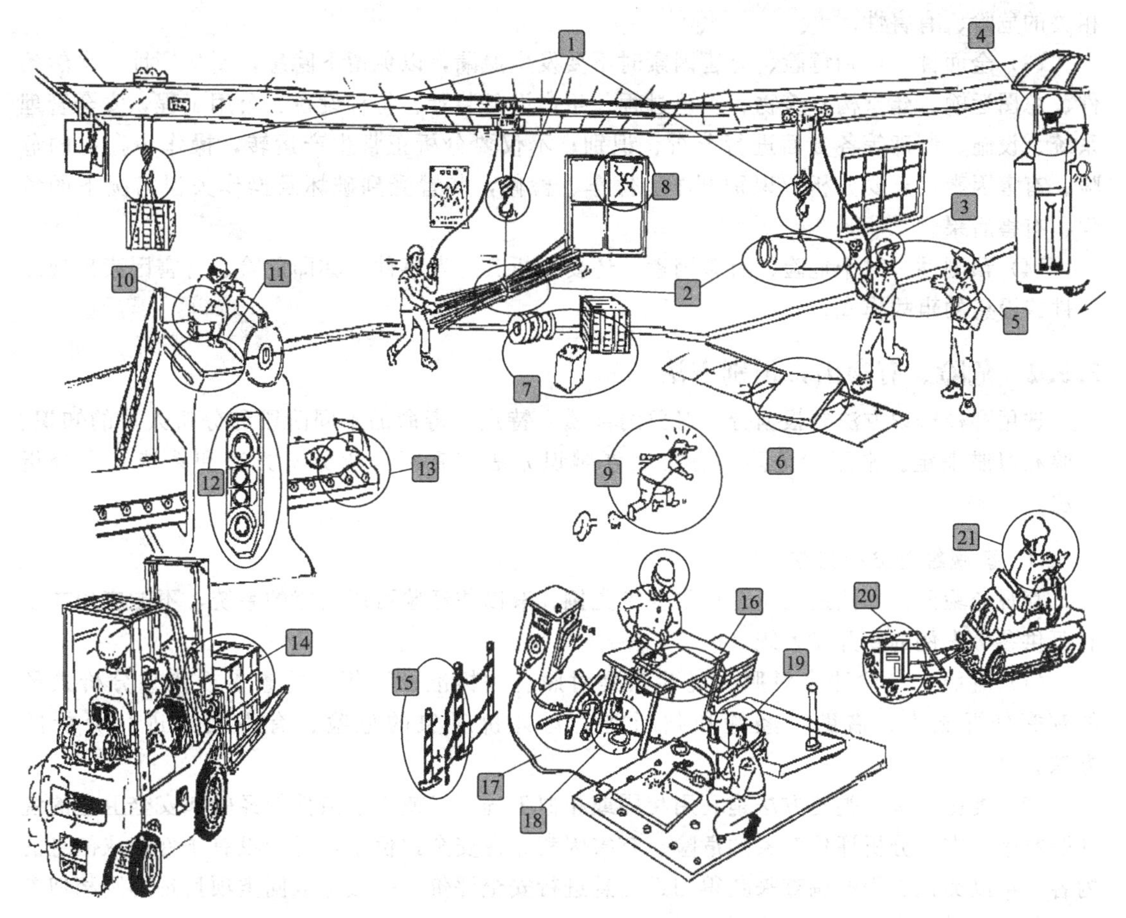

图 2-10　某作业现场

1—钩子上没有防脱落手段；2—吊物品时不平衡；3—未戴安全帽；4—倒车没有注意后面；
5—操作过程中聊天；6—道路不平整，地面没盖好；7—东西散乱；8—窗户破损；
9—在工作现场跑动；10—没系安全带；11—没有安全护栏；12—转动部件没有盖；
13—缺少传送带；14—堆积的货物超过了标识线的高度；15—链条脱落；16—桌子上部件摆放不稳；
17—电缆线破损、缠绕；18—火星飞落到桌子上；19—没有防护眼镜和安全面具；20—车上物品未加固定；
21—一只手开车；22—交叉作业，相互影响；23—现场缺少消防器材
备注：22、23 在图中无法标注

2.5　识别危险、有害因素的原则及方法

2.5.1　危险、有害因素识别的原则

（1）科学性　危险、有害因素的识别是分辨、识别、分析确定系统内存在的危险，而并非研究防止事故发生或控制事故发生的实际措施。它是预测安全状态和事故发生途径的一种手段，这就要求进行危险、有害因素识别必须要有科学的安全理论做指导，使之能真正揭示系统安全状况危险、有害因素存在的部位、存在的方式、事故发生的途径及其变化的规律，并予以准确描述，以定性、定量的概念清楚地显示出来，用严密的合乎逻辑的理论予以解释清楚。

（2）系统性　危险、有害因素存在于生产活动的各个方面，因此要对系统进行全面、详细地剖析，研究系统和系统及子系统之间的相关和约束关系。分清主要危险、有害因素及其

相关的危险、有害性。

(3) 全面性　识别危险、有害因素时不要发生遗漏，以免留下隐患，要从厂址、自然条件、总图运输、建（构）筑物、工艺过程、生产设备装置、特种设备、公用工程，安全管理系统、设施、制度等各方面进行分析、识别；不仅要分析正常生产运转，操作中存在的危险、有害因素，还要分析、识别开车、停车、检修，装置受到破坏及操作失误情况下的危险、有害后果。

(4) 预测性　对于危险、有害因素，还要分析其触发事件，亦即危险、有害因素出现的条件或设想的事故模式。

2.5.2 危险、有害因素识别方法

选用哪种辨识方法要根据分析对象的性质、特点、寿命的不同阶段和分析人员的知识、经验和习惯来定。常用的危险、有害因素辨识方法有直观经验分析方法和系统安全分析方法。

2.5.2.1 直观经验分析方法

直观经验分析方法适用于有可供参考先例、有以往经验可以借鉴的系统，不能应用在没有可供参考先例的新开发系统。

(1) 对照、经验法　对照、经验法是对照有关标准、法规、检查表或依靠分析人员的观察分析能力，借助于经验和判断能力对评价对象的危险、有害因素进行分析的方法。

(2) 类比方法　类比方法是利用相同或相似工程系统或作业条件的经验和安全卫生的统计资料来类推、分析评价对象的危险、有害因素。在安全评价中，对于没有条件获取信息的内容，可以类比工程的调查来获得相近信息进行安全评价，一般选取同类项目现场及相似参考文献资料做类比。

2.5.2.2 系统安全分析方法

系统安全分析方法是应用系统安全工程评价方法中的某些方法进行危险、有害因素的辨识。系统安全分析方法常用于复杂、没有事故经验的新开发系统，常用的系统安全分析方法有事件树、事故树等。

2.6 评价单元

评价单元就是在危险、有害因素分析的基础上，根据评价目标和评价方法的需要，将系统分成的有限、确定范围进行评价的单元。将系统划分为不同类型的评价单元进行评价，不仅可以简化评价工作、减少评价工作量、避免遗漏，而且由于能够得出各评价单元危险性（危害性）的比较概念，避免了以最危险单元的危险性（危害性）来表征整个系统的危险性（危害性）、夸大整个系统的危险性（危害性）的可能性，从而提高了评价的准确性、降低了采取对策措施的安全投资费用。

划分评价单元是为评价目标和评价方法服务的，要便于评价工作的进行，有利于提高评价工作的准确性；评价单元一般以生产工艺、工艺装置、物料的特点和特征，与危险、有害因素的类别、分布有机结合进行划分，还可以按评价的需要将一个评价单元再划分为若干子评价单元或更细致的单元。由于评价目标不同、各评价方法均有自身特点，只要达到评价的

目的，评价单元划分并不要求绝对一致。常用的评价单元划分原则和方法如下所述。

（1）以危险、有害因素的类别为主划分评价单元

① 对工艺方案、总体布置及自然条件、社会环境对系统影响等综合方面危险、有害因素的分析和评价，宜将整个系统作为一个评价单元。

② 将具有共性危险因素、有害因素的场所和装置划为一个单元。按危险因素类别划规各个单元，再按工艺、物料、作业特点（即其潜在危险因素不同）划分成子单元分别评价。例如：炼油厂可将火灾爆炸作为一个评价单元，按馏分、催化重整、催化裂化、加氢裂化等工艺装置和储罐区划分成子评价单元；将存在起重伤害、车辆伤害、高处坠落等危险因素的各装卸作业区作为一个评价单元；有毒危险品、散粮、矿砂等装卸作业区的毒物、粉尘危害部分则列入毒物、粉尘有害作业评价单元；进行安全评价时，宜按有害因素（有害作业）的类别划分评价单元；例如，将噪声、辐射、粉尘、毒物、高温、低温、体力劳动强度危害的场所各划规一个评价单元。

（2）以装置和物质特征划分评价单元　下列评价单元划分原则并不是孤立的，是有内在联系的，划分评价单元时应综合考虑各方面因素进行划分。应用火灾爆炸指数法、单元危险性快速排序法等评价方法进行火灾爆炸危险性评价时，除按下列原则外还应依据评价方法的有关具体规定划分评价单元。

① 按装置工艺功能划分：主要可分为原料储存区域、反应区域、产品蒸馏区域、吸收或洗涤区域、中间产品储存区域、产品储存区域、运输装卸区域等。

② 按布置的相对独立性划分：以安全距离、防火墙、防火堤、隔离带等与其他装置隔开的区域或装置部分可作为一个单元；储存区域内通常以一个或共同防火堤（防火墙、防火建筑物）内的储罐、储存空间作为一个单元。

③ 按工艺条件划分评价单元：按操作温度、压力范围不同，划分为不同的单元；按开车、加料、卸料、正常运转、检修等不同作业条件划分单元。

④ 按储存、处理危险物品的潜在化学能、毒性和危险物品的数量划分评价单元：一个储存区域内（如危险品库）储存不同危险物品，为了能够正确识别其相对危险性，可作为不同单元处理；为避免夸大评价单元的危险性，评价单元的可燃、易燃、易爆等危险物品最低限量为2270kg或$2.73m^3$，小规模实验工厂上述物质的最低限量为454kg或$0.454m^3$。

⑤ 根据以往事故资料，将发生事故能导致停产、波及范围大、造成巨大损失和伤害的关键设备作为一个单元；将危险性大且资金密度大的区域作为一个单元；将危险性特别大的区域、装置作为一个单元；将具有类似危险性潜能的单元合并为一个大单元。

例如：安全预评价是在项目可行性研究阶段、工业园区规划阶段或生产经营活动组织实施之前进行的。我国现行标准AQ 8002—2007《安全预评价导则》要求：评价单元划分应考虑安全预评价的特点，以自然条件、基本工艺条件、危险和有害因素分布及状况、便于实施评价为原则进行。又如：依据AQ 8003—2007《安全验收评价导则》，划分评价单元应符合科学、合理的原则。

评价单元可按一些内容划分，如法律、法规等方面的符合性；物料、产品安全的性能；人员管理和安全培训方面充分性等。根据危险源分布与控制情况，按递阶层次分解，确定安全评价的重点。将安全评价的重点确定为：易燃易爆、急性中毒、特种设备、安全附件、电气安全、机械伤害、安全联锁等。也可以将安全评价总目标，从“人、机、物、料、法、环”的监督分解成若干个独立子系统作为评价单元，如表2-10为以安全评价总目标，从“人、机、物、料、法、环”等子系统，进行评价单元的划分的内容。

表 2-10 评价单元划分和评价内容

序号	评价单元	主要内容
1	人力与管理单元	安全管理体系、管理组织、管理制度、责任制、操作规程、持证上岗、应急救援等
2	设备与设施单元	生产设备、安全装置、辅助设施、特种设备、电器仪表、避雷设施、消防器材等
3	物料与材料单元	危险化学品、包装材料、储存容器材质
4	方法与工艺单元	生产工艺、作业方法、物流路线、储存养护等
5	环境与场所单元	周边环境、建(构)筑物、生产场所、防爆区域、作业条件、安全防护等

复习思考题

1. 简述危险源与安全对策的关系。

2. 简述事故的直接原因及间接原因。

3. 简述进行安全评价前要了解项目的项目概况。

4. 某商厦发生火灾事故，原因是地下 1 层电焊施工人员未采取任何防护的情况下，造成焊接火花引燃了地下 2 层的可燃物。地下 2 层和地下 4 层之间没有防火门，地下 2 层没有自动灭火系统。现场施工人员、商厦工作人员、商厦领导没有及时通知在四层歌舞厅的人员，造成了歌舞厅 300 多人员烧死，多人烧伤。其中大楼 4 层 4 个安全出口，有 3 个被封死上锁，仅存的一个被浓烟大火封堵，之前消防部门已经多次下达整改意见，但是商厦拒不整改。

结合案例已知条件，从物质损失、能量损失和安全措施失效 2 个方面说明造成此次危险发生的原因。

5. 简述安全评价现场勘查的主要内容。

6. 简述德尔菲法的优点、缺点和适用范围。

7. 某化工建设项目欲进行安全预评价。根据该项目《可行性研究报告》，确定的评价范围包括：年产××t A 化工产品装置，年产××t B 化工产品装置及其配套公用工程和生产辅助设施。

该项目工房 C 在生产过程中会产生有毒气体，在考虑工房 C 布置时，必须考虑区域气象条件。该地区夏季的主导频率风为东南风（全年 24 次测定风向中，有 4 次为东南风）。冬季的主导频率风为西北风（全年 24 次测定风向中，有 5 次为西北风），全年最小频率风为东风（全年 24 次测定风向中，只有 1 次为东风）。平面布置原则要求办公与生活区应布置在可能散发有毒气体装置的上风侧。在安全预评价报告中讨论了两种布置方案，附图 2-1 为工房 C 布置的第一个方案；附图 2-2 为工房 C 布置的第二个方案，这两个方案被认为均可以接受。

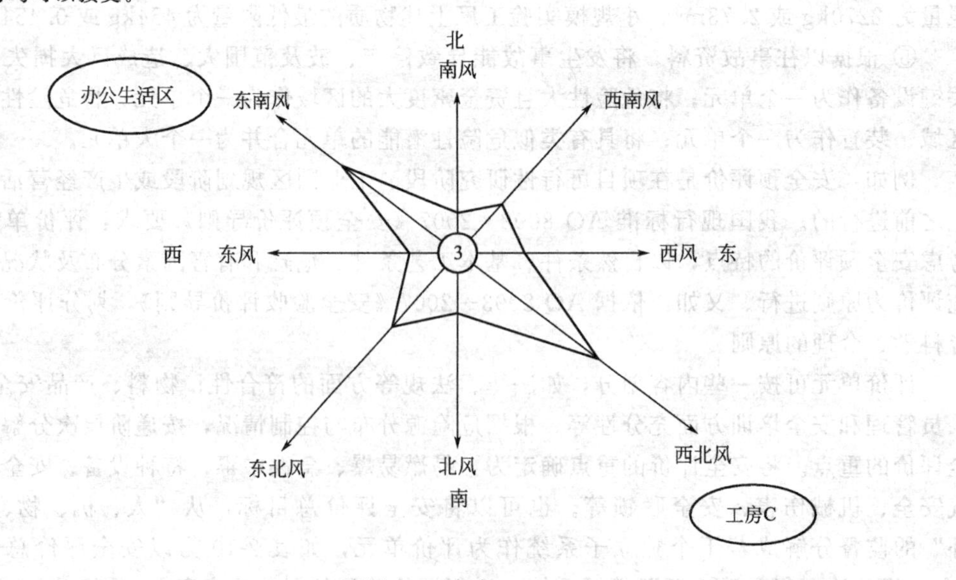

附图 2-1 方案一

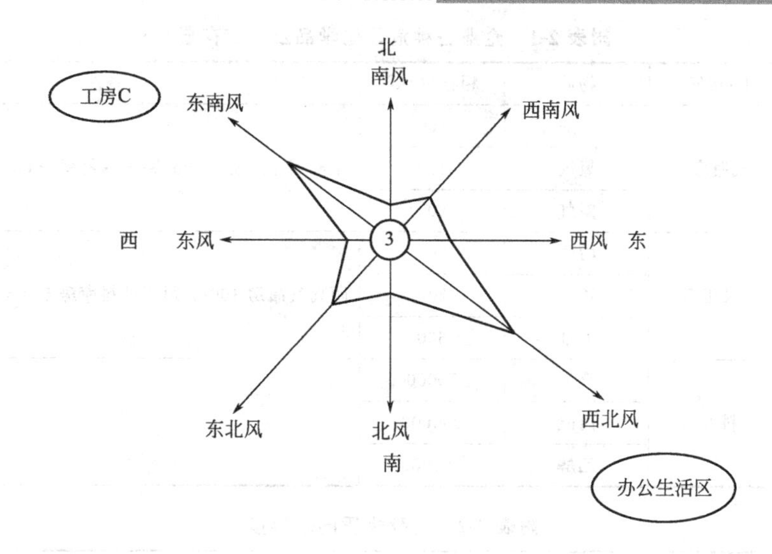

附图 2-2 方案二

请描述工房 C 布置的两种方案的优缺点，您认为应采用什么方案进行布置最为合理。

8. 已知某仓库面积 $4m^2$，高度 2m，$1000m^3$ 时氨泄压比为 0.03，实际泄压面积为 $1m^2$，问泄压面积是否满足要求？

9. 什么是危险因素？什么是有害因素？

10. 根据《生产过程危险和危害因素分类与代码》（GB/T 13861—2009）的规定，危险有害因素分为几类？

11. 参照《企业职工伤亡事故分类》（GB 6441—86）进行事故分类。

12. 简述重大危险源辨识的标准及分级方法。

13. 简述危险、有害因素辨识的过程及方法。

14. 识别危险、有害因素的原则是什么？

15. 简述评价单元的概念及评价单元划分的原则和方法。

16. 某企业有玻璃器皿生产车间。该企业的玻璃器皿制造分为烧制玻璃熔液、吹制成型和退火处理三道主要工序，烧制玻璃溶液的主要装置是玻璃熔化池炉。烧制时，从炉顶部侧面人工加入石英砂（二氧化硅）、纯碱（氢氧化钠）、三氧化二砷等原料，用重油和煤气作燃料烧至 1300～1700℃，从炉底侧面排出玻璃熔液。玻璃器皿的生产车间厂房为钢筋混凝土框架结构，房顶是水泥预制板。厂房内有 46t 玻璃熔化池炉 1 座，炉高 6m，炉顶距厂房钢制房梁 1.7m，炉底高出地面 15m。距炉出料口 3m 处是玻璃器皿自动吹制成型机和退火炉。煤气调压站距厂房直线距离 15m，重油储罐距厂房直线距离 15m。房内有员工 20 人正在工作。由于熔化池炉超期服役，造成炉顶内拱耐火砖损坏，烈焰冲出炉顶近 1m，炉两侧的耐火砖也已变形，随时有发生溃炉的可能。2008 年 6 月 11 日，当地政府安全生产监督管理部门在进行监督检查时，发现该炉存在重大安全隐患，当即向企业发出暂时停炉、停产的指令。

（1）根据《生产过程危险和有害因素分类与代码》（GB/T 13861—2009）的规定，指出该车间存在的危险和有害因素。

（2）根据《企业职工伤亡事故分类标准》（GB 6441—86），指出该车间可能发生的事故类别并说明依据。

17. 某企业中存在的危险化学品及其储存量如附表 2-1 所示。依据《危险化学品重大危险源辨识》（GB 18218—2009）和已知条件，试分析该企业的重大危险源（几种危险物质的临界量如附表 2-2 所示）。

附表 2-1　企业各种危险化学品及其储存量

序号	工/房库	物质	粗存量/kg	备注
1	气瓶房	乙炔	100	距离喷漆工房 100m,距离油料库房 600m
		氧气	100	
		氮气	200	
2	喷漆工房	丙酮	200	距离气瓶房 100m,距离油料库房 550m
		乙醇	200	
		汽油	600	
3	油料库房	汽油	50000	
		丙酮	200000	
		乙醇	200000	

附表 2-2　危险物质的临界量

序号	危险化学品名称	临界量/t
1	乙炔	1
2	丙酮	500
3	乙醇	500
4	汽油	200

18. 请找出附图 2-3 中存在的危险源和隐患？

附图 2-3　某作业现场

第3章 安全评价方法

本章学习目标

1. 熟悉安全评价方法的分类，掌握常用定性与定量评价方法的优、缺点比较。
2. 熟悉安全评价方法选择原则，熟悉选择安全评价方法的过程，熟悉选择安全评价方法应当注意的问题。
3. 了解安全检查定义，熟悉安全检查表的优点、缺点及适用范围，掌握安全检查表的编制程序及应用。
4. 了解预先危险性分析方法的基本原理和特点，熟悉分析步骤和分析要点，掌握分析的基本内容和适用条件。
5. 了解危险和可操作性研究方法的基本概念、原理和特点，熟悉其主要内容和分析步骤，掌握其适用条件和应用。
6. 掌握作业条件危险性评价法的基本概念、特点、适用条件和应用。
7. 熟悉风险指数矩阵法的基本概念和特点，掌握其使用条件及应用。
8. 了解故障假设分析与故障假设/检查表分析方法的特点、分析步骤、分析要点和适用条件；熟悉分析的基本内容和适用条件。
9. 了解人员可靠性分析方法的基本概念、特点、分析步骤和适用条件。
10. 了解故障类型和影响分析方法的特点、基本概念及故障分类，熟悉其对资料的要求、分级方法和分析步骤，掌握其适用条件和应用。
11. 了解因果分析图法（鱼刺图法）的基本原理；熟悉其绘制步骤及方法；掌握其适用条件和应用。
12. 了解道化学公司火灾、爆炸指数评价法的基本概念及特点，掌握其适用条件和应用。
13. 了解ICI蒙德法的基本概念、计算程序、特点和适用条件。
14. 了解易燃、易爆、有毒重大危险源评价法定义、特点、适用范围、步骤及应用。
15. 掌握布尔代数运算。
16. 熟悉事故树分析的特点、基本概念、步骤和建树原则，掌握其适用条件、定性分析和定量分析应用。
17. 熟悉事件树分析的特点、基本概念、步骤和建树原则，掌握其适用条件、定性分析和定量分析应用。
18. 了解泄漏、火灾、爆炸、中毒评价模型的特点。
19. 掌握JSA分析法的概念、特点、步骤及应用。
20. 了解保护层分析法的概念、特点及适用范围。
21. 了解蝶形图分析法的概念、特点及步骤。
22. 了解 *F-N* 曲线的概念、特点及步骤。
23. 了解马尔科夫分析法的概念、特点及步骤，掌握其应用。
24. 了解蒙特卡洛分析法的概念、特点及步骤，掌握其应用。
25. 了解贝叶斯分析法的概念、特点及步骤，掌握其应用。
26. 了解模糊综合评价方法的原理、步骤、特点及适用范围。

27. 了解灰色层次分析评价方法的原理、步骤、特点及适用范围。
28. 了解人工神经网络建模方法的原理、步骤、特点及适用范围。
29. 熟悉计算机模拟分析在安全评价方法中的应用。

3.1 安全评价方法概述

安全评价方法是进行定性、定量安全评价的工具，是科学、客观、公正得出安全评价结果和结论的前提，是获得理想安全评价效果的关键。安全评价方法有很多种，每种评价方法都有其适用范围和应用条件。在进行安全评价时，应根据评价的目的、要求和被评价对象的特点、工艺、功能或活动分布，选择科学、合理、适用的安全评价方法。

（1）安全评价方法的科学性存在于安全评价方法本身之中　各种安全评价方法所包含科学水平含量不同，因此其科学性的表现也存在差异。安全评价方法不是越复杂越好，而是以能够解决实际安全问题为出发点，对安全状态和安全条件得出科学的安全评价结论。由于对安全知识运用程度和安全评价方法掌握程度存在差异，会对安全评价方法的使用产生较大影响，引起安全评价结论不完全一致的现象难以避免。

（2）安全评价方法之间存在很大的差异　无论是从国外引进的安全评价方法，还是国内自己研究的安全评价方法，由于国情不同和研究者关心的安全问题不同，在安全评价方法之间会出现较大的差异性。在实际运用安全评价方法时，应根据本国企业安全生产实际情况，充分考虑安全评价方法的适应性，科学选择使用安全评价方法，降低安全评价的投入成本。

（3）安全评价方法多样化是安全工作发展的一种趋势　在长期安全生产实践工作中，国内外专家根据各国的安全实际，从不同角度入手，研究出各种各样的安全评价方法，以便对其企业面临的安全状况和危险程度，得出符合实际的科学评价效果。随着安全工作的不断深入，安全评价方法会得到不断修改、更新和完善。

（4）安全评价方法的趋向性　不同的安全评价方法可得到不同的安全评价结果。由于安全评价方法本身存在的局限性，根据类比原则，在进行类比安全评价时，为了减少系统误差，应确定一种特定安全评价方法进行安全效果评价，这样评价结论之间才能有可比性。

3.2 安全评价方法分类

安全评价方法是对系统中的危险性、危害性进行分析评价的工具。安全评价方法分类的目的是为了根据安全评价对象和评价目标选择适用的评价方法。安全评价方法的分类方法很多，有按评价结果的量化程度分类法、按评价的推理过程分类法、按针对的系统性质分类法、按安全评价要达到的目的分类法等。其中常用的是按评价结果的量化程度进行分类。

按照安全评价结果的量化程度，安全评价方法可分为定性安全评价方法和定量安全评价方法。

3.2.1 定性安全评价方法

目前定性安全评价方法在国内外企业安全管理工作中被广泛使用。定性安全评价方法主要是根据经验和直观判断能力对生产系统的工艺、设备、设施、环境、人员和管理等方面的状况进行定性的分析，安全评价的结果是一些定性的指标，如是否达到了某项安全指标、事故类别和导致事故发生的因素等。

定性的评价方法一般都是以表格分析的形式出现。常用的定性安全评价方法有安全检查表、预先危险性分析法、因素图分析法、故障假设分析法、故障类型和影响分析、作业条件危险性评价法（格雷厄姆-金尼法或LEC法）、危险可操作性研究、人的可靠性分析、风险矩阵法等。

3.2.2　定量安全评价方法

定量安全评价方法是用系统事故发生概率和事故严重程度来评价，通常基于大量的实验结果和广泛的事故资料统计分析获得的指标或规律（数学模型），对生产系统的工艺、设备、设施、环境、人员和管理等方面的状况进行定量的计算，安全评价的结果是一些定量的指标，如事故发生的概率、重要度、事故的伤害（或破坏）范围、定量的危险性等。

按照安全评价给出的定量结果的类别不同，定量安全评价方法还可以分为概率风险评价法、危险指数评价法和伤害（或破坏）范围评价法。

3.2.2.1　概率风险评价法

概率风险评价法是根据事故的基本致因因素的事故发生概率，应用数理统计中的概率分析方法，求取整个评价系统的事故发生概率的安全评价方法。

常用的概率风险评价方法包括：故障类型及影响分析、事故树分析、事件树分析等。

概率风险评价法是建立在大量的实验数据和事故统计分析基础之上的，因此评价结果的可信程度较高，由于能够直接给出系统的事故发生概率，因此便于各系统可能性大小的比较。特别是对于同一个系统，概率风险评价法可以给出发生不同事故的概率、便于不同事故可能性的比较。但该类评价方法要求数据准确、充分，分析过程完整，判断和假设合理，特别是需要准确地给出基本致因因素的事故发生概率，显然这对一些复杂、存在不确定因素的系统是十分困难的。在实际工作中，由于数据不足或资料不准确，可比条件与环境不易确定等原因，在系统设计过程初期是很难用事件发生概率法定量地估算出风险大小。但在预计风险值和确定特定事件发生概率时仍有很高的实用价值。随着计算机在安全评价中的应用，模糊数学理论、灰色系统理论和神经网络理论已经应用到安全评价之中，弥补了该类评价方法的一些不足，扩大概率风险评价法的应用范围。

概率风险评价法在核电站应用广泛，是复杂系统安全评价的重要方法，在核工业、化工及航天领域安全工作中得到重视。随着社会的发展，概率风险评价法中常用评价法如事故树、事件树等方法也被广大安全评价工作人员使用。

3.2.2.2　危险指数评价法

危险指数评价法应用系统的事故危险指数模型，根据系统及其物质、设备（设施）和工艺的基本性质和状态，采用推算的办法，逐步给出事故的可能损失、引起事故发生或使事故扩大的设备、事故的危险性以及采取安全措施的有效性的安全评价方法。

常用的危险指数评价法有：道化学公司火灾爆炸危险指数评价法，IC蒙德火灾爆炸毒性指数评价法，易燃、易爆、有毒重大危险源评价法等。

在危险指数评价法中，由于指数的采用，使得系统结构复杂、难以用概率计算事故可能性的问题，通过划分为若干个评价单元的办法得到了解决。这种评价方法，一般将有机联系的复杂系统，按照一定的原则划分为相对独立的若干个评价单元，针对评价单元逐步推算事故可能的损失和事故危险性以及采取安全措施的有效性，比较不同评价单元的评价结果，确定系统最危险的设备和条件。评价指数值同时含有事故发生可能性和事故后果两方面的因素，避免了事故概率和事故后果难以确定的缺点。

该类评价方法的缺点是，采用的安全评价模型对系统安全保障设施（或设备、工艺）功能的重视不够，评价过程中的安全保障设施（或设备、工艺）的修正系数，一般只与设施（或设备、工艺）的设置条件和覆盖范围有关，而与设施（或设备、工艺）的功能多少、优劣等无关；特别是忽略了系统中的危险物质和安全保障设施（或设备、工艺）间的相互作用关系；而且，给定各因素的修正系数后，这些修正系数只是简单地相加或相乘，忽略了各因素之间的重要度的不同。因此，使得该类评价方法，只要系统中危险物质的种类和数量基本相同，系统工艺参数和空间分布基本相似，即使不同系统服务年限有很大不同而造成实际安全水平已经有了很大的差异，其评价结果也是基本相同的，从而导致该类评价方法的灵活性和敏感性较差。

3.2.2.3 伤害（或破坏）范围评价法

伤害（或破坏）范围评价法是根据事故的数学模型，应用计算数学方法，求取事故对人员的伤害范围或对物体的破坏范围的安全评价方法。液体泄漏模型、气体泄漏模型、气体绝热扩散模型、池火火焰与辐射强度评价模型、火球爆炸伤害模型、爆炸冲击波超压伤害模型、蒸气云爆炸超压破坏模型、毒物泄漏扩散模型和锅炉爆炸伤害 TNT 当量法都属于伤害（或破坏）范围评价法。

伤害（或破坏）范围评价法是应用数学模型进行计算，只要计算模型以及计算所需要的初值和边值选择合理，就可以获得可信的评价结果。评价结果是事故对人员的伤害范围或（和）对物体的破坏范围，因此评价结果直观、可靠，评价结果可用于危险性分区，同时还可以进一步计算伤害区域内的人员及其人员的伤害程度，以及破坏范围物体损坏程度和直接经济损失。但该类评价方法计算量比较大，一般需要使用计算机进行计算，特别是计算的初值和边值选取往往比较困难，而且评价结果对评价模型、初值和边值的选择依赖性很大，评价模型或初值和边值选择稍有不当或偏差，评价结果就会出现较大的失真。因此，该类评价方法适用于系统的事故模型和初值和边值比较确定的安全评价。

3.2.3 常用定性与定量评价方法的优、缺点比较

常用定性与定量评价方法的优、缺点比较如表 3-1 所示。

表 3-1 定性与定量评价方法的优、缺点对比

项目	常用方法		优点	缺点
定性的安全评价方法	安全检查表、预先危险性分析、作业条件危险性评价法、危险可操作性研究、故障类型和影响分析、故障假设分析法等		容易理解、便于掌握，评价过程简单、评价结果直观	(1)定性安全评价方法往往依靠经验，带有一定的局限性，安全评价结果有时因参加评价人员的经验和经历等有相当的差异 (2)由于安全评价结果不能给出量化的危险度，所以不同类型的对象之间安全评价结果缺乏可比性
定量的安全评价方法	概率风险评价法	事故树、事件树等	评价结果可以量化，便于决策，获得的评价结果具有可比性 概率风险评价方法	计算量大，过程烦琐，对基础数据依赖性大
	危险指数评价法	DOW 化学火灾爆炸危险指数评价法，IC 蒙德火灾爆炸毒性指数评价法，易燃、易爆、有毒重大危险源评价法等		

续表

项目	常用方法		优点	缺点
定量的安全评价方法	伤害范围评价法	液体泄漏模型、气体泄漏模型、池火火焰与辐射强度评价模型、火球爆炸伤害模型、爆炸冲击波超压伤害模型、蒸气云爆炸超压破坏模型、毒物泄漏扩散模型和锅炉爆炸伤害TNT当量法等	评价结果可以量化，便于决策，获得的评价结果具有可比性概率风险评价方法	计算量大，过程烦琐，对基础数据依赖性大

3.3　选择安全评价方法的原则

任何一种安全评价方法都有其适用条件和范围，在安全评价中如果使用了不适用的安全评价方法，不仅浪费工作时间，影响评价工作正常开展，而且导致评价结果严重失真，使安全评价失败。因此，在安全评价中，合理选择安全评价方法是十分重要的。

在进行安全评价时，应该在认真分析并熟悉被评价系统的前提下，选择安全评价方法。选择安全评价方法应遵循充分性、适应性、系统性、针对性和合理性的原则。

(1) 充分性原则　充分性是指在选择安全评价方法之前，应该充分分析评价的系统，掌握足够多的安全评价方法，并充分了解各种安全评价方法的优缺点、适应条件和范围，同时为安全评价工作准备充分的资料，供选择评价方法时参考和使用。

(2) 适应性原则　适应性是指选择的安全评价方法应该适应被评价的系统。被评价的系统可能是由多个子系统构成的复杂系统，评价的各子系统可能有所不同，应根据系统和子系统、工艺的性质和状态，选择适应的安全评价方法。

(3) 系统性原则　系统性是指安全评价方法与被评价的系统所能提供安全评价初值和边值条件应形成一个和谐的整体。安全评价方法获得的可信的安全评价结果，是必须建立真实、合理和系统的基础数据之上的，被评价的系统应该能够提供所需的系统化数据和资料。

(4) 针对性原则　针对性是指所选择的安全评价方法应该能够提供所需的结果。由于评价的目的不同，需要安全评价提供的结果可能不同，只有安全评价方法能够给出所要求的结果，才能满足评价目的的要求。

(5) 合理性原则　在满足安全评价目的、能够提供所需的安全评价结果的前提下，应该选择计算过程最简单、所需基础数据最少和最容易获取的安全评价方法，使安全评价工作量和要获得的评价结果都是合理的。

3.4　选择安全评价方法的过程

各种安全评价方法在实际应用中如何选取，要具体问题具体分析，对于特定的环境和资源条件，应根据系统的特点，选用不同的评价方法，以提高评价的准确性，有效地消除或控制系统中的危险、有害因素，达到安全生产的目的。不同的评价系统，可以选择不同的安全评价方法，安全评价方法选择过程一般可按图3-1所示的步骤选择安全评价方法。

在选择安全评价方法时，应首先详细分析被评价的系统，明确通过安全评价要达到的目标，即通过安全评价需要给出哪些、什么样的安全评价结果；然后应收集尽量多的安全评价

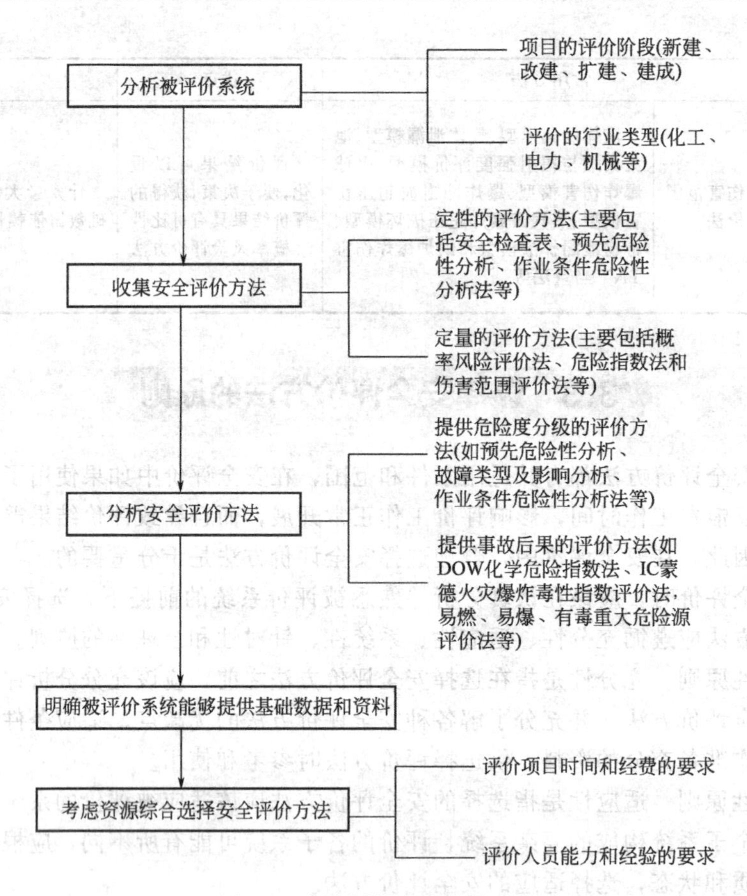

图 3-1 安全评价方法选择过程

方法；将安全评价方法进行分类整理；明确被评价的系统能够提供的基础数据、工艺和其他资料；根据安全评价要达到的目标以及所需的基础数据、工艺和其他资料，选择适用的安全评价方法。

3.5 选择安全评价方法应注意的问题

安全评价方法多种多样，各有其适用对象，各有其优缺点，各有其局限性。许多方法是利用过去发生过的事件的概率和危害程度做出推断，往往对高风险性事件更为关注，而高风险事件通常发生概率很小，概率值误差很大，因此在预测低风险事件危险度时可能会得出不符合实际的判断。有时在利用定量评价方法计算绝对危险度时，选取事件的发生频率和事故的严重度的基准标准不准时可能得出的结果会有高达数倍的不准确性。另外，方法的误用也会导致错误的评价结果。

企业为了某项工作的需要，请专业的安全评价机构进行安全评价，参加安全评价的人员都是专业的安全评价人员，他们有丰富的安全评价工作积累，掌握很多安全评价方法，甚至有专用的安全评价软件，因此可以使用定性、定量安全评价方法对评价的系统进行深入的分析和系统的安全评价。

选用安全评价方法时应根据被评价对象的特点、具体条件和需要，以及安全评价方法的特点选用几种方法对同一对象进行评价，互相补充、分析综合、相互验证，以提高评价结果的准确性。选择评价方法应注意以下几个问题。

(1) 充分考虑被评价对象的特点

① 根据被评价的系统规模、组成、复杂程度选择　随着被评价的系统规模、复杂程度的增大，有些评价方法的工作量、工作时间和费用相应地增大，甚至超过容许的条件，在这种情况下，应先用简捷的方法进行筛选，然后确定需要评价的详细程度，再选择适当的评价方法。

② 根据评价对象的工艺类型和工艺特征选择　评价方法大多适用于某些工艺过程和评价对象，如DOW化学危险指数法、IC蒙德火灾爆炸毒性指数评价法，易燃、易爆、有毒重大危险源评价法适用于化工类工艺过程的安全评价，故障类型及影响分析法适用于机械、电气系统硬件、装置的安全评价。

③ 评价对象的危险性　根据过去的统计资料，对危险性较大的系统可采用系统的定性、定量安全评价方法，如事故树、火灾爆炸危险指数评价法、TNT当量法等。反之，可采用经验的安全评价方法或直接引用分级（分类）标准进行评价，如安全检查表、直观经验法或直接引用高处坠落危险性分级标准等。

一般而言，若被评价系统同时存在几类危险、有害因素，往往需要用几种安全评价方法分别进行评价。对于规模大、复杂、危险性高的系统可先用简单的定性安全评价方法（如安全检查表、预先危险性分析法等）进行评价，然后再对重点部位（设备或设施）采用系统的定性或定量安全评价方法（事故树、火灾爆炸危险指数法等）进行评价。

(2) 评价的具体目标　虽然对系统评价的最终目的是评价系统的危险性（危害性），但在具体评价中可以根据需要（或客户提出要求）对系统提出不同的评价目标，由于评价目标不同，要求的评价最终结果是不同的，如危险（危害）等级、事故概率、事故造成的经济损失、危险区域（半径）等，因此需要根据被评价目标选择适用的安全评价方法。

(3) 评价资料的占有情况　如果被评价系统技术资料、数据齐全，可进行定性、定量评价并选择合适的定性、定量评价方法。反之，如果是一个正在设计的系统、缺乏足够的数据资料或工艺参数不全，则只能选择较简单的、需要数据较少的安全评价方法（如预先危险性分析法）。有些评价方法特别是定量的评价方法，应用时需要有必要的统计数据（如事件、故障发生的概率，评价目标所需的参数值等）作依据，如果缺少这些数据，就必然限制了这些定量评价方法的应用。

(4) 其他　主要包括安全评价人员的知识、经验、完成评价工作的时限、经费支持情况、评价单位设施配备和评价人员及管理人员的习惯、爱好等。如一个企业进行安全评价的目的是为了提高全体员工的安全意识，需要全体员工的参与，使他们能够识别出与自己作业相关的危险有害因素，找出事故隐患，树立“以人为本”的安全理念，全面提高企业的安全管理水平。安全评价人员可根据经验采用较简单的安全评价方法（如作业条件危险性分析方法），提供危险性的分级，便于员工理解、掌握和使用。

3.6 各种评价类型中常用的安全评价方法

在安全评价过程中，选择安全评价方法的要求以及各种评价类型中通常选择的评价方法见表3-2。

表 3-2　选择安全评价方法的要求及各种评价类型中通常选择的评价方法

评价类型	选择评价方法的要求	推荐使用评价方法	不推荐使用评价方法	备注
安全预评价	(1)根据评价的目的、要求和被评价对象的特点、工艺、功能或活动分布，选择科学、合理、适用的定性、定量评价方法 (2)能进行定量评价的应采用定量评价方法，不能进行定量评价的可选用半定量或定性评价方法 (3)对于不同评价单元，必要时可根据评价的需要和单元特征选择不同的评价方法	(1)定性评价方法：预先危险性分析(PHA)；危险与可操作性研究(HAZOP)等 (2)定量安全评价方法：事故树分析(FTA)；事件树分析(ETA)；DOW化学火灾、爆炸危险指数法；IC蒙德火灾、爆炸危险指数法；事故后果模拟分析评价等	安全检查表(SCL)；作业条件危险性评价法(LEC)	“三同时”的要求
安全验收评价	主要考虑评价结果是否能达到安全验收评价所要求的目的，依据建设项目或区域建设的实际情况选择适当的安全验收评价方法	(1)定性评价方法：安全检查表(SCL)；危险与可操作性研究(HAZOP)；故障类型和影响分析(FMEA)；作业条件危险性评价法(LEC)；风险矩阵法等 (2)定量安全评价方法：事故树分析(FTA)；事件树分析(ETA)；DOW化学火灾、爆炸危险指数法；IC蒙德火灾、爆炸危险指数法；事故后果模拟分析评价等	预先危险性分析(PHA)；人的可靠性分析(HRA)等	“三同时”的要求
安全现状评价(专项评价)	根据生产经营企业或单位生产装置的特点，确定结合国内外安全评价方法，建立评价的模式及采用的评价方法 安全现状评价在系统、工程的生命周期内的生产运行阶段，所以评价更要有针对性，所采用的评价方法应更为有效，不仅有定性评价，还要尽可能地采用定量化的安全评价方法	(1)定性评价方法：预先危险性分析(PHA)；故障类型和影响分析(FMEA)；危险与可操作性研究(HAZOP)；故障假设分析(WI)；风险矩阵法等 (2)定量安全评价方法：DOW化学火灾、爆炸危险指数法；IC蒙德火灾、爆炸危险指数法；事故树分析(FTA)；事件树分析(ETA)；事故后果模拟分析评价等		专项评价需要根据行业特点科学地选择合适的评价方法

注：不推荐使用的评价方法并不是不可以使用，只是用得比较少，一般不推荐使用。

3.7　实用安全评价方法及应用

3.7.1　安全检查表

3.7.1.1　安全检查表定义

安全检查表是利用检查条款按照相关的法律、法规和标准等对已知的危险类别、设计缺陷以及与一般工艺设备、操作、管理有关的潜在危险性和有害性进行判别检查。通常安全检查表被称为是一种法律、法规、标准的符合性审查。

通过安全检查表分析能及时了解和掌握系统的安全工作情况，查找物的不安全状态和人的不安全行为，采取措施加以改进，总结经验，指导工作，是安全工作人员或企业安全管理部门防止事故、保护职工安全与健康的好方法。

3.7.1.2　安全检查表的特点

安全检查表是安全系统工程最初的也是最基础的手段，对有计划解决安全问题是很有效的，主要优、缺点如下。

（1）安全检查表的优点

① 能够事先编制检查表，有充分的时间组织有经验的人员来编写，做到系统化、完整化，不至于遗漏能导致危险的关键因素。

② 安全检查表可以根据现有的规章制度、法律、法规和标准规范等检查执行情况，评价结果客观、准确。

③ 安全检查表采用提问的方式，有问有答，给人的印象深刻，能使人知道如何做才是正确的，因而可起到安全教育的作用。

④ 编制安全检查表的过程本身就是一个系统安全分析的过程，使检查人员对系统的认识更深刻，更便于发现危险因素。

⑤ 简明易懂、易于掌握。

（2）安全检查表的缺点

① 安全检查表只能进行定性评价，不能进行定量评价。

② 安全检查表的质量受编制人员的知识水平和经验影响。

3.7.1.3　安全检查表应用范围

安全检查表是进行安全检查，发现潜在危险的一种实用而简单可行的安全评价分析方法。可适用于项目建设、运行过程的各个阶段。安全检查表可以评价物质、设备和工艺，可用于专门设计的评价，也可用在新工艺（装置）的早期开发阶段，判定和估测危险，还可以对已经运行多年的在役装置的危险进行检查。在安全评价中，安全检查表常用于安全验收评价、安全现状评价、专项安全评价，而很少推荐用于安全预评价（预评价中有时是在企业选址、平面布局评价分析中可以使用安全检查表）。

3.7.1.4　安全检查表的编制步骤

安全检查表为了系统地找出系统中的不安全因素，把系统加以剖析，查出各层次的不安全因素，确定检查项目，以提问的方式把检查项目按系统的组成顺序编制成表，以便进行检查或评审。安全检查表的编制步骤如下所述。

（1）熟悉系统　包括系统的结构、功能、工艺流程、主要设备、操作条件、布置和已有的安全设施等。

（2）搜集资料　搜集有关的安全法律法规、标准、制度及本系统过去发生过事故的资料，作为编制安全检查表的依据。

（3）划分单元　按功能或结构将系统划分成子系统或单元，逐个分析潜在的危险因素。

（4）编制检查表　针对危险因素，依据有关法律法规、标准规定，参考过去事故的教训和经验确定安全检查表的检查要点、内容和为达到安全指标应采取的措施。安全检查表编制程序见图 3-2。

3.7.1.5　常用的安全检查表格式

安全检查表是为安全检查而设计的一种便于工作的表格，表格的格式没有统一的规定，可以根据不同的要求，设计不同需要的安全检查表，但原则上要求安全检查表应条目清晰、内容全面、要求详细具体。常用的安全检查表（综合各种安全检查表的优点设计的一种格式）见表 3-3，供评价人员参考和使用。

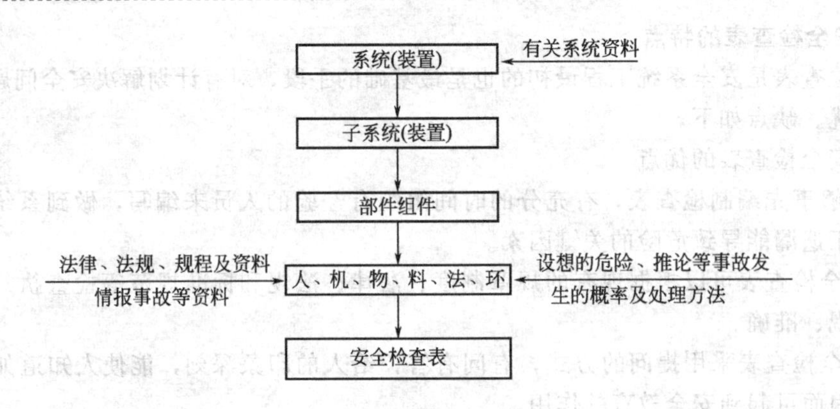

图 3-2 安全检查表编制程序

表 3-3 安全检查表

序号	检查项目和内容	检查结果		依据	备注
		是	否		

被检查单位： 检查日期：

检查人签字： 被检查单位负责人签字：

注：安全检查表应列举需查明的所有导致事故的不安全因素，检查项目和内容通常采用提问方式，并以"是"或"否"来回答，"是"表示符合要求，"否"表示还存在问题，有待于进一步改进，回答是的符号表示为："√"，表示否的符号"×"。安全检查表的评价依据主要包括：①有关标准、规程、规范及规定；②国内外事故案例；③系统安全分析事例；④研究的成果等有关资料。备注中可以填写现场发现的实际问题和进一步需要改进的措施，每个检查表均需要注明检查单位、检查时间、检查人等，以便分清责任，落实整改措施。

此外，在以上安全检查表基础上，还可以变换成打分模式的安全检查表，如表 3-4 和表 3-5 所示：

表 3-4 打分模式的安全检查表

序号	检查项目和内容	检查结果		依据	备注
		可判分数	判给分数		
	检查条款	0-1-2-3(低度危险) 0-1-3-5(中度危险) 0-1-5-7(高度危险)			
		总的满分	总的判分		
	百分比＝总的分数÷总的可能的分数＝判分/满分				

注：选取 0-1-2-3 时条款属于低危险程度，对条款的要求为"允许稍有选择，在条件许可的条件下首先应该这样做"；选取 0-1-3-5 时条款属于中等危险程度，对条款的要求为"严格，在正常的情况下均应这样"；选取 0-1-5-7 时条款属于高危险程度，对于条款的要求为"很严格，非这样做不可"。

3.7.1.6 安全检查表解析及在评价应用中的实例分析

一般来说有评价导则或评价实施细则中规范的检查表，安全评价人员可以直接引用，如果评价导则或评价实施细则没有现成规范的检查表，那就需要评价人员系统周密地考虑，认真编写现场安全检查表。下面以安全预评价安全检查表的实例，供读者参考使用。

表 3-5 举例：气柜安全评价检查

序号	评价内容	依据	评价标准	应得分/分	结果(实得分)
1	气柜各节及柜顶无泄漏		一处泄漏扣 2 分	10	
2	各节水封槽保持满水，水槽保持少量溢流水		一节不符合扣 5 分	20	
3	导轮、导轨运行正常，油盖有油		达不到要求不得分	20	
4	各节之间防静电连接完好、可靠		不符合要求不得分	10	
5	气柜接地线完好无损，电阻不大于 10Ω		达不到要求不得分	10	
6	配备可燃性气体检测报警器，定期校验，保证完好		一个不好不得分	10	
7	高低液位报警准确完好		一个不准确不得分	20	
合计				100	

一般预评价中很少使用安全检查表，但有些评价人员为了分析方便，在项目选址与总平面布置这个评价单元，为了清晰、直观地进行评价，常借鉴现状评价安全检查表的模式编制相关的安全预评价检查表，如表 3-6 所示，读者可以根据实际的需要变换检查表的内容以满足实际评价项目的需要。

某煤化工企业安全预评价报告中使用的安全检查表见表 3-6。

表 3-6 某煤化工企业安全预评价报告中使用的安全检查表

序号	检查项目 \ 填写内容	检查结果		依据标准	实际情况	备注
		是	否			
1	厂址选择					
1.1	厂址选择必须符合工业布局和城市规划的要求，按照国家有关法律、法规的规定进行企业的厂房、作业场所、储存设施和安全设施、设备、工艺应当符合下列要求： (1)生产区与非生产区分开设置，并符合国家标准或者行业标准规定的距离； (2)危险化学品生产装置和储存设施之间及其与建(构)筑物之间的距离符合有关标准规范的规定			《工业企业总平面设计规范》(GB 50187—2012)第 2.0.2 条《危险化学品生产企业安全生产许可证实施办法》第二章第九条		
1.2	石油化工企业的液化烃或可燃液体的灌区临近江河、海岸布置时，应采取防止泄漏的可燃液体流入水域的措施			《石油化工企业设计防火规范》(GB 50160—2008)第 4.1.5 条		
1.3	甲、乙类物品专用仓库，甲、乙、丙类液体储罐区，易燃材料堆场等，宜设置在社区边缘的安全地带			《建筑设计防火规范》(GB 50016—2014)第 4.1.1 条		
2	周边环境					
2.1	危险化学品生产装置和储存设施的周边防护距离符合有关法律、法规、规章和标准的规定			《危险化学品生产企业安全生产许可证实施办法》第二章第九条		

续表

序号	检查项目 / 填写内容	检查结果		依据标准	实际情况	备注
		是	否			
2.1.1	石油化工企业与相邻工厂或设施的防火间距不应小于《石油化工企业设计防火规范》表4.1.9的规定			《石油化工企业设计防火规范》(GB 50160—2008)第4.1.9条		
2.1.2	库房、储罐、堆场与铁路、道路的防火间距，不应小于《建筑设计防火规范》表4.5.3规定			《建筑设计防火规范》(GB 50016—2014)第4.5.3条		
2.1.3	甲类库房与重要公共建筑的防火间距不应小于50m，乙类库房与重要公共建筑之间防火间距不宜小于30m，与其他民用建筑不宜小于25m			《建筑设计防火规范》(GB 50016—2014)第3.2.7条		
2.2	危险化学品生产装置和储存危险化学品数量构成重大危险源的储存设施，与下列场所、区域的距离是否符合有关法律、法规、规章和标准的规定： (1)居民区、商业中心、公园等人口密集区域； (2)学校、医院、影剧院、体育场(馆)等公共设施； (3)供水水源、水厂及水源保护区； (4)车站、码头(按照国家规定，经批准专门从事危险化学品装卸作业的除外)、机场以及公路、铁路、水路交通干线，地铁风亭及出入口； (5)基本农田保护区、畜牧区、渔业水域和种子、种畜、水产苗种生产基地； (6)河流、湖泊、风景名胜区和自然保护区； (7)军事禁区、军事管理区； (8)法律、行政法规规定予以保护的其他区域			《危险化学品安全管理条例》第十九条		
3	总平面布置					
3.1	根据各组成部分的生产特点和火灾危险性，结合地形、风向等条件按功能分区集中布置			《石油化工企业设计防火规范》(GB 50160—2008)第4.1.1条		
3.2	可能散发可燃气体的工艺装置、罐组、装卸区或全厂性污水处理场等设施，且布置在人员集中场所，及明火或散发火花地点的全年最小频率风向的上风侧；在山区或丘陵地区，并应避免布置在窝风地带			《石油化工企业设计防火规范》(GB 50160—2008)第4.2.2条		
3.3	生产厂房与办公室间距、与库房间距、与围墙间距均应符合规范、规定要求			《建筑设计防火规范》(GB 50016—2014)第3.3.5条，第3.3.10条		

3.7.2 预先危险性分析法

3.7.2.1 预先危险性分析法定义

预先危险性分析（preliminary hazard analysis，简称PHA）又称初步危险分析，是在进行某项工程活动（包括设计、施工、生产、维修等）之前，项目存在的各种危险有害因素（类别、分布）出现条件和事故可能造成的后果进行宏观、概略分析的系统安全分析方法。

通过 PHA 分析，力求达到以下四个目的：

（1）大体识别与系统有关的主要危险；

（2）鉴别产生危险的原因；

（3）估计事故出现对人体及系统产生的影响；

（4）判定已识别的危险性等级；并提出消除或控制危险性的措施。

预先危险性分析主要用于对危险物质和装置的主要工艺区域等进行分析。它常常用于项目装置等在开发的初期阶段分析物料、装置、工艺过程以及能量失控时可能出现的危险性类别、条件及可能造成的后果，做宏观的概略分析，其目的是辨识系统中存在的潜在危险，确定其危险等级，防止这些危险发展成事故。

3.7.2.2　预先危险性分析法特点

预先危险性分析是进一步进行危险分析的先导、宏观的概略分析，是一种定性方法。在项目发展的初期使用 PHA 有如下优点：

（1）它能识别可能的危险、用较少的费用或时间就能进行改正；

（2）它能帮助项目开发组分析和（或）设计操作指南；

（3）该方法不受行业的限制，任何行业都可以使用；

（4）方法简单易行、经济、有效。

预先危险性分析的缺点是定性分析，评估危险等级的分析结果受人的主观性影响比较大。

3.7.2.3　预先危险性分析法的适用范围

预先危险性分析适用于各类系统设计、施工、生产、维修前的概略分析和评价。也适用于固有系统中采取新的方法，接触新的物料、设备和设施的危险性评价。该法一般在项目的发展初期使用。

3.7.2.4　预先危险性分析法编制步骤

（1）通过经验判断、技术诊断或其他方法调查确定危险源（即危险因素存在于哪个子系统中），对所需分析系统的生产目的、物料、装置及设备、工艺过程、操作条件以及周围环境等进行充分详细的调查了解；

（2）根据过去的经验教训及同类行业生产中发生的事故（或灾害）情况，对系统的影响、损坏程度，类比判断所要分析的系统中可能出现的情况，查找能够造成系统故障、物质损失和人员伤害的危险性，分析事故（或灾害）的可能类型；

（3）对确定的危险源分类，制成预先危险性分析表；

（4）转化条件，即研究危险因素转变为危险状态的触发条件和危险状态转变为事故（或灾害）的必要条件，并进一步寻求对策措施，检验对策措施的有效性；

（5）进行危险性分级，排列出重点和轻、重、缓、急次序，以便处理；

在分析系统危险性时，为了衡量危险性的大小及其对系统破坏性的影响程度，可以将各类危险性划分为 4 个等级，危险性等级越大，危险程度越高，危险性等级划分参见表 3-7。

（6）制定事故（或灾害）的预防性对策措施

3.7.2.5　预先危险性分析法常用的表格格式

进行预先危险性分析所采用的格式和方法在很大程度上取决于所分析系统或设备的复杂性、时间与费用的约束、可用信息的种类、分析的深度以及分析人员的习惯及经验。

通过列表分析是目前预先危险性分析最常用的分析格式，也是最经济有效的分析格式。

这种格式用于系统地查找和记录分析系统或设备中的危险，使用方便、简单、便于评价人员发现问题。列表的形式和内容随着分析系统或设备和分析评价人员的不同而有变化。表格的格式和内容可根据实际情况确定。目前使用的预先危险性分析表格种类很多，但大部分内容都相似。表 3-8、表 3-9、表 3-10 为三种基本的格式。评价人员可以根据经验及兴趣爱好选择适合项目评价的预先危险性分析表格。

表 3-7 危险性等级划分

级别	危险程度	可能导致的后果
Ⅰ	安全的	不会造成人员伤亡及系统损坏
Ⅱ	临界的	处于事故的边缘状态，暂时还不至于造成人员伤亡、系统损坏或降低系统性能，但应予以排除或采取控制措施
Ⅲ	危险的	会造成人员伤亡和系统损坏，要立即采取防范对策措施
Ⅳ	灾难性的	造成人员重大伤亡及系统严重破坏的灾难性事故，必须予以果断排除并进行重点防范

表 3-8 PHA 工作表格

危险	原因	后果	危险等级	改进措施/预防方法

注：本工作表格要求划分整个系统为若干子系统（单元）；参照同类产品或类似的事故教训及经验，查明分析单元可能出现的危险因素；确定危险的起因、后果；分析危险等级；并提出消除或控制危险的对策，当危险不能控制的情况下，分析最好的损失预防的方法。

表 3-9 PHA 工作的典型格式

危险/意外事故	阶段	原因	危险等级	对策
简要的事故名称	危害发生的阶段，如生产、试验、运输、维修、运行等	产生危害的原因	对人员及设备的危害	消除、减少或控制危害的措施

表 3-10 预先危险分析表通用格式

潜在事故	危险因素	触发事件	现象	形成事故原因事件	事故后果	危险等级	防范措施	备注

注：本表要求分析系统/子系统可能发生的潜在事故及存在的危险因素；产生潜在危险因素的触发事件，引发事故的现象；形成事故的原因事件；事故发生的后果、危险等级和防范措施（其中包括对装置、人员、操作程序等几方面的考虑）等。

3.7.2.6 预先危险性分析法解析及在评价应用中的实例分析

某输气管道地下储气库站场系统危险性预分析如表 3-11 所示。

表 3-11 站场系统危险性预分析

危险危害因素	触发事件	现象	事故原因	事故情况	危险等级	措施
天然气泄漏	装置破损或密封不严	气味较大	(1)设备腐蚀 (2)法兰、阀门密封不严	火灾、爆炸、中毒	4	
井口装置超压	操作不当	压力过大	低温造成油嘴冻堵	冻堵憋压	3	井口流程采用节流不加热注甲醇工艺

续表

危险危害因素	触发事件	现象	事故原因	事故情况	危险等级	措施
紧急放空	运行超压;截断阀动作	天然气释放	(1)设备故障 (2)管线堵塞 (3)管线破裂 (4)现场无防护	(1)中毒或窒息 (2)遇火源燃爆	3	(1)压力容器按规定设置安全阀; (2)放空竖管位于生产区最小频率风向的上风侧、场外地势较高处
清管排污	清污操作不当	扬尘	(1)人员无防护 (2)快速开关盲板故障	人员受侵害	2	(1)健全安全操作规程 (2)按规定配备劳动防护用品 (3)快速开关盲板上应有防自松安全装置
	硫化铁与空气快速接触	燃烧	(1)操作不当 (2)措施不落实	硫化铁自燃	2	(1)设置清水管线和污水池,污物密闭排入污水池内 (2)健全安全操作规程 (3)现场配备消防器材
高压带电体	人体接近	放电	(1)无隔离屏蔽措施 (2)误登带电设备或错入带电间隔 (3)违章操作、无人监护	高压电击	3	(1)按规范设置隔离屏蔽装置 (2)严格《电气作业安全操作规程》、健全工作票制度
电气设备线路	人体接触漏电部位	电击	(1)绝缘损坏 (2)保护失效	人员触电	3	(1)完善继电保护、过电压保护及接地装置 (2)配置漏电保护设施
压缩机喘振	额定出口压力与流量不匹配	声音异常	机器发生振动,轴叶轮与轴承、机壳相互摩擦撞击;密封损坏	设备损坏天然气泄漏	3	(1)设自动控制系统 (2)设低流量联锁装置 (3)设防喘振阀门
压缩机轴振动与轴位移异常	叶片、轴和机壳相互撞击	声音异常	(1)制造安装不合要求 (2)润滑油有杂质 (3)油压低、油温高油量不足	叶片、轴和机壳损坏,运行停止	3	(1)安装轴位移和轴振动测量仪表 (2)设油过滤器及油压报警联锁装置 (3)控制油温
氮封失效	(1)氮气压力过低 (2)压缩机各段进出口压力过高		(1)氮气压力调节失效 (2)压缩机各段压力表失灵 (3)现场无防护措施	天然气泄漏;人员中毒或窒息	3	(1)氮气密封室压力调节器动作灵敏 (2)压缩机各段压力表准确可靠 (3)安装天然气泄漏检测报警器并将信号引入控制室

3.7.3 危险可操作性研究分析法

3.7.3.1 危险可操作性研究分析法定义

可操作性研究也是一种定性危险分析方法，它是一种以系统工程为基础，针对化工装置而开发的一种危险性评价方法。它的基本过程是以关键词为引导，找出过程中工艺状态的变化，即偏差，然后再继续分析造成偏差的原因、后果及可以采取的对策。可操作性研究近年来常称作危险及可操作性研究。危险可操作性研究（hazardand operability study）是英国帝国化学工业公司（ICI）于1974年针对化工装置而开发的一种危险性评价方法（英文缩写为HAZOP）。

危险和可操作性分析技术与其他安全评价方法的明显不同之处是：其他方法可由某人单独去做，而危险和可操作性分析则必须由一个多方面的、专业的、熟练的人员组成的小组来完成。

3.7.3.2 危险可操作性研究分析法特点

危险可操作性研究分析法由中间状态参数的偏差开始，分别找出原因，判明后果，是属于从中间到两头特有的分析评价方法。该方法优缺点如下所述。

（1）优点　通过可操作性研究的分析，能够探明装置及过程存在的危险，根据危险带来的后果明确系统中的主要危险，并能分析出危险对系统的影响。

该方法简便易行，在进行可操作性研究过程中，背景各异的专家一起工作，在创造性、系统性和风格上互相影响和启发，比独立工作更为有效。

分析人员对于单元中的工艺过程及设备状况需要深入了解，对于单元中的危险及应采取的措施要有透彻的认识，因此，可操作性研究还被认为是对工人培训的有效方法。

（2）缺点　有局限性，一般化工工艺和装置评价中使用；只能定性，不能定量。

评价结果受到评价人员知识和经验的影响。

3.7.3.3 危险可操作性研究分析法应用范围

可操作性研究分析法起初专门设计用于新工程项目设计审查阶段，目前也常用于在现有的生产装置（对现有生产装置分析时，如能吸收有操作经验和管理经验的人员共同参加，会收到很好的评价效果）。此方法特别适合于化工系统（连续的化工过程、间歇的化工过程）装置设计审查和运行过程分析，还可用热力水力系统。虽然，危险和可操作性研究技术起初是专门为评价新设计和新工艺而开发的技术，但是，这一技术同样可以用于整个工程、系统项目生命周期的各个阶段。

3.7.3.4 危险可操作性研究分析法操作步骤

危险可操作性研究分析法是一种常用的安全评价方法。可操作性研究的分析程序流程如图3-3所示，其主要分析步骤见图3-4。

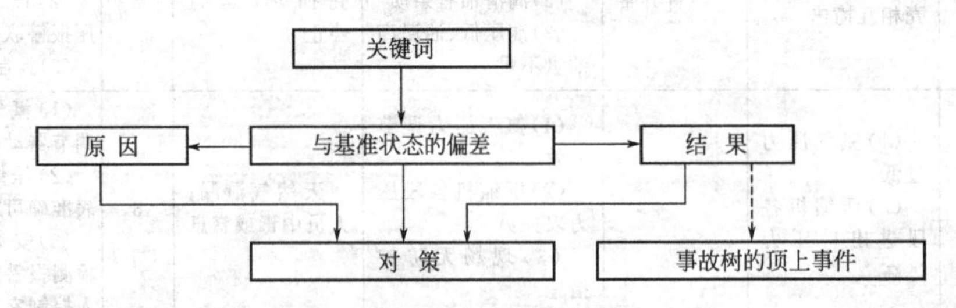

图3-3　可操作性研究的分析程序

（1）建立研究组，确定任务、研究对象。进行可操作性研究的第一步是建立一个由多方面专家组成的研究组，并配备行业专家作为负责人。研究组的人员应包括：设计、管理、使用和监察等各方面人员。研究组的任务要明确，如研究的最终目的是解决系统安全问题，还

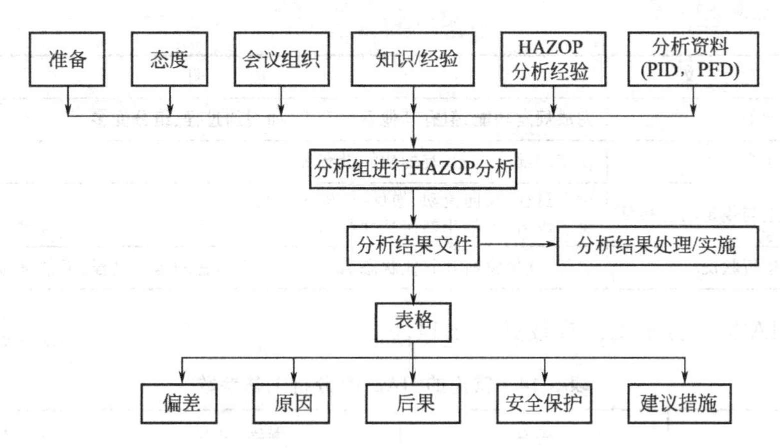

图 3-4 可操作性研究的分析步骤

是产品问题、环境问题，或者是综合问题。充分了解分析对象，准备有关资料［带控制点的流程图（P&ID），单工艺流程图（PED）、平面布置图、操作规程、仪表控制图、逻辑图、计算机程序、工厂操作规程、设备制造手册等也很重要］。

（2）划分单元，明确功能。将分析对象划分为若干单元，在连续过程中单元以管道为主，在间歇过程中单元以设备为主。明确各单元的功能，说明其运行状态和过程。

（3）定义关键词表，按关键词，逐一分析每个单元可能产生的偏差。

（4）分析发生偏差的原因及后果。

（5）提出建议对策。

为了保证分析详尽而不发生遗漏，分析时应按照关键词表逐一进行，关键词表可以根据研究的对象和环境确定，表 3-12 和表 3-13 为两个关键词定义表。由表 3-12 和表 3-13 可以看出，在研究不同的系统时，可以定义不同的关键词，且即使是关键词相同，其代表的意义也可以是不同的。因此，在进行可操作性研究时，必须根据关键词表分析各个单元产生的偏差。

表 3-12 关键词定义表（1）

关键词	意 义	说 明
空白	设计与操作所要求的事件完全没有发生	没有物料输入，流量为零
过量	与标准值比较，数量增加	流量或压力过大
减量	与标准值比较，数量减少	流量或压力减小
部分	只完成功能的一部分	物料输送过程中某种成分消失或输送一部分
伴随	在完成预定功能的同时，伴随多余事件发生	物料输送过程中发生组分及相的变化
相逆	出现与设计和操作相反的事件	发生反向的输送
异常	出现与设计和操作要求不相干的事件	异常事件发生

表 3-13 关键词定义表（2）

关键词	意 义	说 明
否	对标准值的完全否定	完全没有完成规定功能，什么都没有发生
多	数量增加	包括：数量的多或少，性质的好与坏，完成功能程序的高与低
少	数量减少	

续表

关键词	意　义	说　明
而且	质的增加	完成规定功能,但有其他事件发生,如增加过程、组分变多
部分	质的减少	仅实现部分功能,有的功能没有实现
相反	逻辑上与规定功能相反	对于过程:反向流动、逆反应、程序颠倒 对于物料:用催化剂还是抑制剂
其他	其他运行状况	包括:其他物料和其他状态、其他过程、不适宜的运行过程、不希望的物理过程等

常用的 HAZOP 分析工艺参数见表 3-14。

表 3-14　常用的 HAZOP 分析工艺参数

流量	压力	温度	液位
时间	组分	pH 值	速率
次数	黏度	电压	数据
混合	副产物	分离	反应

下面是常用的引导词和工艺参数结合成“偏差”的例子，供评价人员参考和使用。

引导词	工艺参数	偏差
NONE(空白)	＋FLOW(流量)	＝NONEFLOW(无流量)
MORE(过量)	＋PRESSURE(压力)	＝HIGHPRESSURE(压力高)
ASWELLAS(伴随)	＋ONEPHASE(一相)	＝TWOPHASE(两相)
OTHERTHAN(异常)	＋OPERATION(操作)	＝MAINTENANCE(维修)

3.7.3.5　危险可操作性研究分析法常用格式

HAZOP 评价表以表格形式记录，见表 3-15。

表 3-15　危险可操作性研究分析法常用格式

关键词	偏差	可能的原因	后果	安全措施(必要对策)

3.7.3.6　危险可操作性研究分析法解析及在评价应用中的实例分析

图 3-5 所示为磷酸和氨混合，制备磷酸二氢铵的连续生产流程。如果反应完全，将生成没有危险的产品磷酸二氢铵。如果磷酸的比例减少，反应将不完全，会有氨放出。如果减少氨加入量，过程将会是安全的，但产品却不理想。假定磷酸和氨水自高位槽中靠重力流入反应器，反应器为常压操作。

因为是一个连续过程，可取磷酸槽出口管路作为对象，分析结果列于表 3-16。

表 3-16　可操作性研究分析

关键词	偏差	原因	结果	措施
空白	流量为零	(1)阀 A 故障关闭 (2)磷酸供应中断(无料) (3)管道堵塞或破裂	反应器内有过量的氨，氨散发到操作环境中	磷酸流量减少时自动关闭阀 B
减量	流量减少	(1)阀 A 部分关闭 (2)管道部分堵塞或管道泄漏	反应器内有过量的氨，氨散发到操作环境中，氨散发量与流量大小有关	磷酸流量减少时自动关闭阀 B

续表

关键词	偏差	原因	结果	措施
过量部分	流量增加 磷酸浓度降低	(1)阀A开启过大 (2)厂商发料错误 (3)添加磷酸时发生错误	产品质量下降(磷酸过量)反应器内有过量的氨,氨散发到操作环境中	磷酸罐内加料后增加磷酸浓度检验分析
伴随相逆异常	磷酸浓度提高倒流 磷酸管中有其他物料替代了磷酸	(1)不可能,因采用最高浓度 (2)不可能 (3)厂商发料错误 (4)厂内仓库发料发生错误	依替代物的性质而有变化,根据现场可能得到的其他物料(如外观、包装相似),分析其潜在后果	往磷酸罐内加料前,对物料进行检验

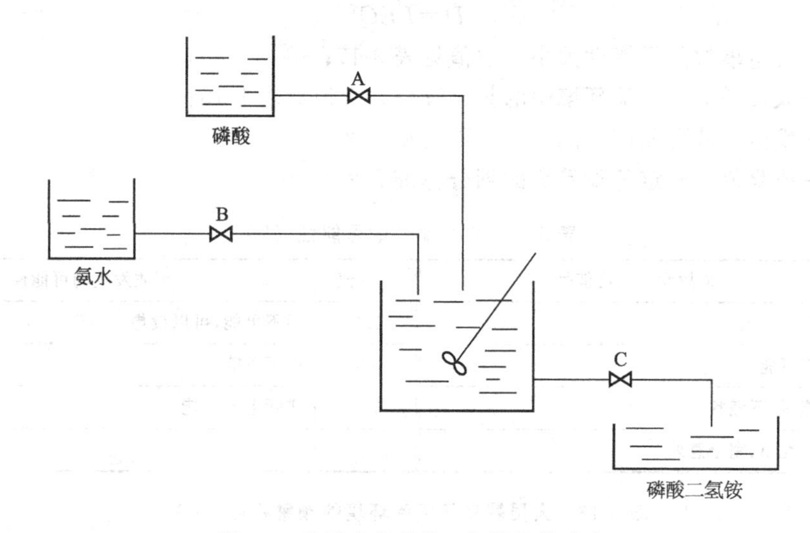

图 3-5 连续生产磷酸二氢铵流程示意

3.7.4 作业条件危险性评价分析法

3.7.4.1 作业条件危险性评价分析法定义

作业条件危险性评价法（LEC法）是一种简便易行的衡量人们在某种具有潜在危险的环境中作业的危险性的评价方法，具有一定的科学性和适用性。它是由美国安全专家格雷厄姆和金尼提出的。

该方法以与系统风险有关的三种因素（发生事故的可能性大小；人体暴露在危险环境中的频繁程度；一旦发生事故可能会造成的损失后果）指标值之积来评价系统人员伤亡风险的大小，并将所得作业条件危险性数值与规定的作业条件危险性等级相比较，从而确定作业条件的危险程度。

3.7.4.2 作业条件危险性评价分析法特点

（1）优点　作业条件危险性评价法评价人们在某种具有潜在危险的作业环境中进行作业的危险程度，该方法简单易行，危险程度级别划分比较清楚、醒目。

（2）缺点　此方法只能定性不能定量，方法中影响危险性因素的分数值主要是根据经验来确定的，因此具有一定的主观性和局限性。

3.7.4.3 作业条件危险性评价分析法应用范围

该方法一般用于企业作业现场的局部性评价（如员工抱怨作业环境差），不能普遍适用于整体、系统的完整的评价。

3.7.4.4 作业条件危险性评价分析法步骤

(1) 以类比作业条件比较为基础，由熟悉类比条件的设备、生产、安技人员组成专家组。

(2) 对于一个具有潜在危险性的作业条件，确定事故的类型，找出影响危险性的主要因素：发生事故的可能性大小；人体暴露在这种危险环境中的频繁程度；一旦发生事故可能会造成的损失后果。

(3) 由专家组成员按规定标准对L、E、C分别评分，取分值集的平均值作为L、E、C的计算分值，用计算的危险性分值（D）来评价作业条件的危险性等级。用公式来表示，则为：

$$D=LEC$$

式中 L——发生事故的可能性大小，取值见表3-17；

E——人员暴露于危险环境中的频繁程度，取值见表3-18；

C——发生事故可能产生的后果，取值见表3-19；

D——风险值，确定危险等级的划分标准见表3-20。

表3-17 发生事故的可能性（L）

分数值	事故发生的可能性	分数值	事故发生的可能性
10	完全可以预料	0.5	很不可能,可以设想
6	相当可能	0.2	极不可能
3	可能,但不经常	0.1	实际上不可能
1	可能性小,完全意外		

表3-18 人员暴露于危险环境的频繁程度（E）

分数值	人员暴露于危险环境的频繁程度	分数值	人员暴露于危险环境的频繁程度
10	连续暴露	2	每月一次暴露
6	每天工作时间内暴露	1	每年几次暴露
3	每周一次,或偶然暴露	0.5	非常罕见地暴露

表3-19 发生事故可能产生的后果（C）

分数值	发生事故可能会造成的损失后果	分数值	发生事故可能会造成的损失后果
100	大灾难,许多人死亡,或造成重大财产损失	7	严重,重伤,或较小财产损失
40	灾难,数人死亡,或造成很大财产损失	3	很大,致残,或很小财产损失
15	非常严重,一人死亡,或造成一定财产损失	1	引人注目,不利于基本的安全卫生要求

表3-20 危险等级划分标准（D）

D值	危险程度	危险等级
>320	极其危险,不能继续作业,停产整改	5
160～320	高度危险,需立即整改	4
70～160	显著危险,需要整改	3
20～70	一般危险,需要注意	2
<20	稍有危险,可以接受,注意防止	1

一般情况下，事故发生的可能性越大，风险越大；暴露于危险环境的频繁程度越大，风险越大；事故产生的后果越大，风险越大。运用作业条件危险评价法进行分析时，危险等级为1级、2级的，可确定为属于可接受的风险；危险等级为3级、4级、5级的，则确定为属于不可接受的风险。

3.7.4.5　作业条件危险性评价分析法解析及在评价应用中的实例分析

如某单位动力厂有锅炉房、空压站、变配电站等动力设施以及各种动力维修作业，应用作业条件危险评价法对该厂的各种危险、危害因素进行风险评价，结果如表3-21所示。

表3-21　危险源风险评价表

单位（部门）：动力厂　　　　　　　　　　　　　　　　　　　　　车间：

序号	工序	危险源及潜在风险	风险值 $D=LEC$				是否重大风险	备注
			L	E	C	D		
1	管道维修	乙炔泄漏，诱发火灾爆炸	3	3	3	27		
2	易燃易爆场所维修	防范不当，违章作业，诱发火灾爆炸	1	3	40	120	√	
3	阴井作业	防护不当，违章作业，人员中毒	1	3	15	45		
4	锅炉运行	人员违章操作，诱发爆炸火灾	0.5	6	40	120	√	
5	锅炉维修	锅炉抢修，高温辐射	6	1	7	42		
6	煤运输	粉尘排放，诱发职业病	3	6	1	18		
7	手工电焊	焊接烟尘排放，损害健康	3	3	1	9		
8	临时电焊作业	绝缘失效、违章作业，人员触电	3	2	15	90	√	
9	压缩机运行	管道积炭、积油，诱发爆炸	0.5	6	40	120	√	
10	压缩机运行	冷却水停供，诱发爆炸	0.5	6	15	45		
11	电工高空架线	登高用具损坏，人员伤害	3	3	3	27		
12	高处作业	防护不当，违章作业，人员坠落伤害	1	3	15	45		
13	变配电站停送电	违章操作，触电伤害	1	6	15	90	√	
14	手持电动工具	绝缘失效，未用漏电保护器，触电伤害	1	6	15	90	√	
15	车削加工	机床接地不良，触电伤害	1	1	15	15		
16	车辆运输	违章驾驶，人员伤害	3	6	15	270	√	
17	砂轮机作业	砂轮裂纹，砂轮破损伤人	3	6	3	54		
…	…	…	…	…	…	…	…	

3.7.5　风险指数矩阵分析法

3.7.5.1　风险指数矩阵分析法定义

风险指数矩阵分析法是常用来进行定性的风险估算，此分析法是将决定危险事件的风险的两种因素，即危险事件的严重性和危险事件发生的可能性，按其特点相对地划分为等级，形成一种风险评价矩阵，并赋以一定的加权值作为定性衡量风险的大小。

3.7.5.2　风险指数矩阵分析法特点

（1）优点　操作简单方便，能初步估算出危险事件的风险指数，并能进行风险分级。

（2）缺点　风险指数矩阵分析法风险评估指数通常是主观定的，定性指标有时没有实际意义。

风险等级的划分具有随意性，有时不便于风险的决策。

该方法只能定性不能定量。

3.7.5.3 风险指数矩阵分析法应用范围

风险指数矩阵分析法在建立职业健康安全管理体系和评价中都常常被用到，此方法一般不单独使用，常和预先危险性分析、故障类型及影响性分析、*LEC* 法等评价方法结合使用。

3.7.5.4 风险指数矩阵分析法编制步骤

（1）由系统、分系统或设备的故障、环境条件、设计缺陷、操作规程不当、人为差错引起的有害后果，将这些后果的严重程度相对地、定性地分为若干级，称为危险事件的严重分级。通常严重性等级分为四级（表 3-22）。

表 3-22 危险事件的严重等级

严重性等级	等级说明	事故后果说明
Ⅰ	灾难	人员死亡或系统报废
Ⅱ	严重	人员严重受伤、严重职业病或系统严重损坏
Ⅲ	轻度	人员轻度受伤、轻度职业病或系统轻度损坏
Ⅳ	轻微	人员伤害程度和系统损坏程度都轻于Ⅲ级

（2）把上述危险事件发生的可能性根据其出现的频繁程度相对地定性为若干级，称为危险事件的可能性等级。通常可能性等级分为五级（表 3-23）。

表 3-23 危险事件的可能性等级

可能性等级	说明	单个项目具体发生情况	总体发生情况
A	频繁	频繁发生	连续发生
B	很可能	在寿命期内会出现若干次	频繁发生
C	有时	在寿命期内有时可能发生	发生若干次
D	极少	在寿命期内不易发生，但有可能发生	不易发生，但有理由可预期发生
E	不可能	极不易发生，以至于可以认为不会发生	不易发生

（3）将上述危险严重性和可能性等级制成矩阵并分别给以定性的加权指数，形成风险评价指数矩阵，见表 3-24。

表 3-24 风险评价指数矩阵

严重性等级 / 可能性等级	Ⅰ(灾难)	Ⅱ(严重)	Ⅲ(轻度)	Ⅳ(轻微)
A(频繁)	1	2	7	13
B(很可能)	2	5	9	16
C(有时)	4	6	11	18
D(极少)	8	10	14	19
E(不可能)	12	15	17	20

矩阵中的加权指数称为风险评估指数，指数从 1～20 是根据危险事件可能性和严重性水平综合而定的，通常将最高风险指数定为 1，相对应于危险事件是频繁发生的并具有灾难性后果的。最低风险指数 20，对应于危险事件几乎不可能发生而且后果是轻微的，数字等级

的划分具有随意性，为了便于区别各种风险的档次，需要根据具体评价对象确定风险评价指数。

（4）根据矩阵中的指数确定不同类别的决策结果，确定风险等级（表3-25）。

表3-25 风险等级

风险值(风险指数)	1～5	6～9	10～17	18～20
风险等级	1	2	3	4

（5）根据风险等级确定相应的风险控制措施。一般来说1级为不可接受的风险；2级为不希望有的风险；3级为需要采取控制措施才能接受的风险；4级为可接受的风险，需要引起注意。评价人员可以结合企业实际情况，综合考虑风险等级。

3.7.5.5 风险矩阵分析法解析及在评价应用中的实例分析

针对某油田油气集输站运用风险矩阵分析法进行安全评价，评价结果如表3-26所示。

表3-26 某油田油气集输站风险评价表

序号	工序/区域	危险描述	发生频次	严重程度	风险值	风险等级
1	长输管线	输油管线泄漏火灾爆炸	B	Ⅰ	2	1
2	管线中间站	阀门泄漏火灾爆炸	B	Ⅱ	5	2
3	配电站	触电	C	Ⅱ	6	2
4	管线中间站	阀门泄漏油气中毒	B	Ⅰ	2	1
5	管线中间站	高处坠落	D	Ⅱ	10	3
6	管线中间站	工具坠落物体打击	C	Ⅲ	11	3
7	长输管线	坍塌	C	Ⅰ	4	1
…						

3.7.6 故障假设分析法（what…if）与故障假设（安全检查表）分析法

3.7.6.1 故障假设分析法定义

故障假设分析方法是一种对系统工艺过程或操作过程的创造性分析方法。它是识别危险性、危险情况或可能产生的意想不到的结果的具体事故事件。通常由经验丰富的人员识别可能事故情况、结果，提出存在的安全措施以及降低危险性的建议。故障假设分析很简单，它首先提出一系列“如果……怎么办”的问题，然后再回答这些问题。分析主要内容包括：提出的问题、回答可能的后果、安全措施、降低或消除危险性方法或方案。

故障假设/安全检查表分析（what…if/safety checklist analysis）是将故障假设分析与安全检查表分析两种分析方法组合在一起的分析方法，由熟悉工艺过程的人员所组成的分析组来进行。分析组用故障假设分析方法确定过程可能发生的各种事故类型，然后分析组用一份或多份安全检查表帮助补充可能的疏漏，此时所有的安全检查表与通常的安全检查表略有不同，它不再着重于设计或操作特点，而着重在危险和事故产生的原因。这些安全检查表启发评价人员对与工艺过程有关的危险类型和原因的思考。

3.7.6.2 故障假设分析法（what…if）/故障假设（安全检查表）分析法特点

故障假设分析方法的特点在于负责人经验十分丰富，分析过程按部就班进行，较好完成任务；参加评价人员选择合理，人员水平较高，分析组不是把所有的问题都解决，有重点。

（1）优点　不受行业和评价类型的限制；故障假设分析的创造和基于经验的安全检查表分析的完整性，弥补各自单独使用时的不足；故障假设分析利用分析组的创造性和经验最大程度地考虑到可能的事故情况，分析系统，完整，操作简单方便。

（2）缺点　只能定性不能定量；故障假设分析法很少单独使用，一般需要和检查表结合使用以弥补不足。

3.7.6.3 故障假设分析法（what…if）/故障假设（安全检查表）分析法应用范围

由于故障假设分析方法较为灵活，它可以用于工程、系统的任何阶段，在国外这种方法常常被应用，但在我国安全评价中很少单独使用此方法，一般是和其他方法配合使用。

故障假设（安全检查表）分析方法可用于各种类型的工艺过程或者是项目发展的各个阶段。一般用于分析主要的事故情况及其可能后果，是一种粗略的、在较大层面上的分析。

3.7.6.4 故障假设分析法（what…if）/故障假设（安全检查表）分析法编制步骤

故障假设（安全检查表）分析按以下5个步骤进行：

① 分析准备；

② 构建一系列的故障假定问题和项目；

③ 使用安全检查表进行补充；

④ 分析每一个问题和项目；

⑤ 编制分析结果文件，当同时使用安全检查表建立故障假设问题和项目时，②和③就合为一个步骤。

3.7.6.5 故障假设分析法（what…if）/故障假设（安全检查表）分析法常用格式

故障假设分析法常用格式见表3-27。

表3-27　故障假设分析法常用格式

序号	故障假设分析问题	后果/危险	对策/建议

3.7.6.6 故障假设分析法解析及在评价应用中的实例分析

某化工有限公司是美国一家大型联合化工企业，生产氯、烧碱、硫酸、盐酸等许多化学品。某公司享有极高的安全信誉，在过去的59年里，保持着连续安全生产无事故的记录。并且某公司的许多技术人员都是国际上公认的化工产品生产和加工方面的专家。基于这众多原因，某公司决定将氯乙烯单体的生产能力扩建，某公司决定建一条工艺生产状况具有世界先进水平的VCM生产线。公司专门成立一个职能部门（筹建处）负责这项带有风险的三年投资计划。作为公司安全生产管理的一部分，某公司将在适当的时间内，组织完成该装置的操作的安全评价研究工作。

由于故障假设分析不需要氯乙烯单体装置设计的详细资料并且有识别和评价危险的显著活性，因此评价业务小组决定，为进一步识别和评价安全危险性必须对氯乙烯单体产品的生产用故障假设（安全检查表）分析法进行安全评价。研究与开发阶段故障假设分析结果见表3-28。

表 3-28 研究与开发阶段故障假设分析结果

序号	故障假设分析	后果/危险	建议	负责人	解决时的签字和日期
1	乙烯供料伴有杂质	在乙烯中主要杂质是油，油与氯气剧烈反应，然而，在乙烯中的油通常是少量的，而且反应器中大量的二氯化乙烯将抑制任何的油/氯化反应，水也是微量杂质	(1)查证高纯度乙烯的利用率和供料的可行性 (2)确定并检验油/氯化反应的反应动力学	乙烯专家、化学专家	
2	氯气供料有杂质	在氯气中主要杂质是水。在氯气中有大量的水将会引起氯气装置设备的损坏，在送到氯乙烯单体装置时有水会引起停车。少量的水不会有问题			
3	供料管线破裂	氯气将有大量的液氯逸出，并在周围形成大量的氯气气雾 乙烯——将会有大量的液体乙烯逸出形成大量的乙烯气雾，具有潜在的燃烧和爆炸危险	(1)考虑给氯乙烯单体装置供给氯气气体 (2)评价某公司加工高度易燃原料的能力。考虑意外燃烧的安全培训和保护装置	化学专家、装置消防主任、协会的培训官员、工程师	
4	供料违章不稳定	反应也许会失去控制，还不知道可接受的操作限度	检验在各种乙烯/氯气供料比率下的反应速率	化学专家	

3.7.7 人员可靠性分析法

3.7.7.1 人员可靠性分析法定义

人的可靠性是指使系统可靠或正常运转所必需的人的正确活动的概率。人的可靠性分析可作为一种设计方法，使系统中人为失误的概率减少到可接受的水平。人为失误的严重性是根据可能导致的后果来划分的，如损害系统的功能、降低安全性、增加费用等。在大型人-机系统中，人的可靠性分析常作为系统概率危险评价的一部分。

3.7.7.2 人员可靠性分析法特点

人员可靠性分析法很少单独使用，大多数情况下，与其他评价方法（如 HAZOP、FMEA、FTA）等方法结合使用，识别出具体的、严重后果的人为失误。

3.7.7.3 人员可靠性分析法应用范围

此方法一般不单独使用，常与其他评价方法结合使用。

3.7.7.4 人的可靠性分析法编制步骤

（1）描述人员特点、作业环境、所执行的工作任务。

（2）评价人机界面。

（3）执行操作者功能的任务分析。

（4）分析操作人员职责。

（5）进行与操作者职责有关的人为失误分析。

（6）汇总结果。

3.7.7.5 人员可靠性分析法解析及在评价应用中的实例分析

（1）人员可靠性分析法解析

① 目的：辨识可能的失误和原因及其影响。

② 适用范围：设计和操作时。

③ 使用方法：观察操作者的失误，分析其可能产生的后果。

④ 资料准备：操作法、控制盘布置及各种安全系统，如警报、标志、信号等。

⑤ 人力、时间：观察操作者的行为，1h可完成一种工作，如进行多种操作的综合分析则需一定时间。

⑥ 效果：定性找出正常时、紧急时人的误操作类型以改进设备、控制盘等的人机工程特性。

（2）人员可靠性分析法在评价应用中的实例分析　如图3-6所示，物料从储罐经加料器送到反应器，加料器量由计时器按加料时间进行控制。正常情况下，装料量为反应器容积的50%，当达到此时，计时器发出信号，自动切断阀［XV-101］立即关闭，进料停止。倘若计时器不能将信号传给自动切断阀，反应器中装料就会过量。当装料量达到反应器容器的70%时，液位报警器发出报警信号。此时，操作人员应立即使用控制板上的手动开关关闭自动切断阀［XV-101］，并把反应器中的物料排放到另一系统回收。人员判断和纠正物料过量可利用的时间为15min，超过此时间，反应器中开始加热，如果多余物料未排放，反应器就会超压，导致有毒物料泄漏。操作人员判断时间与人因失误的概率的关系图如图3-7所示；处理事故过程中人因失误的概率参考值如表3-29所示。

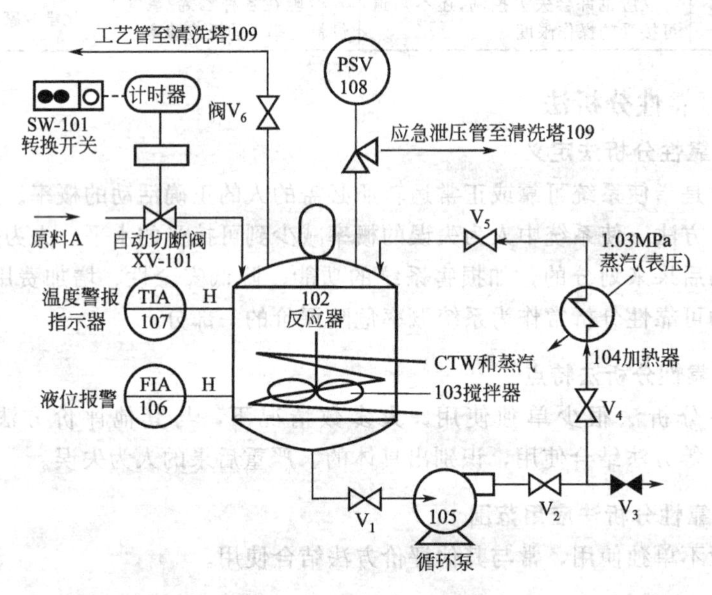

图3-6　反应器流程示意

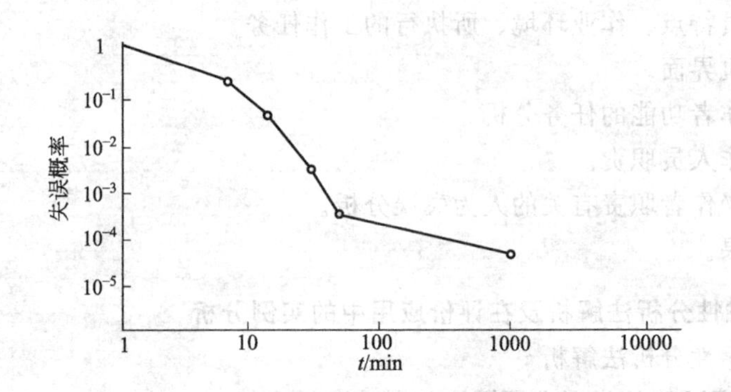

图3-7　操作人员判断时间与人因失误的概率的关系

表 3-29 处理事故过程中人因失误的概率参考值

说 明	人因失误的概率
在控制室外作业	1.0
当用通信设备与控制室操作人员联络时，要求操作人员执行控制室外作业（包括：操作人员不能完成所分配的作业，或者通信设备故障，操作人员未能接收到正确指令）	0.5
当无书面处理方法可资借鉴时，操作人员凭经验以技能为基础的作业行动	1.0
在操作人员精神处于较佳状态下，执行一项重要作业	0.05
在操作人员精神处于极度紧张状态下，执行一项关键作业	0.25

请用人员可靠性分析法评价预测操作人员处理现场事故失误的概率。具体步骤如下所述。

① 操作人员判断和纠正物料过量的时限，$t_1=15\text{min}$。

② 完成所有正确动作所需要的时间。

查阅并执行操作规程有关条款所需时间＝5min，走到控制板并扳动手动开关所需时间＝1min。

因此 $t_2=6\text{min}$。

③ 操作人员分析、判断并做出处理决策容许的时间，$t_3=15-6=9$（min）。

④ 操作人员在 9min 内判断这一非正常事件可能失误的概率，由图 3-7（操作人员判断时间与人因失误的概率的关系）可知：

$$P_A=0.55$$

⑤ 如果操作人员的精神处于较佳状态，在执行操作规程和扳动手动开关可能失误的概率，由表 3-29（处理事故过程中人因失误的概率参考值）可知：

$$P_B=0.05$$

⑥ 操作人员处理这一事故失误的概率，令 A 代表判断失误；B 代表执行（执行操作规程和扳动手动开关）失误。

A、B 两种失误同时发生，$P=0.55\times0.05=0.0275$。

A 发生时 B 不发生，或者 B 发生时 A 不发生，$P=0.55+0.05=0.60$。

因此，评价的结果为：判断失误与执行失误，两者同时发生的概率小；判断失误与执行失误，两者只发生一种失误的概率较大，其值分别为 2.75%和 60%。

3.7.8 故障类型和影响分析法

3.7.8.1 故障类型和影响分析法定义

故障类型和影响分析（FMEA）是安全系统工程中重要的分析方法之一。这种方法是由可靠性技术发展起来的，只是分析目标有了变化。前者分析系统的可靠性，后者分析哪些故障类型会引起人的伤亡和财产损失。

故障类型及影响分析是一种归纳分析法，主要是对系统的各个组成部分，即元件、组件、子系统等进行分析，找出它们所能产生的故障及其类型，查明每种故障对系统安全所带来的影响，以便采取相应的防治措施，提高系统的安全性。FMEA 也是一种自下而上的分析方法。在进行故障类型和影响分析时，人们往往对某些可能造成特别严重后果的故障类型，单独进行分析，使其成为一种分析方法，即致命度分析（CA）方法。FMEA 与 CA 合称为 FMEACA。

与故障类型和影响分析法相关的基本定义：

(1) 功能件 由几个到成百个零件组成，具有独立的功能。

(2) 组件 两个以上的零部件构成组件，在子系统中保持特定的性能。

(3) 零件（元件）：不能进一步分解的单个部件，具有设计规定的性能。

(4) 故障 元件、子系统、系统在运行时，不能达到设计要求，因而不能够完成规定的任务或完成得不好，就是系统出现了故障。这些故障会造成事故，但并不是所有故障都会造成严重后果，只是其中有一些故障会影响系统完不成任务或造成事故损失。由元件、子系统的单元或组合件构成系统，这些构成要素都有其各自的功能和利用。

(5) 故障类型 系统、子系统或元件发生的每一种故障的形式称为故障类型。例如：一个阀门故障可以有四种故障类型：内漏、外漏、打不开、关不严。一个元件发生故障，其表现形式可能不止一种，如变形、裂纹、破损、弹性不稳定、磨损、腐蚀表面损伤、松动、摇晃、脱落、咬紧、烧伤、杂物、弄脏、泄漏、渗漏、侵蚀、变质、开路、短路、杂音、漂移等，都是故障类型中的一种。

(6) 故障等级 根据故障类型对系统或子系统影响的程度不同而划分的等级称为故障等级。见表 3-30。

评价过程中，列出设备的所有故障类型对一个系统或装置的影响因素，这些故障模式是对设备故障进行描述（开启、关闭、开、关、泄漏等），故障类型的影响由对设备故障有系统影响确定。

表 3-30 故障类型等级划分

故障等级	影响程度	可能造成的损失
Ⅰ	致命性	可造成死亡或系统毁坏
Ⅱ	严重性	可造成严重伤害、严重职业病或主系统损坏
Ⅲ	临界性	可造成轻伤、轻职业病或次要系统损坏
Ⅳ	可忽略性	不会造成伤害和职业病，系统不会受到损坏

3.7.8.2 故障类型及影响分析法特点

故障类型和影响分析法特点是从元件、器件的故障开始，逐步分析其影响及应用采取的对策。在 FMEA 中不直接确定人的影响因素，但人失误误操作影响通常作为一个设备故障模式表示出来。故障类型和影响分析法常与其他方法结合起来用在事故调查分析阶段。

(1) 优点 容易掌握、有针对性，实用性强。方法分析系统完整并可定量。

(2) 缺点 所有的 FMEA 评价人员都应对设备功能及故障模式熟悉，并了解这些故障模式如何影响系统或装置的其他部分。此方法需要具有专业背景的人进行评价。方法使用有局限性。

3.7.8.3 故障类型及影响分析法应用范围

起初，这种方法主要用于设计阶段。目前，在核电站、化工、机械、电子及仪表工业中都广泛使用了这种方法。在安全评价工作中也常用此方法对设备、硬件和装置进行分析和评价。

3.7.8.4 故障类型及影响分析法编制步骤

故障类型和影响分析的基本内容是找出系统的各个子系统或元件可能发生的故障和故障出现的状态（即故障类型）以及它们对整个系统造成的影响。进行 FMEA 时，须按照下述步骤，见图 3-8。

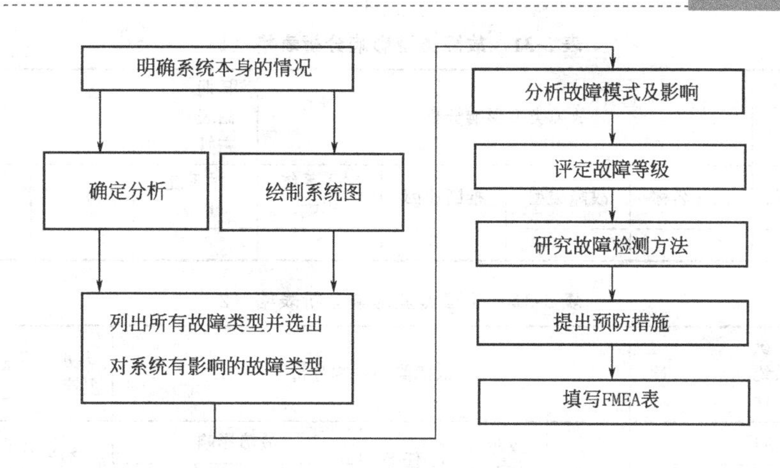

图 3-8　故障类型及影响分析法编制步骤

(1) 明确系统本身的情况和目的　分析时首先要熟悉有关资料，从设计说明书等资料中了解系统的组成、任务等情况，查出系统含有多少子系统，各个子系统又含有多少单元或元件，了解它们之间如何接合，熟悉它们之间的相互关系、相互干扰以及输入和输出等情况。

(2) 确定分析程度和水平　分析时一开始便要根据所了解的系统情况，决定分析到什么水平，这是一个很重要的问题。如果分析程度太浅，就会漏掉重要的故障类型，得不到有用的数据；如果分析程度过深，一切都分析到元件甚至零部件，则会造成手续复杂，采取起措施来也很难。一般来讲，经过对系统的初步了解后，就会知道哪些子系统比较关键，哪些次要。对关键的子系统可以分析得深一些，不重要的分析得浅一些，甚至可以不进行分析。对于一些功能像继电器、开关、阀门、储罐、泵等都可当作元件对待，不必进一步分析。

(3) 绘制系统图和可靠性框图　一个系统可以由若干个功能不同的子系统组成，如动力、设备、结构、燃料供应、控制仪表、信息网络系统等，其中还有各种接合面。为了便于分析，对复杂系统可以绘制各功能子系统相结合的系统图以表示各子系统间的关系。对简单系统可以用流程图代替系统图。

从系统图可以继续画出可靠性框图，它表示各元件是串联的或并联的以及输入输出情况。由几个元件共同完成一项功能时用串联连接，元件有备品时则用并联连接，可靠性框图内容应和相应的系统图一致。

(4) 列出所有故障类型并选出对系统有影响的故障类型　按照可靠性框图，根据过去的经验和有关的故障资料，列举出所有的故障类型，填入 FMEA 表格内。然后从其中选出对子系统以至系统有影响的故障类型，深入分析其影响后果、故障等级及应采取的措施。

如果经验不足，考虑得不周到，将会给分析带来影响。因此，这是一件技术性较强的工作，最好由安全技术人员、生产人员和工人三者相结合进行。

(5) 列出造成故障的原因　造成故障的原因可以根据以往经验进行判断。

(6) 列表将上述步骤及内容列入一定格式的表格中，便于分析和查阅。

3.7.8.5　故障类型及影响分析法常用格式

FMEA 通常按预定的分析表逐项进行，由于表格便于编码、分类、查阅、保存，所以很多部门根据自己的情况拟出不同表格（表 3-31～表 3-33），但基本内容相似。评价中最常用的格式为表 3-33。

表 3-31　故障类型影响分析表格（1）

系统 子系统		故障类型影响分析				日期 制表 主管			
编号	子系统项目	元件名称	故障类型	推断原因	对子系统影响	对系统影响	故障等级	措施	备注

表 3-32　故障类型影响分析表格（2）

系　统 子系统 组　件				故障类型影响分析						日期　　制表 主管　　审核			
分析项目				功能	故障类型及造成原因	任务阶段	故障影响			故障检测方法	改正处理所需时间	故障等级	修改
名称	项目号	图纸号	框图号				组件	子系统	系统（任务）				

表 3-33　故障类型影响分析表格（3）

系　统 子系统			故障类型影响分析				日期　　制表 主管　　审核		
（1） 项目号	（2） 分析项目	（3） 功能	（4） 故障类型	（5） 推断原因	（6）影响		（7） 故障检测方法	（8） 故障等级	（9） 备注
					子系统	系统			

3.7.8.6　故障类型及影响分析法解析及在评价应用中的实例分析

例 1：柴油机燃料供应系统 FMEA 分析。图 3-9 为一柴油机燃料供应示意图。

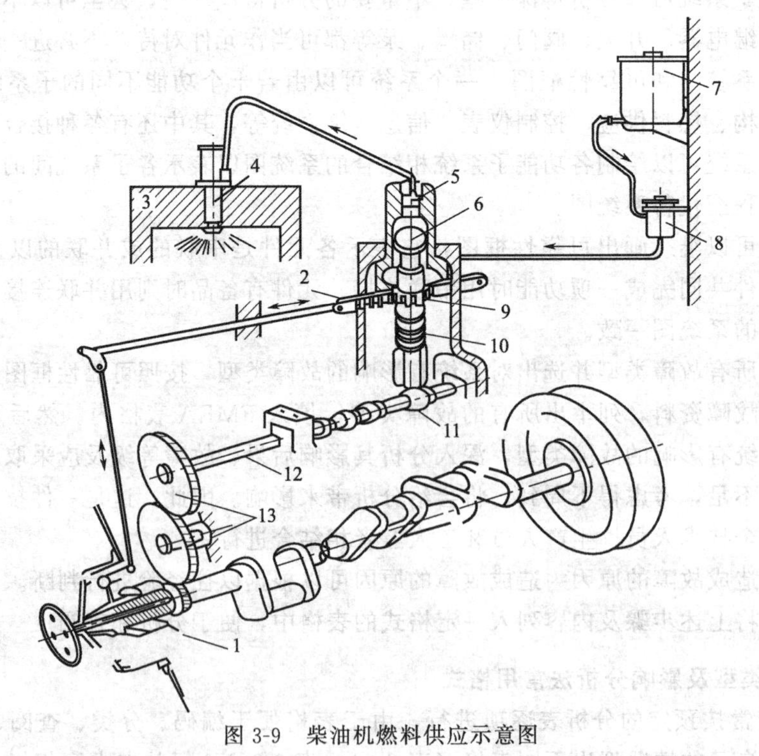

图 3-9　柴油机燃料供应示意图

1—调速器；2—齿条；3—气缸；4—喷嘴；5—逆止阀；6—柱塞；7—燃料储槽；8—过滤器；9—小齿轮；10—弹簧；11—凸轮；12—曲轴；13—齿轮

柴油经膜式泵送往壁上的中间储罐，再经过滤器流入曲轴带动的注塞泵，将燃料向柴油机气缸喷射。

此处共有5个子系统，即燃料供应子系统、燃料压送子系统、燃料喷射子系统、驱动装置、调速装置，其系统图见图3-10。

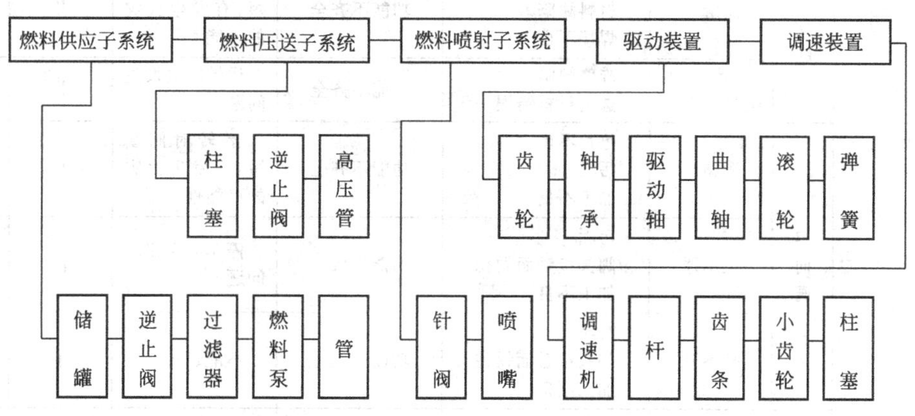

图3-10 柴油机燃料系统可靠性框图

这里仅就燃料供应子系统和燃料压送子系统做出故障类型影响分析，在FMEA分析表中，摘出对系统有严重危险的故障类型，汇总如表3-34所示，从中可以看出采取措施的重点，在本例中从分析结果可以看到，燃料供应子系统的单向阀、燃料输送装置的柱塞和单向阀、燃料喷射装置的针形阀，都容易被污垢堵住，因此要变更原来设计，即在燃料泵（柱塞泵）前面加一个过滤器。

3.7.9 因果分析图法（鱼刺图法）

3.7.9.1 因果分析图法（鱼刺图法）定义

因果分析图，简称因果图，俗称鱼刺图。因果分析图是以结果作为特性，以原因作为因素，在它们之间用箭头联系表示因果关系。事故发生的因素多种多样，这些因素往往又错综复杂地交织在一起。评价人员只有准确地找出问题产生的根源才能从根本上解决问题。因果分析图就是寻找事故产生原因的一种有效方法，它能清晰、有效地整理和分析出事故和诸因素之间的关系。

3.7.9.2 因果分析图法（鱼刺图法）特点

（1）优点　因果分析图法是针对某一结果通过分析，制作因果图，并查明和确认主要原因的方法。此方法简便实用，易于推广。即适合企业安全管理人员自评也适合于安全评价人员对事故进行系统原因分析。

（2）缺点　因果分析图通常需要充分发动全体评价人员动脑筋，针对问题寻找可能引起事故的原因，一般需要多人集思广益，把所有可能的原因都列出来，共同分析事故的原因。应注意使用该法寻找事故原因时，防止只停留在罗列的表面现象，而不深入分析因果关系的情况，原因表达要简练明确。此方法只能定性不能定量。

3.7.9.3 因果分析图法（鱼刺图法）应用范围

因果分析图法（鱼刺图法）源于质量管理，现在在安全工程领域中被广泛应用，因果分析图，可使用在一般评价管理及工作改善的各种阶段，特别是树立意识的初期，易于使问题的原因明朗化，是一种重要的事故分析和评价方法。

表 3-34　柴油机燃料供应子系统故障类型影响分析表

编号	子系统名称	元件名称	故障类型	发生原因	影响		故障等级	备注
					燃料系统	柴油机		
1	燃料供给子系统	储罐	泄漏	裂缝 材料缺陷 焊接不良	功能不齐全	运转时间变短，有发生火灾的可能	Ⅱ	
			混入不纯物	维修缺陷 选用材料错误	功能不齐全	运转时会发生问题	Ⅱ	
		单向阀	泄漏	垫片不良 污垢 加工不良	功能不齐全	运转时间变短，有发生火灾的可能性	Ⅱ	
			关不严	污垢 阀头接触面划伤 加工不良	功能失效	停车时会出现问题	Ⅲ	
			打不开	污垢 阀头接触面锈住 加工不良	功能失效	不能运转	Ⅰ	
		过滤器	堵塞	维修不良 燃料质量欠佳 过滤器结构不良	功能不全	运转时会出现问题	Ⅱ	
			溢流	结构不良 维修不良	功能不全	运转时会出现问题	Ⅱ	
		燃料泵	膜有缺陷	有洞 有伤 安装不良	功能失效	不能运转	Ⅰ	
			膜不能动作	结构不良 零件缺陷 安装不良	功能失效	不能运转	Ⅰ	
		管路	泄漏	材料不良 焊接不良	功能不全	运转会发生故障	Ⅱ	
			接头破损	焊接不良 零件不良 安装不良	功能失效	不能运转	Ⅰ	
2	燃料输送装置	柱塞泵	泄漏	间隙过大 表面粗糙 装配不良	功能不齐全	运转会发生故障	Ⅲ	
			间隙过大	检修缺陷 加工不良 材质不良 装配不良 维护不良	功能不齐全	运转会发生故障	Ⅱ	
			咬住	污垢 装配缺陷 间隙过小	功能失效	不能运转	Ⅰ	
			燃料回流不良	柱塞沟加工不良 污垢 柱塞孔加工不良	功能不齐全	运转会发生故障	Ⅲ	
		单向阀	关不死	污垢 阀杆受伤 弹簧断	功能不全	运转会发生故障	Ⅱ	
			打不开	阀材质不良 阀杆咬住	功能丧失	不能运转	Ⅰ	

续表

编号	子系统名称	元件名称	故障类型	发生原因	影响		故障等级	备注
					燃料系统	柴油机		
2	燃料输送装置	高压管线	焊缝破裂	焊接不良 加工不良 安装不良			I	

3.7.9.4 因果分析图法（鱼刺图法）编制步骤

因果分析图是一种充分发动员工动脑筋、查原因、集思广益的好办法，将相关问题专家聚集在一起，通过召开“诸葛亮”会来集思广益地解决问题，可针对问题发动大家寻找可能的原因，使每个人都畅所欲言，把所有可能的原因都列出来。具体步骤如下所述（见图 3-11）。

（1）明确要解决问题的准确含义，并用确切的语言把事故类型表达出来，并用方框画在图面的最右边；

（2）从事故出发先分析大原因，再以大原因作为结果寻找中原因，然后以中原因为结果寻找小原因，甚至更小的原因；

（3）画出主干线，主干线的箭头指向事故，再在主干线的两边依次用不同粗细的箭头线表示出大、中、小原因之间的因果关系，在相应箭头线旁边注出原因内容；

（4）找出主要原因，用显著记号或图把主要内容圈起来，以示突出；

（5）记录因果图的绘制日期、参加讨论的人员及其他备查的事项。

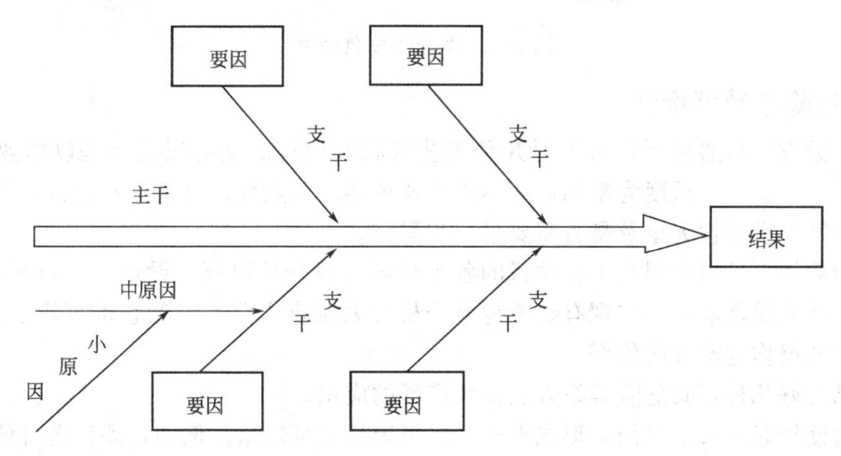

图 3-11 鱼刺图示意

注：图 3-11 中，“结果”表示不安全问题，事故类型；主干是一条长箭头，表示某一事故现象；长箭头两边有若干“支干”——“要因”，表示与该事故现象有直接关系的各种因素，它是综合分析和归纳的结果；“中原因”则表示与要因直接有关的因素。依次类推便可以把事故的各种大小原因客观地、全面地找出来。

3.7.9.5 因果分析图法（鱼刺图法）解析及评价应用实例分析

因果分析图，是将造成某项结果的众多原因，以系统的方式图解，即以图来表达结果（特性）与原因（因素）之间的关系。用鱼刺图分析法分析，可以使复杂的原因系统化、条块化，而且直观、逻辑性强，因果关系明确，便于把主要原因弄清楚。如何将影响事故的主要原因及次要原因整理出来，并使用因果分析图来表示，并针对这些原因有计划地加以强化，将会使你的工作更加得心应手。同样地，有了这些原因分析图，即使发生问题，在解析问题的过程中，也能更快速，更可靠。

例 2： 图 3-12 是对一起翻车事故所做得鱼刺图。由图 3-12 可知，这起事故的主要原因是驾驶员麻痹大意，在小雨、路滑、视线不良的弯道上不提前减速，以至于在对面来车时，避免不及，造成车辆侧滑，车载货物固定不牢，重心偏移，导致车辆倾覆。在找出这起事故的主要原因、次要原因的基础上，便可以有针对性地采取措施。

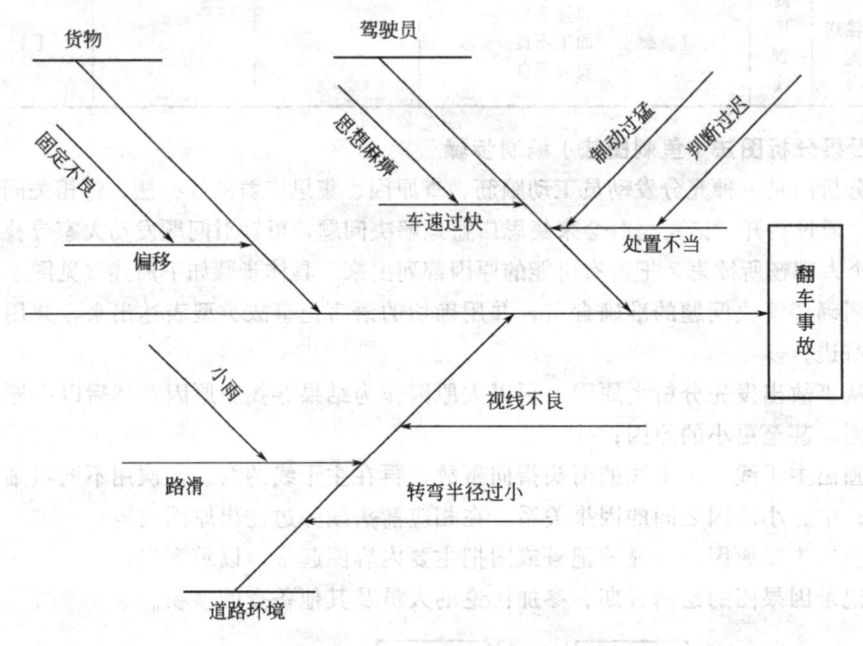

图 3-12 翻车事故鱼刺图

3.7.10 危险指数评价法

危险指数方法是通过评价人员对几种工艺现状及运行的固有属性（是以作业现场危险度、事故概率和事故严重度为基础，对不同作业现场的危险性进行鉴别）进行比较计算，确定工艺危险特性重要性大小及是否需要进一步研究。

危险指数评价可以运用在工程项目的各个阶段（可行性研究、设计、运行等），或在详细的设计方案完成之前，或在现有装置危险分析计划制定之前。当然它也可用于在役装置，作为确定工艺操作危险性的依据。

目前已有好几种正式危险等级方法得到广泛的应用。

此方法使用起来可繁可简，形式多样，既可定性又可定量。例如，评价者可依据作业现场危险度、事故概率、事故严重度的定性评估，对现场进行简单分级。或者，较为复杂的，通过对工艺特性赋予一定的数值组成数值图表，可用此表计算数值化的分级因子，常用评价方法有如下几种。

（1）道化学火灾、爆炸危险指数；

（2）ICI 公司研制的蒙德法；

（3）易燃易爆重大危险源评价分析法；

（4）化工厂危险等级指数法；

（5）危险度评价。

3.7.10.1 道化学火灾、爆炸指数评价法

（1）道化学火灾、爆炸指数评价法定义　美国道化学公司自 1964 年开发“火灾、爆炸危险指数评价法”（第 1 版）以来，历经 29 年，不断修改完善，在 1993 年推出了第 7 版。

道化学公司（DOW）火灾、爆炸危险指数评价法（第7版）根据以往的事故统计资料、物质的潜在能量和现行的安全措施情况，利用系统工艺过程中的物质、设备、设备操作条件等数据，通过逐步推算的公式，对系统工艺装置及所含物料的实际潜在火灾、爆炸危险、反应性危险进行评价的方法。

（2）道化学火灾、爆炸指数评价法特点　道化学火灾、爆炸指数评价法特点如下所述。

① 对化工方面较广范围内的工程及储存设备、装置、易燃易爆化学物质使用管理进行评价；

② 考虑安全措施补偿系数对评价结果的影响程度；

③ 考虑特殊工艺危险系数对评价结果的影响；

④ 该方法能对化工生产、使用储存设备和装置危险度进行定量的评价，并能量化潜在火灾、爆炸和反应性事故的预期损失。

（3）道化学火灾、爆炸指数评价法应用范围　道化学火灾、爆炸指数评价法（第7版）要求，评价单元内可燃、易燃、易爆等危险物质的最低限量为2270kg或$2.27m^3$，小规模实验工厂上述物质的最低量为454kg或$0.454m^3$，评价结果才有意义。若单元内物料量较少，则评价结果就有可能被夸大。

道化学火灾、爆炸指数评价法在各种评价类型中都可以使用，尤其在安全预评价中使用得最多，由于安全预评价阶段是根据项目的可行性研究分析报告，为了采取有效的措施降低财产损失，通过道化学火灾、爆炸指数评价法计算暴露危险区域的半径，在设计阶段通过改变平面布置增大间距或减少暴露危险区域的投资来降低或减少事故发生带来的风险。

（4）道化学火灾、爆炸指数评价法程序

① 准备资料。包括准确无误的工厂设计方案（设计图纸）；工艺流程图；F&EI危险分级指南（道化学公司第7版）；F&EI计算表；单元分析汇总表；工厂危险分析汇总表；工艺设备成本表等。

② 确定评价单元。划分评价单元时要考虑工艺过程，评价单元应反映最大的火灾、爆炸危险。评价单元可以是独立的生产装置也可以是工艺装置的任一主要单元或生产单元（包括化学工艺、机械加工、仓库、包装线等在内的整个生产设施），与其他部分保持一定的距离，或用防火墙隔离开来。

③ 求取单元内重要物质的物质系数MF。评价单元的物质系数，它是一个最基础的数值。这个系数是由评价单元的物质本身具有的潜在化学能，即物质的燃烧性和化学活性等内在特性决定的。物质系数（MF）由物质可燃性N_f和化学活泼性（不稳定性）N_r求得。单一物质的物质系数可通过查表来获取，评价单元内混合物物质系数是由单元内最危险的物质（最大组分浓度≥5%以上）物质系数确定。由于物质的内在特性，有时需要对物质系数进行温度（工艺单元温度超过60℃）修正。

④ 根据单元的工艺条件，采用适当的危险系数，求得单元一般工艺危险系数F_1和特殊工艺危险系数F_2。一般工艺危险系数F_1是确定事故损害大小的主要因素，它等于基本系数与所有选取的一般工艺危险系数之和。特殊工艺危险系数F_2是影响事故发生概率的主要因素，等于基本系数与所有选取的特殊工艺危险系数之和。

⑤ 一般工艺危险系数F_1和特殊工艺危险系数F_2的乘积（$F_3=F_1F_2$）即为工艺单元危险系数F_3（F_3取值范围为1～8，若$F_3>8$，则按8计）。它表明了单元的危险程度，由工艺单元危险系数F_3和物质系数MF来确定表示损失的大小危害系数（危害系数≤1）。

⑥ 工艺单元的危险系数 F_3 与物质系数 MF 的乘积（F&EI=F_3×MF），为火灾、爆炸指数 F&EI，来确定该单元影响区域的大小以及评价单元的危险程度，得出评价结果。

⑦ 用火灾、爆炸指数 F&EI 计算出单元的暴露区域半径 R（m），并计算暴露面积 A[R=0.84F&EI（单位：ft）=0.256F&EI（单位：m）；$A=\pi R^2(m^2)$]。

⑧ 确定安全措施补偿系数 C。安全措施补偿系数 C 为工艺控制补偿系数 C_1（C_1 为其下属子系数的乘积）、物质隔离补偿系统数 C_2（C_2 为其下属子系数的乘积）、防火措施补偿系数 C_3（C_3 为其下属子系数的乘积）三者的乘积，即 $C=C_1C_2C_3$。安全措施补偿系数的值越小，事故的损失也越小，一般来说安全措施补偿系数 C 的值小于 1。

⑨ 确定暴露区域内的财产价值。暴露区域内的财产价值可由区域内含有的财产（包括在存的物料）的更换价值确定。更换价值=原来成本×0.82×增长系数，增长系数一般由工程预算专家确定。

⑩ 确定基本最大可能财产损失（Base MPPD）。基本最大可能财产损失是假定没有任何一种安全措施来降低损失。基本最大可能财产损失是由暴露区域内财产更换价值和危害系数相乘得到的，即：基本最大可能财产损失=暴露区域内财产更换价值×危害系数。

⑪ 实际最大可能财产损失（Actual MPPD）。基本最大可能财产损失与安全措施补偿系数的乘积就是实际最大可能财产损失（Actual MPPD），即：实际最大可能财产损失（Actual MPPD）=基本最大可能财产损失（Base MPPD）×安全措施补偿系数（C）。它表示在采取适当的（但不完全理想）防护措施后事故造成的财产损失。如果这些防护装置出现故障，其损失值就接近于基本最大可能财产损失。

⑫ 确定最大可能工作日损失（MPDO）。通过最大可能工作日损失（MPDO）与实际最大可能财产损失（Actual MPPD）之间的方程关系并结合计算图表来确定最大可能工作日损失（MPDO）。

⑬ 停产损失（BI）。停产损失 BI=MPDO/30×VPM×0.7（式中：VPM 为每月产值；0.7 代表固定成本和利润）

通常来说，我们国家做的安全评价都执行步骤①～⑧，⑨～⑬为财产损失计算，由于需要财务方面的一些数据，因此在实际评价项目中由于数据不全，很少评价工艺单元内相关的财产损失和工作日损失。

道化学火灾、爆炸危险指数评价法（第 7 版）评价程序见图 3-13。

（5）道化学火灾、爆炸指数评价法解析及评价应用实例分析

例 3：对某煤化工企业甲醇合成区用道化学火灾、爆炸指数评价进行安全评价。

① 评价单元确定　本评价报告以对甲醇合成区进行危险性分析，以此为评价单元，用道化学公司火灾、爆炸危险指数评价法对其火灾、爆炸危险性进行评价。

② 评价程序　按图 3-13 所示的程序进行评价。

③ 道化学火灾、爆炸指数分级　道化学火灾、爆炸指数分级见表 3-35。

表 3-35　F&EI 值及危险等级

F&EI 值	危险等级
1～60	最轻
61～96	较轻
97～127	中等
128～158	很大
>159	非常大

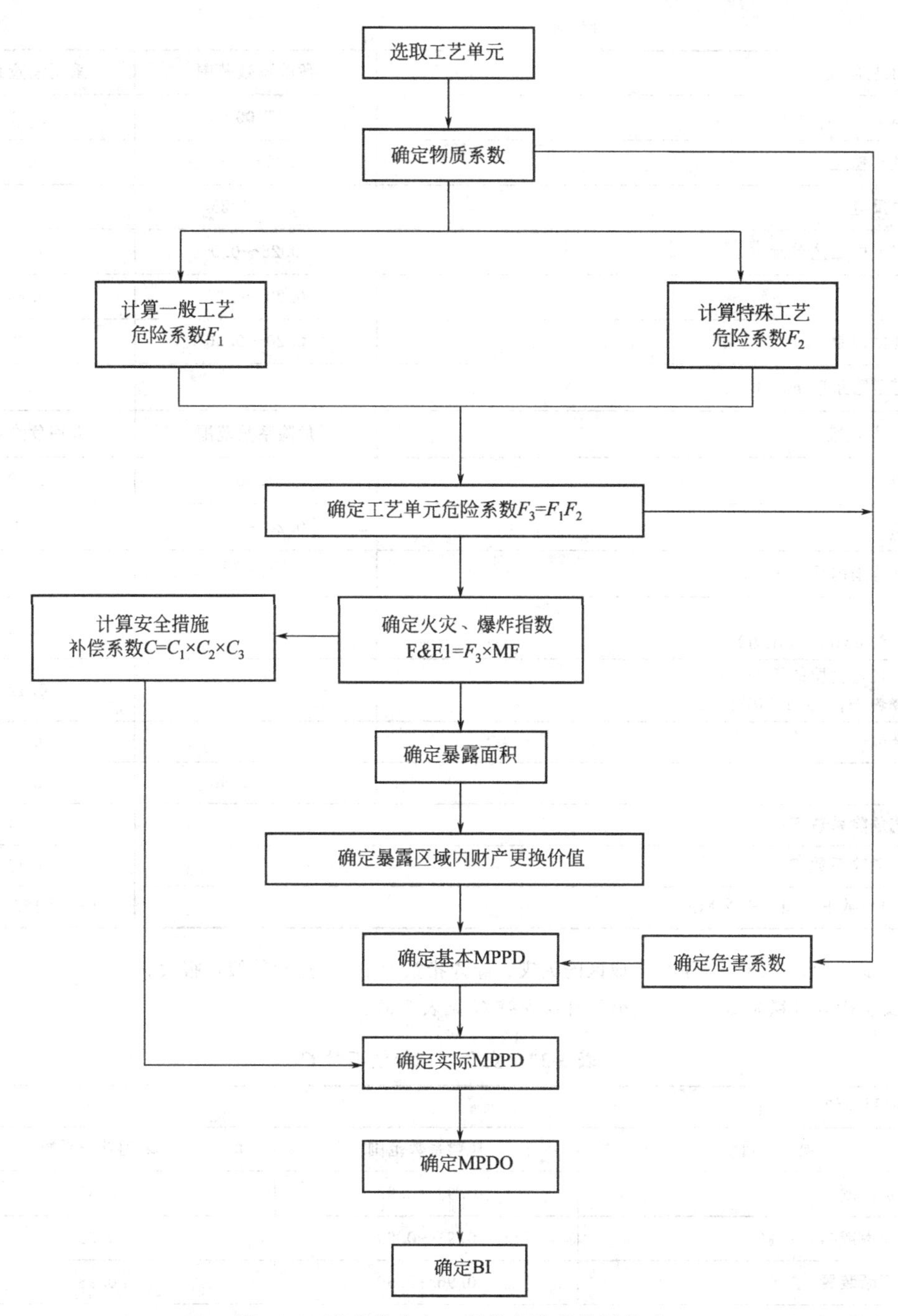

图 3-13 道化学火灾、爆炸危险指数评价法

④ 甲醇合成区火灾、爆炸指数计算 甲醇合成区道化学火灾、爆炸指数的计算见表 3-36。

表 3-36 甲醇合成区火灾、爆炸指数计算表

工艺单元	甲醇合成区	设　　备	甲醇反应器
工艺设备中的物料	甲醇		
确定物质系数 MF 的物质	甲醇		
物质系数 MF	16		

续表

1. 一般工艺危险	危险系数范围	采用危险系数
基本系数	1.00	1.00
物料处理与输送	0.25～1.05	0.6
放热化学反应	0.3～1.25	0.5
密闭式或室内工艺单元	0.25～0.9	0.4
通道	0.20～0.35	0.20
排放和泄漏控制	0.20～0.50	0.3
一般工艺危险系数 F_1		3.0
2. 特殊工艺危险	危险系数范围	采用危险系数
基本系数	1.00	1.00
毒性物质	0.20～0.80	0.4
燃烧爆炸范围内或其附近的操作		0.3
压力 设计压力约6MPa(表压力)		0.82
易燃及不稳定物质的量41956kg 物质燃烧热 H_c 8.6×10^3J/kg		0.12
腐蚀及磨蚀	0.1～0.5	0.2
泄漏	0.1～1.50	0.3
特殊工艺危险系数 F_2		3.14
工艺单元危险系数 $F_3=F_1F_2$		9.42
火灾、爆炸指数 F&EI=$F_3\times$MF		128

⑤ 初步分析评价结论　甲醇合成区的火灾、爆炸指数为128。危险等级：很大。

⑥ 安全措施补偿系数 C　安全措施补偿系数 C 见表3-37。

表3-37　安全措施补偿系数 C

1. 工艺控制补偿系数 C_1		
项　　目	补偿系数范围	采用补偿系数
(1)计算机控制	0.93～0.99	0.97
(2)操作指南或操作规程	0.91～0.99	0.92
(3)紧急切断装置	0.96～0.99	0.98
工艺控制补偿系数 C_1	$C_1=0.97\times0.92\times0.98=0.8746$	
2. 物质隔离补偿系数 C_2		
项　　目	补偿系数范围	采用补偿系数
(1)远距离控制阀	0.96～0.99	0.98
(2)排放系统	0.91～0.97	0.95
(3)联锁装置	0.98	0.98
物质隔离补偿系数 C_2	$C_2=0.98\times0.95\times0.98=0.9124$	
3. 防火措施补偿系数 C_3		

续表

项　目	补偿系数范围	采用补偿系数
(1)泄漏检测装置	0.94～0.98	0.98
(2)消防水供应	0.94～0.97	0.94
(3)特殊灭火系统	0.91	0.91
(4)手提式灭火器/水枪	0.93～0.98	0.95
(5)电缆保护	0.94～0.98	0.94
物质隔离补偿系数 C_3	$C_3=0.98\times0.94\times0.91\times0.95\times0.94=0.7486$	
安全措施补偿系数 $C=C_1C_2C_3=0.8746\times0.9124\times0.7486=0.5974$		

由计算结果可见，因安全措施的实施，补偿后的火灾、爆炸指数为76.5，危险等级为“较轻”。可使事故后果造成的损失减少到采取安全措施前的59.74%。

⑦ 火灾、爆炸暴露半径和暴露面积确定　暴露半径：暴露半径表明了生产单元危险区域的平面分布，它是一个以工艺设备的关键部位为中心，以暴露半径为半径的圆。暴露半径用0.84×F&EI系数查图或计算而得。

$$R=0.3048(\text{m})\times0.84\times\text{F\&EI 系数}=0.3048\times0.84\times128=32.8\ (\text{m})$$

暴露面积：考虑评价单元内设备在火灾、爆炸中遭受损坏的实际影响，往往用一个围绕着工艺单元的圆柱体体积来表征发生火灾、爆炸时生产单元所承受风险的大小。圆柱体的底面积为暴露区域面积。

$$S=\pi R^2=3371.5\ (\text{m}^2)$$

单元破坏系数：破坏系数由单元危险系数（F_3）和物质系数（MF）查图确定。它表示单元中的物料或反应能量释放所引起的火灾、爆炸事故综合效应。

根据MF及F_3查得单元破坏系数为0.78。

⑧ 甲醇合成区危险分析汇总　甲醇合成区域危险分析汇总见表3-38。

表3-38　甲醇合成区域危险分析汇总

序号	内　容	数　值
1	火灾爆炸危险指数F&EI	128
2	危险等级	很大
3	补偿后的火灾、爆炸指数	76.5
4	补偿后的危险等级	较轻
5	暴露区域半径	32.8m
6	暴露区域面积	3371.5m^2
7	破坏系数	0.78
8	安全措施补偿系数	0.597

注：省略事故引发的财产及工作日损失。

3.7.10.2　ICI蒙德法（火灾、爆炸、毒性指标评价法）

（1）ICI蒙德法定义　ICI公司蒙德法是在美国道化学公司（DOW）火灾、爆炸危险指数评价法的巨大成就上，作进一步补充和扩展而产生的定量评价方法。它不仅详细规定了各种附加因素增加比例的范畴，而且针对所有的安全措施引进了补偿系数，同时扩展了毒性指标，使评价结果更加切合实际。

（2）ICI蒙德法特点　ICI蒙德法突出了毒性对评价单元的影响，考虑火灾、爆炸、毒性危险方面的影响范围及安全补偿措施方面都较道化学公司（DOW）火灾、爆炸危险指数评价法更为全面，在安全措施补偿方面强调了工程管理和安全态度，突出了企业管理的重要性。可以对较广范围进行全面、有效、更为接近实际的评价。

(3) ICI蒙德法应用范围　ICI蒙德法与道化学火灾、爆炸指数评价法一样，可以在各种评价类型中使用，评价人员可以根据经验和实际的需要选择相关的评价方法。特别是针对有毒性指标的的装置应用ICI蒙德法对装置潜在的危险性初期评价比道化学火灾、爆炸指数评价法更加切合实际。

(4) ICI蒙德法编制步骤

① 单元危险性的初期评价　综合评价单元内的物质系数（B）、特殊物质系数（M）、一般工艺过程危险系数（P）、特殊工艺过程危险系数（S）、量的危险系数（Q）、配置危险系数（L）、毒性危险系数（T）、按一定的计算公式计算出各评价单元的DOW/ICI总指标（D）、火灾负荷（F）、装置内部爆炸指标（E）、环境气体爆炸指标（A）、单元毒性指标（U）、主毒性事故指标（C），最后求出全体危险性评分（R），并将计算结果按R值的大小范围分成8个等级。

a. DOW/ICI总指标D的计算　D值用来表示火灾、爆炸危险性潜力能的大小，其值按下式计算：

$$D=B\times\left(1+\frac{M}{100}\right)\left(1+\frac{P}{100}\right)\left(1+\frac{S+Q+L}{100}+\frac{T}{400}\right)$$

式中　B——重要物质的物质系数；

M——特殊物质的物质系数合计；

P——一般工艺过程危险系数合计；

S——特殊工艺过程危险系数合计；

Q——量的危险系数；

L——配置危险系数合计；

T——毒性危险系数合计。

它们的取值分别按ICI公司蒙德部的《技术守则》所建议的数值选取。总指数D划分为9个等级，见表3-39。

表3-39　DOW/ICI总指标登记划分表

DOW/ICI总指标D的范围	范　畴	DOW/ICI总指标D的范围	范　畴
0～20	缓和的	90～115	极端的
20～40	轻度的	115～150	非常极端的
40～60	中等的	150～200	潜在灾难性的
60～75	稍重的	200以上	高度灾难性的
75～90	重的		

b. 火灾负荷F的计算　F表示火灾的潜在危险性，是单元面积（$1ft^2$）❶内的燃烧热值（英热量单位）。其值的大小可以预测发生火灾时火灾的持续时间。其计算式如下：

$$F=\frac{BK}{N}\times 2050(\text{英热量单位/英尺})$$

式中　B——重要物质的物质系数；

K——单元中的燃物料的总量，t；

N——单元中的通常作业区域，m^2。

❶ $1ft^2=0.092903m^2$。

火灾负荷 F 分为 8 个等级，见表 3-40。

表 3-40 火灾负荷等级划分

火灾负荷 F/(Btu/ft^2)	范畴	预计火灾持续时间/h	备注
0～50000	轻	1/4～1/2	
50000～100000	低	1/2～1	仪宅
100000～200000	中等	1～2	工厂
200000～400000	高	2～4	工厂
400000～1000000	非常高	4～10	对使用建筑物最大
1000000～2000000	强的	10～20	橡胶仓库
2000000～5000000	极端的	20～50	
5000000～10000000	非常极端的	50～100	

注：1Btu=1055.06J。

c. 装置内部爆炸指标 E 的计算　装置内部爆炸的内部危险性与装置内物料的危险性和工艺条件有关，故其指标 E 用下式计算：

$$E=1+\frac{M+P+S}{100}$$

式中　M——特殊物质的物质系数合计；

P——一般工艺过程危险系数合计；

S——特殊工艺过程危险系数合计。

内部爆炸指标 E 分为 5 个等级，见表 3-41。

表 3-41 装置内部爆炸危险性等级划分

装置内部爆炸指标 E	范　畴	装置内部爆炸指标 E	范　畴
0～1	轻微	4～6	高
1～2.5	低	≥6	非常高
2.5～4	中等		

d. 环境气体爆炸指标 A 的计算　装置环境气体爆炸指标 A 用下式计算：

$$A=B\times\left(1+\frac{m}{100}\right)QHE\times\frac{t}{300}\times\frac{1+p}{1000}$$

式中　B——重要物质的物质系数；

m——重要物质的混合与扩散特性系数；

Q——量的系数；

H——单元高度；

E——装置内部爆炸指数；

t——工程温度（绝对温度 K）；

p——高压危险系数。

环境气体爆炸指标 A 分为 5 个等级，见表 3-42。

表 3-42 环境气体爆炸危险性等级划分

环境气体爆炸指标 A	范　畴	环境气体爆炸指标 A	范　畴
0～10	轻微	100～500	高
10～30	低	≥500	非常高
30～100	中等		

e. 单元毒性指标 U 的计算　U 按下式计算：

$$U=\frac{TE}{100}$$

式中　T——毒性危险性系数合计；

E——装置内部爆炸指标。

单元毒性指标 U 分为 5 个等级，见表 3-43。

表 3-43　单元毒性危害等级划分

单元毒性指标 E	范　畴	单元毒性指标 E	范　畴
0～1	轻微	10～10	高
1～3	低	≥10	非常高
3～6	中等		

f. 主毒性事故指标 C 的计算　将单元毒性指标 U 和量的系数 Q 结合起来，即可得出主毒性事故指标 C，计算式如下：

$$C=QU$$

主毒性事故指标 C 分为 5 个等级，见表 3-44。

表 3-44　主毒性事故指标登记划分

主毒性事故指标 C	范　畴	主毒性事故指标 C	范　畴
0～20	轻微	200～500	高
20～50	低	≥500	非常高
50～200	中等		

g. 总危险性评分 R 的计算　总危险性评分是以 DOW/ICI 总指标 D 为主，并综合考虑到火灾负荷 F、单元毒性指标 U、装置内部爆炸指标 E 和环境气体爆炸指标 A 的影响而提出的。其计算式如下：

$$R=D\left(1+\frac{\sqrt{FUEA}}{1000}\right)$$

式中，F、U、E、A 的最小值为 1。

总危险性评分 R 分为 8 个等级，见表 3-45。

表 3-45　总危险性等级（R）的划分

全体危险性评分 R	全体危险性范畴	全体危险性评分 R	全体危险性范畴
0～20	缓和的	1100～2500	高(2 类)
20～100	低	2500～12500	非常高
100～500	中等	12500～65000	极端
500～1100	高(1 类)	≥65000	非常极端

② 单元危险性的最终评价　根据工程设计中提出的安全对策措施，确定补偿系数 K_1、K_2、K_3、K_4、K_5、K_6，然后根据单元初期评价结果和补偿系数，计算出火灾负荷（F）、装置内部爆炸指标（E）、环境气体爆炸指标（A）、全体危险性评价（R）的补偿值 F_2、E_2、A_2、R_2。

a. 补偿系数的确定　根据工程设计中提出的安全对策措施，按蒙德法规定求出单元内各类安全措施的补偿系数 K_1、K_2、K_3、K_4、K_5、K_6，由于安全对策措施降低了事故发生的频率，减小了事故的规模，故各补偿系数均小于1。

b. 求补偿值 然后根据单元初期评价结果和补偿系数，计算出火灾负荷（F）、装置内部爆炸指标（E）、环境气体爆炸指标（A）、总危险性评分（R）补偿后的值 F_2、E_2、A_2、R_2。补偿值反映了工程在现有设计水平下各危险单元和场所的火灾、爆炸、毒性危险程度。

补偿火灾负荷 $F_2=FK_1K_4K_5$

补偿装置内部爆炸指标 $E_2=EK_2K_3$

补偿环境气体爆炸指标 $A_2=AK_1K_5K_6$

补偿总危险性评分 $R_2=RK_1K_2K_3K_4K_5$

c. 评价结论及采取的安全措施 根据上面评价过程，提出合理的安全措施并汇总评价结果，注意给定补偿系数的方针是根据保险业及事故分析所得出的经验制定的；在危险性重新评价以及决定适当区域配置时，对间接危险性补偿系数的适当分配量是合理的。

（5）ICI 公司蒙德法评价步骤 ICI 公司蒙德法评价程序详见图 3-14。

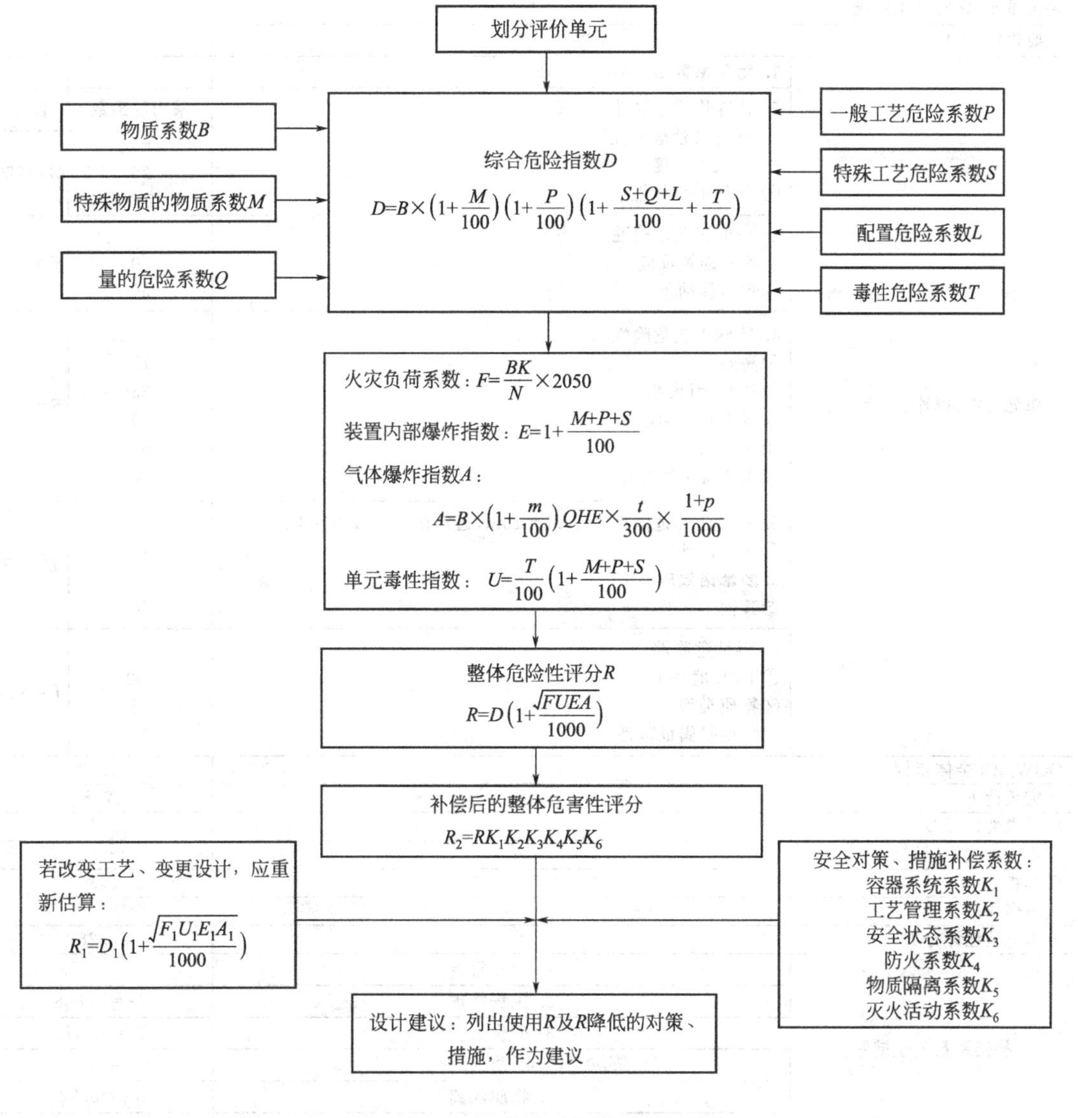

图 3-14 蒙德法评价程序

(6) ICI蒙德法解析及在评价中的应用实例分析　对某煤气发生系统进行ICI蒙德法评价。

① 单元的主要参数

a. 评价单元：煤气车间的煤气发生系统（煤气发生炉、集气罐）；

b. 评价单元主要物质：CO；

c. 煤气发生炉内煤气量：492kg；

d. 煤气发生炉内压力：700～800Pa；

e. 煤气发生炉内温度：800℃；

f. 评价单元高度：15m；

g. 评价单元作业区域：$1200m^3$。

② 评价计算结果　评价计算结果见表3-46。

表3-46　评价计算结果一览表

评价单元:煤气发生系统			
主要物料:CO			
单元火灾、爆炸、毒性指标	1. 物质系数 $B=MF=2.12$		
	2. 特殊物质危险性	采用的系数	合计
	① 混合及消散特性	−5	$M=220$
	② 着火敏感度	75	
	③ 气体的爆炸性	150	
	3. 一般工艺危险性		$P=100$
	①单一连续反应	50	
	②物质移动	50	
	4. 特殊工艺危险性		$S=210$
	①高温	75	
	②高温、引火性	35	
	③接头和垫圈泄漏	20	
	④烟雾的危险性	60	
	⑤工艺着火敏感度	20	
	5. 布置上的危险性高度 $H=15m$，通常作业区域 $N=1200m^3$		$L=85$
	①构造设计	10	
	②多米诺效应	25	
	③其他	50	
	6. 毒性危险性		$T=225$
	①TVL值	100	
	②物质类型	75	
	③短期暴露危险性	50	
DOW/ICI全体指标 D		61.63	
火灾负荷 F		17.8	
单元毒性指标 U		14.18	
主毒性事故指标 C		42.53	
爆炸指标 E		6.3	
气体爆炸指标 A		155.2	
全体危险性评分 R		92.26	
补偿系数安全措施	1. 装置管道	$K_1=0.58$	
	2. 工程管理	$K_2=0.658$	
	3. 安全态度	$K_3=0.812$	
	4. 防火	$K_4=0.903$	
	5. 物质隔离	$K_5=0.72$	
	6. 灭火活动	$K_6=0.731$	

续表

评价单元：煤气发生系统	
主要物料：CO	
补偿火灾负荷 F_1	6.72
补偿爆炸指数 E_1	3.36
补偿气体爆炸指标 A_1	47.34
补偿全体危险性评分 R_1	14.02

③ 评价单元安全措施补偿前后各项安全指标值　评价单元安全措施补偿前后各项安全指标值见表3-47。

表3-47　评价单元安全措施补偿前后各项安全指标值

补偿情况	DOW/ICI全体指标 D		火灾负荷 F		单元毒性指标 U		主毒性事故指标 C		爆炸指标 E		气体爆炸指标 A		全体危险性评分 R	
补偿前	数量	范畴	数量	范畴	数量	范畴	数量	范畴	数量	范畴	数量	范畴	数量	范畴
	61.63	稍重的	17.8	轻	14.18	非常高	42.53	低	6.3	非常高	155.2	高	92.26	低
补偿后			6.72	轻					3.36	中等	47.34	中等	14.02	缓和

④ 评价结果分析　从上述的计算结果可以看出：火灾负荷 F 为17.8，属“轻”的范畴，爆炸指标 E 为6.3，属“非常高”范畴，气体爆炸指标 A 为155.2，属“高”范畴。显然这反映出该评价单元的火灾爆炸危险级别属于一个较高的水平。当进行了补偿之后，F 降至为“轻”，E 为“中等”，A 为“中等”的范畴。

3.7.10.3　易燃、易爆、有毒重大危险源评价法

(1) 易燃、易爆、有毒重大危险源评价法定义　重大危险源是指长期地或临时地生产、加工、搬运、使用或储存危险物质，且危险物质的数量等于或超过临界量的单元。单元指一个（套）生产装置、设施或场所，或同属一个工厂的且边缘距离小于500m的几个（套）生产装置、设施或场所。在安全评价过程中，评价人员可以根据评价实际工作要求的需要对企业辨识出的重大危险源用易燃、易爆、有毒重大危险源评价法对重大危险源进行量化的评价。

易燃、易爆、有毒重大危险源评价法是“八五”国家科技攻关专题《易燃、易爆、有毒重大危险源辨识评价技术研究》提出的分析评价方法，是在大量重大火灾、爆炸、毒物泄漏中毒事故资料的统计分析基础上，从物质危险性、工艺危险性入手，分析重大事故发生的原因、条件，评价事故的影响范围、伤亡人数和经济损失，提出应采取的预防、控制措施。

(2) 易燃、易爆、有毒重大危险源评价法特点　易燃、易爆、有毒重大危险源评价法是一种定量的评价方法，能较准确地评价出系统内危险物质、工艺过程的危险程度、危险性等级，较精确地计算出事故后果的严重程度（危险区域范围、人员伤亡和经济损失），提出工艺设备、人员素质以及安全管理三方面的107个指标组成的评价指标集。

但该方法需要人员具有较高的综合能力，方法程序操作复杂，需要确定的参数指标较多。

(3) 易燃、易爆、有毒重大危险源评价法应用范围　该方法适用于各类安全评价及安全评价过程中对重大危险源的评价。

(4) 易燃、易爆、有毒重大危险源评价步骤　20世纪90年代初，我国开始重视对重大

危险源的评价和控制，“重大危险源评价和宏观控制技术研究”列入国家“八五”科技攻关项目，该课题提出了重大危险源的控制思想和评价方法，为我国开展重大危险源的普查、评价、分级监控和管理提供了良好的技术依托。为将科研成果应用于生产实际，提高我国重大工业事故的预防和控制技术水平，1997 年原劳动部选择北京、上海、天津、青岛、深圳和成都六城市开展了重大危险源普查试点工作，取得了良好的成效。在重大危险源控制领域，我国虽然取得了一些进展，发展了一些实用新技术，对促进企业安全管理、减少和防止伤亡事故起到了良好作用，为重大工业事故的预防和控制奠定了一定的基础。

① 评价单元的划分　重大危险源评价以单元作为评价对象。一般把装置的一个独立部分称为单元，并以此来划分单元。每个单元都有一定的功能特点，例如原料供应区、反应区、产品蒸馏区、吸收或洗涤区、成品或半成品储存区、运输装卸区、催化剂处理区、副产品处理区、废液处理区、配管桥区等。在一个共同厂房内的装置可以划分为一个单元；在一个共同堤坝内的全部储罐也可划分为一个单元；散设地上的管道不作为独立的单元处理，但配管桥区例外。

② 评价模型的层次结构　根据安全工程学的一般原理，危险性定义为事故频率和事故后果严重程度的乘积，即危险性评价一方面取决于事故的易发性，另一方面取决于事故一旦发生后后果的严重性。现实的危险性不仅取决于由生产物质的特定物质危险性和生产工艺的特定工艺过程危险性所决定的生产单元的固有危险性，而且还同各种人为管理因素及防灾措施的综合效果有密切关系。重大危险源的评价模型具有如图 3-15 所示的层次结构。

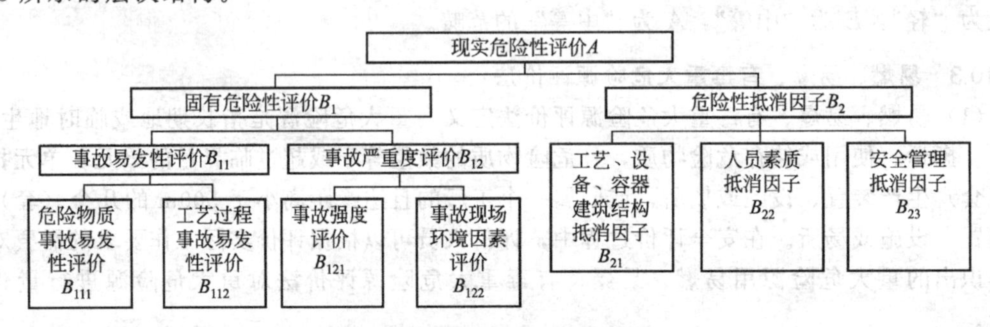

图 3-15　重大危险源评价指标体系框图

③ 评价的数学模型　重大危险源的评价分为固有危险性评价与现实危险性评价，后者是在前者的基础上考虑各种危险性的抵消因子，它们反映了人在控制事故发生和控制事故后果扩大方面的主观能动作用。固有危险性评价主要反映了物质的固有特性、危险物质生产过程的特点和危险单元内部、外部环境状况。

固有危险性评价分为事故易发性评价和事故严重度评价。事故易发性取决于危险物质事故易发性与工艺过程危险性的耦合。

评价的数学模型如下

$$A=\left\{\sum_{i=1}^{n}\sum_{j=1}^{n}(B_{111})_i W_{ij}(B_{112})j\right\} B_{12}\prod_{k=1}^{3}(1-B_{2k})$$

式中　$(B_{111})_i$——第 i 种物质危险性的评价值；

$(B_{112})_j$——第 j 种工艺危险性的评价值；

W_{ij}——第 j 项工艺与第 i 种物质危险性的相关系数；

B_{12}——事故严重度评价值；

B_{21}——工艺、设备、容器、建筑结构抵消因子；

B_{22}——人员素质抵消因子；

B_{23}——安全管理抵消因子。

a. 物质事故易发性的评价　具有燃烧、爆炸、有毒危险物质的事故易发性分为8类，见图3-16。

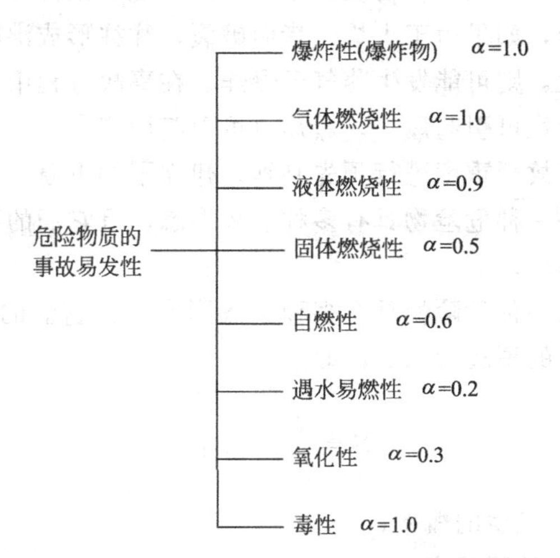

图3-16　危险物质事故易发性分类分级框图

每类物质根据其总体危险感度给出权重分 $(B_{111})_i=\alpha_i G_i$；每种物质根据其与反应感度有关的理化参数值给出状态分 G；每一大类物质下面分若干小类，共计19个子类。对每一大类或子类，分别给出状态分的评价标准。权重分与状态分的乘积即为该类物质危险感度的评价值，亦即危险物质事故易发性的评分值 B_{111}，即

$$(B_{111})_i=\alpha_i G_i$$

为了考虑毒物扩散危险性，在危险物质分类中定义毒性物质为第8种危险物质，一种危险物质可以同时属于易燃、易爆七大类中的一类，又属于第8类。对于毒性物质，其危险物质事故易发性主要取决于下列4个参数：毒性等级；物质的状态；气味；重度。

毒性大小不仅影响事故后果，而且影响事故易发性。毒性大的物质，即使微量扩散也能酿成事故，而毒性小的物质不具有这种特点。对不同的物质状态，毒物泄漏和扩散的难易程度有很大不同。物质危险性的最大分值定为100分。

b. 工艺过程事故易发性的评价　工艺过程事故易发性与过程中的反应形式、物料处理过程、操作方式、工作环境和工艺过程等有关。确定21项因素为工艺过程事故易发性的评价因素。这21项因素是：放热反应、吸热反应、物料处理、物料储存、操作方式、粉尘生成、低温条件、高温条件、负压条件、特殊的操作条件、腐蚀、泄漏、设备因素、密闭单元、工艺布置、明火、摩擦与冲击、高温体、电器火花、静电、毒物出料及输送。最后一种工艺因素仅与含毒性物质有相关关系。对于一个工艺过程，可以从两方面进行评价，即火灾爆炸事故危险和工艺过程毒性。

c. 事故严重度的评价　事故严重度用事故后果的经济损失表示。事故后果指事故中人员伤亡以及房屋、设备、物资等的财产损失，不考虑停工损失。人员伤亡分为人员死亡数、重伤数、轻伤数。财产损失严格讲应分若干个破坏等级，在不同等级破坏区破坏程度是不相同的，总损失为全部破坏区损失的总和。在危险性评估中为了简化方法，用统一的财产损失区来描述，假定财产损失区内财产全部破坏，在损失区外全不受损，即认为财产损失区内未

受损失部分的财产同损失区外受损失的财产相互抵消。死亡、重伤、轻伤、财产损失各自都用一当量圆半径描述。对于单纯毒物泄漏事故仅考虑人员伤亡，暂不考虑动植物死亡和生态破坏所受到的损失。

• 危险物与伤害模型之间的对应关系。不同的危险物具有不同的事故形态。事实上，即使是同一种类型的物质，甚至同一种物质，在不同的环境、条件下也可能表现出不同的事故形态。例如液化石油气罐，如果由于火焰烘烤而破裂，往往形成沸腾液体扩展蒸气爆炸；如果罐破裂后遇上延迟点火，则可能发生蒸气云爆炸。在事故过程中，一种事故形态还可能向另一种形态转化，例如燃烧可引起爆炸，爆炸也可引起燃烧。

为了对可能出现的事故严重度进行预先判别，建立了如下原则。

最大危险原则。如果一种危险物具有多种事故形态，且它们的事故后果相差悬殊，则按后果最严重的事故形态考虑。

概率求和原则。如果一种危险物具有多种事故形态，且它们的事故后果相差不太悬殊，则按统计平均原理估计总的事故后果 S，即

$$S=\sum_{I=1}^{N}P_I S_I$$

式中 P_I——事故形态 I 发生的概率；

S_I——事故形态 I 的严重度；

N——事故形态的个数。

危险物分类中，1.1～1.5、7.1、7.2 类物质（危险物类型与伤害模型之间的对应关系见表 3-48）的主要危险是爆炸。2.1 类为爆炸性气体，如果液态储存，且瞬态泄漏后立即遇到火源，则发生沸腾液体扩展为蒸气爆炸；如果瞬态泄漏后遇到延迟点火，或气态储存时泄漏到空气中，遇到火源，则可能发生蒸气云爆炸；如果遇不到火源，则将无害地消失掉。该类物质发生事故时，事故严重度 S 按下式计算。

$$S=AS_1+(1-A)S_2$$

式中 S_1，S_2——蒸气云、沸腾液体扩展蒸气的爆炸伤害模型计算的事故后果；

A——蒸气云爆炸和沸腾液体扩展蒸气爆炸发生的概率，取 $A=0.9$。

破坏半径 R 用下式计算。

$$R=\left(\frac{S}{3.14\rho}\right)^{1/2}$$

式中 ρ——人员或财产密度。

3.1、3.2、3.3 类为可燃液体，主要危险是池火灾。其他类型的危险物质均为固态，采用固体火灾模型预测事故严重度。若池火灾或固体火灾发生在室内，燃烧产生的有毒有害气体是人员伤亡的主要原因，因此按室内火灾伤害模型计算事故严重度。

如上所述，火灾的种类不同、发生火灾的环境不同，应采用不同模型进行评价，评价模型如表 3-48 所示。对于 3.1、3.2、3.3 的池火灾和 4.1、4.2、5.1、5.2、6.1、6.2 的固体和粉尘火灾，当发生在室内时，应采用室内火灾的伤害模型进行评价。

表 3-48　危险物类型与伤害模型之间的对应关系

危险物分级号别	对应模型
1.1～1.5、7.1、7.2	凝聚相含能材料爆炸伤害模型

续表

危险物分级号别	对应模型
2.1	(1)气态储存为蒸气云爆炸伤害模型 (2)液态储存按 $S=AS_1+(1-A)S_2$ 计算事故后果
3.1、3.2、3.3	池火灾伤害模型
4.1、4.2、5.1、5.2、6.1、6.2	固体和粉尘火灾伤害模型

• 一个危险单元内多种危险物并存时的处理办法。如果一个危险单元内有多种危险、但非爆炸性物质，则分别计算每种物质发生事故时的总损失，然后取最大者作为该单元的总损失 S，即

$$S=\max_{1\leqslant I\leqslant N}(S_I)$$

式中 S_I——第 I 种物质发生事故的严重度；

N——危险物质的种数。

如果一个危险单元内有多种爆炸性物质，则按下式计算总的爆炸能量 E，然后按照总的爆炸能量计算总损失。

$$E=\sum_{I=1}^{K}Q_{B,I}W_I$$

式中 $Q_{B,I}$——第 I 种爆炸物的爆热，J/kg；

W_I——第 I 种爆炸物的质量，kg；

K——单元内爆炸物的种数。

若为地面爆炸，则以上式计算出的爆能的 1.8 倍作为总的爆能。

一个危险单元发生事故可能波及其他单元，例如殉爆，这会导致事故规模扩大。本方法对危险单元间的相互作用不予考虑。简单而有效的处理是将可能互相影响的若干单元视作一个单元。

d. 危险性分级与危险控制程度分级　单元危险性分级应以单元固有危险性大小作为分级的依据（这也是国际惯用的做法）。分级的目的主要是为了便于政府对危险源进行监控。决定固有危险性大小的因素基本上是由单元的生产属性决定的，是不易改变的，因此用固有危险性作为分级依据能使受控目标集保持稳定。分级标准划定不仅是一项技术方法，而且是一项政策性行为，分级标准严和宽将直接影响各级政府行政部门直接监控危险源的数量配比。按照我国的实际情况，建议把全国易燃、易爆、有毒重大危险源划分为四级，一级重大危险源应由国家级安全管理部门直接监控；二级重大危险源由省和直辖市政府安全管理机构监控；三级由县、市政府安全管理机构监控；四级由企业重点管理控制和管理。分级标准划定原则应使各级政府直接监控的危险源总量自下而上呈递减趋势。推荐用 $A^*=\lg(B_1^*)$ 作为危险源分级标准，式中 A^* 是以十万元为基准单位的单元固有危险性的评分值，其定义见表 3-49。

表 3-49　危险源分级标准（1）

重大危险源级别	一级	二级	三级	四级
A^*（十万元）	≥3.5	2.5～3.5	1.5～2.5	<1.5

单元综合抵消因子的值 B_2 愈小，说明单元现实危险性与单元固有危险性比值愈小，即单元内危险性的受控程度愈高。因此可以用单元综合抵消因子值的大小说明该单元安全管理

与控制的绩效。一般说来，单元的危险性级别愈高，要求的受控级别也应愈高。建议用表 3-50 给出的标准作为单元危险性控制程度的分级依据。

表 3-50　危险源分级标准（2）

单元危险控制程度级别	A级	B级	C级	D级
B_2	≤0.001	0.001～0.01	0.01～0.1	>0.1

各级重大危险源应该达到的受控标准是：一级危险源在 A 级以上，二级危险源在 B 级以上，三级和四级危险源在 C 级以上。

（5）易燃、易爆、有毒重大危险源评价法解析及在评价应用中的实例分析

例 4： 在某煤化工企业安全现状评价中对甲醇储罐重大危险源进行安全评价。甲醇罐区的重大危险源评价见表 3-51。

表 3-51　甲醇罐区的重大危险源评价

物质名称	甲醇	物质名称	甲醇
GB 编号	22058	蒸气压/kPa	13.33(21.2℃)
相对分子质量	32.04	爆炸上限(体积分数)/%	44
液体相对密度	0.79	爆炸下限(体积分数)/%	5.5
沸点/℃	64.8	临界温度/℃	240
燃点/℃	385	临界压力/MPa	7.95
闪点/℃	11	燃烧热/(kJ/mol)	727

① 危险物质事故易发性评价

$$(B_{111})_i=\alpha_i G_i$$

具有燃烧、爆炸、有毒危险特性物质的事故易发性分为 8 类，每类物质根据其总体危险感度给出权重分 α_i；每种物质根据其与反应感度有关的理化参数给出状态分 G_i；每大类物质下面分若干小类，共计 19 个子类。对每一大类或子类，分别给出状态分的评价标准，权重分与状态分的乘积即为该类物质危险感度的评价值，亦即危险物质事故易发性的评价值 B_{111}。物质危险性的最大分值定为 100 分。

根据《常用危险化学品的分类及标志》和《石油化工企业设计防火规范》，甲醇属于中闪点易燃液体，为甲 B 类火灾危险性物质，$\alpha=0.9$，$G=60$，则甲醇物质事故易发性：

$$B_{111}=0.9\times 60=54$$

② 工艺过程事故易发性评价　工艺过程事故易发性（B_{112}）$_j$ 与过程中的反应形式、物料处理过程、操作方式、工作环境和工艺过程等有关。确定 21 项因素为工艺过程事故易发性的评价因素。这 21 项因素是：放热反应、吸热反应、物料处理、物料储存、操作方式、粉尘生成、低温条件、高温条件、负压条件、特殊的操作条件、腐蚀、泄漏、设备因素、密闭单元、工艺布置、明火、摩擦与冲击、高温体、电器火花、静电、毒物出料及输送。最后一种工艺因素仅与含毒性物质相关。

甲醇反应区间：放热反应系数 $B_{112\text{-}1}$ 取 50；吸热反应系数 $B_{112\text{-}2}$ 取 40；物料处理系数 $B_{112\text{-}3}$ 取 10；高温系数 $B_{112\text{-}8}$ 取 25；高压系数 $B_{112\text{-}10}$，取 $B_{112\text{-}10}=90$，$B_{112\text{-}10}=90\times 1.3=117$；腐蚀系数 $B_{112\text{-}12}$ 取 10；泄漏系数 $B_{112\text{-}13}$ 取 20；工艺布置系数 $B_{112\text{-}16}$ 取 30；静电系数 $B_{112\text{-}21}$ 取 30。

③ 评价单元的事故易发性　由于同一种工艺条件对于不同类危险物质所体现的危险程

度是各不相同的，因此必须确定相关系数。W_{ij} 分为 5 级，见表 3-52。

表 3-52 工艺-物质危险性相关系数的分级

级别	相关性	工艺-物质危险性相关系数 W_{ij}	级别	相关性	工艺-物质危险性相关系数 W_{ij}
A	关系密切	0.9	D	关系小	0.2
B	关系大	0.7	E	没有关系	0
C	关系一般	0.5			

甲醇反应区间：放热反应系数 $B_{112\text{-}1}$、吸热反应系数 $B_{112\text{-}2}$、物料处理系数 $B_{112\text{-}3}$、高温系数 $B_{112\text{-}8}$、高压系数 $B_{112\text{-}10}$、腐蚀系数 $B_{112\text{-}12}$、泄漏系数 $B_{112\text{-}13}$、工艺布置系数 $B_{112\text{-}16}$、静电系数 $B_{112\text{-}21}$ 与甲醇的相关系数分别为 0.7、0.5、0.7、0.7、0.7、0.7、0.7、0.7、0.7。

事故易发性 B_{11} 为：

$$\begin{aligned}B_{11} &= \sum_{i=1}^{n}\sum_{j=1}^{m} B_{111} W_{ij} (B_{112})_j \\ &= 54\times(50\times0.7+40\times0.5+10\times0.7+25\times0.7+117\times0.7+10\times0.7+20\times0.7+ \\ &\quad 30\times0.7+30\times0.7) \\ &= 12117.6\end{aligned}$$

④ 甲醇生产厂区的伤害模型及伤害/破坏半径　甲醇生产厂区最大火灾爆炸风险是生产过程和甲醇罐发生泄漏等原因引起的燃烧爆炸，其伤害模型有两种：蒸气云爆炸（VEC）模型；沸腾液体扩展为蒸气爆炸（BLEVE）模型。前者属于爆炸型，后者属于火灾型。

a. 甲醇蒸气云爆炸（VEC）　甲醇有两个储罐，形式是立式拱顶，储存容量 8000m^3，储存天数为 18.5 天，充装系数为 0.8，材质为 CS。

最大储存量 $W_f=(8000+8000)\times790=12640000$（kg）

TNT 当量计算：TNT 当量计算公式为：

$$W_{TNT}=\frac{1.8\alpha W_f Q_f}{Q_{TNT}}$$

式中 1.8——地面爆炸系数；

α——蒸气云当量系数，取 $\alpha=0.04$；

Q_f——甲醇的爆热，取 $Q_f=22690.39\text{kJ/kg}$；

Q_{TNT}——TNT 的爆热，取 $Q_{TNT}=4520\text{kJ/kg}$。

甲醇的 TNT 当量为：

$$W_{TNT}=1.8\times0.04\times12640000\times22690.39\div4520=4568594\ (\text{kg})$$

死亡半径 R_1 为：

$$R_1=13.6(W_{TNT}/1000)^{0.37}=307.4\ (\text{m})$$

重伤半径 R_2 为：

$$\Delta p_s=0.137Z^{-3}+0.119Z^{-2}+0.269Z^{-1}-0.019$$

$$Z=\frac{R_2}{\left(\frac{E}{p_0}\right)^{\frac{1}{3}}}=0.001697R_2$$

$$\Delta p_s=\frac{44000}{p_0}=0.4344$$

解得 $R_2=641.7$（m）

轻伤半径 R_3 为：

$$\Delta p_s = 0.137Z^{-3} + 0.119Z^{-2} + 0.269Z^{-1} - 0.019$$

$$Z = \frac{R_3}{\left(\frac{E}{p_0}\right)^{\frac{1}{3}}} = 0.001697R_3$$

$$\Delta p_s = \frac{17000}{p_0} = 0.1678$$

解得 $R_3 = 1153.2$（m）

对于爆炸型破坏，财产损失半径 $R_{财}$ 的计算公式为：

$$R_{财} = \frac{K_{\text{II}} W_{\text{TNT}}^{\frac{1}{3}}}{\left[1 + \left(\frac{3175}{W_{\text{TNT}}}\right)^2\right]^{\frac{1}{6}}}$$

式中　K_{II}——二级破坏系数，$K_{\text{II}} = 5.6$。

计算得：$R_{财} = 929.2$（m）

蒸气云爆炸伤害破坏半径见表 3-53。

表 3-53　蒸气云爆炸伤害

蒸气云爆炸伤害	死亡半径	重伤半径	轻伤半径	破坏半径
破坏半径/m	307.4	641.7	1153.2	929.2

b. 甲醇扩展蒸气爆炸（BLEVE）　甲醇用两个罐储存，取 $W = 0.7 \times 12640000 = 8848000$（kg）

按以下公式进行计算：火球半径　$R = 2.9W^{\frac{1}{3}} = 599.8$（m）

火球持续时间　$t = 0.45W^{\frac{1}{3}} = 93$（s）

当伤害概率 $P_r = 5$ 时，伤害百分数 $D = \int_{-\infty}^{P_r=5} e^{-\frac{\mu^2}{2}} d\mu = 50\%$，死亡、二度烧伤、一度烧伤及烧毁财物，都以 $D = 50\%$ 定义。

下面求不同伤害、破坏时的热通量。

死亡计算公式为：

$$P_r = -37.23 + 2.56\ln(tq_1^{\frac{3}{4}})$$

式中　P_r——取 5；

　　t——火球持续时间，$t = 93$s。

则 $q_1 = 7884.2$（W/m²）

二度烧伤（重伤）计算公式为：

$$P_r = -43.14 + 3.0188\ln(tq_2^{\frac{4}{3}})$$

则 $q_2 = 5221.8$（W/m²）

一度烧伤（轻伤）计算公式为：

$$P_r = -39.83 + 3.0186\ln(tq_3^{\frac{4}{3}})$$

则 $q_3 = 2294.5$（W/m²）

财产损失计算公式为：

$$q_4 = 6730t^{-\frac{4}{5}} + 25400 = 25579.2 \text{ (W/m}^2\text{)}$$

按上述 q_1、q_2、q_3、q_4 热辐射通量值，计算伤害/破坏半径，由热辐射通量计算公式：

$$q(r)=\frac{q_0R^2r(1-0.058\ln r)}{(R^2+r^2)^{\frac{3}{2}}}$$

式中　R——火球半径，取 $R=599.8\text{m}$；

q_0——圆柱罐热辐射通量，取 $q_0=270000\text{W}$。

已知火球半径 $R=599.8\text{m}$，伤害/破坏半径应有 $R_i>R$。求解为：

按死亡热通量 $q_1=7884.2\text{W/m}^2$，计算扩散蒸气爆炸的死亡半径 $R_1=2485.7\text{m}$；

按重伤（二度烧伤）热通量 $q_2=5221.8\text{W/m}^2$，计算扩展蒸气爆炸时的重伤（二度烧伤）半径 $R_2=3065.2\text{m}$；

由轻伤（一度烧伤）热通量 $q_3=2294.5\text{W/m}^2$，计算轻伤（一度烧伤）半径 $R_3=4592.1\text{m}$；

由财产烧毁热通量 $q_4=25579.2\text{W/m}^2$，用上述同样办法计算得到扩展蒸气爆炸的财产破坏半径 $R_4=1285.6\text{m}$。

综合各项，得扩散蒸气爆炸伤害/破坏半径如表 3-54 所示。

表 3-54　沸腾液体扩散蒸气爆炸伤害/破坏半径　　单位：m

死亡半径	重伤半径(二度烧伤)	轻伤半径(一度烧伤)	财产破坏半径
2485.7	3065.2	4592.1	1285.6

显然，如果甲醇罐发生扩展蒸气爆炸，火球半径 $R=599.8\text{m}$，使整个原料罐区成为火海一片，全部吞没；由于死亡半径 $R_1=2485.7\text{m}$，财产损失半径 $R_4=1285.6\text{m}$，使得罐区一旦发生扩展蒸气爆炸，厂区内的人员难以幸免，而且会殃及四邻。

⑤ 事故严重度 B_{12} 的估计　事故严重度 B_{12} 用符号 S 表示，它反映发生事故造成的经济损失大小。事故严重度包括人员伤害和财产损失两个方面，并把人的伤害也折算成财产损失(万元)。

可用下式表示总损失值：

$$S=C+20\times\left(\frac{N_1+0.5N_2+105N_3}{6000}\right)$$

式中　N_1，N_2，N_3——事故中死亡、重伤、轻伤人数；

C——财产破坏价值，万元。

事故严重度 B_{12} 取决于伤害/破坏半径构成圆面积中财产价值和死伤人数。由于甲醇罐区爆炸伤害模型是两个，即蒸气云爆炸和扩展蒸气爆炸，并可能同时发生，则储罐爆炸事故严重度应是两种严重度加权求和：

$$S=\alpha S_1+(1-\alpha)S_2$$

式中　S_1，S_2——两种爆炸事故的后果；

α，$1-\alpha$——两种爆炸的发生概率，$\alpha=0.9$，$1-\alpha=0.1$。甲醇生产区爆炸事故严重度见表 3-55。

蒸气云爆炸的可能性远大于扩展蒸气爆炸，蒸气云爆炸是主要的。

事故严重度计算结果为：

$$S=\alpha S_1+(1-\alpha)S_2=0.9\times113931=102537.9\text{（万元）}$$

⑥ 固有危险性 B_1 及危险性等级　原料罐区的固有危险性为：

$$B_1=B_{11}B_{12}=12117.6\times102537.9=1242513257.04\text{（万元）}$$

表 3-55 甲醇生产区爆炸事故严重度

事故模型		死亡		重伤（二度烧伤）		轻伤（一度烧伤）		财产损失	
		半径/m	波及范围暴露人员	半径/m	波及范围暴露人员	半径/m	波及范围暴露人员	半径/m	波及范围暴露人员
储罐爆炸	蒸气云爆炸	307.4		641.7		1153.2		929.2	
	扩展蒸气爆炸	2485.7	厂区全部人员	3065.2		4592.1		1285.6	全部财产

危险性等级为：

$$A=\lg\left(\frac{B_1}{10^5}\right)=9.09$$

因此，甲醇罐区为一级重大危险源。

3.7.11 概率风险评价分析法

3.7.11.1 事故树分析法

（1）事故树定义　事故树分析又称为故障树分析（FTA），源于美国备尔电话实验室，是一种描述事故因果关系的有方向的“树”，是安全系统工程分析中最为广泛、普遍的一种分析方法，该方法从要分析的特定事故或故障开始（顶上事件），层层分析其发生的原因，直到找出事故的基本原因，即故障树的基本事件为止。事故树分析作为安全评价和事故预测的一种先进的科学方法，已得到国内外公认，并被广泛采用。

（2）事故树分析法的特点　事故树分析法直观明了、表达简洁，思路清晰、逻辑性强、易于掌握、具有广泛的应用性，该方法既可以定性分析也可以做定量分析，但 FTA 步骤较多，计算也较复杂；在国内数据较小，进行定量分析还需要做大量工作。

此方法要求安全评价人员、管理人员具有丰富的经验，全面、系统、深入地了解和掌握各项事故防护的要点。许多事故树模型可通过分析一个较大的工艺过程得到，实际的模型数目取决于危险分析人员选定的顶上事件数，一个顶上事件对应着一个事故树模型。使用 FTA 需要详细懂得装置或系统的功能、详细的工艺图和操作程序以及各种故障模式和它们的结果，良好训练和富有经验的分析人员是有效和高质量运用 FTA 的保证。

（3）事故树分析法的应用范围　事故树分析法应用广泛，不仅能分析出事故的直接原因，而且能深入提示事故的潜在原因，因此在评价项目的各阶段，都可以使用 FTA 对它们的安全性做出评价。

（4）事故树分析法的编制步骤　事故树分析是对既定的生产系统或作业中可能出现的事故条件及可能导致的灾害后果，按工艺流程、先后次序和因果关系绘成的程序方框图，表示导致灾害、伤害事故（不希望事件）的各种因素之间的逻辑关系。它由输入符号或关系符号组成，用以分析系统的安全问题或系统的运行功能问题，并为判明灾害、伤害的发生途径及与灾害、伤害之间的关系，提供一种最形象、最简洁的表达形式。除用于已发生的事故外，对未发生的或可能发生的事故，也可绘制事故树来进行分析。

事故树的绘制涉及人身安全、系统安全、环境保护等，具有综合性的特点。在绘制事故树时，既要了解过去发生的事故和有关资料，又要了解和懂得生理学、心理学、机械设备、工艺流程及环境保护等方面的知识。只有这样才能绘出准确的事故树，进行正确的分析，提出确切的防护措施，起到真正的作用。

事故树绘制的步骤和内容，根据定性、定量分析，分为以下几步。

① 确定所分析的系统　确定分析系统即确定系统所包括的内容及其边界范围。

② 熟悉所分析的系统　指熟悉系统的整个情况，包括系统性能、运行情况及各种重要参数等。如工作程序、重要参数、作业情况、周围环境等。必要时，要绘出工艺流程图及人、机、环境之间的位置关系图。

③ 调查系统发生的事故　在熟悉系统后，开始进行调查过去已发生的事故，包括未遂事故。调查分析过去、现在和未来可能发生的故障，同时调查本单位及外单位同类系统曾发生的所有同类事故。

④ 确定事故树的顶上事件　是指确定所要分析的对象事件，是事故发生的结果。对调查的事故，分析危险程度和发生的频繁程度，找出容易发生且后果严重的事故，作为顶上事件。确定顶上事件的方法有：直观分析法；危险性预先分析法；故障类型和影响分析法等等。一般运用直观分析法，即可达到目的。

⑤ 调查与顶上事件有关的所有原因事件和各种影响因素　这是一个关键步骤，事故树的准确、完善与否，要看对原因事件和各种影响因素的调查结果。需要与机械、工艺、管理及指挥人员、操作者共同查找，还可参照安全检查表。

⑥ 绘制事故树　按照绘制事故树的原则，从顶上事件起，对原因事件进行演绎分析，一层一层往下分析各自的直接原因事件。同时，根据彼此间的逻辑关系，用逻辑门连接上下层事件，直到所要求的分析深度，形成一株倒置的逻辑树形图，即故障树图。

⑦ 事故树定性分析　它是故障树分析的核心内容之一，其目的是分析该类事故的发生规律及特点，通过求取最小割集（或最小径集），找出控制事故的可行方案，并从事故树结构、发生概率分析各基本事件的重要程度，以便按轻重缓急分别采取对策。按照事故树的结构和逻辑关系，把各基本原因事件转换为布尔代数模型，进行化简，得出最小径集和最小割集，从而确定基本原因事件的结构重要度。

⑧ 定量分析　包括确定各基本事件的故障率或失误率。求取顶上事件发生的概率，将计算结果与通过统计分析得出的事故发生概率进行比较。根据基本原因事件发生的概率（频率），运用布尔代数模型进行计算，得出顶上事件发生的概率。

⑨ 安全性评价　根据损失率的大小评价该类事故的危险性。这就要从定性和定量分析的结果中找出能够降低顶上事件发生概率的最佳方案。

事故树的绘制和分析，原则上有以上步骤。实际工作中，可以根据分析的目的、投入人力物力的多少适当掌握。如果事故树规模很大，也可以借助计算机进行分析。

（5）事故树分析法计算分析

① FTA的符号及其运算　FTA使用布尔逻辑门（如：与，或）产生系统的故障逻辑模型来描述设备故障和人为失误是如何组合导致顶上事件的。

a. 事故树符号的意义

（a）事件符号。

顶上事件、中间事件符号，需要进一步往下分析的事件；

基本事件符号，不能再往下分析的事件；

正常事件符号，正常情况下存在的事件；

省略事件，不能或不需要向下分析的事件。

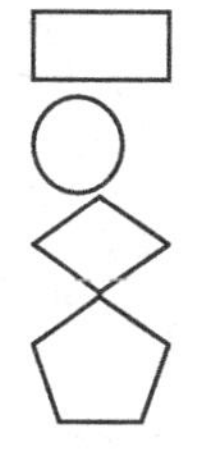

（b）逻辑门符号。

或门，表示 B_1 或 B_2 任一事件单独发生（输入）时，A 事件都可以发生（输出）。

与门，表示 B_1 或 B_2 同时发生（输入）时，A 事件才发生（输出）。

条件或门，表示 B_1 或 B_2 任一事件单独发生（输入）时，还必须满足条件 a，A 事件才发生（输出）。

条件与门，表示 B_1 或 B_2 两事件同时发生（输入）时，还必须满足条件 a，A 事件才发生（输出）。

限制门，表示 B 事件发生（输入）且满足条件 a 时，A 事件才发生（输出）。

转入符号，表示在别处的部分树，由该处转入（在三角形内标出从何处转入）；

转出符号，表示这部分树由该处转移至他处，由该外转入（在三角形内标出向何处转移）。

b. 布尔代数与主要运算法则　在事故树分析中常用逻辑运算符号（·，＋）将各个事件连接起来，这个连接式称为布尔代数表达式。在求最小割集或最小径集时，要用布尔代数运算法则，化简代数式。这些法则如下所述。

(a) 结合律 $A+(B+C)=(A+B)+C$

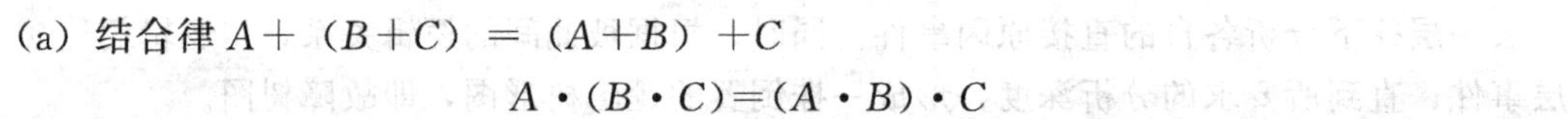

$$A\cdot(B\cdot C)=(A\cdot B)\cdot C$$

(b) 分配律 $A\cdot(B+C)=A\cdot B+A\cdot C$

$$A+(B\cdot C)=(A+B)\cdot(A+C)$$

(c) 交换律 $A\cdot B=B\cdot A$

$$A+B=B+A$$

(d) 等幂法则　$A\cdot\overline{A}=A$　……A 与 $\overline{A}$ 相交仍为 A

$A+\overline{A}=A$　……A 与 $\overline{A}$ 相并仍为 A

(e) 吸收律 $A\cdot(A+B)=A$

$$A+A\cdot B=A$$

(f) 对偶法则　$\overline{A\cdot B}=\overline{A}+\overline{B}$

$\overline{A+B}=\overline{A}\cdot\overline{B}$（将事故树变为成功树时用它）

c. 事故树的数学表达式　为了进行事故树定性、定量分析，需要建立数学模型，写出它的数学表达式。把顶上事件用布尔代数表现，并自上而下展开，就可得到布尔表达式。

未经化简的事故树如图 3-17 所示。

未经化简的事故树，其结构函数表达式为：

$$\begin{aligned}T&=A_1+A_2\\&=A_1+B_1B_2B_3\\&=X_1X_2+(X_3+X_4)(X_3+X_5)(X_4+X_5)\\&=X_1X_2+X_3X_3X_4+X_3X_4X_4+X_3X_4X_5+X_4X_4X_5+X_4X_5X_5+X_3X_3X_5+\\&\quad X_3X_5X_5+X_3X_4X_5\end{aligned}\tag{3-1}$$

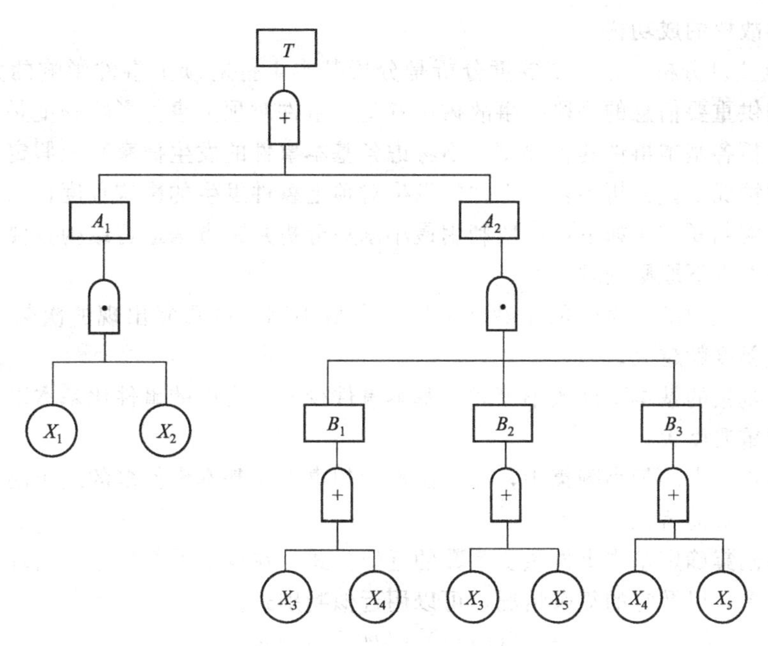

图 3-17　未经化简的事故树

② 事故树的定性分析

a. 最小割集的概念和求法

• 割集与最小割集的概念。凡是能导致顶上事件发生的基本事件的集合就叫割集。割集也就是系统发生故障的模式。在一个事故树中，割集数目可能有很多，而在内容上可能有相互包含和重复的情况，甚至有多余的事件出现，必须把它们除去。除去这些事件的割集叫最小割集。也就是说凡能导致顶上事件发生的最低限度的基本事件的集合称为最小割集。换句话说：如果割集中任一基本事件不发生，顶上事件就绝不发生。事故树中最小割集越多，顶上事件发生的可能性就越大，系统就越危险。

• 最小割集的求法。利用布尔代数化简法，将式(3-1) 归并、化简。

$$T = X_1X_2 + X_3X_3X_4 + X_3X_4X_4 + X_3X_4X_5 + X_4X_4X_5 + X_4X_5X_5 + X_3X_3X_5 + X_3X_5X_5 + X_3X_4X_5$$
$$= X_1X_2 + X_3X_4 + X_3X_4X_5 + X_4X_5 + X_3X_5 + X_3X_4X_5$$
$$= X_1X_2 + X_3X_4 + X_4X_5 + X_3X_5$$

得到四个最小割集 $\{X_1, X_2\}$、$\{X_3, X_4\}$、$\{X_4, X_5\}$、$\{X_3, X_5\}$。

b. 最小径集概念与求法

• 径集与最小径集概念。在事故树中，有一组基本事件不发生，顶上事件就不会发生，这一组基本事件的集合叫径集。径集是表示系统不发生故障而正常运行的模式。同样在径集中也存在相互包含和重复事件的情况，去掉这些事件的径集叫最小径集。也就是说，凡是不能导致顶上事件发生的最低限度的基本事件的集合叫最小径集。最小径集越多，顶上事件不发生的途径就越多，系统也就越安全。

• 最小径集的求法。最小径集的求法是利用最小径集与最小割集的对偶性，首先画事故树的对偶树，即成功树。求成功树的最小割集，就是原事故树的最小径集。成功树的画法是将事故树的“与门”全部换成“或门”，“或门”全部换成“与门”，并把全部事件的发生变成不发生，就是在所有事件上都加“,”，使之变成原事件补的形式。经过这样变换后得到的树形就是原事故树的成功树。

c. 结构重要度分析　结构重要度分析是分析基本事件对顶上事件影响的大小，为改进系统安全性提供重要信息的手段。事故树中各基本事件对顶上事件影响程度是不同的。从事故树结构上分析各基本事件的重要度（不考虑各基本事件的发生概率）或假定各基本事件发生概率相等的情况下，分析各基本事件的发生对顶上事件发生的影响程度，叫结构重要度。

结构重要度判断方法如下：一般利用最小割集分析判断方法进行结构重要度判断，采用此法时，可遵循以下原则处理。

• 当最小割集中基本事件的个数相等时，在最小割集中重复出现的次数越多的基本事件，其结构重要度就越大。

• 当最小割集的基本事件数不等时，基本事件少的割集中的事件比基本事件多的割集中的基本事件的重要度大。

• 在基本事件少的最小割集中，出现次数少的事件与基本事件多的最小割集中出现次数多的相比较，一般前者大于后者。

利用最小割集确定基本事件重要系数的近似公式：在少事件割集中，出现次数少，多事件割集中次数多，以及它的复杂情况，可以用近似判别式。

$$I(i)=\sum 1/2^{n-1}, x\in K$$

式中　$I(i)$——基本 x_1 的重要系数近似判别值；

　　K——包含 x_i 的割集（所有）；

　　n——基本事件 x_1 所在割集中基本事件个数。

如在 $K_1=\{x_1, x_3\}$、$K_2=\{x_1, x_4\}$、$K_3=\{x_2, x_3, x_5\}$、$K_4=\{x_2, x_3, x_4\}$ 中，

$I(1)=1/2^{2-1}+1/2^{2-1}=1$；

$I(2)=1/2^{3-1}+1/2^{3-1}=1/2$；

$I(3)=1/2^{2-1}+1/2^{3-1}+1/2^{3-1}=1$；

$I(4)=1/2^{2-1}+1/2^{3-1}=3/4$；

$I(5)=1/2^{3-1}=1/4$。

所以，$I(1)=I(3)>I(4)>I(2)>I(5)$。

注：在用割集判断基本事件结构重要系数时，必须按上述原则，先行判断近似式是迫不得已而为之，不能完全用它；用最小割集判别基本事件结构重要顺序与用最小径集判别结果一样；凡对最小割集适用的原则，对最小径集同样适用。

③ 事故树定量分析　当事故树很庞大，基本事件和最小割集或最小径集的数量也就很多。要精确地求出顶上事件发生的概率，是非常困难的，甚至是不可能的，即使借助计算机也需要相当长的时间。因此，需要找出一种既能保证相应的精确度，运算又较为简便的方法。

实际上，按精确算式去计算的结果也未必十分精确，这是因为：

• 凭经验估计的各种元件、部件的故障率本身就不精确，数据库故障率上限值和下限值相差几个数量级，其平均值离差也很大。

• 各种部件、元件的运行条件、运行环境各不相同，修正系数的选取也是因人而异的。

• 人的失误率、失误概率也受多种因素影响，如心理、生理、个人智能、训练情况、适应能力、环境因素等。它是一个极其灵活，伸缩性很大的数据。

因此，用这些数据进行运算，必然得出不太精确的结果。所以，用近似算法计算顶上事

件的发生概率是适宜的。况且，在近似过程中，略去的数值与最后一位有效数值相比相差很大，有时达几个数量级，故完全可以忽略不计。迄今为止，所有较复杂故障树顶上事件发生概率的计算，均采用近似算法。下面介绍几种常用近似计算的方法。

a. 首项近似法。根据利用最小割集计算顶上事件发生概率的公式，可改写为：

$$g=F_1-F_2+\cdots+(-1)^{k-1}F_k$$

这样，可逐次求 F_1、F_2…的值，当认为满足计算时，就可停止计算。一般情况下，$F_1 \geqslant F_2$，$F_2 \geqslant F_3$，…在近似过程中往往求出 F_1 就能满足要求，其余均忽略不计，即：也就是说，顶上事件的发生概率近似等于所有最小割集发生概率的代数和，这种近似算法称为首项近似。

$$g \approx F_1=\sum_{j=1}^{k}\prod_{x_i \in k_j} q_i$$

例 5：某故障树有三个最小割集：$K_1=\{x_1, x_3\}$，$K_2=\{x_2, x_3\}$，$K_3=\{x_3, x_4\}$，则故障树的结构函数式为：$T=K_1+K_2+K_3$。

利用首项近似法计算

$$g \approx q_{k_1}q_{k_2}+q_{k_2}q_{k_3}+q_{k_2}q_{k_3}$$

b. 独立近似法。这种近似算法的实质是：尽管故障树各最小割集（或最小径集）中彼此有共同事件，但均认为是无共同事件的，即认为各最小割集（或最小径集）都是彼此独立的。均用式(3-2)、式(3-3) 计算顶上事件发生概率。

从式(3-2) 和式(3-3) 也可得到 g 值的近似区间。

对于用最小割集、最小径集表示的等效故障树来说，顶上事件发生概率大于最大的最小割集概率，小于最小的最小径集的概率。

$$g \approx \coprod_{r=1}^{k}\prod_{x_i \in k_r} q_i \tag{3-2}$$

$$g \approx \prod_{r=1}^{p}\coprod_{x_i \in p_r} q_i \tag{3-3}$$

在各基本事件概率值较小时，以独立近似法公式(3-2) 计算更简便、更能接近精确值，而式(3-3) 偏差较大。

例 6：某故障树最小割集为 $\{x_1, x_3\}$，$\{x_1, x_5\}$，$\{x_3, x_4\}$，$\{x_2, x_4, x_5\}$，各基本事件发生概率分别为 $q_1=0.01$，$q_2=0.02$，$q_3=0.03$，$q_4=0.04$，$q_5=0.05$，用独立近似计算法计算顶上事件发生的概率如下所示。

独立近似：$g \approx \coprod_{r=1}^{k}\prod_{x_i \in k_r} q_i$

$=1-(1-q_1q_3)(1-q_1q_5)(1-q_3q_4)(1-q_2q_4q_5)$

$=0.0203881$

c. 概率重要度分析。结构重要度分析是从故障树的结构上分析各基本事件的重要程度。如果进一步考虑各基本事件发生概率的变化会给顶上事件发生概率以多大影响，就要分析基本事件的概率重要度。我们利用顶上事件发生概率 g 函数是一个多重线性函数这一性质，只要对自变量 q_i 求一次偏导，就可得到该基本事件的概率重要系数，即：

$$I_g(i)=\frac{\partial g}{\partial q_i} \tag{3-4}$$

当我们利用式(3-4) 求出各基本事件的概率重要系数后，就可以了解：诸多基本事件，减少哪个基本事件的发生概率可以有效地降低顶上事件的发生概率。

例 7：设某故障树最小割集为 $\{x_1, x_3\}$，$\{x_1, x_5\}$，$\{x_3, x_4\}$，$\{x_2, x_4, x_5\}$，各基本事件发生概

率分别为 $q_1=0.01$，$q_2=0.02$，$q_3=0.03$，$q_4=0.04$，$q_5=0.05$。求各基本事件的概率重要系数。

解：

$$I_g(i)=\frac{\partial g}{\partial q_i}$$

$$I_g(1)=\frac{\partial g}{\partial q_1}=q_3+q_5=0.08$$

$$I_g(2)=\frac{\partial g}{\partial q_2}=q_4q_5=0.002$$

$$I_g(3)=\frac{\partial g}{\partial q_3}=q_1+q_4=0.05$$

$$I_g(4)=\frac{\partial g}{\partial q_4}=q_3+q_2q_5=0.031$$

$$I_g(5)=\frac{\partial g}{\partial q_5}=q_1+q_2+q_4=0.0108$$

这样，我们就可以按概率重要系数的大小排出各基本事件的概率重要顺序：$I_g(1)>I_g(3)>I_g(4)>I_g(2)>I_g(5)$。

d. 临界重要度分析。一般情况下，减少概率大的基本事件的概率要比减少概率小的基本事件的概率容易，而概率重要系数并未反映这一事实。因而，它不是从本质上反映各基本事件在事故树中的重要程度。而临界重要度系数 $CI_g(i)$ 则是从敏感度和自身发生概率的双重角度衡量各基本事件的重要度标准，其定义为：

$$CI_g(i)=\frac{\partial \ln g}{\partial \ln g q_i} \tag{3-5}$$

通过偏导数的公式变幻，可以得到它与概率重要系数的关系：

$$CI_g(i)=\frac{q_i}{g}I_g(i) \tag{3-6}$$

下面我们利用上例已得到的各基本事件概率重要系数来求临界重要系数。

由：$CI_g(i)=\frac{q_i}{Q}I_g(i)$

$g\approx0.00194$（采用首项近似法计算概率）

I_g (1)=0.08，I_g (2)=0.002，I_g (3)=0.05，I_g (4)=0.031，I_g (5)=0.0108

$$CI_g(1)=\frac{q_1}{g}I_g(1)\approx0.4$$

$$CI_g(2)=\frac{q_2}{g}I_g(2)\approx0.02$$

$$CI_g(3)=\frac{q_3}{g}I_g(3)\approx0.77$$

$$CI_g(4)=\frac{q_4}{g}I_g(4)\approx0.64$$

$$CI_g(5)=\frac{q_5}{g}I_g(5)\approx0.28$$

这样，就得到一个按临界重要系数的大小排列的各基本是顺序：

$$CI_g(3)>CI_g(4)>CI_g(1)>CI_g(5)>CI_g(2)$$

与概率重要度分析相比，基本事件 x_1 的重要性下降了，这是因为它的发生概率最低。基本事件 x_3 的重要性提高了，这不仅是因为它的敏感度大，而且它本身的概率值也比

x_1 大。

（6）事故树分析法实例分析

例 8： 求下列事故树的最小割集、最小径集，并以最小径集表示事故树等效图（图 3-18）。

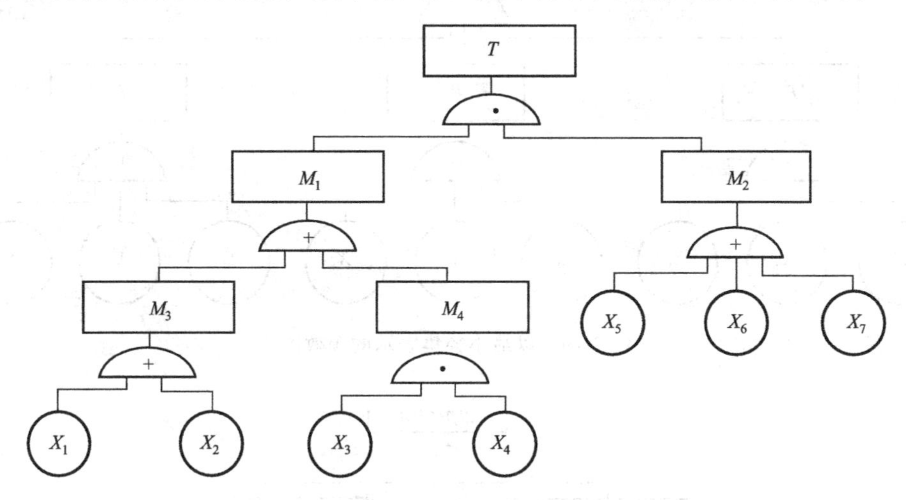

图 3-18 事故树等效图

答：

用布尔代数化简法求最小割集：

$T=M_1M_2$

$=(M_3+M_4)(X_5+X_6+X_7)$

$=[(X_1+X_2)+X_3X_4](X_5+X_6+X_7)$

$=X_1X_5+X_1X_6+X_1X_7+X_2X_5+X_2X_6+X_2X_7+X_3X_4X_5+X_3X_4X_6+X_3X_4X_7$

得到 9 个最小割集，分别为：

$G_1=\{X_1,X_5\}$　$G_2=\{X_1,X_6\}$　$G_3=\{X_1,X_7\}$

$G_4=\{X_2,X_5\}$　$G_5=\{X_2,X_6\}$　$G_6=\{X_2,X_7\}$

$G_7=\{X_3,X_4,X_5\}$　$G_8=\{X_3,X_4,X_6\}$　$G_9=\{X_3,X_4,X_7\}$

用布尔代数化简法求最小径集：

$\overline{T}=\overline{M_1}+\overline{M_2}$

$=\overline{M_3}\ \overline{M_4}+\overline{X_5}\ \overline{X_6}\ \overline{X_7}$

$=\overline{X_1}\ \overline{X_2}\ (\overline{X_3}+\overline{X_4})+\overline{X_5}\ \overline{X_6}\ \overline{X_7}$

$=\overline{X_1}\ \overline{X_2}\ \overline{X_3}+\overline{X_1}\ \overline{X_2}\ \overline{X_4}+\overline{X_5}\ \overline{X_6}\ \overline{X_7}$

得到事故树的 3 个最小径集，分别为：

$P_1=\{X_1,X_2,X_3\}$　$P_2=\{X_1,X_2,X_4\}$　$P_3=\{X_5,X_6,X_7\}$

以最小径集表示的等效图见图 3-19。

例 9： 锅炉结垢定性分析。

锅炉结垢事故树分析见图 3-20。

（1）求最小割（径）集　事故树结构函数如下：

$T=A_1+A_2=X_1+X_2+B_1+X_3+B_2$

$=X_1+X_2+X_4C_1+X_3+X_7+X_8$

$=X_1+X_2+X_4\ (X_5+X_6)\ +X_3+X_7+X_8$

$=X_1+X_2+X_4X_5+X_4X_6+X_3+X_7+X_8$

从而得出 7 个最小割集为：

$K_1=\{X_1\},K_2=\{X_2\},K_3=\{X_3\},K_4=\{X_4X_5\},K_5=\{X_4X_6\},K_6=\{X_7\},K_7=\{X_8\}$

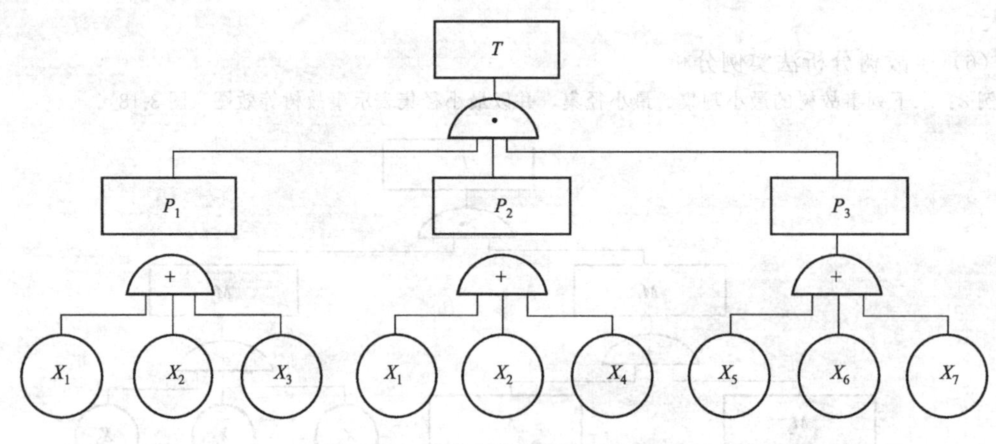

图 3-19　以最小径集表示的等效图

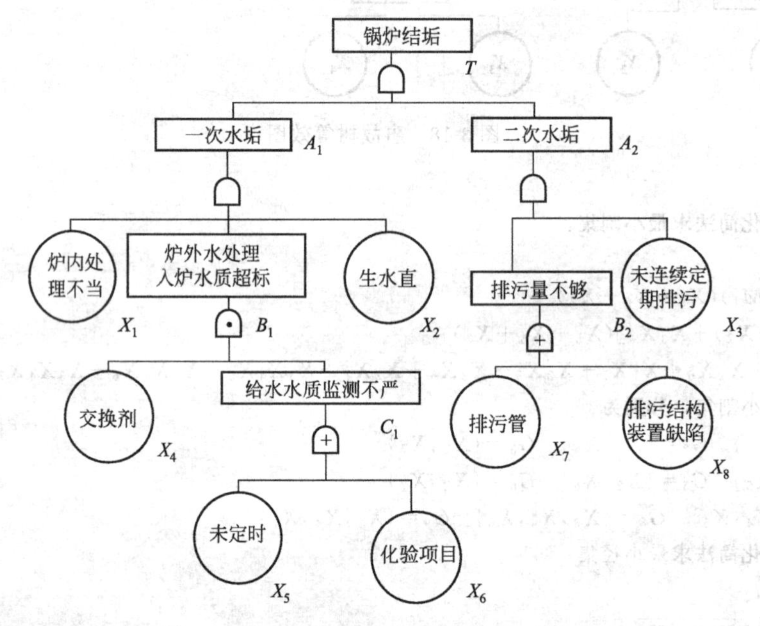

图 3-20　锅炉结垢事故树分析

(2) 结构重要度分析　按一次近似计算得出以下结论。

① 因为 X_1、X_2、X_3、X_7、X_8 是一阶最小割集中的事件，所以 $I_\phi(1)$、$I_\phi(2)$、$I_\phi(3)$、$I_\phi(7)$、$I_\phi(8)$最大。

② 由计算得：

$$I_{(4)}=\frac{1}{2^{2-1}}+\frac{1}{2^{2-1}}=1, I_{(5)}=\frac{1}{2^{2-1}}=\frac{1}{2}, I_{(6)}=\frac{1}{2^{2-1}}=\frac{1}{2}$$

各基本事件结构重要顺序为：

$$I_\phi(1)=I_\phi(2)=I_\phi(3)=I_\phi(7)=I_\phi(8)>I_\phi(4)>I_\phi(5)=I_\phi(6)$$

例 10：为节约能源，解决全厂生产、采暖用蒸汽的需要，本工程拟自建锅炉房 1 座，设计选用 2 台 220t/h 循环流化床蒸汽锅炉和共用 1 台甲醇项目锅炉。蒸汽锅炉作为一种在高温高压下运行的承压设备，一旦发生事故，特别是爆炸事故，将会造成非常严重的人员伤亡、财产损失及环境破坏，所以其是否安全运行对于整个生产系统起着至关重要的作用。造成蒸汽锅炉爆炸的原因很多，但最为典型的就是其超压爆炸。

请用事故树分析方法对该建设项目蒸汽锅炉超压爆炸进行分析，计算蒸汽锅炉超压爆炸事故的发生概率。

分析程序如下。

(1) 确定顶上事件：锅炉超压。

(2) 编制锅炉超压事故树，如图 3-21 所示。

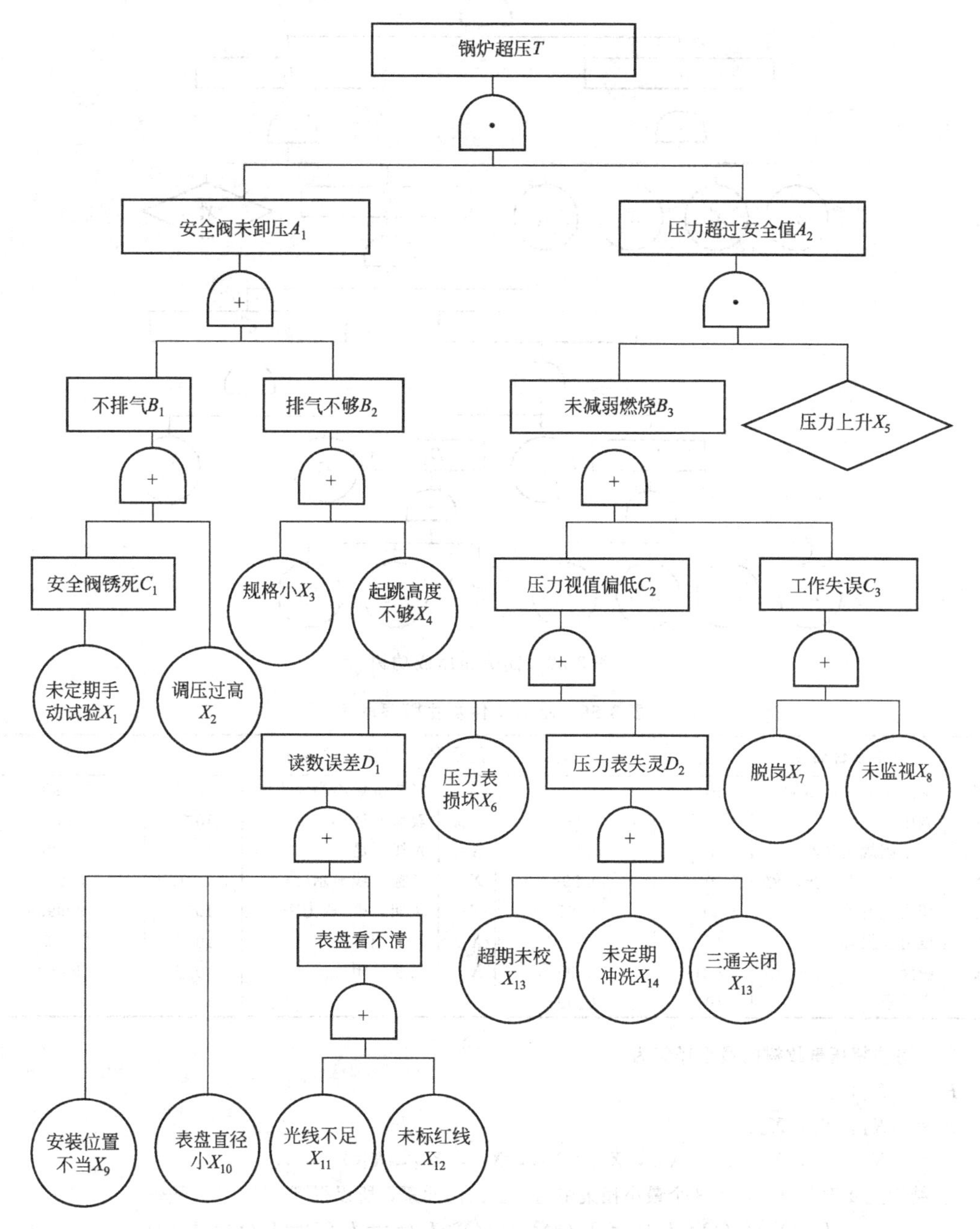

图 3-21　锅炉超压事故树

(3) 定性分析（从最小径集合分析）

① 锅炉超压成功树如图 3-22 所示。基本事件发生概率取值见表 3-56。

$T'=A_1'+A_2'$

$=X_1'X_2'X_3'X_4'+B_3'+X_5'$

$=X_1'X_2'X_3'X_4'+C_2'C_3'+X_5'$

$=X_1{}'X_2{}'X_3{}'X_4{}'+D_1{}'D_2{}'X_6{}'X_7{}'X_8{}'+X_5{}'$

$=X_1{}'X_2{}'X_3{}'X_4{}'+X_6{}'X_7{}'X_8{}'X_9{}'X_{10}{}'X_{11}{}'X_{12}{}'X_{13}{}'X_{14}{}'X_{15}{}'+X_5{}'$

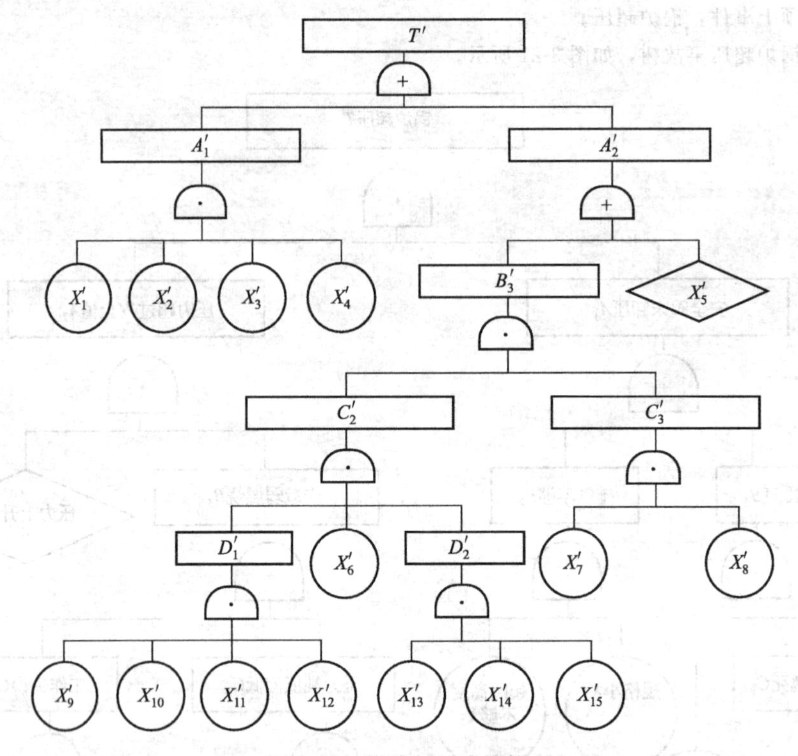

图 3-22　锅炉超压成功树

表 3-56　基本事件发生概率取值

代号	基本事件名称	q_i	$1-q_i$	代号	基本事件名称	q_i	$1-q_i$
X_1	未定期做手动试验	10^{-2}	0.99	X_9	安装位置不当	10^{-3}	0.999
X_2	调压过高	10^{-4}	0.9999	X_{10}	表盘直径小	10^{-4}	0.9999
X_3	安全阀规格选小	10^{-3}	0.999	X_{11}	光线不足	10^{-3}	0.999
X_4	安全阀起跳高度不够	10^{-3}	0.999	X_{12}	未标红线显示	5×10^{-2}	0.95
X_5	压力上升	5×10^{-2}	0.95	X_{13}	超期未校(压力表)	10^{-6}	0.999999
X_6	压力表损坏	10^{-5}	0.99999	X_{14}	未定期冲洗	10^{-3}	0.999
X_7	脱岗	5×10^{-2}	0.95	X_{15}	三通关闭	10^{-4}	0.99999
X_8	未监视	10^{-2}	0.99				

得出锅炉超压事故树的最小径集为：

$P_1=\{X_5\}$

$P_2=\{X_1, X_2, X_3, X_4\}$

$P_3=\{X_6, X_7, X_8, X_9, X_{10}, X_{11}, X_{12}, X_{13}, X_{14}, X_{15}\}$

② 结构重要度分析　由于3个最小径集中均不含共同元素，所以得到：

$$I_\phi(5)>I_\phi(1)=I_\phi(2)=I_\phi(3)=I_\phi(4)>I_\phi(6)=I_\phi(7)=I_\phi(8)=I_\phi(9)$$
$$=I_\phi(10)=I_\phi(11)=I_\phi(12)=I_\phi(13)=I_\phi(14)=I_\phi(15)$$

(4) 定量分析

①锅炉超压事故发生概率：

$$P(T)=[1-(1-q_5)][1-(1-q_1)(1-q_2)(1-q_3)(1-q_4)][1-(1-q_6)(1-q_7)(1-q_8)$$
$$(1-q_9)(1-q_{10})(1-q_{11})(1-q_{12})(1-q_{13})(1-q_{14})(1-q_{15})]$$

将表 3-56 所列各基本事件发生概率数值代入，得：

$$P(T)=6.61\times10^{-5}$$

② 概率重要度系数：

$$I_g(1)=\frac{\partial P(T)}{\partial q_1}$$
$$=[1-(1-q_5)][1-(1-q_2)(1-q_3)(1-q_4)][1-(1-q_6)(1-q_7)(1-q_8)(1-q_9)(1-q_{10})(1-q_{11})(1-q_{12})(1-q_{13})(1-q_{14})(1-q_{15})]$$

将表3-56所列各基本事件发生概率数值代入，得：

$$I_g(1)=5.46\times10^{-5}$$

同理可得：

I_g (2) $=5.40\times10^{-3}$　I_g (3) $=5.46\times10^{-3}$　I_g (4) $=5.41\times10^{-3}$

I_g (5) $=1.32\times10^{-3}$　I_g (6) $=5.38\times10^{-4}$　I_g (7) $=5.66\times10^{-4}$

I_g (8) $=5.43\times10^{-4}$　I_g (9) $=5.38\times10^{-4}$　I_g (10) $=5.38\times10^{-4}$

I_g (11) $=5.38\times10^{-4}$　I_g (12) $=5.66\times10^{-4}$　I_g (13) $=5.38\times10^{-4}$

I_g (14) $=5.38\times10^{-4}$　I_g (15) $=5.38\times10^{-4}$

③ 临界重要度系数：

$$I_c(1)=\frac{q_1}{P(T)}I_g(1)=0.83$$

同理可得：

I_c (2) $=8.17\times10^{-3}$　I_c (3) $=8.18\times10^{-3}$　I_c (4) $=8.18\times10^{-3}$

I_c (5) $=0.998$　I_c (6) $=8.14\times10^{-5}$　I_c (7) $=0.428$

I_c (8) $=8.12\times10^{-2}$　I_c (9) $=8.14\times10^{-3}$　I_c (10) $=8.14\times10^{-4}$

I_c (11) $=8.14\times10^{-3}$　I_c (12) $=0.428$　I_c (13) $=8.14\times10^{-6}$

I_c (14) $=8.14\times10^{-3}$　I_c (15) $=8.14\times10^{-4}$

由此可得临界重要度顺序为：

$$I_c(5)>I_c(1)>I_c(7)=I_c(12)>I_c(8)>I_c(3)=I_c(4)>I_c(2)>I_c(9)$$
$$=I_c(11)=I_c(14)>I_c(10)=I_c(15)>I_c(6)>I_c(13)$$

通过对锅炉超压事故树的定量分析，找出了锅炉超压事故的主要发生原因，在15个基本事件中，压力上升（X_5）是最主要原因；其次是安全阀没有定期进行手动试验因而无法避免安全阀锈蚀后卡住；再次就是操作人员脱岗和未严密监视压力表。

3.7.11.2　事件树分析法

（1）事件树的定义　事件树分析（event tree analysis，ETA）是安全系统工程的重要分析方法之一，是用来分析普通设备故障或过程波动（称为初始事件）导致事故发生的可能性。该分析方法是从一个初因事件开始，按照事故发展过程中事件出现与不出现，交替考虑成功与失败的两种可能性，然后再以这两种可能性又分别作为新的初因事件进行分析，直到分析最后结果为止。因此，它是一种归纳逻辑图，能够看到事故发生的动态发展过程。

（2）事件树分析法的特点　事件树分析法简单易懂，启发性强，能够指出如何不发生事故，便于安全教育；事件树容易找出由不安全因素造成的后果，能够直观指出消除事故的根本点，方便预防措施的制定；事件树分析法可以定性、定量地辨识初始事件发展为事故的各种过程及后果，并分析其严重程度。根据树图可在各发展阶段的每一步采取有效措施，使之向成功方向发展。

ETA是一种图解形式，层次清楚、阶段明显，可以进行多阶段、多因素复杂事件动态发展过程的分析，预测系统中事故发展的趋势。

ETA既可看作FTA的补充，可以将严重事故的动态发展过程全部揭示出来；也可以看作FMEA（故障类型和影响分析）的延伸，在FMEA分析了故障类型对子系统以及系统产生的影响的基础上，结合故障发生概率，对影响严重的故障进行定量分析。

（3）事件树分析法应用范围　事件树分析适合被用来分析哪些产生不同后果的初始事件。事件树强调的是事故可能发生的初始原因以及初始事件对事件后果的影响，事件树的每一个分支都表示一个独立的事故序列，对一个初始事件而言，每一独立事故序列都清楚地界定了安全功能之间的功能关系。ETA可以用来分析系统故障、设备失效、工艺异常、人的失误等，应用比较广泛。

（4）事件树分析法编制步骤　事故的产生是一个动态过程，是若干事件按时间顺序相继出现的结果，每一个初始事件都可能导致灾难性的后果，但并不一定是必然的后果。因为事件向前发展的每一步都会受到安全防护措施、操作人员的工作方式、安全管理及其他条件的制约。因此，每一阶段都有两种可能性结果，即达到既定目标的“成功”和达不到既定目标的“失败”。事故是典型设备故障或工艺异常（称为初始事件）引发的结果。与故障树分析不同，事件树分析是使用归纳法（而不是演绎法），事件树可提供记录事故后果的系统性的方法，并能确定导致事件后果事件与初始事件的关系。

ETA的分析步骤如下所述。

① 确定初始事件　初始事件一般指系统故障、设备失效、工艺异常、人的失误等，它们都是由事先设想或估计的，与此同时也设定为防止它们继续发展的安全措施、操作人员处理措施和程序等。

安全措施通常包括以下内容：

a. 能自动对初始事件做出反应的安全系统，如自动停车系统；

b. 初始事件发生时的报警装置；

c. 供操作人员做出正确处理的操作规程；

d. 防止事故进一步扩大的措施。

② 编制ETA图　将初始事件写在左边，各种设定的安全措施按先后写在顶端横栏内。

③ 阐明事故结果　通过ETA可得由初始事件导出的各种事故结果。

④ 定量计算、分级　如已知各部事件的发生概率，即可进行定量计算（设备歧点的失败概率为P_i，则成功概率为$1-P_i$）。根据定量计算的结果，做出事故严重程度的分级。

（5）事件分析法计算分析——可靠度与不可靠度的计算　如图3-23所示系统为一个泵和两个阀门并联的简单系统，试绘出其事件树图，并求出概率（A、B、C的可靠度分别为0.95，0.9，0.9）。

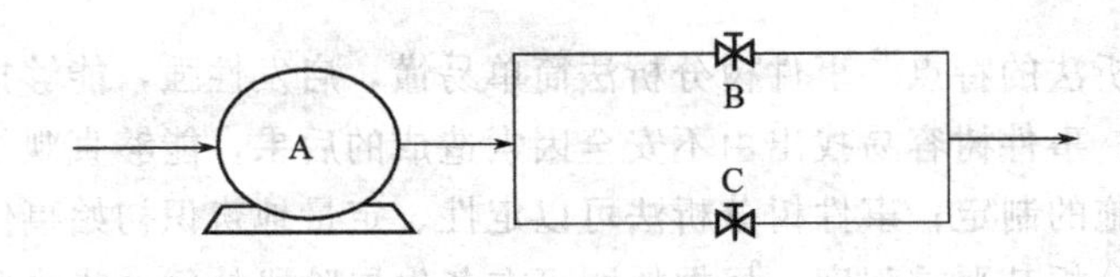

图3-23　并联系统简图

所做出的事件树图如 3-24 所示。

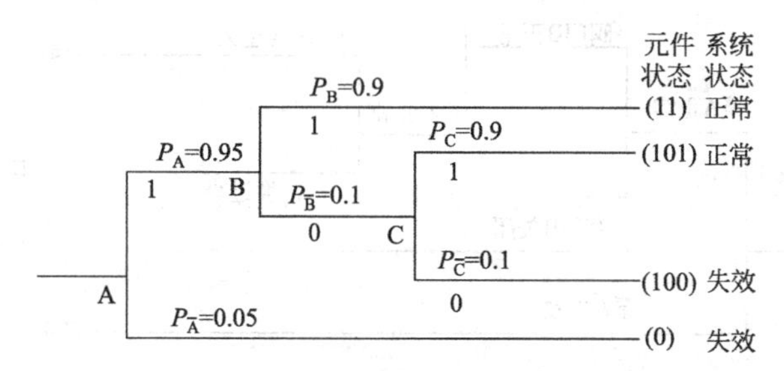

图 3-24 并联系统事件树图

可靠度：$P_S=P_AP_B+P_A(1-P_B)P_C=0.95\times0.9+0.95\times(1-0.9)\times0.9=0.9405$

不可靠度：$\overline{P}_S=1-P_S=1-0.9405=0.0595$

图 3-25 是由泵和两个串联阀门组成的简单系统，试绘制事件树图，并求出概率（A、B、C 的可靠度分别为 0.95，0.9，0.9）。

绘制的事件树图如图 3-26 所示。

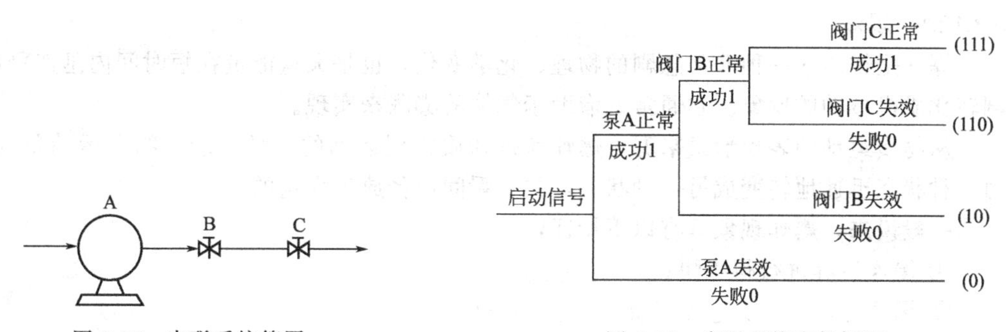

图 3-25 串联系统简图

图 3-26 串联系统事件树图

可靠度：$P_S=P_AP_BP_C=0.95\times0.9+0.95\times0.9=0.7695$

不可靠度：$\overline{P}_S=1-P_S=1-0.7695=0.2305$

(6) 事件树分析法实例分析

例 11：原料输送系统示意见图 3-27，其 ETA 见图 3-28。

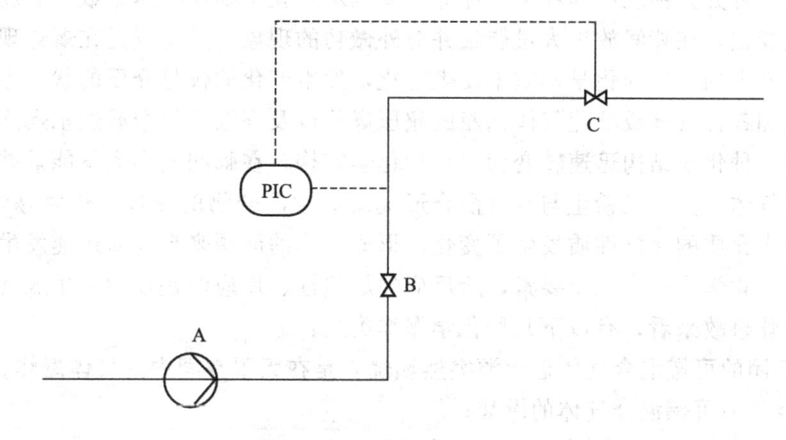

图 3-27 原料输送系统示意

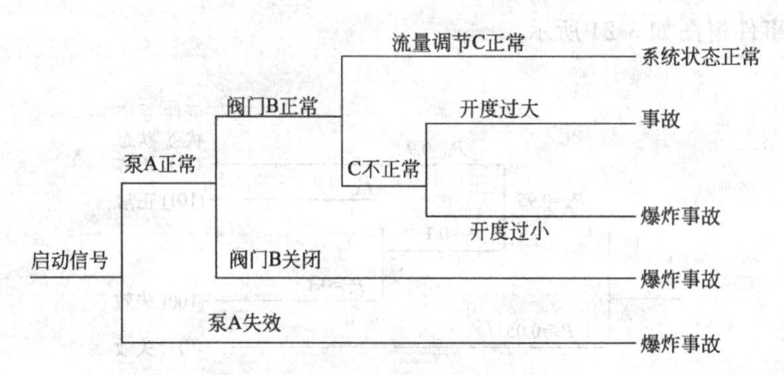

图 3-28 原料输送系统事件树

3.7.12 伤害范围评价分析法

火灾、爆炸、中毒是常见的重大事故，经常造成严重的人员伤亡和巨大的财产损失，影响社会安定。伤害范围评价法主要是在评价过程中，通过分析火灾、爆炸和中毒事故，运用在一系列的假设前提下按理想的情况建立的数学模型，计算实际事故发生伤害的范围，该方法可能与实际情况有较大出入，但对辨识危险性来说是可参考的。

3.7.12.1 爆炸

爆炸是物质的一种非常急剧的物理、化学变化，也是大量能量在短时间内迅速释放或急剧转化成机械功的现象。它通常是借助于气体的膨胀来实现。

从物质运动的表现形式来看，爆炸就是物质剧烈运动的一种表现。物质运动急剧增速，由一种状态迅速地转变成另一种状态，并在瞬间内释放出大量的能。

一般说来，爆炸现象具有以下特征：

① 爆炸过程进行得很快；

② 爆炸点附近压力急剧升高，产生冲击波；

③ 发出或大或小的响声；

④ 周围介质发生震动或邻近物质遭受破坏。

一般将爆炸过程分为两个阶段：第一阶段是物质的能量以一定的形式（定容、绝热）转变为强压缩能；第二阶段强压缩能急剧绝热膨胀对外做功，引起作用介质变形、移动和破坏。

按爆炸性质可分为物理爆炸和化学爆炸。物理爆炸就是物质状态参数（温度、压力、体积）迅速发生变化，在瞬间放出大量能量并对外做功的现象。其特点是在爆炸现象发生过程中，造成爆炸发生的介质的化学性质不发生变化，发生变化的仅是介质的状态参数。例如锅炉、压力容器和各种气体或液化气体钢瓶的超压爆炸以及高温液体金属遇水爆炸等。化学爆炸就是物质由一种化学结构迅速转变为另一种化学结构，在瞬间放出大量能量并对外做功的现象。如可燃气体、蒸气或粉尘与空气混合形成爆炸性混合物的爆炸。化学爆炸的特点是：爆炸发生过程中介质的化学性质发生了变化，形成爆炸的能源来自物质迅速发生化学变化时所释放的能量。化学爆炸有三个要素，所反应的放热性、反应的快速性和生成气体产物。

从工厂爆炸事故来看，有以下几种化学爆炸类型：

① 蒸气云团的可燃混合气体遇火源突然燃烧，是在无限空间中的气体爆炸；

② 受限空间内可燃混合气体的爆炸；

③ 化学反应失控或工艺异常所造成压力容器爆炸；

④ 不稳定的固体或液体爆炸。

总之，发生化学爆炸时会释放出大量的化学能，爆炸影响范围较大；而物理爆炸仅释放出机械能，其影响范围较小。

(1) 物理爆炸的能量 物理爆炸如压力容器破裂时，气体膨胀所释放的能量（即爆破能量）不仅与气体压力和容器的容积有关，而且与介质在容器内的物性相态相关。因为有的介质以气态存在，如空气、氧气、氢气等；有的以液态存在，如液氨、液氯等液化气体，高温饱和水等。容积与压力相同而相态不同的介质，在容器破裂时产生的爆破能量也不同，而且爆炸过程也不完全相同，其能量计算公式也不同。

① 压缩气体与水蒸气容器爆破能量 当压力容器中介质为压缩气体，即以气态形式存在而发生物理爆炸时，其释放的爆破能量为：

$$E_g=\frac{pV}{k-1}\left[1-\left(\frac{0.1013}{p}\right)^{\frac{k-1}{k}}\right]\times10^3 \tag{3-7}$$

式中 E_g——气体的爆破能量，kJ；

p——容器内气体的绝对压力，MPa；

V——容器的容积，m^3；

k——气体的绝热指数，即气体的定压比热容与定容比热容之比。

常用气体的绝热指数见表 3-57。

表 3-57 常用气体的绝热指数

气体名称	空气	氮	氧	氢	甲烷	乙烷	乙烯	丙烷	一氧化碳
k 值	1.4	1.4	1.397	1.412	1.316	1.18	1.22	1.33	1.395
气体名称	二氧化碳	一氧化氮	二氧化氮	氨气	氯气	过热蒸汽	干饱和蒸汽		氢氰酸
k 值	1.295	1.4	1.31	1.32	1.35	1.3	1.135		1.31

从表 3-57 中可以看出，空气、氮、氧、氢及一氧化氮、一氧化碳等气体的绝热指数均为 1.4 或近似 1.4，若用 $k=1.4$ 代入式(3-7) 中，

$$E_g=2.5pV\left[1-\left(\frac{0.1013}{p}\right)^{0.2857}\right]\times10^3 \tag{3-8}$$

令

$$C_g=2.5p\left[1-\left(\frac{0.1013}{p}\right)^{0.2857}\right]\times10^3$$

则式(3-8) 可简化为：

$$E_g=C_gV \tag{3-9}$$

式中 C_g——常用压缩气体爆破能量系数，kJ/m^3。

压缩气体爆破能量 C_g 是压力 p 的函数，各种常用压力下的气体爆破能量系数列于表 3-58 中。

表 3-58 常用压力下的气体爆破能量系数（$k=1.4$ 时）

表压力 p/MPa	0.2	0.4	0.6	0.8	1.0	1.6	2.5
爆破能量系数 $C_g/(kJ/m^3)$	2×10^2	4.6×10^2	7.5×10^2	1.1×10^3	1.4×10^3	2.4×10^3	3.9×10^3
表压力 p/MPa	4.0	5.0	6.4	15.0	32	40	
爆破能量系数 $C_g/(kJ/m^3)$	6.7×10^3	8.6×10^3	1.1×10^4	2.7×10^4	6.5×10^4	8.2×10^4	

若将 $k=1.135$ 代入原始公式中，可得干饱和蒸汽容器爆破能量为：

$$E_s=7.4pV\left[1-\left(\frac{0.1013}{p}\right)^{0.1189}\right]\times 10^3 \tag{3-10}$$

用式(3-10) 计算有较大的误差，因为没有考虑蒸汽干度的变化和其他的一些影响，但它可以不用查明蒸汽热力性质而直接计算，对危险性评价是可提供参考的。

对于常用压力下的干饱和蒸汽容器的爆破能量可按式(3-11) 计算：

$$E_s=C_sV \tag{3-11}$$

式中 E_s——水蒸气的爆破能量，kJ；

V——水蒸气的体积，m^3；

C_s——干饱和水蒸气爆破能量系数，kJ/m^3。

各种常用压力下的干饱和水蒸气容器爆破能量系数列于表 3-59 中。

表 3-59 常用压力下的干饱和水蒸气容器爆破能量系数

表压力 p/MPa	0.3	0.5	0.8	1.3	2.5	3.0
爆破能量系数/(kJ/m^3)	4.37×10^2	8.31×10^2	1.5×10^3	2.75×10^3	6.24×10^3	7.77×10^3

② 介质全部为液体时爆破能量 通常用液体加压时所做的功作为常温液体压力容器爆炸时释放的能量，计算公式如下：

$$E_L=\frac{(p-1)^2V\beta_t}{2} \tag{3-12}$$

式中 E_L——常温液体压力容器爆炸时释放的能量，kJ；

p——液体的压力（绝），Pa；

V——容器的体积，m^3；

β_t——液体在压力 p 和温度 T 下压缩系数，Pa^{-1}。

③ 液化气体与高温饱和水的爆破能量 液化气体和高温饱和水一般在容器内以气液两态存在，当容器破裂发生爆炸时，除了气体的急剧膨胀做功外，还有过热液体激烈的蒸发过程。在大多数情况下，这类容器内的饱和液体占有容器介质重量的绝大部分，它的爆破能量比饱和气体大得多，一般计算时考虑气体膨胀做的功。过热状态下液体在容器破裂时释放出爆破能量可按式(3-13) 计算：

$$E=[(H_1-H_2)-(S_1-S_2)T_1]W \tag{3-13}$$

式中 E——过热状态液体的爆破能量，kJ；

H_1——爆炸前饱和液体的焓，kJ/kg；

H_2——在大气压力下饱和液体的焓，kJ/kg；

S_1——爆炸前饱和液体的熵，kJ/(kg·℃)；

S_2——在大气压力下饱和液体的熵，kJ/(kg·℃)；

T_1——介质在大气压力下的沸点，℃；

W——饱和液体的质量，kg。

饱和水容器的爆破能量按式(3-14) 计算：

$$E_W=C_WV \tag{3-14}$$

式中 E_W——饱和水容器的爆破能量，kJ；

V——容器内饱和水所占的容积，m^3；

C_W——饱和水爆破能量系数，kJ/m^3，其值见表 3-60。

表 3-60 常用压力下饱和水爆破能量系数

表压力 p/MPa	0.3	0.5	0.8	1.3	2.5	3.0
C_W/(kJ/m³)	2.38×10⁴	3.25×10⁴	4.56×10⁴	6.35×10⁴	9.56×10⁴	1.06×10⁴

(2) 爆炸冲击波及其伤害、破坏作用 压力容器爆破时，爆破能量在向外释放时以冲击波能量、碎片能量和容器残余变形能量三种形式表现出来。根据介绍，后二者所消耗的能量只占总爆破能量的3%～15%，也就是说大部分能量是产生空气冲击波。

① 爆炸冲击波 冲击波是由压缩波叠加形成的，是波阵面以突进形式在介质中传播的压缩波。容器破裂时，器内的高压气体大量冲出，使它周围的空气受到冲击波而发生扰动，使其状态（压力、密度、温度等）发生突跃变化，其传播速度大于扰动介质的声速，这种扰动在空气中传播就成为冲击波。在离爆破中心一定距离的地方，空气压力会随时间发生迅速而悬殊的变化。开始时，压力突然升高，产生一个很大的正压力，接着又迅速衰减，在很短时间内正压降至负压。如此反复循环数次，压力渐次衰减下去。开始时产生的最大正压力即是冲击波波阵面上的超压 Δp。多数情况下，冲击波的伤害、破坏作用是由超压引起的。超压 Δp 可以达到数个甚至数十个大气压。

冲击波伤害、破坏作用准则有：超压准则、冲量准则、超压-冲量准则等。为了便于操作，下面仅介绍超压准则。超压准则认为，只要冲击波超压达到一定值时，便会对目标造成一定的伤害或破坏。超压波对人体的伤害和对建筑物的破坏作用见表 3-61 和表 3-62。

表 3-61 冲击波超压对人体的伤害作用

超压 Δp/MPa	伤害作用	超压 Δp/MPa	伤害作用
0.02～0.03	轻微损伤	0.05～0.10	内脏严重损伤或死亡
0.03～0.05	听觉器官或骨折	>0.10	大部分人员死亡

表 3-62 冲击波超压对建筑的破坏作用

超压 Δp/MPa	破坏作用	超压 Δp/MPa	破坏作用
0.005～0.006	门、窗玻璃部分破碎	0.06～0.07	木建筑厂房房柱折断，房架松动
0.006～0.015	受压面的门窗玻璃大部分破碎	0.07～0.10	砖墙倒塌
0.015～0.02	窗框损坏	0.10～0.20	防震钢筋混凝土破坏，小房屋倒塌
0.02～0.03	墙裂缝	0.20～0.30	大型钢架结构破坏
0.04～0.05	墙大裂缝，屋瓦掉下		

② 冲击波的超压 冲击波波阵面上的超压与产生冲击波的能量有关，同时也与距离爆炸中心的远近有关。冲击波的超压与爆炸中心距离的关系：

$$\Delta p \propto R^{-n} \tag{3-15}$$

式中 Δp——冲击波波阵面上的超压，MPa；

R——距爆炸中心的距离，m；

n——衰减系数。

衰减系数在空气中随着超压的大小而变化，在爆炸中心附近内为2.5～3；当超压在数个大气压以内时，$n=2$；小于1个大气压 $n=1.5$。

实验数据表明，不同数量的同类炸药发生爆炸时，如果距离爆炸中心的距离 R 之比与炸药量 q 三次方根之比相等，则所产生的冲击波超压相同，用公式表示如下：

若
$$\frac{R}{R_0}=\sqrt[3]{\frac{q}{q_0}}=\alpha \tag{3-16}$$
则
$$\Delta p=\Delta p_0$$
式中 R——目标与爆炸中心距离，m

R_0——目标与基准爆炸中心的相当距离，m；

q_0——基准爆炸能量（TNT），kg；

q——爆炸时产生冲击波所消耗的能量（TNT），kg；

Δp——目标处的超压，MPa；

Δp_0——基准目标处的超压，MPa；

α——炸药爆炸试验的模拟比。

上式也可写成为：
$$\Delta p(R)=\Delta p_0(R/\alpha) \tag{3-17}$$
利用式(3-17) 就可以根据某些已知药量的试验所测得的超压来确定任意药量爆炸时在各种相应距离下的超压。

表 3-63 是 1000kg TNT 炸药在空气中爆炸时所产生的冲击波超压。

表 3-63 1000kg TNT 爆炸时的冲击波超压

距离 R_0/m	5	6	7	8	9	10	11	12
超压 Δp_0/MPa	2.94	2.06	1.67	1.27	0.95	0.76	0.50	0.33
距离 ΔR_0/m	16	18	20	25	30	35	40	45
超压 Δp_0/MPa	0.235	0.17	0.126	0.079	0.057	0.043	0.033	0.027

距离 ΔR_0/m	50	55	60	65	70	75
超压 Δp_0/MPa	0.0235	0.0205	0.018	0.016	0.0143	0.013

综上所述，计算压力容器爆破时对目标的伤害、破坏作用，可按下列程序进行。

a. 首先根据容器内所装介质的特性，计算出其爆破能量 E。

b. 将爆破能量 q 换算成 TNT 当量 q_{TNT}。因为 1kg TNT 爆炸所放出的爆破能量为 4230～4836kJ/kg，一般取平均爆破为 4500kJ/kg，故其关系为：
$$q=E/q_{TNT}=E/4500 \tag{3-18}$$
c. 求出爆炸的模拟比 α，即
$$\alpha=(q/q_0)^{1/3}=(q/1000)^{1/3}=0.1q^{1/3} \tag{3-19}$$
d. 求出在 1000kg TNT 爆炸试验中的相当距离 R_0，即 $R_0=R/\alpha$。

e. 根据 R_0 值在表 3-63 中找出距离为 R_0 处的超压 Δp_0（中间值用插入法），此即所求距离为 R 处的超压。

f. 根据超压 ΔR 值，从表 3-61、表 3-62 中找出对人员的伤害作用和建筑场的破坏作用。

③ 蒸气云爆炸的冲击波伤害、破坏半径　爆炸性气体液态储存，如果瞬间泄漏后遇到延迟点火或气态储存时泄漏到空气中，遇到火源，则可能发生蒸气云爆炸。导致蒸气云形成的力来自容器内含有的能量或可燃物含有的内能，或两者兼而有之。“能”主要形式是压缩能、化学能或热能。一般说来，只有压缩能和热量才能单独导致形成蒸气云。

根据荷兰应用科研院［TNO（1979）］建议，可按式(3-20) 预测蒸气云爆炸的冲击波的损害半径：
$$R=C_s(NE)^{1/3} \tag{3-20}$$

$$E=VH_c \tag{3-21}$$

式中 R——损害半径，m；

E——爆炸能量，kJ，可按式(3-21) 取；

V——参与反应的可燃气体的体积，m^3；

H_c——可燃气体的高燃烧热值，kJ/m^3，取值情况见表 3-64；

N——效率因子，其值与燃烧浓度持续展开所造成损耗的比例和燃料燃烧所得机械能的数量有关，一般取 $N=10\%$；

C_c——经验常数，取决于损害等级，其取值情况见表 3-65。

表 3-64 某些气体的高燃烧热值 单位：kg/m^3

气体名称		高热值	气体名称	高热值
氢气		12770	乙烯	64019
氨气		17250	乙炔	58985
苯		47843	丙烷	101828
一氧化碳		17250	丙烯	94375
硫化氢	生成 SO_2	25708	正丁烷	134026
	生成 SO_3	30146	异丁烷	132016
甲烷		39860	丁烯	121883
乙烷		70425		

表 3-65 损害等级

损害等级	$C_s/mJ^{-1/3}$	设备损坏	人员伤害
1	0.03	重创建筑物的加工设备	1%死亡于肺部伤害 >50%耳膜破裂 >50%被碎片击伤
2	0.06	损坏建筑物外表,可修复性破坏	1%耳膜破裂 1%被碎片击伤
3	0.15	玻璃破碎	被碎玻璃击伤
4	0.4	10%玻璃破碎	

(3) 实例分析 以某煤化企业为例，评价分析该企业的空气压缩机压缩空气储罐爆炸的后果。

① 压缩机压缩空气储罐爆炸后果分析 本评价报告对仪表空气压力储罐进行定量分析。

爆炸能量（以工作压力计算爆炸能量）：压缩空气储罐工作压力 $p=0.6MPa$（表压力）

单台压缩空气储罐容积 $V=200m^3$

0.8MPa 下压缩空气的爆炸能量系数 $C_p=7.5\times10^2 kJ/m^3$

爆炸能量 $L=C_pV=7.5\times10^2\times200=1.5\times10^5$ (kJ)

TNT 爆热值 $q_{TNT}=4.23\times10^3 kJ/kg$

$200m^3$ 压缩空气储罐的爆炸能量的 TNT 当量值 $Q=L/q_{TNT}=35.5kg$ (TNT)。

② 物理爆炸冲击波超压可能的伤害范围

标准炸药量 $Q_0=1000kg$

模拟比 $\alpha=(Q/Q_0)^{1/3}=(35.5/1000)^{1/3}=0.329$

1000kg 的标准炸药，距离爆炸中心 $R_0=42.5$m 范围内可致人重伤，最小冲击波超压为 $\Delta p_0=0.03$MPa。压缩空气储罐爆炸致人重伤的实际距离 $R=\alpha R_0=0.329\times 42.5=14.0$m。压缩空气储罐爆炸致人重伤的圆面积 $S=\pi R^2=\pi\times 14.0^2=613.9$（$m^2$）。

1000kg 标准炸药致人死亡的最小冲击波超压 $\Delta p_0=0.05$MPa，离爆炸中心的标准距离 $R_0=32.5$m。空气压缩机储罐爆炸导致人死亡的实际距离 $R=\alpha R_0=0.329\times 32.5=10.7$（m），压缩空气储罐爆炸致人死亡的圆面积 $S=\pi R^2=\pi\times 10.7^2=359.0$（$m^2$）。

1000kg 标准炸药导致防震钢筋混凝土破坏的最小冲击波超压 $\Delta p_0=0.1$MPa，离爆炸中心的标准距离 $R_0=22.3$m。压缩空气储罐爆炸导致防震钢筋混凝土破坏的实际距离 $R=\alpha R_0=0.329\times 22.3=7.3$（m）。压缩空气储罐爆炸导致防震钢筋混凝土破坏的圆面积 $S=\pi R^2=\pi\times 7.3^2=169.0$（$m^2$）。

如果 200m^3 的压缩空气储罐爆炸，以压缩空气储罐为中心，在半径 $R=14.0$m 的圆形面积 $S=613.9m^2$ 之内，均可能因储气罐爆炸的冲击波超压而致重伤；在半径 $R=10.7$m 的圆形面积 $S=359.0m^2$ 之内，均可能因压缩空气储罐爆炸的冲击波超压而致死；在半径 $R=7.3$m 的圆形面积 $S=169.0m^2$ 之内，致防震钢筋混凝土破坏。

压缩空气储罐爆炸后碎片对人和设备都会造成很大的破坏作用。

3.7.12.2 火灾

火灾事故酿成的灾害最为常见。可燃液体或气体泄漏造成的火灾，在重大事故中占有相当高的比例。火灾后果分析涉及燃烧速率、燃烧时间、火焰尺寸、热辐射强度、人和设备接受热辐射程度等。

火灾的形态大致可分：池火、喷射火、火球和突发火四种。

（1）池火　池火灾的主要危害在于易燃液体剧烈燃烧能够释放出巨大的热能，产生强烈的热辐射，对人员以及加工设备、设施、厂房、建筑物等造成伤害和破坏。池火灾的特征可以用世界银行国际信贷公司（IFC）编写的《工业污染事故评价技术手册》中提出的池火灾伤害模型来估计。

① 池直径的计算　当危险单元为油罐或油罐区时，可根据防护堤所围池面积 S(m^2）计算池直径 D(m)：

$$D=\frac{4S}{\pi} \tag{3-22}$$

当危险单元为输油管道且无防护堤时，假定泄漏的液体无蒸发，并已充分蔓延、地面无渗透，则根据泄漏的液体量 W(kg）和地面性质，按式(3-23）计算最大的池面积 S：

$$S=\frac{W}{H_{\min}\rho} \tag{3-23}$$

式中　$H_{\min}$——最小油层厚度，m，与地面性质和状态有关（见表 3-66）；

ρ——油的密度，kg/m^3。

知道可能最大池面积后，按式(3-23）可计算池直径。

表 3-66　不同的地面的最小油层厚度

地面性质	最小油层厚度 $H_{\min}$/m	地面性质	最小油层厚度 $H_{\min}$/m
草地	0.020	混凝土地面	0.005
粗糙地面	0.025	平静的水面	0.0018
平整地面	0.010		

② 燃烧速率的计算　当液池中的可燃液体的沸点高于周围环境温度时，液体表面上单位面积的燃烧速率 m_{f} 为：

$$m_{\mathrm{f}}=\frac{\mathrm{d}m}{\mathrm{d}t}=\frac{0.001H_{\mathrm{c}}}{C_{p}(T_{\mathrm{b}}-T_{0})+H} \tag{3-24}$$

式中　C_p——液体的定压比热容，J/(kg·K)；

H_{c}——液体的燃烧热，J/kg；

T_{b}——液体的沸点，K；

T_0——环境温度，K；

H——液体的汽化热，J/kg。

当液体的沸点低于环境温度时，如加压液化气或冷冻液化气，起单位面积的燃烧速率 $\frac{\mathrm{d}m}{\mathrm{d}t}$ 为：

$$\frac{\mathrm{d}m}{\mathrm{d}t}=\frac{0.001H_{\mathrm{c}}}{H} \tag{3-25}$$

式中符号意义同式(3-24)。

③ 火焰高度　设液池为一直径 D 的圆池子，其火焰高度可按式(3-26) 计算：

$$h=42D\left(\frac{m_{\mathrm{f}}}{\rho_0\sqrt{gD}}\right)^{0.6} \tag{3-26}$$

式中　h——火焰高度，m；

D——液池直径，m；

ρ_0——周围空气密度，kg/m^3；

g——重力加速度，$g=9.8\mathrm{m/s^2}$；

m_{f}——燃烧速率，kg/(m^2·s)。

式(3-26) 是在木垛试验的基础上推导出来的，因此，预测的火焰高度比池火灾的实际值稍微偏高。

④ 热辐射通量　当液池燃烧时放出的总热辐射通量为：

$$Q=(\pi r^2+2\pi r)m_{\mathrm{f}}\,\eta H_{\mathrm{c}}/(72m_{\mathrm{f}}^{0.61}+1) \tag{3-27}$$

式中　Q——总热辐射通量，W；

η——效率因子，可取 0.13～0.35；

H_{c}——液体的燃烧热，J/kg；

m_{f}——燃烧速率，kg/(m^2·s)；

r——液池半径，m。

⑤ 目标入射热辐射强度　假设全部辐射热量由液池中心点的小球面辐射出来，则在距液池中心某一距离 x 处的入射热辐射强度为：

$$I=\frac{Qt_{\mathrm{c}}}{4\pi x^2} \tag{3-28}$$

式中　I——热辐射强度，W/m^2；

Q——总热辐射通量，W；

t_{c}——热传导系数，在无相对理想的数据时，可取为 1；

x——目标点到液池中心距离，m。

伤害半径有一度烧伤半径、二度烧伤半径、死亡半径三种，其定义如下所述。

a. 一度（二度）烧伤半径指人体出现一度（二度）烧伤的概率为 0.5（对应百分率 50%），或者一群人中 50%的人出现一度（二度）烧伤时，人体（群）所在位置与液化气容器之间的水平距离；

b. 死亡半径指人死亡概率为 0.5（对应百分率 50%），或者一群人中有 50%的人死亡时，人体（群）所在位置与液化气容器之间的水平距离。

设备财产泛指工艺设备设施、建构筑物等。关于火灾热辐射对设备财产的破坏作用，国内外开展的研究较少。热辐射对附近的设备设施会产生不利影响，例如造成设备表面油漆剥落、设备内部介质温度升高、结构变形甚至着火燃烧等。正常情况下，这些建构筑物及设备具有较好的耐火性能，受热辐射的危害较轻。相对而言，木材受火灾热辐射的影响较明显。在近距离内，当热辐射强度足够强时，木材有可能被引燃。热剂量等于热辐射强度与作用时间的乘积，它表示物体单位面积发射或吸收的能量。在热辐射作用下，引燃木材所需的临界热剂量由式(3-29) 决定：

$$q=6730t^{-4/5}+25400 \tag{3-29}$$

式中　t——热辐射作用时间，s。

对于池火灾来说，建议取火灾最大持续时间：

$$t=W/M_c \tag{3-30}$$

式中　W——可燃物质量，kg；

M_c——单位时间烧掉的可燃物质量，kg/s。

将式(3-30) 与其他公式联立求解，即可得到引燃半径。

(2) 喷射火　加压的可燃物质泄漏时形成射流，如果在泄漏裂口处被点燃，则形成喷射火。这里所用的喷射火辐射热计算方法是一种包括气流效应在内的喷射扩散模式的扩展。把整个喷射火看成是由沿喷射中心线上的所有几个点热源组成，每个点热源的热辐射通量相等。点热源的热辐射通量按式(3-31) 计算：

$$q=\eta Q_0 H_c \tag{3-31}$$

式中　q——点热源热辐射通量，W；

η——效率因子，可取 0.35；

Q_0——泄漏速率，kg/s；

H_c——燃烧热，J/kg。

从理论上讲，喷射火的火焰长度等于从泄漏口到可燃混合气燃烧下限（LFL）的射流轴线长度。对表面火焰热通量，则集中在 LFL/1.5 处。N 点的划分可以是随意的，对危险评价分析一般取 $n=5$ 就可以了。

射流轴线上某点热源 i 到距离该点 x 处一点的热辐射强度为：

$$I_i=\frac{qR}{4\pi x^2} \tag{3-32}$$

式中　I_i——点热源 i 至目标点 x 处的热辐射强度，W/m²；

q——点热源的辐射通量，W；

x——点热源到目标点的距离，m。

某一目标点处的入射热辐射强度等于喷射火的全部点热源对目标的热辐射强度的总和：

$$I=\sum_{i=1}^{n} I_i \tag{3-33}$$

式中　n——计算时选取的点热源数，一般取 $n=5$。

(3) 火球　低温可燃液化气由于过热，容器内压增大，使容器爆炸，内容物释放并被点燃，发生剧烈的燃烧，产生强大的火球，形成强烈的热辐射。

① 火球半径

$$R=2.665M^{0.327} \tag{3-34}$$

式中　R——火球半径，m；

M——急剧蒸发的可燃物质的质量，kg。

② 火球持续时间

$$t=1.089M^{0.327} \tag{3-35}$$

式中　t——火球持续时间，s。

③ 火球燃烧时释放出的辐射热通量

$$Q=\frac{\eta H_c M}{t} \tag{3-36}$$

式中　Q——火球燃烧时辐射热通量，W；

H_c——燃烧热，J/kg；

η——效率因子，取决于容器内可燃物质的饱和蒸气压 p，$\eta=0.27p^{0.32}$；

M——急剧蒸发的可燃物质的质量，kg；

t——火球持续时间。

④ 目标接受到的入射热辐射强度

$$I=\frac{QT_c}{4\pi x^2} \tag{3-37}$$

式中　T_c——传导系数，保守取值为1；

x——目标距火球中心的水平距离，m；

Q——火球燃烧时辐射热通量，W。

其他符号同前。

(4) 固体火灾　固体火灾的热辐射参数按点源模型估计。此模型认为火焰射出的能量为燃烧的一部分，并且辐射强度与目标至火源中心距离的平方成反比，即

$$q_r=\frac{fM_cH_c}{4x^2} \tag{3-38}$$

式中　q_r——目标接受到的辐射强度，W/m^2；

f——辐射系数，可取 $f=0.25$；

M_c——燃烧速率，kg/s；

H_c——燃烧热，J/kg；

x——目标至火源中心间的水平距离，m。

(5) 突发火　泄漏的可燃气体、液体蒸发的蒸气在空中扩散，遇到火源发生突然燃烧而没有爆炸。此种情况下，处于气体燃烧范围内的室外人员将会全部烧死；建筑物内将有部分人被烧死。

突发火后果分析，主要是确定可燃混合气体的燃烧上、下极限的廓线及其下限随气团扩散到达的范围。为此，可按气团扩散模型计算气团大小和可燃混合气体的浓度。

(6) 火灾损失　火灾通过辐射热的方式影响周围环境，当火灾产生的热辐射强度足够大时，可使周围的物体燃烧或变形，强烈的热辐射可能烧毁设备甚至造成人员伤亡等。

火灾损失估算建立在辐射通量与损失等级的相应关系的基础上，表 3-67 为不同入射通量造成伤害或损失的情况。

表 3-67　热辐射的不同入射通量所造成的损失

入射通量/(kW/m²)	对设备的损害	对人的伤害
37.5	操作设备全部损坏	1%死亡/10s 100%死亡/1min
25	在无火焰、长时间辐射下，木材燃烧的最小能量	重大烧伤/10s 100%死亡/1min
12.5	有火焰时，木材燃烧，塑料熔化的最低能量	1 度烧伤/10s 1%死亡/1min
4.0		20s 以上感觉疼痛，未必起泡
1.6		长期辐射无不舒服感

从表 3-67 中可以看出，在较小辐射等级时，致人重伤需要一定的时间，这时人们可以逃离现场或掩蔽起来。

(7) 实例分析

① 实例分析一　以某化工企业油罐区作为评价对象，分析评价其发生池火灾对人体的伤害及周围设施的破坏程度。

原油和汽油的一些理化特性见表 3-68。

表 3-68　原油和汽油的一些理化特性

物料名称	原油	汽油
燃烧热/(kJ/kg)	39504.4	43728.8
密度/(kg/m³)	900	720

原油罐区有 3 座 50000m³ 的外浮顶式油罐，成品油罐区内有 4 座 15000m³ 内浮顶式储罐。各储罐启动压力可认为是大气压。

因为多个储罐同时发生爆炸事故的可能性较小，本次评价将分别考虑单个 50000m³ 原油罐、单个 15000m³ 汽油罐发生池火灾及蒸气云爆炸事故时的破坏情况。池火灾计算中，油罐的工作容积取一半，平均温度为 12℃，相对湿度为 55%。

本例将死亡半径、重伤半径、轻伤半径记为 R_{b1}、R_{b2} 和 R_{b3}，将木材引燃半径记为 R_w。

池火灾热通量危害评价：将数据代入模型公式，可得池火灾热辐射伤害范围（见表 3-69）。

表 3-69　池火灾热辐射伤害范围　　单位：m

项目	死亡半径 R_{b1}	重伤半径 R_{b2}	轻伤半径 R_{b3}	财产损失半径 R_w
单个原油罐	190.2	264.1	536.8	84.6
单个汽油罐	178.1	249.3	511	75.6

② 实例分析二 某煤化工企业二甲醚储罐泄漏蒸气云爆炸冲击波伤害/破坏半径预测。

二甲醚，属 2.1 类易燃气体，在空气中的爆炸范围为 3.4%～27%，与空气混合能形成爆炸性混合物，接触热、火星、火焰或氧化剂易燃烧爆炸。接触空气或在光照条件下可生成具有潜在爆炸危险性的过氧化物。气体比空气重，能在较低处扩散到相当远的地方，遇火源会着火回燃。若遇高热，容器内压增大，有开裂和爆炸的危险。《石油化工企业设计防火规范》(GB 50160）将其火灾危险性定为“甲”类。

二甲醚球罐以液态形式储存于容器内，但在其储存过程中，如果由于操作失误、容器质量不良或受外界撞击等因素可能导致二甲醚大量外泄，泄漏的二甲醚与空气形成爆炸性混合物，遇到明火、高热等会立即被引爆，即二甲醚蒸气云爆炸。

a. 蒸气云爆炸冲击波伤害/破坏半径预测模型 采用荷兰应用科学研究院（TNO，1979）建议，可按下式预测二甲醚蒸气云爆炸的冲击波损害半径：

$$R=C_s(NE)^{1/3}$$

$$E=VH_c$$

式中 R——损害半径，m；

E——爆炸能量，kJ；

V——参与反应的可燃气体的体积，m^3；

H_c——可燃气体的高燃烧热值，kJ/m^3；

N——效率因子，一般取 $N=10\%$；

C_s——经验常数，取决于损害等级，具体取值查表 3-70。

表 3-70 损害等级表

损害等级	$C_s/mJ^{-1/3}$	设备损坏	人员伤害
1	0.03	重创建筑物的加工设备	1%死亡于肺部伤害 >50%耳膜破裂 >50%被碎片击伤
2	0.06	损坏建筑物外表可修复性破坏	1%耳膜破裂 1%被碎片击伤
3	0.15	玻璃破碎	被玻璃击伤
4	0.4	10%玻璃破碎	

b. 二甲醚蒸气云爆炸冲击波伤害/破坏半径预测模型 相关数据如表 3-71 所示。

表 3-71 二甲醚相关数据

储罐形式	单罐容积 V/m^3	操作温度 $t/℃$	操作压力 p/MPa	高燃烧热值 $H/(kJ/kg)$	效率因子 $N/\%$
球罐	3000	40	0.887	28000	10

计算过程如下：

$$H_c=H\times661=28000\times661=1.85\times10^7$$

$$E=VH_c=3000\times1.85\times10^7=5.55\times10^{10}$$

分别取 C_s 值为 $0.03mJ^{-1/3}$，$0.06mJ^{-1/3}$，$0.15mJ^{-1/3}$，$0.4mJ^{-1/3}$，预测相应损害等级的伤害/破坏半径：

$$R_1=C_s(NE)^{1/3}=0.03\times(0.1\times5.55\times10^{10})^{1/3}=53.12(m)$$

$$R_2=C_s(NE)^{1/3}=0.06\times(0.1\times5.55\times10^{10})^{1/3}=106.24(\text{m})$$

$$R_3=C_s(NE)^{1/3}=0.15\times(0.1\times5.55\times10^{10})^{1/3}=265.60(\text{m})$$

$$R_4=C_s(NE)^{1/3}=0.4\times(0.1\times5.55\times10^{10})^{1/3}=708.27(\text{m})$$

将预测伤害/破坏半径结果汇总，见表 3-72。

表 3-72　二甲醚蒸气云爆炸损害半径汇总

损害等级	设备损坏	人员伤害	损害半径 R/m
1	重创建筑物的加工设备	1%死亡于肺部伤害 >50%耳膜破裂 >50%被碎片击伤	53.12
2	损坏建筑物外表可修复性破坏	1%耳膜破裂 1%被碎片击伤	106.24
3	玻璃破碎	被玻璃击伤	265.60
4	10%玻璃破碎		708.27

c. 后果分析　本建设项目库区共设置二甲醚球罐 4 个，公称容积均为 3000m³。假设其中 1 个储罐意外破裂使二甲醚大量泄漏，与空气形成爆炸性混合物，遇明火、高热等立即引起燃烧爆炸，即蒸气云爆炸。该公司应用 TNO 模型进行事故后果模拟预测，结果表明：在距离预测球罐中心 53.12m 范围内 1%人员死亡于肺部伤害，106.24m 范围内 1%人员耳膜破裂，265.60m 范围内人员可能被玻璃击伤。该结果虽然是在假设基础上采用数学模型进行模拟计算得出的，但仍可为加强二甲醚球罐的安全管理和事故应急救援预案提供科学依据和创造条件，具有现实的指导意义。

3.7.12.3　泄漏

在化工、石化工业中由于设备损坏或操作失误，大量易燃、易爆、有毒物质会向空中释放，并在空中扩散。一般将泄漏气体或蒸气与空气的混合物称为气云，瞬间泄漏形成的气云称为云团，连续泄漏形成的气云称为云羽。倘若泄漏物质易燃、易爆，在极限浓度和有火源条件下，气云就会在空中燃烧或爆炸；若泄漏物质有毒，人暴露在这种环境中就会中毒。

由于泄漏物质的性质不同，泄漏造成的灾害也不同。可燃气体从容器中泄出，如果立即点燃，就会发生扩散燃烧，形成喷射性火焰或火球；如果可燃气体泄出后与空气混合形成可燃蒸气云团，并随风漂移，遇火源就会发生爆炸或爆轰，具有强大的破坏力。

对于易燃液体泄漏后造成的灾害，随液体性质和工作条件的不同而异。常温、常压下液体泄漏，容易形成液池，液体在液池表面缓慢蒸发，如果遇到火源，就会发生池火灾。对于带压液化气体的泄漏，一部分液体泄漏后会瞬时蒸发，另一部分液体将形成液池；对于低温液体泄漏，一般都形成液池，吸收热量蒸发。蒸发的蒸气与空气混合，在一定条件下遇到火源，就会发生火灾或爆炸。

当发生泄漏的设备的裂口是规则的，而且裂口尺寸及泄漏物质的有关热力学、物理化学性质及参数已知时，可根据流体力学中的有关方程式计算泄漏量。当裂口不规则时，可采取等效尺寸代替；当遇到泄漏过程中压力变化等情况时，往往采用经验公式计算。

(1) 液体泄漏量　液体泄漏速度可用流体力学的柏努利方程计算，其泄漏速率为：

$$Q_0=C_dA\rho\sqrt{\frac{2(p+p_0)}{\rho}+2gh} \tag{3-39}$$

式中　Q_0——液体泄漏速度，kg/s；

C_d——液体泄漏系数，按表3-73选取；

A——裂口面积，m^2；

ρ——泄漏液体密度，kg/m^3；

p——容器内介质压力，Pa；

p_0——环境压力，Pa；

g——重力加速度，$9.8m/s^2$；

h——裂口之上液位高度，m。

表3-73 液体泄漏系数 C_d

雷诺数(Re)	裂口形状		
	圆形(多边形)	三角形	长方形
>100	0.65	0.60	0.55
≤100	0.50	0.45	0.40

对于常压下的液体泄漏速度，取决于裂口之上液位的高低；对于非常压下的液体泄漏速度，主要取决于窗口内介质压力与环境压力之差和液位高低。

当容器内液体是过热液体，即液体的沸点低于周围环境温度，液体流过裂口时由于压力减小而突然蒸发。蒸发所需热量取自于液体本身，而容器内剩下的液体温度将降至常压沸点。在这种情况下，泄漏时直接蒸发的液体所占百分比F可按式(3-40)计算：

$$F=C_p\frac{T-T_0}{H} \tag{3-40}$$

式中 C_p——液体的定压比热，J/(kg·K)；

T——泄漏前液体的温度，K；

T_0——液体在常压下的沸点，K；

H——液体的汽化热，J/kg。

按式(3-40)计算的结果，几乎总是在0～1。事实上，泄漏时直接蒸发的液体将以细小烟雾的形式形成云团，与空气相混合而吸收热蒸发。如果空气传给液体烟雾的热量不足以使其蒸发，由一些液体烟雾将凝结成液滴降落到地面，形成液池。根据经验，当$F>0.2$时，一般不会形成液池；当$F<0.2$时，F与带走液体之比，有线性关系，即当$F=0$时，没有液体带走（蒸发）；当$F=0.1$时，有50%的液体被带走。

(2) 气体泄漏量 气体从裂口泄漏的速度与其流动状态有关。因此，计算泄漏量时首先要判断泄漏时气体流动属于声速还是亚声速流动，前者称为临界流，后者称为次临界流。

当式(3-41) 成立时，气体流动属声速流动：

$$\frac{p_0}{p}\leqslant\left(\frac{2}{k+1}\right)^{\frac{k}{k-1}} \tag{3-41}$$

当式(3-42) 成立时，气体流动属亚声速流动：

$$\frac{p_0}{p}>\left(\frac{2}{k+1}\right)^{\frac{k}{k-1}} \tag{3-42}$$

式中 p_0——环境压力，Pa；

p——容器内介质压力，Pa；

k——气体的绝热指数，即定压比热容C_p与定容比热容C_V之比。

气体呈声速流动时，其泄漏量为：

$$Q_0=C_dA\rho\sqrt{\frac{Mk}{RT}\left(\frac{2}{k+1}\right)^{\frac{k+1}{k-1}}} \tag{3-43}$$

气体呈亚声速流动时，其泄漏量为：

$$Q_0=YC_dA\rho\sqrt{\frac{Mk}{RT}\left(\frac{2}{k+1}\right)^{\frac{k+1}{k-1}}} \tag{3-44}$$

$$Y=\sqrt{\left(\frac{1}{k-1}\right)\left(\frac{k+1}{2}\right)^{\frac{k+1}{k-1}}\left(\frac{p}{p_0}\right)^{\frac{2}{k}}\left[1-\left(\frac{p_0}{p}\right)^{\frac{k-1}{k}}\right]} \tag{3-45}$$

式中　C_d——气体泄漏系数，当裂口形状为圆形时取 1.00，三角形时取 0.95，长方形时取 0.90；

Y——气体膨胀因子，它由式(3-45) 计算；

M——分子量；

ρ——气体密度，kg/m³；

R——气体常数，J/(mol·K)；

T——气体温度，K。

当容器内物质随泄漏而减少或压力降低而影响泄漏速度时，泄漏速度的计算比较复杂。如果流速小或时间短，在后果计算中可采用最初排放速度，否则应计算其等效泄漏速度。

(3) 两相流动泄漏量　在过热液体发生泄漏时，有时会出现气、液两相流动。均匀两相流动的泄漏速度可按式(3-46) 计算：

$$Q_0=C_dA\sqrt{2\rho(p-p_c)} \tag{3-46}$$

式中　Q_0——两相流泄漏速度，kg/s；

C_d——两相流泄漏系数，可取 0.8；

A——裂口面积，m²；

p——两相混合物的压力，Pa；

p_c——临界压力，Pa，可取 $p_c=0.55$Pa；

ρ——两相混合物的平均密度，kg/m³，它由式(3-47) 计算。

$$\rho=\frac{1}{\frac{F_v}{\rho_1}+\frac{1-F_v}{\rho_2}} \tag{3-47}$$

式中　ρ_1——液体蒸发的蒸气密度，kg/m³；

ρ_2——液体密度，kg/m³；

F_v——蒸发的液体占液体总量的比例，它由式(3-48) 计算。

$$F_v=\frac{C_p(T-T_c)}{H} \tag{3-48}$$

式中　C_p——两相混合物的定压比热容，J/(kg·K)；

T——两相混合物的温度，K；

T_c——临界温度，K；

H——液体的汽化热，J/kg。

当 $F>1$ 时，表明液体将全部蒸发成气体，这时应按气体泄漏公式计算；如果 F_v 很小，则可近似按液体泄漏公式计算。

3.7.12.4 扩散

如前所述，泄漏物质的特性多种多样，而且还受原有条件的强烈影响，但大多数物质从容器中泄漏出来后，都可发展成弥散的气团向周围空间扩散。对可燃气体若遇到引火源会着火。这里仅讨论气团原形释放的开始形式，即液体泄漏后扩散、喷射扩散和绝热扩散。关于气团在大气中的扩散属环境保护范畴，在此不予考虑。

(1) 液体的扩散　液体泄漏后立即扩散到地面，一直流到低洼处或人工边界，如防火堤、岸墙等，形成液池。液体泄漏出来不断蒸发，当液体蒸发速度等于泄漏速度时，液池中的液体量将维持不变。

如果泄漏的液体是低挥发度的，则从液池中蒸发量较少，不易形成气团，对厂外人员没有危险；如果着火则形成池火灾；如果渗透进土壤，有可能对环境造成影响，如果泄漏的是挥发性液体或低温液体，泄漏后液体蒸发量大，大量蒸发在液池上面后会形成蒸气云，并扩散到厂外，对厂外人员有影响。

① 液池面积　如果泄漏的液体已达到人工边界，则液池面积即为人工边界成的面积。如果泄漏的液体未达到人工边界，则将假设液体的泄漏点为中心呈扁圆柱形在光滑平面上扩散，这时液池半径 r 用式(3-49) 计算。

瞬时泄漏（泄漏时间不超过 30s）时，

$$r=\left(\frac{8gm}{\pi p}\right)^{\frac{1}{4}}t^{\frac{1}{2}} \tag{3-49}$$

连续泄漏（泄漏持续 10min 以上）时，

$$r=\left(\frac{32gmt^3}{\pi p}\right)^{\frac{1}{4}} \tag{3-50}$$

式中　r——液池半径，m；

m——泄漏的液体量，kg；

g——重力加速度，9.8m/s²；

p——设备中液体压力，Pa；

t——泄漏时间，s。

② 蒸发量　液池内液体蒸发按其机理可分为闪蒸、热量蒸发和质量蒸发三种，下面分别介绍。

a. 闪蒸　过热液体泄漏后由于液体的自身热量而直接蒸发称为闪蒸。发生闪蒸时液体蒸发速度 Q_1 可由式(3-51) 计算：

$$Q_1=\frac{F_{\mathrm{v}}m}{t} \tag{3-51}$$

式中　F_{v}——直接蒸发的液体与液体总量的比例；

m——泄漏的液体总量，kg；

t——闪蒸时间，s。

b. 热量蒸发　当 $F_{\mathrm{v}}<1$ 或 $Q_1<m$ 时，则液体闪蒸不完全，有一部分液体在地面形成液池，并吸收地面热量而气化称为热量蒸发，其蒸发速度 Q_1 按式计算：

$$Q_1=\frac{KA_1(T_0-T_{\mathrm{b}})}{H\sqrt{\pi\alpha t}}+\frac{KNuA_1}{HL}(T_0-T_{\mathrm{b}}) \tag{3-52}$$

式中　A_1——液池面积，m²；

T_0——环境温度，K；

T_b——液体沸点，K；

H——液体蒸发热，J/kg；

L——液池长度，m；

α——热扩散系数，m^2/s，见表 3-74；

K——热导率，J/(m·K)，见表 3-74；

t——蒸发时间，s；

Nu——努舍尔特（Nusselt）数。

表 3-74　某些地面的热传递性质

地面情况	$K/[J/(m\cdot K)]$	$\alpha/(m^2/s)$	地面情况	$K/[J/(m\cdot K)]$	$\alpha/(m^2/s)$
水泥	1.1	1.29×10^{-7}	湿地	0.6	3.3×10^{-7}
土地(含水 8%)	0.9	4.3×10^{-7}	砂砾地	2.5	11.0×10^{-7}
干涸土地	0.3	2.3×10^{-7}			

c. 质量蒸发　当地面传热停止时，热量蒸发终了，转而由液池表面之上气流运动使液体蒸发称为质量蒸发。其蒸发速度 Q_1 为：

$$Q_1=\alpha Sh\frac{A}{L}\rho_1 \tag{3-53}$$

式中　α——分子扩散系数，m^2/s；

Sh——舍伍德（Sherwood）数；

A——液池面积，m^2；

L——液池长度，m；

ρ_1——液体的密度，kg/m^3。

（2）喷射扩散　气体泄漏时从裂口喷出形成气体喷射。大多数情况下气体直接喷出后，其压力高于周围环境大气压力，温度低于环境温度。在进行喷射计算时，应以等价喷射孔口直径计算。等价喷射的孔口直径按式(3-54) 计算：

$$D=D_0\sqrt{\frac{\rho_0}{\rho}} \tag{3-54}$$

式中　D——等价喷射孔径，m；

D_0——裂口孔径，m；

ρ_0——泄漏气体的密度，kg/m^3；

ρ——周围环境条件下气体的密度，kg/m^3。

如果气体泄漏能瞬时间达到周围环境的温度、压力状况，即$\rho_0=\rho$，则 $D=D_0$。

① 喷射的浓度分布　在喷射轴线上距孔口 x 处的气体浓度 $c(x)$ 为：

$$c(x)=\frac{\dfrac{b_1+b_2}{b_1}}{0.32\dfrac{x}{D}\times\dfrac{\rho}{\sqrt{\rho_0}}+1-\rho} \tag{3-55}$$

$$b_1=50.5+48.2\rho-9.95\rho^2$$

$$b_2=23+41\rho$$

式中　$c(x)$——距孔口 x 处的气体浓度，kg/m^3；

b_1，b_2——分布函数；

ρ_0——泄漏气体的密度，kg/m^3；

ρ——周围环境条件下气体的密度，kg/m^3；

D——等价喷射孔径，m。

如果把式(3-55) 改写成 x 是 $c(x)$ 的函数形式，则给定某浓度值 $c(x)$，就可算出具有浓度的点至孔口的距离 x。

在过喷射轴线上点 x 且垂直于喷射轴线的平面内任一点处的气体浓度为：

$$\frac{c(x,y)}{c(x)}=e^{-b_2(y/x)^2} \tag{3-56}$$

式中 $c(x,y)$——距裂口距离 x 且垂直于喷射轴线的平面内 y 点的气体浓度，kg/m^3；

$c(x)$——喷射轴线上距裂口 x 处的气体浓度，kg/m^3；

b_2——分布参数，$b_2=23+41\rho$；

y——目标点到喷射轴线的距离，m。

② 喷射轴线上的速度分布　喷射速度随着轴线距离的增大而减少，直到轴线上的某一点喷射速度等于风速为止，该点称为临界点，临界点以后的气体运动不再符合喷射规律。沿喷射轴线的速度分布由式(3-57) 得出：

$$\frac{V(x)}{V_0}=\frac{\rho_0}{\rho}\times\frac{b_1}{4}\left(0.32\frac{x}{D}\times\frac{\rho}{\rho_0}+1-\rho\right)\left(\frac{D}{x}\right)^2 \tag{3-57}$$

式中 ρ_0——泄漏气体的密度，kg/m^3；

ρ——周围环境条件下气体的密度，kg/m^3；

D——等价喷射孔径，m；

b_1——分布参数，$b_1=50.5+48.2\rho-9.95\rho^2$；

x——喷射轴线上距裂口某点的距离，m；

$V(x)$——喷射轴线上距裂口 x 处一点的速度，m/s；

V_0——喷射初速，等于气体泄漏时流裂口时的速度，m/s，按式(3-58) 计算。

$$V_0=\frac{Q_0}{C_d\rho\pi\left(\frac{D_0}{2}\right)^2} \tag{3-58}$$

式中 Q_0——气体泄漏速度，kg/s；

C_d——气体泄漏系数；

D_0——裂口直径，m。

当临界点处的浓度小于允许浓度（如可燃气体的燃烧下限或者有害气体最高允许浓度）时，只需按喷射来分析；若该点浓度大于允许浓度时，则需要进一步分析泄漏气体在大气中扩散的情况。

(3) 绝热扩散　闪蒸液体或加压气体瞬时泄漏后，有一段快速扩散时间，假定此过程相当快，以致在混合气团和周围环境之间来不及热交换，则此扩散称为绝热扩散。

根据 TNO（1979 年）提高的绝热扩散模式，泄漏气体（或液体闪蒸形成的蒸气）的气团呈半球形向外扩散。根据浓度分布情况，把半球分成内外两层，内层浓度均匀分布，且具有 50%的泄漏量；外层浓度呈高斯分布，具有另外 50%的泄漏量。

绝热扩散过程分为两个阶段，第一阶段气团向外扩散至大气压力，在扩散过程中，气团获得动能，称为“扩散能”；第二阶段，扩散能再将气团向外推，使紊流混合空气进入气团，从而使气团范围扩大。当内层扩散速度降到一定值时，可以认为扩散过程结束。

① 气团扩散能　在气团扩散的第一阶段，扩散的气体（或蒸气）的内能一部分用来增加动能，对周围大气做功。假设该阶段的过程为可逆绝热过程，并且是等熵的。

a. 气体泄漏扩散能　根据内能变化得出扩散能计算公式：

$$E=C_V(T_1-T_2)-0.98p_0(V_2-V_1) \tag{3-59}$$

式中　E——气体扩散能，J；

C_V——定容比热容，J/（kg·K）；

T_1——气团初始温度，K；

T_2——气团压力降至大气压力时的温度，K；

p_0——环境压力，Pa；

V_1——气团初始体积，m^3；

V_2——气团压力降至大气压力时的体积，m^3。

b. 闪蒸液泄漏扩散能　蒸发的蒸气团扩散能可以按式(3-60) 计算：

$$E=[H_1-H_2-T_b(S_1-S_2)]W-0.98(p_1-p_0)V_1 \tag{3-60}$$

式中　E——闪蒸液体扩散能，J；

H_1——泄漏液体初始焓；J/kg；

H_2——泄漏液体最终焓；J/kg；

T_b——液体的沸点，K；

S_1——液体蒸发前的熵，J/(kg·K)；

S_2——液体蒸发量，J/(kg·K)；

W——液体蒸发量，kg；

p_1——初始压力，Pa；

p_0——周围环境压力，Pa；

V_1——初始体积，m^3。

② 气团半径与浓度　在扩散能的推动下气团向外扩散，并与周围空气发生紊流混合。

a. 内层半径与浓度　气团内层半径 R_1 和浓度 c 是时间函数，表达如下：

$$R_1=2.72\sqrt{K_d t} \tag{3-61}$$

$$c=\frac{0.0059V_0}{\sqrt{(k_d t)^3}} \tag{3-62}$$

式中　t——扩散时间，s；

V_0——在标准温度、压力下气体体积，m^3；

K_d——紊流扩散系数，按式(3-63) 计算。

$$K_d=0.0137\sqrt[3]{V_0}\sqrt{E}\left(\frac{\sqrt[3]{V_0}}{t\sqrt{E}}\right)^{\frac{1}{4}} \tag{3-63}$$

如上所述，当中心扩散速度（dR/dt）降到一定值时，第二阶段才结束。临界速度的选择是随机的且不稳定的。设扩散结束时扩散速度为 1m/s，则在扩散结束时内层半径 R_1 和浓度 c 可按式(3-64) 计算：

$$R_1=0.08837E^{0.3}V_0^{\frac{1}{3}} \tag{3-64}$$

$$c=172.95E^{-0.9} \tag{3-65}$$

b. 外层半径与浓度　第二阶段末气团外层的大小可根据试验观察得出，即扩散终结时外层气团半径 R_2 由式(3-66) 求得：

$$R_2=1.456R_1 \tag{3-66}$$

式中　R_2，R_1——气团内层、外层半径，m。

外层气团浓度自内层向外呈高斯分布。

3.7.12.5　中毒

有毒物质泄漏后生成有毒蒸气云，它在空气中飘移、扩散，直接影响现场人员并可能波及居民区。大量剧毒物质泄漏可能带来严重的人员伤亡和环境污染。

毒物对人员的危害程度取决于毒物的性质、毒物的浓度和人员与毒物接触的时间等因素。有毒物质泄漏初期，其毒气形成气团密集在泄漏源周围，随后由于环境温度、地形、风力和湍流等影响气团飘移、扩散，扩散范围变大，浓度减小。在后果分析中，往往不考虑毒物泄漏的初期情况，即工厂范围内的现场情况，主要计算毒气气团在空气中飘移、扩散的范围、浓度、接触毒物的人数等。

(1) 毒物泄漏后果的概率函数法　概率函数法是通过人们在一定时间接触一定浓度毒物所造成影响的概率来描述毒物泄漏后果的一种表示法。概率与中毒死亡百分率有直接关系，二者可以互相换算，见表 3-75。概率值在 0～10。

表 3-75　概率与中毒死亡百分率的换算

死亡百分率/%	0	1	2	3	4	5	6	7	8	9
0		2.67	2.95	3.12	3.25	3.36	3.45	3.52	3.59	3.66
10	3.72	3.77	3.82	3.87	3.92	3.96	4.01	4.05	4.08	4.12
20	4.16	4.19	4.23	4.26	4.29	4.33	4.26	4.39	4.42	4.45
30	4.48	4.50	4.53	4.56	4.59	4.61	4.64	4.67	4.69	4.72
40	4.75	4.77	4.80	4.82	4.85	4.87	4.90	4.92	4.95	4.97
50	5.00	5.03	5.05	5.08	5.10	5.13	5.15	5.18	5.20	5.23
60	5.25	5.28	5.31	5.33	5.36	5.39	5.41	5.44	5.47	5.50
70	5.52	5.55	5.58	5.61	5.64	5.67	5.71	5.74	5.77	5.81
80	5.84	5.88	8.92	5.95	5.99	6.04	6.08	6.13	6.18	6.23
90	6.28	6.34	6.41	6.48	6.55	6.64	6.75	6.88	7.05	7.33
99	0.0	0.1	0.2	0.3	0.4	0.5	0.6	0.7	0.	0.9
	7.33	7.37	7.41	7.46	7.51	7.58	7.58	7.65	7.88	8.09

概率值 Y 与接触毒物浓度及接触时间的关系如下：

$$Y=A+B\ln(c^n t) \tag{3-67}$$

式中　A，B，n——取决于毒物性质的常数，表 3-76 列出了一些常见有毒物质的有关参数；

c——接触毒物的浓度，$\times10^{-6}$；

t——接触毒物的时间，min。

(2) 有毒液化气容器破裂时毒害区域估算　液化介质在容器破裂时会发生蒸气爆炸。当液化介质为有毒物质，如液氯、液氨、二氧化硫、氢氰化硫、氢氰酸等，爆炸后若不燃烧，会造成大面积的毒害区域。

设有毒液化氧化重量为W(kg)，容器破裂前器内介质温度为t(℃)，液体介质比热容为C [kJ/(kg·℃)]，当容器破裂时，器内压力降至大气压，处于过热状态的液化气温度迅速降至标准沸点t_0(℃)，此时全部液体所放出的热量为：

$$Q=WC(t-t_0) \tag{3-68}$$

设这些热量全部用于器内液体的蒸发，如它的汽化热为q(kJ/kg)，则其蒸发量：

$$W'=\frac{Q}{q}=\frac{WC(t-t_0)}{q} \tag{3-69}$$

如介质的分子量为M，则在沸点下蒸发蒸气的体积V_g(m^3)为：

$$V_g=\frac{22.4W}{M}\times\frac{273+t_0}{273}$$

$$=\frac{22.4WC(t-t_0)}{Mq}\times\frac{273+t_0}{273} \tag{3-70}$$

为便于计算，现将压力容器最常用的液氨、液氯、氢氰酸等的有关物理化学性能列于表3-76中。关于一些有毒气体的危险浓度见表3-77。

表3-76　一些有毒物质的有关物理化学性能

物质名称	相对分子质量 M	沸点 t_0/℃	液体平均比热容 C/[kJ/(kg·℃)]	气化热 q/(kJ/kg)
氨	17	−33	4.6	1.37×10^3
氯	71	−34	0.96	2.89×10^2
二氧化硫	64	−10.8	1.76	3.93×10^2
丙烯醛	56.06	52.8	1.88	5.73×10^2
氢氰酸	27.03	25.7	3.35	9.75×10^2
四氯化碳	153.8	76.8	0.85	1.95×10^2

表3-77　有毒气体的危险浓度

物质名称	吸入5～10min致死的浓度/%	吸入0.5～1h致死的浓度/%	吸入0.5～1h致重病的浓度/%
氨	0.5		
氯	0.09	0.0035～0.005	0.014～0.0021
二氧化硫	0.05	0.053～0.065	0.015～0.019
丙烯醛	0.027	0.011～0.014	0.01
氢氰酸	0.08～0.1	0.042～0.06	0.036～0.05
四氯化碳	0.05	0.032～0.053	0.011～0.021

若已知某种有毒物质的危险浓度，则可求出其危险浓度下的有毒空气体积。如二氧化硫在空气中的浓度达到0.05%时，人吸入5～10min即致死，则V_g(m^3)的二氧化硫可以产生令人致死的有毒空气体积为

$$V=V_g\times100/0.05=2000V_g$$

假设这些有毒空气以半球形向地面扩散，则可求出该有毒气体扩散半径为

$$R=\sqrt[3]{\frac{V_g/c}{\frac{1}{2}\times\frac{4}{3}\pi}}=\sqrt[3]{\frac{V_g/c}{2.0944}} \tag{3-71}$$

式中　R——有毒气体的半径，m；

V_g——有毒介质的蒸气体积，m^3；

c——有毒介质在空气中危险浓度值，%。

（3）有毒介质喷射泄漏时毒害区域浓度估算　有毒介质喷射泄漏，在喷射轴线上距孔口 x 处的气体浓度 $c(x)$ 为：

$$c(x)=\frac{\frac{b_1+b_2}{b_1}}{0.32\frac{x}{D}\times\frac{\rho}{\sqrt{\rho_0}}+1-\rho} \tag{3-72}$$

$$b_1=50.5+48.2\rho-9.95\rho^2 \tag{3-73}$$

$$b_2=23+41\rho$$

式中　$c(x)$——喷射轴线上距裂口 x 处的气体浓度，kg/m^3；

D——孔口当量直径，$D=D_0\sqrt{\frac{\rho_0}{\rho}}$，m；

D_0——裂口孔径，m；

b_1，b_2——分布函数；

x——与 $c(x)$ 值对应的浓度点距孔口的距离，m；

ρ_0——泄漏气体的密度，kg/m^3；

ρ——周围环境条件下气体的密度，kg/m^3。

（4）实例分析：液氨储槽破裂泄漏毒害区域范围预测　某建设项目吸收制冷工段设置液氨储槽两座，如果其液氨储槽由于自身或外界原因意外破裂，大量的液氨将急剧气化为氨气，并随风漂移到很远的地方，造成大面积的毒害区域。

采用科学的数学模型对该工段储槽破裂泄漏进行模拟分析，预测其毒害区域范围，为其安全管理和事故应急救援预案疏散距离的确定提供科学的参考依据，模拟评价程序如下所述。

① 基本假设

a. 假设在同一时刻只有1台储槽发生泄漏，根据最大危险性原则，此仅液氨储槽（ϕ2000×6500）破裂泄漏扩散进行后果模拟；

b. 假设模拟储槽中的液氨全部转化为氨气，并形成云团；

c. 根据TNO的绝热扩散模型，泄漏后的氨气呈半圆形覆盖于近地面。然后沿风向水平扩散和垂直扩散，假设 ts 后，气团形成标准长方体。

② 当地气象概况　液氨储槽所处区域属温带干旱、半干旱大陆性高原气候，气候干燥，雨量稀少，日照充分，蒸发强烈。年平均最高气温23.6℃，极端最高和最低气温分别为37.5℃和−26.5℃。夏季主导风向为东南风，最大和最小平均风速为1.8～3.9m/s，冬季主导风向为北风，最大和最小平均风速为2.1～5.0m/s，全年平均风速为2.4m/s。

③ 模拟分析程序如下

a. 气团半径 r_g 计算

$$m_L=\rho_L V_L=0.82\times10^3\times\pi\times6.5=16746.86\ (\text{kg})$$

$$m_g=m_L=16746.86\text{kg}$$

$$V_g=m_g/\rho_g=16746.86/0.78=21470.33\ (\text{m}^3)$$

$$r_g=\sqrt[3]{\frac{V_g}{\frac{1}{2}\times\frac{4}{3}\pi}}-\sqrt[3]{\frac{21470.33}{\frac{1}{2}\times\frac{4}{3}\pi}}=21.7\ (\text{m})$$

b. 瞬时中毒范围预测　实验表明，人员吸入氨气 5～10min 致死浓度为 0.5%，现对其液氨储槽临近区域瞬时中毒范围预测。

氨气泄漏后由于受气体浮力（浮力作用下的加速度为 a）和风速（u）的双重作用

$$a=g(\rho_{空气}\rho_{氨气})/\rho_{氨气}=9.8\times(1.293-0.78)/0.78=6.4(\mathrm{m/s^2})$$

假设 ts 后气团浓度降至 0.5%，此时气团为长方体，则有

$$V=2r_g\times L\times H$$

式中　L——气团在水平方向扩散的距离；

H——气团上升高度。

夏季主导风向为东南风，最大平均风速为 3.9m/s。

$$L=ut=3.9t，H=0.5at^2=0.5\times6.4t^2$$

$$V=2r_gLH$$

$$=2\times21.7\times3.9t\times3.2t^2=21470.33/0.005$$

$$t=\sqrt[3]{\frac{21470.33/0.005}{21.7\times3.2\times2\times3.9}}=20\ (\mathrm{s})$$

此时可以计算气团在水平方向扩散的距离 L

$$L=ut=3.9t=3.9\times20=78\ (\mathrm{m})$$

即在液氨储罐的下风向 78m 范围内将会在 20s 内浓度达到致死浓度 0.5%（吸入 5～10min），此范围内的有关人员应立即撤离。

冬季主导风向为北风，最大平均风速为 5m/s。

$$L=ut=5t，H=0.5at^2=0.5\times6.4t^2$$

$$V=2r_gLH$$

$$=2\times21.7\times5t\times3.2t^2=21470.33/0.005$$

$$t=\sqrt[3]{\frac{21470.33/0.005}{21.7\times3.2\times2\times5}}=18.4\ (\mathrm{s})$$

此时可以计算气团在水平方向扩散的距离 L

$$L=ut=5t=5\times18.4=92\ (\mathrm{m})$$

即在液氨贮罐的下风向 92m 范围内将会在 18.4s 内浓度达到致死浓度 0.5%（吸入 5～10min），此范围内的有关人员应立即撤离。

④ 应急疏散范围预测　我国规定车间空气中时间加权平均容许浓度（PC-TWA，8h）为 20mg/m³，假设氨气团扩散后浓度呈均匀分布，可以对其浓度超标范围 V 进行如下估算

$$V=m_g/30\times10^{-6}=16746.86/20\times10^{-6}=8.37\times10^8\ (\mathrm{m^3})$$

假设 ts 后气团浓度降至 20mg/m³，则有

$$V=2r_gLH$$

a. 夏季主导风向为东南风，最大平均风速为 3.9m/s。

$$L=ut=3.9t，H=0.5at^2=0.5\times6.4t^2$$

因此

$$V=2r_gLH$$

$$=2\times21.7\times3.9\mathrm{t}\times3.2t^2=8.37\times10^8\ (\mathrm{m^3})$$

$$t=\sqrt[3]{\frac{8.37\times10^8}{21.7\times3.2\times2\times3.9}}=115.6\ (\mathrm{s})$$

此时可以计算气团在水平方向扩散的距离 L

$$L=ut=3.9t=3.9\times115.6=451\ (\mathrm{m})$$

即在液氨储罐的下风向451m范围内将会在115.6s内浓度达到我国规定的车间空气容许浓度，此范围内的人员应及时撤离。

b. 冬季主导风向为北风，最大平均风速为5m/s。

$$L=ut=5t,\ H=0.5at^2=0.5\times6.4t^2$$

因此

$$V=2r_gLH$$
$$=2\times21.7\times5t\times3.2t^2=8.37\times10^8\ (\mathrm{m}^3)$$
$$t=\sqrt[3]{\frac{8.37\times10^8}{21.7\times3.2\times2\times5}}=106.4\ (\mathrm{s})$$

此时可以计算气团在水平方向扩散的距离L

$$L=ut=5t=5\times106.4=532\ (\mathrm{m})$$

即在液氨储罐的下风向532m范围内将会在106.4s内浓度达到我国规定的车间空气容许浓度，此范围内的人员应及时撤离。

3.8　实用新型安全评价方法及运用

3.8.1　工作安全分析

3.8.1.1　工作安全分析定义

工作安全分析（job safety analysis，JSA）是一项程序，它又称作业安全分析，由美国葛玛利教授在1947年提出，是欧美企业长期在使用的一套较先进的风险管理工具之一，近年来逐步被国内企业所认识并接受，率先在石油化工企业导入使用，并收到良好的成效。它能有序地对存在的危害进行识别、评估和制定实施控制措施的过程。组织者可以指导岗位工人对自身的作业进行危害辨识和风险评估，仔细地研究和记录工作的每一个步骤，识别已有或者潜在的危害。然后，对人员、程序、设备、材料和环境等隐患进行分析，找到最好的办法来减小或者消除这些隐患所带来的风险，以避免事故的发生。工作安全分析是一种辨识危险的方法，是把工作分成若干步骤的做法，以及帮助员工认识危险的一种工具。

3.8.1.2　工作安全分析法的特点

工作安全分析法以清单的形式列出系统中所有的工作任务以及每项任务的具体工序，对照相关的规程、条例、标准，并结合实际工作经验，分析每道工序中可能出现的危害因素。该方法结合风险矩阵法可以对危险源进行分级，同时提出可行的安全对策措施，是非常实用的一种分析方法。该方法优缺点如下所述。

（1）优点

① 方法简便、详尽、易掌握；

② 方法包括了辨识、评价和风险控制的全部过程，便于员工理解和使用；

③ 不受行业限制，针对操作岗位都可以使用。

（2）缺点

① 风险分析小组人员要求至少是3个人，同时必须要求有操作工人的参与；

② 步骤如果分解太多必须要重新分解步骤（最多为10个步骤）；

③ 该方法需要充分的时间对工作从开始至结束的全过程进行多次观察；

④ 该方法只能定性，借助其他方法可以定量。

3.8.1.3 工作安全分析法步骤

（1）首先明确事故及事故类型；

（2）分析整理各自的工作任务和工序；

（3）辨识每道工序中的危险源；

（4）明确危险源可能产生的风险及后果；

（5）依据风险矩阵表进行风险评估；

（6）确定风险类型；

（7）提取管理对象，制定管理对象的管理标准；

（8）实施管理对象的所有管理标准与措施进行风险预控，预防风险的出现。

3.8.1.4 工作安全分析法常用表格

××作业（××操作）危险源辨识及控制措施见表3-78。

表3-78 ××作业（××操作）危险源辨识及控制措施（JSA）

日期：

<table>
<tr><td colspan="4">工作名称/任务：</td><td colspan="4">地点：</td><td colspan="2">编号：</td></tr>
<tr><td colspan="3">部门：</td><td colspan="7">主管人： 工作执行人职务：</td></tr>
<tr><td colspan="3">编制：
批准：</td><td colspan="7">审查：</td></tr>
<tr><td colspan="10">作业环境条件
□室内 □室外 □冷 □热 □湿 □灰尘 □水汽 □噪声 □震动 □天气状况不良 □其他</td></tr>
<tr><td colspan="10">基本工作行动
□举重 □抓取 □推 □坐 □伸展 □弯曲 □跪 □直立 □拖 □蹲
□其他</td></tr>
<tr><td rowspan="2">序号</td><td rowspan="2">工作步骤</td><td rowspan="2">潜在危险
（每一步骤存在风险或隐患）</td><td rowspan="2">危害原因</td><td colspan="4">风险评估</td><td rowspan="2">风险控制措施
（采取何种控制措施来防止事故发生）</td><td rowspan="2">其他需说明情况</td></tr>
<tr><td>可能性</td><td>损失</td><td>风险值</td><td>风险等级</td></tr>
<tr><td>1</td><td></td><td></td><td></td><td></td><td></td><td></td><td></td><td></td><td></td></tr>
<tr><td>2</td><td></td><td></td><td></td><td></td><td></td><td></td><td></td><td></td><td></td></tr>
<tr><td>3</td><td></td><td></td><td></td><td></td><td></td><td></td><td></td><td></td><td></td></tr>
</table>

天然气加气母站共辨识危险作业××项。

3.8.1.5 工作安全分析法实例分析

加气柱充装作业进行JSA分析如下所述。

加气柱是加气母站的重要设备之一。天然气经压缩后，通过加气柱将25MPa的压缩天然气充装到槽车，运行到各个子站。加气柱由下列部件组成，并具有如下功能。

① 压力系统：过滤器、电磁阀、气动球阀、带有电子界面的流量计、三通阀、加气软管、通用减压阀等；

② 安全装置：控制内部压力以防超压；

③ 电脑头：可显示加气量、单价、金额等数据；加气机的CPU具有故障自诊断功能和闭锁能力；

④ 指示灯：指示加气机状态。

(1) 加气柱充装作业基本情况表 见表3-79。

表3-79 加气柱充装作业基本情况表

工作名称/任务:充装	地点:加气母站加气柱	编号:
部门:车用燃气事业部	主管人:加气母站站长	工作执行人职务:充装工
编制: 车用燃气事业部、安全技术部 审查: 安全总监 批准:安全副总		
作业环境条件 □室内 ■室外 ■冷 ■热 □湿 □灰尘 □水汽 □噪声 □震动 ■天气状况不良 □其他		
基本工作行动 □举重 ■抓取 □推 □坐 □伸展 ■弯曲 □跪 ■直立 □拖 ■蹲 ■登高 □其他		

(2) 加气柱充装作业风险分析表 见表3-80。

表3-80 加气柱充装作业风险分析表

序号	工作步骤	潜在危险	危害原因	风险评估				风险控制措施	其他需说明情况
				可能性	损失	风险值	风险等级		
1	引导车辆进入充装区并放置枕木  	车辆伤害	(1)人员引导车辆时位于前方或后方； (2)车速过快； (3)车辆行驶路线错误	K2	B5	10	中等	(1)专人负责引导车辆，位于车辆侧方； (2)进站口设置限速标志；进行危险告知； (3)设置车辆进、出站行驶路线标识	
2	打开后舱门，安装防风钩 检查车内阀门  	物体打击	防风钩脱落	H5	E2	10	中等	(1)佩戴安全帽； (2)检查防风钩是否牢固	

续表

序号	工作步骤	潜在危险	危害原因	风险评估				风险控制措施	其他需说明情况
				可能性	损失	风险值	风险等级		
3	安装静电夹、充装接头、防脱落 	高处坠落	(1)登高作业未穿防滑鞋； (2)登高作业动作不规范	K2	E2	4	一般	(1)穿防滑鞋、戴安全帽； (2)配置登高凳	
4	打开车内进气阀、加气柱充气阀进行充装 	物体打击	加气管脱落	K2	B5	10	中等	缓慢开启充气阀	
5	关闭加气柱充气阀门、车内总阀、各瓶组阀 打开排气阀排空 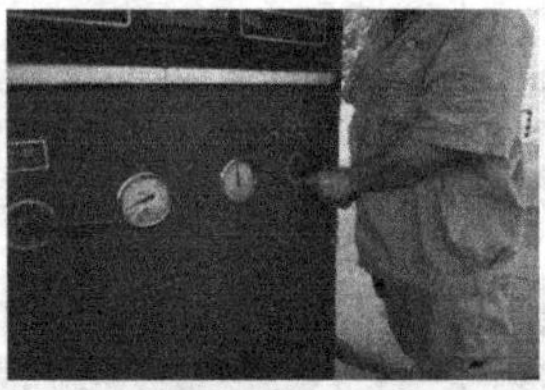 	气瓶封头漏气	O形圈老化	I4	B5	20	重大	(1)迅速关闭充气阀、停止充装； (2)打开放空阀	关注应急处置
		划伤	开关阀门时，手臂被物体划伤	H5	F1	5	一般	配备手套、长袖工作服	
6	拆掉充气管、防脱落、静电夹 	高处坠落	(1)登高作业未穿防滑鞋； (2)登高作业动作不规范； (3)余气冲击	K2	E2	4	一般	(1)穿防滑鞋、戴安全帽； (2)配置登高凳	

续表

序号	工作步骤	潜在危险	危害原因	风险评估				风险控制措施	其他需说明情况
				可能性	损失	风险值	风险等级		
7	拆除枕木 引导车辆驶出充装区	车辆伤害	(1)人员引导车辆时位于前方或后方； (2)车速过快； (3)车辆行驶路线错误	K2	B5	10	中等	(1)专人负责引导车辆，位于车辆侧方； (2)进站口设置限速标志； (3)进行危险告知； (4)设置车辆进、出站行驶路线标识	

风险评估内容参考风险矩阵表（表 3-81）。

3.8.2 保护层分析法

3.8.2.1 保护层分析法的定义

保护层分析法（layer protection analysis，LOPA）是半定量的工艺危害分析方法之一。用于确定发现的危险场景的危险程度，定量计算危害发生的概率，已有保护层的保护能力及失效概率，如果发现保护措施不足，可以推算出需要的保护措施的等级。

保护层分析法是由事件树分析发展而来的一种风险分析技术，作为辨识和评估风险的半定量工具，是沟通定性分析和定量分析的重要桥梁与纽带。LOPA 耗费的时间比定量分析少，能够集中研究后果严重或高频率事件，善于识别、揭示事故场景的始发事件及深层次原因，集中了定性和定量分析的优点，易于理解，便于操作，客观性强，用于较复杂事故场景效果甚佳。所以在工业实践中一般在定性的危害分析如 HAZOP，检查表等完成之后，对得到的结果中过于复杂的、过于危险的部分进行 LOPA，如果结果仍不足以支持最终的决策，则会进一步考虑定量分析方法。

LOPA 先分析未采取独立保护层之前的风险水平，通过参照一定的风险容许准则，再评估各种独立保护层将风险降低的程度，其基本特点是基于事故场景进行风险研究。保护层是一类安全保护措施，它是能有效阻止始发事件演变为事故的设备、系统或者动作。兼具独立性、有效性和可审计性的保护层称为独立保护层（independent protection layer，IPL），它既独立于始发事件，也独立于其他独立保护层。正确识别和选取独立保护层是完成 LOPA 分析的重点内容之一。典型化工装置的独立保护层呈“洋葱”形分布，从内到外一般设计为：过程设计、基本过程控制系统、警报与人员干预、安全仪表系统、物理防护、释放后物理防护、工厂紧急响应以及社区应急响应等。

3.8.2.2 保护层分析法的特点

保护层分析法可以定性使用，以简单分析危险或原因事件与结果之间的保护层。保护层分析法也可以进行半定量分析，以使 HAZOP 或 PHA 之后的筛查过程变得更严格。其优缺点如下所述。

（1）优点

① 与事故树分析或全面定量风险评估相比，它需要更少的时间和资源，但是比定性主观判断更为严格；

表3-81 风险矩阵表

	风险矩阵	中等风险（Ⅲ级）	重大风险（Ⅳ级）		特别重大风险（Ⅴ级）		有效类别	赋值	可能造成的损失				
									人员伤害程度及范围	由于伤害估算的损失/元	环境污染	法规及规章制度符合状况	公司形象受损程度或范围
一般风险（Ⅱ级）	6	12	18	24	30	36	A	6	多人死亡	5000万以上	发生省级及以上有影响的污染事件	违反法律法规、强制性标准	产生国内及国际影响
	5	10	15	20	25	30	B	5	一人死亡	1000万～5000万	发生市级有影响的污染事件	不符合行政法律法规	影响限于省级范围内
	4	8	12	16	20	24	C	4	多人受严重伤害	300万～1000万	污染波及相邻公司	不符合部门规章制度	影响限于城市范围内
	3	6	9	12	15	18	D	3	一人受严重伤害	100万～300万	污染限于厂区，紧急措施能处理	不符合集团公司规章制度	影响限于集团公司范围内
低风险（Ⅰ级）		4	6	8	10	12	E	2	一人受到伤害，需要急救；或多人受轻微伤害	20万～100万	设备局部、作业过程局部受污染，正常治污手段能处理	不符合公司规章制度	影响限于公司范围内
		2	3	4	5	6	F	1	一人受轻微伤害	0～20万	没有污染	完全符合	无影响
	1	2	3	4	5	6	赋值						
	L	K	J	I	H	G	有效类别						
	不可能	极不可能发生	过去偶尔发生	过去曾经发生或在异常情况下发生	常发生或在预期情况下发生	在正常情况下经常发生	发生的可能性						
	估计从不发生	10年以上可能发生一次	10年内可能发生一次	5年内可能发生一次	每年可能发生一次	1年内能发生10次或以上	发生可能性的衡量(发生频率)						
	时时检查，有操作规程，并严格执行	每日检查；有操作规程，并执行	每周检查；有操作规程、但偶尔不执行	每月检查；有操作规程，只是部分执行	偶尔检查或大检查；有操作规程，但只是偶尔执行(或操作规程内容不完善)	从来没有检查；没有操作规程	管理措施						
	高度胜任(培训充分，经验丰富，意识强)	较胜任，偶然出差错	能胜任，出差错频次一般	一般胜任(有上岗证，有培训，但经验不足，多次出差错)	不够胜任(有上岗资格证，但没有接受有效培训)	不胜任(无任何培训、无任何经验、无上岗资格证)	员工胜任程度						
	运行优秀	运行良好，基本不出故障	运行后期，可能出故障	过期未检、偶尔出故障	超期服役、经常出故障，不符合公司规定	带病运行，不符合国家、行业规范	设备设施现状						
	有效防范控制措施	有，偶尔失去作用或出差错	有，仍然存在失去作用或出差错	有，但没有完全使用(如个人防护用品)	防范、控制措施不完善	无任何防范或控制措施	监测、控制、报警、联锁、补救措施						

风险等级划分		
风险值	风险等级	备注
30～36	特别重大风险	Ⅳ级
18～25	重大风险	Ⅲ级
9～16	中等风险	Ⅱ级
3～8	一般风险	Ⅰ级
1～2	低风险	Ⅰ级

② 它有助于识别并将资源集中在最关键的保护层上；

③ 它识别了那些缺乏充分安全措施的运行、系统及过程；

④ 它关注最严重的结果。

(2) 缺点

① LOPA 每次只能分析一个因果对和一个情景，并没有涉及风险或控制措施之间的相互影响；

② 量化的风险可能没有考虑到普通模式的失效；

③ LOPA 并不适用于很复杂的情景，也就是有很多因果对或有各种结果会影响不同利益相关者的情景；

④ 对设备故障率基础数据要求较高，如果前期风险识别不好，可能导致费时费力。

3.8.2.3 保护层分析法的原理步骤

(1) 保护层分析法需要输入的数据

① 有关风险的基本信息包括 PHA 规定的危险、原因及结果；

② 有关现有或建议控制措施的信息；

③ 原因事件概率、保护层故障、结果措施及可容忍风险定义；

④ 初因事件概率、保护层故障、结果措施及可容忍风险定义。

(2) 保护层分析法分析步骤

① 场景识别与筛选；

② 初始事件（IE）确认；

③ 独立保护层（IPL）评估；

④ 场景频率计算；

⑤ 风险评估与决策；

⑥ 后续跟踪与审查。

独立保护层（IPL）是一种设备系统或行动，能避免某个情景演变成独立于初因事项或与情景相关的任何其他保护层的不良结果。IPL 包括：

① 设计特点；

② 实体保护装置；

③ 联锁及停机系统；

④ 临界报警与人工干预；

⑤ 事件后实物保护；

⑥ 应急反应系统（程序与检查不是 IPL）。

(3) 保护层分析法输出数据　给出有关需要采取进一步控制措施以及这些控制措施在降低风险方面效果的建议。

在处理安全相关/设备系统时，LOPA 是一种可用于安全设备的安全完整性等级（SIL）评估的技术。

3.8.2.4 保护层分析法实例

以正己烷缓冲罐为例，来自上游工艺单元的正己烷，进入正己烷缓冲罐 T-401，输往下游工艺使用。储罐总容量为 30t，通常盛装一半的容量。正己烷缓冲罐液位受液位控制回路（LIC-90）控制，液位控制回路（BPCS）通过调节液位阀（LV-90）来控制液位高度，这一回路还包括提醒操作人员液位过高的报警装置（LAH-90）。储罐位于防火堤内，该防火堤能够容纳 45t 正己烷释放。简化流程如图 3-29 所示。

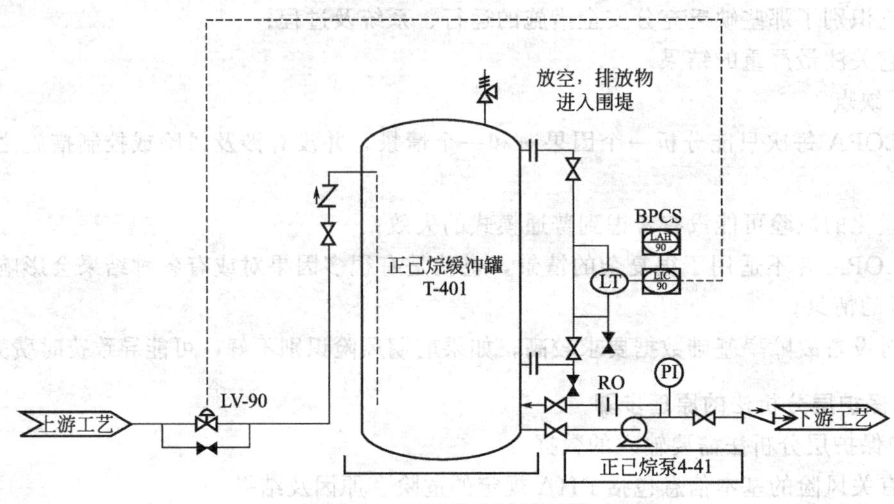

图 3-29　正己烷缓冲罐溢流

（1）场景识别与筛选　因为是一个连续过程，可选正己烷缓冲罐作为研究对象，分析结果列于表 3-82。

表 3-82　可操作性研究分析

序号	偏差	原因	后果	现有防护措施	建议
1.1	流量高	流量控制阀误打开	正己烷缓冲罐 T-401 高液位，超压泄漏	(1)液位监测和报警； (2)防火堤； (3)安全阀； (4)单元操作程序	建议安装一个 SIS，在 T-401 高液位时切断进料
1.2	流量低或无流量	管线堵塞 阀门误关闭	(1)正己烷缓冲罐 T-401 低液位； (2)泵密封失效	无	
1.3	倒流	上游泵失效	损坏泵	止回阀	

（2）确定事故发生的初始原因　事故场景发生的初始原因，可能是某种外部事件（如火灾）、设备故障（如泵故障）、人员失误（如操作人员的误操作）等。本案例设定正己烷缓冲罐溢流的初始原因是液位控制回路（BPCS）失效。

（3）独立保护层（IPL）评估　独立保护层（IPL）要求能独立发挥作用、有效阻止不良后果的发生。并不是所有的保护措施都可以作为 IPL。本案例中的液位控制回路（BPCS）报警、人员响应行动、安全阀则不能作为独立保护层。因为 BPCS 失效，系统不能报警，不能提醒操作人员采取行动以阻止缓冲罐进料。所以，BPCS 产生的任何报警，不能完全独立于 BPCS 系统，不能作为独立保护层。此外，缓冲罐上的安全阀无法防止缓冲罐发生溢流，因此，对于本场景，安全阀不是独立保护层。本案例中的独立保护层是防火堤。一旦罐体发生溢流，合适的防火堤可以包容这些溢流物。如果防火堤失效，将发生大面积扩散，从而发生潜在的火灾、损害和死亡。防火堤需满足 IPL 所有的要求，包括：如果按照设计运行，防火堤可有效包容储罐的溢流；防火堤独立于其他任何独立保护层和事故场景的初始原因；可以审查防火堤的设计、建造和目前的状况。

（4）场景频率计算　场景发生频率的计算方法是，将初始原因的发生频率与每个独立保护层的失效概率相乘得出的结果。

初始事件为液位控制回路失效，初始事件频率为：

$$f^1 = 1 \times 10^{-1}/a$$

$$f_1^o = f_1^1 \mathrm{PFD_d} = 1 \times 10^{-1}/a \times 0.01 = 10^{-3}/a$$

（5）风险评估与决策　通过分析，对照风险矩阵（图 3-30），表明风险较高，一旦控制不住，伤亡人员 a 值较高时，此时的后果就更加严重。

后果等级							
5	低	中	中	高	高	很高	很高
4	低	低	中	中	高	高	很高
3	低	低	低	中	中	中	高
2	低	低	低	低	中	中	中
1	低	低	低	低	低	中	中
频率等级(每年)	10^{-6}～10^{-7}	10^{-5}～10^{-6}	10^{-4}～10^{-5}	10^{-3}～10^{-4}	10^{-2}～10^{-3}	10^{-1}～10^{-2}	1～10^{-1}

图 3-30　风险矩阵

因此分析小组决定安装一个独立的 SIF，其 PFD 为 1×10^{-2}/a，用于检测和阻止溢流。对于场景，SIF 将释放事件的频率从 1×10^{-3}/a 降低到 1×10^{-5}/a。在风险矩阵中，对于后果等级 4，频率为 1×10^{-5}/a 的事件“不需要采取进一步行动”。

（6）后续跟踪与审查　确定建议措施的负责人和完成时间，并跟踪落实。

3.8.3 蝶形图分析法

3.8.3.1 蝶形图定义

蝶形图分析（bow tie analysis）是一种简单的图解形式，用来描述并分析某个风险从原因到结果的路径。可以将其视为分析事项起因（由蝶形图的结代表）的故障树以及分析结果的事件树这两种观点的统一体。但是，蝶形图分析的重点是原因与风险之间，以及风险与结果之间的障碍。在建构蝶形图时，首先要从故障树和事件树入手，但是，这种图形大多在头脑风暴式的讨论会上直接绘制出来。

3.8.3.2 蝶形图法的特点

（1）优点

① 用图形清晰表示问题，便于理解；

② 关注的是为了到达预防及减缓目的而确定的障碍及其效力；

③ 可用于期望结果；

④ 使用时不需要较高的专业知识水平。

（2）缺点

① 无法描述当多种原因同时发生并产生结果时的情形（例如，故障树中有“闸”这个概念来描述蝶形图的右手侧）；

② 可能会过于简化复杂情况，尤其是在试图量化的时候。

3.8.3.3 蝶形图法步骤

蝶形图的实施步骤如下所述。

（1）识别需要分析的具体风险，并将其作为蝶形图的中心结。

（2）列出造成结果的原因。

（3）识别由风险源到事故的传导机制。

（4）在蝶形图左手侧的每个原因与结果之间画线，识别那些可能造成风险升级的因素并将这些因素纳入图表中。

（5）如果有些因素会导致风险升级，那么也要把风险升级的障碍表示出来。在条形框代表那些能刺激结果产生的“控制措施”的情况下，这种方法可用于积极的结果。

（6）在蝶形图的右手侧，识别风险不同的潜在结果，并以风险为中心，向各潜在结果处绘制出放射状线条。

（7）将结果的障碍绘制成横穿放射状线条的条形框。在条形框代表那些能支持结果产生的“控制措施”的情况下，这种方法可用于积极的结果。

（8）支持控制的管理职能（如培训和检查）应表示在蝶形图中，并与各自对应的控制措施相联系。

在路径独立、结果的可能性已知的情况下，可以对蝶形图进行一定程度的量化，同时可以估算出控制效力的具体数字。然而，在很多情况下，路径和障碍并不独立，控制措施可能是程序性的，因此结果并不清晰。更合适的做法是运用 FTA 及 ETA 进行定量分析。

输出结果是一个简单的图表，说明了主要的故障路径以及预防或减缓不良结果或者刺激及促进期望结果的现有障碍。图 3-31 为不良结果的蝶形图。

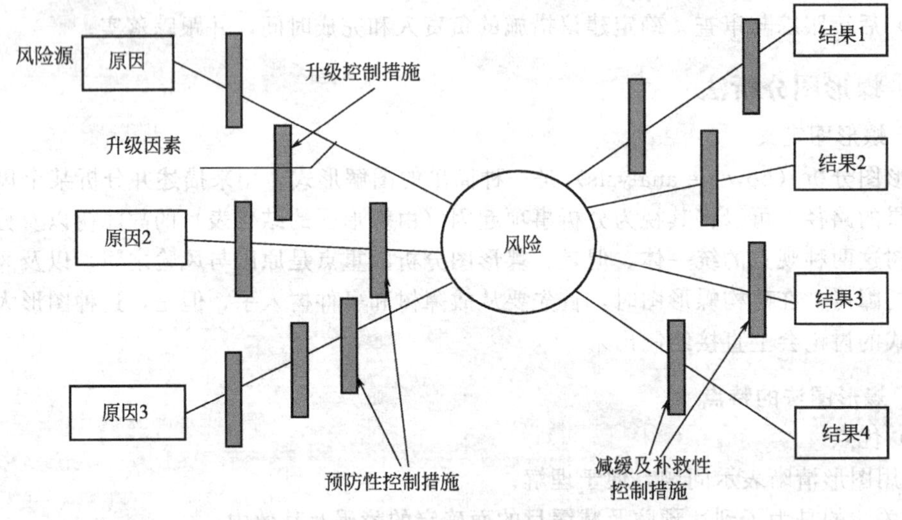

图 3-31　不良结果的蝶形图

3.8.3.4　蝶形图分析法实例

某输气管道地下储气库站场储有大量天然气，同时还有大量带电、高压设备在同一空间内同时运行，操作稍有不慎，就有可能造成重大事故。现采用蝶形图法对该场站进行安全性评价，找到可能导致事故的原因，从而为事故预防提供科学合理有效的指导方案。分析结果如图 3-32 所示。结果图各符号的含义见表 3-83。

3.8.4　*F-N* 曲线

3.8.4.1　*F-N* 曲线分析法的定义

F-N 曲线是对某一系统中伤亡事故频率以及伤亡数目分布情况的一种图形描述。它给

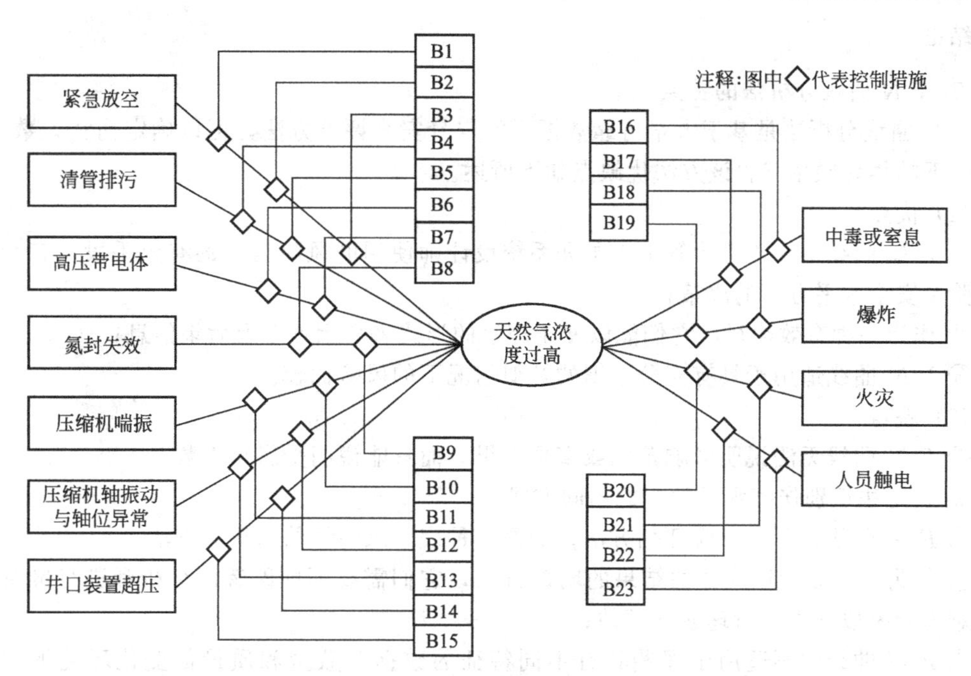

图 3-32 输气管道地下站场蝶形图安全分析结果

表 3-83 结果图各符号（控制措施）含义

符号	含　义	符号	含　义
B1	压力容器按规定设置安全阀	B13	设置油过滤器及油压报警装置
B2	放空竖管位于生产区最小频率风向的上风侧	B14	井口流程采用节流不加热注甲醇工艺
B3	放空竖管位于生产区场外地势较高处	B15	严格规范操作程序
B4	设施清水管线和污水池,污物密闭排入污水池内	B16	健全操作规程
B5	现场配备消防器材	B17	按规定配备劳动防护用品
B6	按规范设置隔离屏蔽装置	B18	加强职工安全教育
B7	严格《电气安全操作规程》,健全工作票制度	B19	健全安全制度
B8	确保氮气密封室压力调节器动作灵敏	B20	设置易燃易爆气体浓度监测装置
B9	确保压缩机各段压力表准确可靠	B21	操作区严禁明火
B10	设置自动控制系数	B22	完善继电、过电压保护及接地装置
B11	设低流量联锁装置	B23	配备漏电保护设施
B12	控制油温		

出了伤亡数目为 N 或者更多的事故的发生频率 F，其中 N 的变化范围是 1 到系统中最大可能伤亡数目。对应较高 N 值的 F 具有特殊的意义，因为它代表了高伤亡事故的频率。由于 F 和 N 值的变化范围通常很大，因此 F-N 图通常采用双对数坐标。

F-N 曲线可以引出确定系统风险是否可以容忍的判定标准，这种判定标准有时称作社会风险判定标准。如果系统的 F-N 曲线全部位于风险标准的下方，就认为该风险是可以容忍的；若 F-N 曲线的任何一部分位于风险标准的上方，则该系统的风险是不可接受的，此时必须采取安全措施降低系统风险。

在大多数情况下，它们指的是出现一定数量的伤亡的频率。通过 F-N 曲线分析，力求达到以下三个目的：

① 确定伤亡人数 N 的值；

② 确定 N 值对应下的累计频率 F；

③ 根据 F 和 N 的值，与社会及政治上无法为人们接受的风险标准进行对比，做出风险

评价结论。

3.8.4.2 F-N 曲线分析法的特点

F-N 曲线分析法是基于大量可靠数据下的定量安全评价方法，可以确定伤亡人数 *N* 对应条件下的累计频率 *F*。该方法优缺点如下所述。

(1) 优点

① *F-N* 曲线是描述可为管理人员和系统设计师使用的风险信息的有效手段，有利于做出风险及安全水平方面的决策；

② 作为一种有效途径，它们能以便于理解的形式来表示频率及后果信息；

③ *F-N* 曲线适用于具有充分数据的类似情况下的风险比较。

(2) 缺点

① *F-N* 曲线无法说明影响范围或事项结果，而只能说明受影响人数；

② 它无法识别伤害水平发生的不同方式；

③ *F-N* 曲线并不是风险评估方法，而是一种表示风险评估结果的方法；

④ 作为一种表示风险评估结果的明确方法，它们需要那些熟练的分析师进行准备，经常很难为专家以外人士所理解和评估；

⑤ *F-N* 曲线法不适用于那些具有不同特征的数据在数量和质量都变化环境下的风险比较。

3.8.4.3 F-N 曲线分析法的原理步骤

(1) 数据输入

① 一定时期内成套的可能性后果对；

② 定量风险分析的数据结果，估算出一定数量伤亡的可能性；

③ 历史记录及定量风险分析中得出的数据。

(2) 绘制 *F-N* 曲线图　把现有数据绘制在图形上，以伤亡人数（对于一定程度的伤害，例如死亡）作为横坐标，以 *N* 或更多伤亡人数的可能性作为纵坐标。由于数值范围大，两个轴通常都离不开对数比例尺。

绘制 *F-N* 曲线需要注意的几点问题。

① *F-N* 曲线可以使用过去损失的“真实”数字进行统计上建构，或者通过模拟模式估算值进行计算。使用的数据及做出的假设意味着这两类 *F-N* 曲线传递出不同的信息，应单独用于不同目的。一般来说，理论 *F-N* 曲线对于系统设计非常有用，而统计 *F-N* 曲线对现有的特定系统的管理非常有用。

② 两种归纳法可能会很耗时，因此，将两种方法综合运用较为常见。实证数据将形成已准确掌握的伤亡人数（在规定时间范围内已知事故/事项中发生的伤亡人数），以及通过外插法或内插法提供其他观点的定量风险分析。

③ 分析低频率、高后果性事故可能需要较长时间，以便为合适的分析搜集足够的数据。这样就可能出现现有的数据验证因初始事项随时间而改变的问题。

(3) 结果输出　根据横穿各类后果值的线，确定对应条件下的 *F* 和 *N* 的值，并与研究中承受特定伤害人群的风险标准进行比较，做出风险评价结论。

3.8.4.4 F-N 曲线分析法实例

如某燃气公司是从事燃气工程设计、施工安装、管网运行管理，燃气汽车加气以及燃气用具销售、维修等业务。已知该公司下属某条燃气管线长度为 5km，管道内径为 200mm，运行压力 3MPa，管内燃气的温度为 287K，燃气的分子量为 $M=17.1\text{kg/kmol}$，此处的环境压力为 0.1013MPa，该地区的人口密度为 560 人/km^2。运用 F-N 曲线分析某条燃气管道的风险评价。

运用 F-N 曲线来表示燃气爆炸事故的社会风险，则社会风险与给定区域内的事故发生时导致的死亡人数和累计事故率有关系。最后，对该燃气管道发生小孔泄漏事故所可能造成的爆炸社会风险进行分析。

(1) 计算爆炸冲击波的致死区域。查阅资料得燃气泄漏引起的爆炸冲击波造成的致死区域计算如下：

$r_1=1.878\sqrt[\frac{1}{3}]{tQ}$，$r_{50}=1.604\sqrt[\frac{1}{3}]{tQ}$，$r_{99}=1.378\sqrt[\frac{1}{3}]{tQ}$

代入数据得：$r_1=4.52\text{m}$，$r_{50}=3.87\text{m}$，$r_{99}=3.32\text{m}$。

(2) 已知爆炸的累积事故率为 0.04。

(3) 计算死亡人数

$$N=560\pi(0.1568r_1^2+0.8154r_{50}^2{}^2+r_{99}^2)=5.86$$

即 $N=5.86$，$F=0.04$。通过查阅社会可接受风险标准，得出燃气管线的社会风险在不可容许区内（图 3-33）。

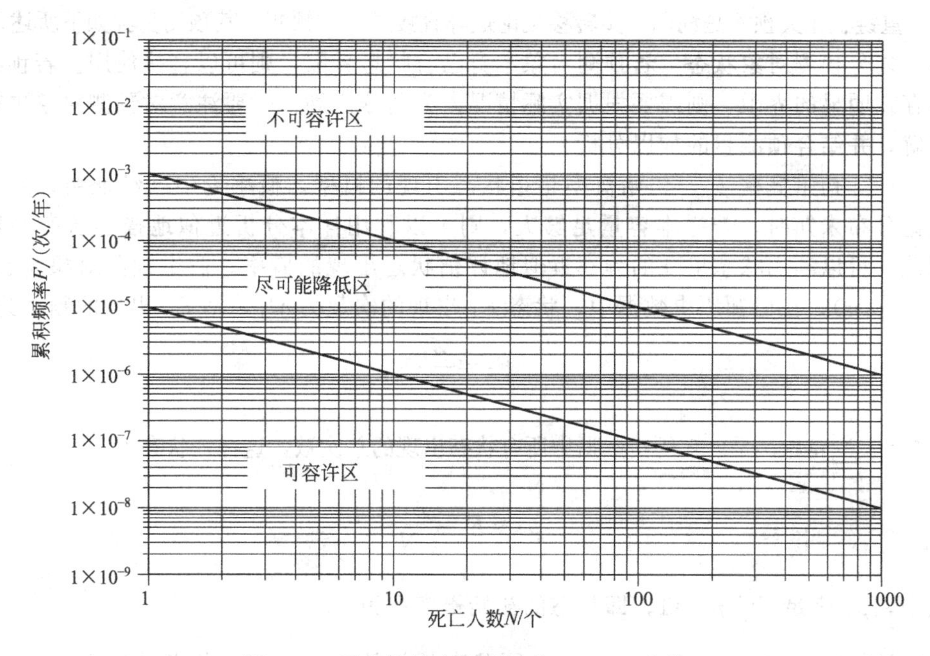

图 3-33 可容许社会风险标准（F-N）曲线

3.8.5 马尔科夫分析法

3.8.5.1 马尔科夫分析法的定义

马尔科夫分析法（Markov analysis）又称为马尔科夫转移矩阵法，是指在马尔科夫过程的假设前提下，通过分析随机变量的现时变化情况来预测这些变量未来变化情况的一种预测方法。它将时间序列看作一个随机过程，通过对事物不同状态的初始概率和状态之间转移概率的研究，确定状态变化的趋势，以预测事物的未来。

通过运用更高层次的马尔科夫链，这种方法可拓展到更复杂的系统中。同时这种方法只会受模型、数学计算和假设的限制。马尔科夫分析是一项定量技术，可以是不连续的（利用状态间变化的概率）或者连续的（利用各状态的变化率）。虽然马尔科夫分析可以手动进行，但是该技术的性质使其更依存于市场上普遍存在的计算机程序。

3.8.5.2 马尔科夫分析法的特点

（1）优点　能够计算出具有维修能力和多重降级状态的系统的概率。

（2）缺点

① 无论是故障还是维修，都假设状态变化的概率是固定的；

② 所有事项在统计上具有独立性，因此未来的状态独立于一切过去的状态，除非两个状态紧密相接；

③ 需要了解状态变化的各种概率；

④ 有关矩阵运算的知识；

⑤ 结果很难与非技术人员进行沟通。

3.8.5.3 马尔科夫分析法的步骤

若时间序列 Y_t 在 $t=k+1$ 时刻取值的统计规律只在 Y_t 在 $t=k$ 时刻的取值有关，而与 $t=k-1$时刻的取值无关，则称其为一重链状相关时间序列。对于一重马氏链，一步转移概率矩阵全面描述了状态之间相互转移的概论分布，因此，可以根据它对时间序列未来所处的状态做出预测。一重链状相关预测是利用一步转移概论矩阵直接进行的预测，其预测步骤如下所述。

（1）划分预测对象状态　若预测对象本身已有状态界限，则可以直接使用。若预测对象本身不存在明显的界限，则需要根据实际情况人为划分。划分时要注意对预测对象进行全面调查了解，并结合预测目的加以分析。

（2）计算初始概率 p_i　初始概率是指状态出现的概率。概率论中已经证明，当状态概率的理论分布未知时，若样本容量足够大，则可以利用样本分析近似地描述状态的理论分布。因此。可以利用状态出现的频率近似地评估状态出现的概率。假定预测对象有状态 E_i $(i=1,2,\cdots,n)$，在已知历史数据中，状态 E_i 出现的次数为 M_i，则 E_i 出现的频率为：

$$F_i=\frac{M_i}{N}$$

式中，$N=\sum_{i=1}^{n}M_i$，是已知历史数据中所有状态出现的总次数，这样，状态 E_i 出现的概率为：

$$p_i \approx F_i=\frac{M_i}{N}$$

式中，p_i 满足 $\sum_{i=1}^{n}p_i=1$，即状态的初始概率和为 1。

（3）计算状态的一步转移概论 p_{ij}　同状态的初始概率一样，状态转移概率分布未知，当样本容量足够大时，也可以利用状态之间相互转移的频率近似地描述其概率。假定由状态 E_i 转向 E_j 的个数为 M_{ij}，那么：

$$p_{ij}=P(E_i \to E_j)=P(E_j|E_j) \approx F(E_j|E_j)=\frac{M_{ij}}{M_i};i=1,2,\cdots,n;j=1,2,\cdots,n$$

假定目前预测对象处于状态 E_i，那么它的状态转移概率为：

$$p_{i1} \approx F(E_1|E_i)=\frac{M_{i1}}{M_i}$$

$$p_{i2} \approx F(E_1|E_i)=\frac{M_{i2}}{M_i}$$

…

$$p_{in} \approx F(E_1|E_i)=\frac{M_{in}}{M_i}$$

由于 $\sum_{j=1}^{n} M_{ij}=M_i$，因此 $\sum_{j=1}^{n} p_{ij}=1$ （$i=1$，2，…）。将 n 个状态相互转移的概率排列成表，就得到一步转移概率矩阵 P：

$$P=\begin{bmatrix} p_{11} & p_{12} & \cdots & p_{1n} \\ p_{21} & p_{22} & \cdots & p_{2n} \\ \vdots & \vdots & & \vdots \\ p_{n1} & p_{n2} & \cdots & p_{nn} \end{bmatrix}$$

矩阵主对角线的 p_{11}，p_{22}，…，p_{nn}表示经过一步转移后，仍处于原状态的概率。

（4）预测　假定目前以预测对象处在状态 E_i，p_{ij} （$j=1$，2，…，n）恰好描述了由目前的状态 E_i 向各个状态的可能性，p_{i1}表示转向状态 E_1 的可能性，p_{i2}表示转向状态 E_2 的可能性，…，p_{in}表示转向状态E_n 的可能性。将 n 个状态转移概率按大小顺序排列成不等式，可能性最大者就是预测的结果，即可以得知预测对象经过一步转移最可能达到的状态。

3.8.5.4 马尔科夫分析法应用实例

某单位对1250名接触硅尘人员进行健康检查时，发现职工的健康状况分布如表3-84所示。

表3-84　接触硅尘人员的健康状况分布

健康状况	健康	疑似硅沉着病	硅沉着病
代表符号	$s_1^{(0)}$	$s_2^{(0)}$	$s_3^{(0)}$
人数/人	1000	200	50

根据统计资料，一年后接触硅尘人员的健康变化规律为：健康人员继续保持健康者剩70%，有20%变为疑似硅沉着病，10%的人被定为硅沉着病；原有疑似硅沉着病者一般不可能恢复为健康者，仍保持原状者为80%，有20%被正式定为硅沉着病；硅沉着病患者一般不可能恢复为健康或返回疑似硅沉着病。

用马尔科夫预测法，预测下一年后职工的健康状况如下：

健康人员继续保持健康者剩70%，有20%变为疑似硅沉着病，10%的人被定为硅沉着病，即

$p_{11}=0.7$，$p_{12}=0.2$，$p_{13}=0.1$

原有疑似硅沉着病者一般不可能恢复为健康者，仍保持原状者为80%，有20%被正式定为硅沉着病，即

$p_{21}=0$，$p_{22}=0.8$，$p_{23}=0.2$

硅沉着病患者一般不可能恢复为健康或返回疑似硅沉着病，即

$p_{31}=0$，$p_{32}=0$，$p_{33}=1$

状态转移矩阵为：

$$P=\begin{bmatrix} p_{11} & p_{12} & p_{13} \\ p_{21} & p_{22} & p_{23} \\ p_{31} & p_{32} & p_{33} \end{bmatrix}$$

预测一年后接触硅尘人员的健康状况为：

$$S^{(1)}=S^{(0)}P=[S_1^{(0)}\quad S_2^{(0)}\quad S_3^{(0)}]\begin{bmatrix}p_{11} & p_{12} & p_{13}\\ p_{21} & p_{22} & p_{23}\\ p_{31} & p_{32} & p_{33}\end{bmatrix}$$

$$=[1000,\ 200,\ 50]\begin{bmatrix}0.7 & 0.2 & 0.1\\ 0 & 0.8 & 0.2\\ 0 & 0 & 1\end{bmatrix}=[700,\ 360,\ 190]$$

即一年后，仍然健康者为700人，疑似硅沉着病者360人，被定为硅沉着病者190人。预测表明，该单位硅沉着病发展速度很快，必须加强防尘工作和医疗卫生工作。

3.8.6 蒙特卡罗分析法

3.8.6.1 蒙特卡罗分析法定义

蒙特卡罗方法（Monte Carlo method）也称统计模拟方法，是20世纪40年代中期由于科学技术的发展和电子计算机的发明，而被提出的一种以概率统计理论为指导的一类非常重要的数值计算方法。是指使用随机数（或更常见的伪随机数）来解决很多计算问题的方法。蒙特卡罗模拟是一种通过设定随机过程，反复生成时间序列，计算参数估计量和统计量，进而研究其分布特征的方法。

蒙特卡罗方法的基本思想是当所要求解的问题是某种事件出现的概率，或者是某个随机变量的期望值时，它们可以通过某种“试验”的方法，得到这种事件出现的频率，或者这个随机变数的平均值，并用它们作为问题的解。

3.8.6.2 蒙特卡罗分析法特点

（1）优点

① 从原则上讲，该方法适用于任何类型分布的输入变量，包括产生于对相关系统观察的实证分布；

② 模型便于开发，并可根据需要进行拓展；

③ 实际产生的任何影响或关系可以进行表示，包括微妙的影响，例如条件依赖；

④ 敏感性分析可以用于识别较强及较弱的影响；

⑤ 模型便于理解，因为输入数据与输出结果之间的关系是透明的；

⑥ 提供了一个结果准确性的衡量；

⑦ 软件便于获取且价格便宜。

（2）缺点

① 解决方案的准确性取决于可执行的模拟次数（随着计算机运行速度的加快，这一限制越来越小）；

② 依赖于能够代表参数不确定性的有效分布；

③ 大型复杂的模型可能对建模者具有挑战性，很难实现建模分析。

3.8.6.3 蒙特卡罗分析法的原理步骤

蒙特卡罗模拟适用于任何系统，包括以下方面：一列输入数据相互影响来确定输出结果；输入数据与输出结果之间的关系可以表述为合乎逻辑的代数关系；输入数据存在不确定性，因此输出结果也存在不确定性。应用范围包括对财务预测、投资效益、项目成本及进度预测、业务过程中断、人员需求及其他方面不确定性的评估。输入数据有不确定性并导致输出数据不确定性时，分析技术无法提供相关的结果。蒙特卡罗方法解题过程的三个主要步骤如下所述。

（1）构造或描述概率过程 对于本身就具有随机性质的问题，如粒子输运问题，主要是正确描述和模拟这个概率过程，对于本来不是随机性质的确定性问题，比如计算定积分，就必须事先构造一个人为的概率过程，它的某些参量正好是所要求问题的解。即要将不具有随机性质的问题转化为随机性质的问题。

（2）实现从已知概率分布抽样 构造了概率模型以后，由于各种概率模型都可以看作是由各种各样的概率分布构成的，因此产生已知概率分布的随机变量（或随机向量），就成为实现蒙特卡罗方法模拟实验的基本手段，这也是蒙特卡罗方法被称为随机抽样的原因。最简单、最基本、最重要的一个概率分布是（0，1）上的均匀分布（或称矩形分布）。随机数就是具有这种均匀分布的随机变量。随机数序列就是具有这种分布的总体的一个简单子样，也就是一个具有这种分布的相互独立的随机变数序列。产生随机数的问题，就是从这个分布的抽样问题。在计算机上，可以用物理方法产生随机数，但价格昂贵，不能重复，使用不便。

另一种方法是用数学递推公式产生。这样产生的序列，与真正的随机数序列不同，所以称为伪随机数，或伪随机数序列。不过，经过多种统计检验表明，它与真正的随机数，或随机数序列具有相近的性质，因此可把它作为真正的随机数来使用。由已知分布随机抽样有各种方法，与从（0，1）上均匀分布抽样不同，这些方法都是借助于随机序列来实现的，也就是说，都是以产生随机数为前提的。由此可见，随机数是我们实现蒙特卡罗模拟的基本工具。

（3）建立各种估计量 一般来说，构造了概率模型并能从中抽样后，即实现模拟实验后，我们就要确定一个随机变量，作为所要求的问题的解，我们称它为无偏估计。建立各种估计量，相当于对模拟实验的结果进行考察和登记，从中得到问题的解。

3.8.6.4 蒙特卡罗分析法实例分析

分析平行运行的两个项目，而系统的正常运行只需要一个项目。第一个项目的可靠性为0.9，而另一个项目的可靠性为0.8。可以构建如表3-85所示的电子表格。

表3-85 模拟数据

模拟数	项目1		项目2		系统
	随机数	功能？	随机数	功能？	
1	0.577243	是	0.059355	是	1
2	0.746909	是	0.311324	是	1
3	0.541728	是	0.919765	否	1
4	0.423274	是	0.643514	是	1
5	0.917776	否	0.539349	是	1
6	0.994043	否	0.972506	否	0
7	0.082574	是	0.950241	否	1
8	0.661418	是	0.919868	否	1
9	0.213376	是	0.367555	是	1
10	0.565657	是	0.119215	是	1

随机数生成器生成了0～1之间的数字，用来与各项的概率进行比较，以便确定系统是否正常运行。仅凭10次运行，0.9这个结果不会成为准确的结果。常见的方法是在计算器

内建模，当模拟程度达到了所需精度时，再比较总结果。在这个例子中，经过 20000 次迭代，得出了 0.9799 这个结果。

在事故统计预测方面，可以通过蒙特卡罗预测方法与计算机中的 Excel 的应用，预测将来几年可能会发生的相应事故次数。步骤如下所述。

（1）通过统计某起事故发生的次数，在 Excel 中输入需要预测的数据，并通过工作表算出平均值。

（2）分别在 E2、E3 单元格中右键选择复制，然后分布用选择性粘贴复制到 G2、G4，注意用“数值”粘贴，结果如图 3-34 所示。

	A	B	C	D	E	F	G
1	蒙特卡洛法模拟	燃气事故最高值	每年燃气事故平均值	期望预期最小值	平均值		
2	事故起数	700	500	400	533.33333	数据服从正态分布	533.33333
3	伤亡人数	1200	800	600	866.66667	数据服从正态分布	866.66667
4							1400

图 3-34　Excel 表格

（3）在 G4 单元格中，输入“＝G2＋G3”得出数据（若多组数据，最终求和）。

（4）把鼠标点击 G2 单元格，选择服从正态分布，点击 OK 即可（点击完毕后底色变为绿色）如图 3-35 所示。

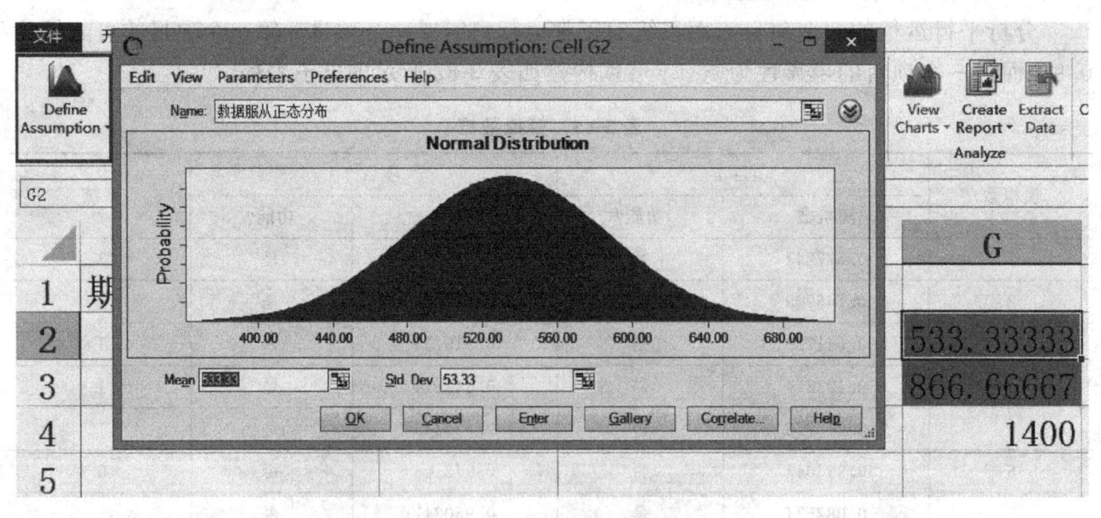

图 3-35　数据正态分布

（5）同理，点击 G3 单元格，过程同上。若多组数据，重复步骤（4）。

（6）鼠标单机 J4 单元格，先定义预测单元单位，单击“Define Forecast”按钮，如图 3-36 所示。

点击 OK 按钮后，J4 的单元格底色会变为浅蓝色，如果不变，则为错误，需要重新定义单元格单位。

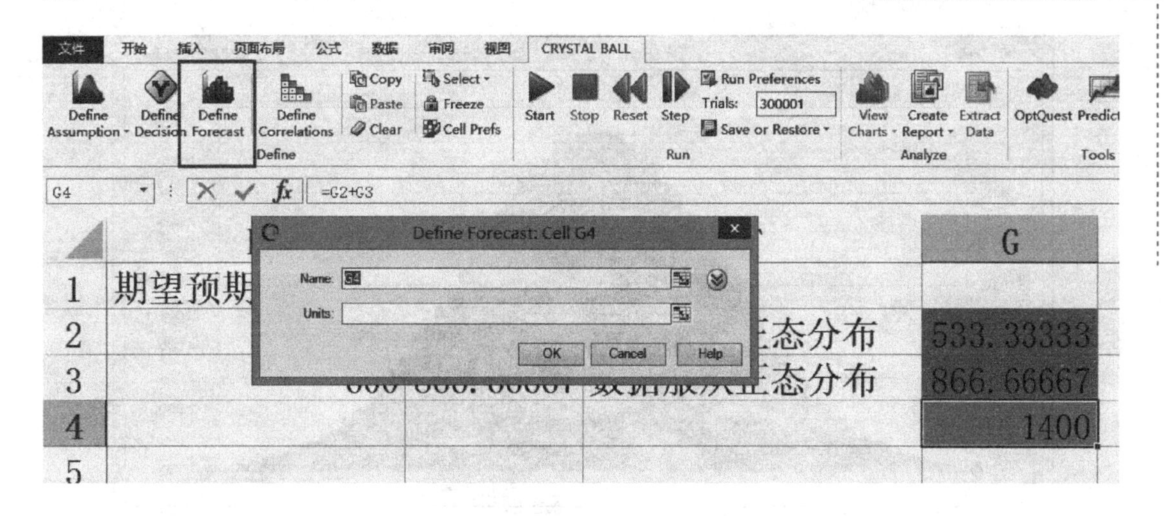

图 3-36 “Define Forecast”界面

(7) 设置模拟的次数，点击“Run Preferences”按钮，如图 3-37 所示。

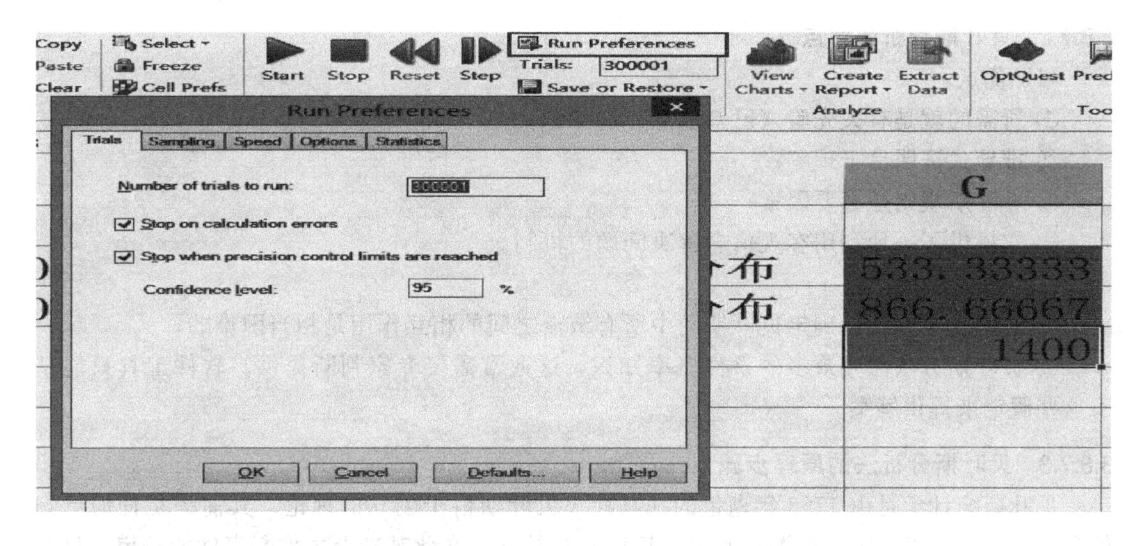

图 3-37 “Run Preferences”界面

此时，在对话框中设置模拟的次数，本次设置 300001 次进行模拟。

(8) 点击开始按钮，等待计算机计算完成。

(9) 根据结果，得出相应的分析（见图 3-38）。

还有其他统计，均在该窗体“view”等菜单栏中，从而可以得到本次模拟中最终需要的所有数据。

3.8.7 贝叶斯分析法

3.8.7.1 贝叶斯分析法的定义

贝叶斯网络（Bayesian networks，BN）也称为信度网络、因果网络或者推理网络，是一种基于概率分析和图论的不确定性知识表示和推理模型。贝叶斯定理是关于随机事件 A 和 B 的条件概率（或边缘概率）的一则定理。其中 P（A｜B）是在 B 发生的情况下 A 发生的可能性。

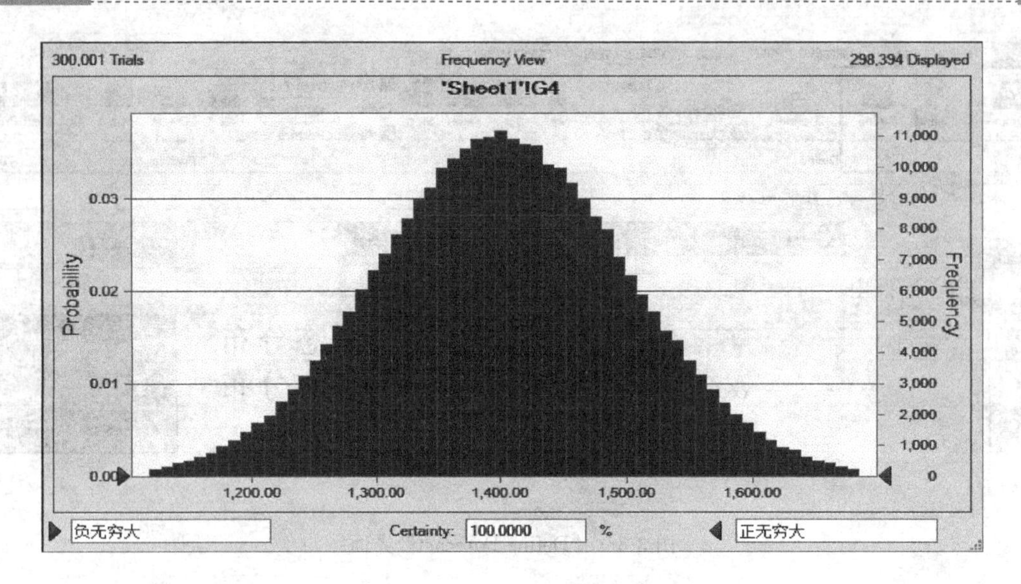

图 3-38 计算结果

3.8.7.2 贝叶斯分析法特点

(1) 优点

① 所需的就是有关先验（已知信息）的知识；

② 推导式证明易于理解；

③ 贝叶斯规则是必要因素；

④ 它提供了一种利用客观信念解决问题的机制。

(2) 缺点

① 对于复杂系统，确定贝叶斯网中所有节点之间的相互作用是相当困难的；

② 贝叶斯方法需要众多的条件概率知识，这通常需要专家判断提供。软件工具只能基于这些假定来提供答案。

3.8.7.3 贝叶斯分析法的原理步骤

贝叶斯统计学是由1763年逝世的托马斯·贝叶斯爵士创立的理论。其前提是任何已知信息（先验）可以与随后的测量数据（后验）相结合，在此基础上去推断事件的概率。贝叶斯理论的基本表达式是：

$$P(\mathrm{A}|\mathrm{B})=\{P(\mathrm{A})P(\mathrm{B}|\mathrm{A})\}/\sum_i P(\mathrm{B}|E_i)P(E_i)$$

式中，事件X的概率表示为P（X）；

在事件Y发生的情况下，X的概率表示为P（X/Y）；E_i代表第i个事项。

上述表达式的最简化形式为：

$$P(\mathrm{A}/\mathrm{B})=\{P(\mathrm{A})P(\mathrm{B}/\mathrm{A})\}/P(\mathrm{B})$$

与传统统计理论不同的是，贝叶斯统计并未假定所有的分布参数为固定的，而是设定这些参数是随机变量。如果将贝叶斯概率视为某个人对某个事项的信任程度，那么贝叶斯概率就更易于理解了。相比之下，古典概率取决于客观证据。由于贝叶斯方法是基于对概率的主观解释，因此它为决策思维和建立贝叶斯网络（信念网、信念网络及贝叶斯网络）提供了现成的依据。

贝叶斯网使用图形模式来表示一系列变量及其概率关系。网络包括那些代表随机变量的结以及将母结与子结相连的箭头，这里母节点是一个直接影响另一个（子节点）的变量。

利用贝叶斯网络分析法进行演变分析主要分为以下 3 个步骤：

（1）情景知识的表示；

（2）确定划分节点的内容；

（3）确定事故节点概率。

3.8.7.4 贝叶斯网络分析法实例分析

某安全评价机构对某建设项目进行安全分析，委托单位要求对其改造项目中的设备和工序改造进行安全分析，并给出决策建议。经过现场勘查和资料调研，在该企业改造时，制定了三种方案，对改造后的结果有三种估计，分别是安全程度低（S_1），安全程度中等（S_2），安全程度高（S_3）。三种状态出现的概率分别是：$P(S_1)=0.5$，$P(S_2)=0.3$，$P(S_3)=0.2$；改造基本费用为 7 万元，如果达到 S_1 结果，需再投入 12 万元；达到 S_2 结果，需再投入 27 万元；达到 S_3 结果，需再投入 50 万元。

为了避免盲目建设，企业首先聘请设计单位对三种方案进行了评估，评估的结果有三种，分别为设计效果差（T_1），设计效果一般（T_2）和设计效果好（T_3）。评估的费用为 2 万元。根据以往的经验，可能出现的设计评估结果与安全程度出现概率有如下关系，见表 3-86。

表 3-86 设计评估结果与安全程度出现概率对照表

项目	T_1	T_2	T_3
S_1	0.6	0.3	0.1
S_2	0.3	0.4	0.3
S_3	0.1	0.4	0.5

针对企业改造的三个方案，应用贝叶斯方法计算基本事件条件概率如下所述。

（1）为了应用贝叶斯方法决策，先计算无条件概率和条件概率。由概率计算公式，可计算 T_1，T_2，T_3 的概率如下。

$$P(T_1)=0.5\times0.6+0.3\times0.3+0.2\times0.1=0.41$$

$$P(T_2)=0.5\times0.3+0.3\times0.4+0.2\times0.4=0.35$$

$$P(T_3)=1-0.41-0.35=0.24$$

（2）由贝叶斯条件概率公式可计算条件概率如下。

$$P(S_1/T_1)=\frac{0.5\times0.6}{0.41}=0.7317$$

$$P(S_2/T_1)=\frac{0.3\times0.3}{0.41}=0.2195$$

$$P(S_1/T_1)=1-0.7317-0.2195=0.0488$$

同理可计算其他事件的条件概率如下。

$$P(S_1/T_2)=\frac{0.5\times0.3}{0.35}=0.4286$$

$$P(S_2/T_2)=\frac{0.3\times0.4}{0.35}=0.3428$$

$$P(S_2/T_2)=1-0.4286-0.3428=0.2286$$

$$P(S_1/T_3)=\frac{0.5\times0.1}{0.24}=0.2083$$

$$P(S_2/T_3)=\frac{0.3\times0.3}{0.24}=0.375$$

$$P(S_3/T_3)=1-0.2083-0.375=0.4167$$

3.8.8 模糊数学综合评价方法

现实生活中，同一事物或现象往往具有多种属性，因此在对事物进行评价时，就要兼顾各个方面。特别是在生产规划，管理调度，社会经济等复杂的系统中，在做出任何一个决策时，都必须对多个相关因素做综合考虑，这就是所谓的综合评价问题。综合评价问题是多因素，多层次决策过程中所遇到的一个带有普遍意义的问题，它是系统工程的基本环节。模糊综合评价作为模糊数学的一种具体应用方法，最早是由我国学者汪培庄提出的。由于在进行系统安全评价时，使用的评语常带有模糊性，所以宜采用模糊综合评价方法。这一应用方法由于数学模型简单，容易掌握，对多因素、多层次的复杂问题评价效果比较好，因而受到广大科技工作者的欢迎和重视，并且得到广泛的应用。

3.8.8.1 模糊综合评价方法介绍

（1）模糊综合评价方法原理　模糊综合评判是应用模糊关系合成的原理，从多个因素对被评判事物隶属度等级状况进行综合评判的一种方法。模糊综合评判包括以下六个基本要素。

① 评判因素论域 U。U 代表综合评判中各评判因素所组成的集合。

② 评语等级论域 V。V 代表综合评判中，评语所组成的集合。它实质是对被评事物变化区间的一个划分，如安全技术中三同时落实的情况可分为优、良、中、差四个等级，这里，优、良、中、差就是综合评判中对三同时落实情况的评语。

③ 模糊关系矩阵 $\underset{\sim}{\boldsymbol{R}}$。$\underset{\sim}{\boldsymbol{R}}$ 是单因素评价的结果，即单因素评价矩阵。模糊综合评判所综合的对象正是 $\underset{\sim}{\boldsymbol{R}}$。

④ 评判因素权向量 $\underset{\sim}{\boldsymbol{A}}$。$\underset{\sim}{\boldsymbol{A}}$ 代表评价因素在被评对象中的相对重要程度，它在综合评判中用来对 $\underset{\sim}{\boldsymbol{R}}$ 作加权处理。

⑤ 合成算子。合成算子指合成 $\underset{\sim}{\boldsymbol{A}}$ 与 $\underset{\sim}{\boldsymbol{R}}$ 所用的计算方法，也就是合成方法。

⑥ 评判结果向量 $\underset{\sim}{\boldsymbol{B}}$。它是对每个被评判对象综合状况分等级的程度描述。

（2）模糊综合评价数学模型　上述的模糊关系矩阵 $\underset{\sim}{\boldsymbol{R}}$ 作为一个从因素集 U 到评语集 V 的 Fuzzy（模糊）变换器，每输入一组因素的权重向量 $\underset{\sim}{\boldsymbol{A}}$，就可以得到一组相应的评判结果 $\underset{\sim}{\boldsymbol{B}}$。这个关系可用图 3-39 来表示，即模糊综合评判的基本模型。

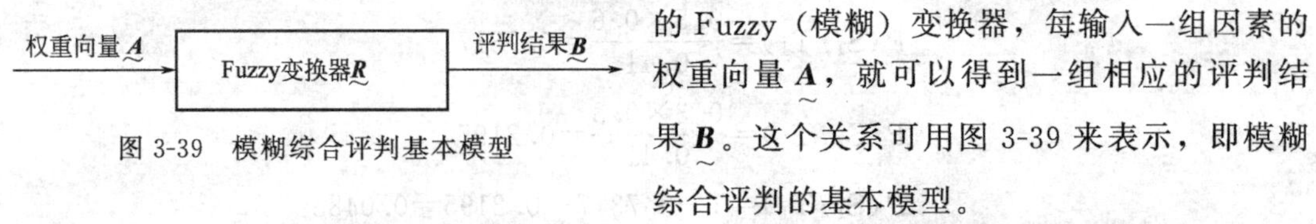

图 3-39　模糊综合评判基本模型

模糊综合评判的数学模型可分为一级模型和多级模型。根据对评价因素的分析，有些因素之间是并列关系，有些因素彼此之间是因果关系。即这些因素间具有不同的层次级别，这是客观存在的现实问题。权重难以细致分配，由于权重总值要满足归一化，这样，每一因素所分得的权重值 a_i 必然很小，如果采用主因素突出型算子，微小的权数将会使相应的单因素评价值失去意义。

① 建立一级模型的五个步骤

a. 建立评判对象的因素论域 U。

$$U=\{u_1, u_2, \cdots, u_n\}$$

这一步就是要确定评价因素体系，解决从哪些因素来评价客观对象的问题。

b. 确定评语等级论域V。

$$V=\{v_1, v_2, \cdots, v_m\}$$

正是由于这一论域的确定，才使得模糊综合评判得到一个模糊评判向量，被评价对象对各评语等级隶属程度的信息，通过这个模糊向量表示出来，体现评判的模糊特性。

c. 进行单因素评价，建立模糊关系矩阵$\underset{\sim}{\boldsymbol{R}}$。

$$\underset{\sim}{\boldsymbol{R}}=\begin{pmatrix} r_{11} & r_{12} & \cdots & r_{1m} \\ r_{21} & r_{22} & \cdots & r_{2m} \\ \cdots & \cdots & \cdots & \cdots \\ r_{n1} & r_{n2} & \cdots & r_{nm} \end{pmatrix}$$

其中r_{ij}为U中因素u_i对应V中等级v_j的隶属关系，即从因素u_i着眼评价对象被评为v_j等级的隶属关系，因而r_{ij}是第i个因素对该评价对象的单因素评价，它构成了模糊综合评判的基础。

d. 确定评判因素权向量$\underset{\sim}{\boldsymbol{A}}$。$\underset{\sim}{\boldsymbol{A}}$是$U$中各因素对被评价对象的隶属关系，它取决于人们进行模糊综合评判时的着眼点，即评判时依次着重于哪些因素。

由于因素集U中各因素对被评价对象的重要性不一样，因此，要用模糊方法对每个因素赋予不同的权重，它可表示为U上的一个模糊子集$\underset{\sim}{\boldsymbol{A}}=\{a_1, a_2, \cdots, a_n\}$，并且规定

$$\sum_{i=1}^{n} a_i=1 \qquad a_i \geqslant 0 \qquad (i=1, 2, \cdots, n)$$

e. 选择合成算子，进行综合评判。模糊综合评判的基本模型用公式表示为：

$$\underset{\sim}{\boldsymbol{B}}=\underset{\sim}{\boldsymbol{A}} \circ \underset{\sim}{\boldsymbol{R}}$$

式中　$\circ$——合成算子。

记$\underset{\sim}{\boldsymbol{B}}=\{b_1, b_2, \cdots, b_m\}$，它是评语集$V$上的一个模糊子集。如果模糊综合评判结果$\sum_{j=1}^{n} b_j \neq 1$，应将它归一化。

模糊综合评判也可以表示为：$b_j=(a_1 \dot{*} r_{1j}) \overset{+}{*} (a_2 \dot{*} r_{2j}) \overset{+}{*} \cdots \overset{+}{*} (a_n \dot{*} r_{nj}) (j=1, 2, \cdots, m)$，简记为$M(\dot{*}, \overset{+}{*})$。其中$\dot{*}$为广义模糊“与”运算，$\overset{+}{*}$为广义模糊“或”运算。广义“与”运算是全面考虑各种因素时，u_i的评价对等级v_i的隶属度，即根据u_i在所有因素中的重要程度，对原来单因素评价的r_{ij}作一修正。公式中的广义“或”运算就是对修正后的隶属度进行合成处理，以求得到一个综合评判向量。

② 建立多级模糊综合评判模型步骤　多级模糊综合评判模型：可以先对低层因素进行综合评判，再对评判结果进行高层次的综合评判。具体步骤如下所述。

a. 把因素集U分为几个子集，记为$U=\{U_1, U_2, \cdots, U_p\}$。设第$i$个子集$U_i=\{U_{i1}, U_{i2}, \cdots, U_{ik}\}, (i=1, 2, \cdots, p)$，则$\sum_{i=1}^{p} k=n$。

b. 对于每个U_i按一级模型分别进行综合评判。设因素权重分配为$\underset{\sim}{\boldsymbol{A_i}}$，$U_i$的模糊评价矩阵为$\underset{\sim}{\boldsymbol{R_i}}$，则得到

$$\underset{\sim}{\boldsymbol{B_i}}=\underset{\sim}{\boldsymbol{A_i}} \circ \underset{\sim}{\boldsymbol{R_i}}=(b_{i1}, b_{i2}, \cdots, b_{im}) \ (i=1, 2, \cdots, p)$$

c. 把$U=\{U_1, U_2, \cdots, U_p\}$中$U_i$的综合评判$\underset{\sim}{\boldsymbol{B_i}}$看作是$U$中的$p$个单因素评价，又设

新的权重分配为 $\underset{\sim}{A}$，那么总的模糊评价矩阵为

$$\underset{\sim}{R}=\begin{pmatrix}\underset{\sim}{B_1}\\ \underset{\sim}{B_2}\\ \vdots\\ \underset{\sim}{B_p}\end{pmatrix}=(b_{ij})_{p\times m}$$

则经过模糊合成运算得二级综合评判结果

$$\underset{\sim}{B}^{\cdot}=\underset{\sim}{A}\circ\underset{\sim}{R}$$

它既是 U_1，U_2，…，U_p 的综合评判结果，也是 U 中所有因素的综合评判结果。第一步到第三步可根据具体情况多次循环，直到得出满意的综合评判结果为止。

总之，多层次综合评判模型可以反映评价对象的各因素的层次性，同时又避免了因素过多时难以分配权重的弊病。它比单层次模型更加精细，更加正确地反映了因素间的相互关系。

用框图来表示上述两级合成过程如图 3-40 所示。

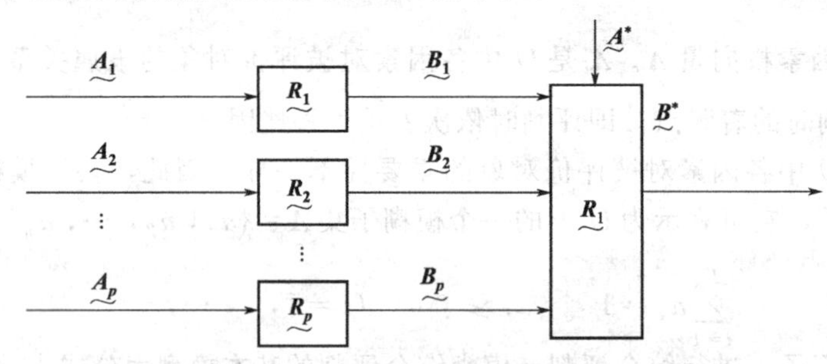

图 3-40　两级模糊综合评判示意

3.8.8.2　模糊综合评价方法的优缺点

(1) 模糊综合评价方法的优点　从模糊综合评判的特点可以看出，它具有其他综合评价方法所不具备的优点，这主要表现为：

① 模糊综合评价结果以向量的形式出现，提供的评价信息比其他方法更全面更系统。模糊综合评价结果本身是一个向量，而不是一个单点值，并且这个向量是一个模糊子集，较为准确地刻画了对象本身的模糊状况。

② 模糊综合评价从层次角度分析复杂对象。一方面，符合复杂系统的状况，有利于最大限度地客观描述被评价对象；另一方面，还有利于尽可能准确地确定权数指标。

③ 模糊综合评判方法的适用性强，既可用于主观因素的综合评价，又可以用于客观因素的综合评价。在实际生活中，“亦此亦比”的模糊现象大量存在，所以模糊综合评价的应用范围很广，特别是在主观因素的综合评价中，由于主观因素的模糊性很大，使用模糊综合评判可以发挥模糊方法的优势，评价效果优于其他方法。

④ 模糊综合评价中的权数属于估价权数。估价权数是从评价者的角度认定各评价因素重要程度如何而确定的权数，因此是可以调整的。根据评价者的着眼点不同，可以改变评价因素的权数，这种定权方法适用性较强。另外还可以同时用几种不同的权数分配对同一被评价对象进行综合评价，以进行比较研究。

(2) 模糊综合评价方法的缺点　模糊综合评价方法也有自身的局限性，如：

① 模糊综合评价过程中，不能解决评价因素间的相关性所造成的评价信息重复的问题。因此，在进行模糊综合评价前，因素的预选和删除十分重要，需要尽量把相关程度较大的因

素删除，以保证评价结果的准确性。另外，如果评价因素考虑得不够充分，有可能影响评价结果的区分度。

② 在模糊综合评价中，因素的权重不是在评判过程中伴随产生的，这样人为定权具有较大灵活性，一定程度上反映了因素本身对被评价对象的重要程度，但人的主观性较大，与客观实际可能会有偏差。

3.8.8.3　模糊综合评价法在企业的实例分析

（1）企业安全评价体系的建立　针对企业所涉及的范围，可以从不同侧面提出反映企业安全的指标，指标的选取对于评价结果的准确与否起着十分重要的作用，在大量调研、文献检索、经验总结的基础上，对某公司运用系统工程的思想从安全管理、事故损失、安全教育、生产环境、安全技术和劳动卫生等若干个环节建立的评价指标体系如图 3-41 所示。

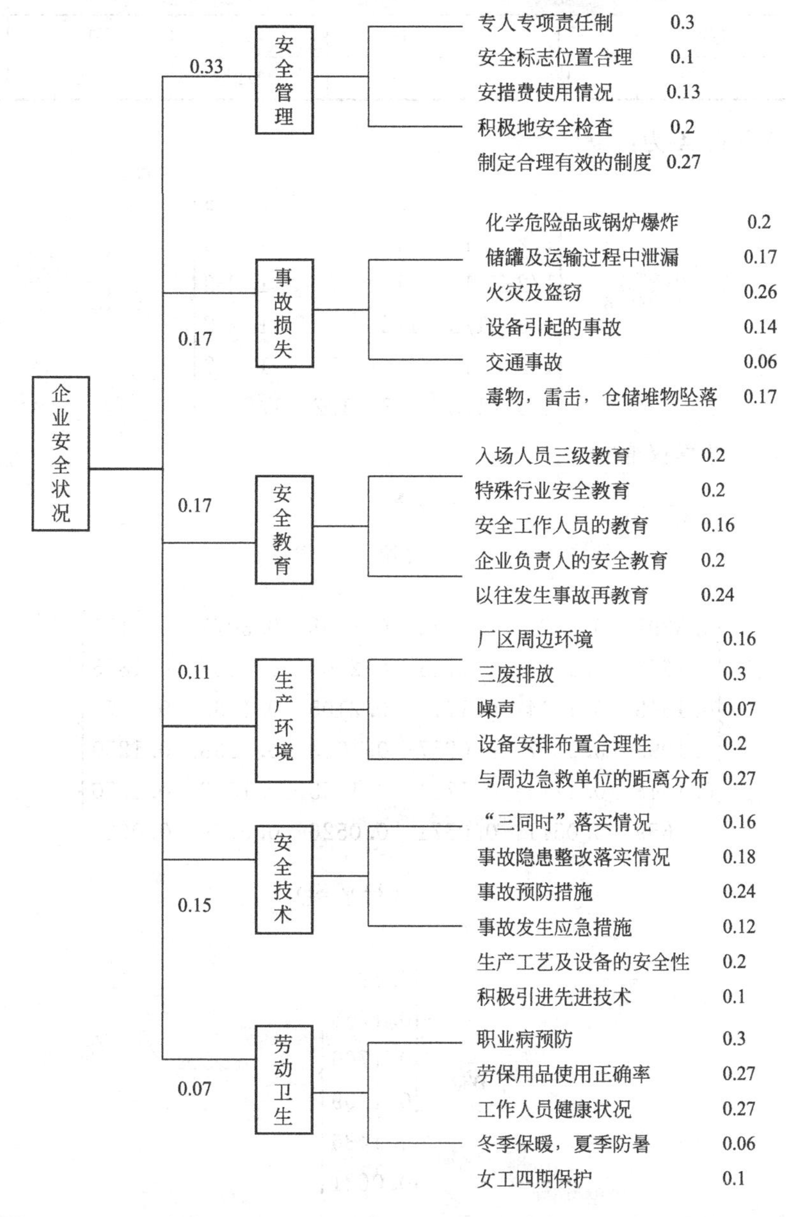

图 3-41　企业安全指标体系及权重分布

(2) 各因素权重分配　应用层次分析法确定指标权重，通过比较指标间两两重要程度，采用1～9标度法得到判断矩阵 $\boldsymbol{A}$，以主因素为例，根据一位专家的意见，从安全管理（u_1）、事故损失（u_2）、安全教育（u_3）、生产环境（u_4）、安全技术（u_5）和劳动卫生（u_6）6个因素建立指标体系。判断矩阵如表3-87所示。

表3-87　主因素判断矩阵比较

A	u_1	u_2	u_3	u_4	u_5	u_6
u_1	1	2	2	3	2	5
u_2	1/2	1	1	2	1	3
u_3	1/2	1	1	2	1	3
u_4	1/3	1/2	1/2	1	1	2
u_5	1/2	1	1	1	1	2
u_6	1/5	1/3	1/3	1/2	1/2	1

转换为判断矩阵 $\boldsymbol{A}$ 为：

$$\boldsymbol{A}=\begin{Bmatrix} 1 & 2 & 2 & 3 & 2 & 5 \\ 1/2 & 1 & 1 & 2 & 1 & 3 \\ 1/2 & 1 & 1 & 2 & 1 & 3 \\ 1/3 & 1/2 & 1/2 & 1 & 1 & 2 \\ 1/2 & 1 & 1 & 1 & 1 & 2 \\ 1/5 & 1/3 & 1/3 & 1/2 & 1/2 & 1 \end{Bmatrix}$$

用“归一法”计算权重向量：

$$\boldsymbol{A}$$

$$\Downarrow \quad \text{(按列规范化)}$$

$$\begin{Bmatrix} 0.3297 & 0.3429 & 0.3429 & 0.3158 & 0.3077 & 0.3125 \\ 0.1648 & 0.1714 & 0.1714 & 0.2105 & 0.1538 & 0.1875 \\ 0.1648 & 0.1714 & 0.1714 & 0.2105 & 0.1538 & 0.1875 \\ 0.1099 & 0.0857 & 0.0857 & 0.1053 & 0.1538 & 0.1250 \\ 0.1648 & 0.1714 & 0.1714 & 0.1053 & 0.1538 & 0.1250 \\ 0.0659 & 0.0571 & 0.0571 & 0.0526 & 0.0769 & 0.0625 \end{Bmatrix}$$

$$\Downarrow \quad \text{(行平均)}$$

$$\overline{W}_i=\begin{Bmatrix} 0.3252 \\ 0.1766 \\ 0.1766 \\ 0.1109 \\ 0.1486 \\ 0.0621 \end{Bmatrix}$$

则权重值为：$\overline{W}_1=0.3252$，$\overline{W}_2=0.1766$，$\overline{W}_3=0.1766$，$\overline{W}_4=0.1109$，$\overline{W}_5=0.1486$，

$\overline{W}_6=0.0621$。

由式 $\lambda_{max}=\sum_{i=1}^{n}\frac{[A\overline{W}_i]_i}{n(\overline{W}_i)_i}$ 计算最大特征根：

$$[A\overline{W}_i]_i=\begin{Bmatrix}1 & 2 & 2 & 3 & 2 & 5\\1/2 & 1 & 1 & 2 & 1 & 3\\1/2 & 1 & 1 & 2 & 1 & 3\\1/3 & 1/2 & 1/2 & 1 & 1 & 2\\1/2 & 1 & 1 & 1 & 1 & 2\\1/5 & 1/3 & 1/3 & 1/2 & 1/2 & 1\end{Bmatrix}\times\begin{Bmatrix}0.3252\\0.1766\\0.1766\\0.1109\\0.1486\\0.0621\end{Bmatrix}=\begin{Bmatrix}1.9719\\1.0724\\1.0724\\0.6686\\0.8994\\0.3746\end{Bmatrix}$$

$$\lambda_{max}=\frac{1}{6}\left(\frac{1.9719}{0.3252}+\frac{1.0724}{0.1766}+\frac{1.0724}{0.1766}+\frac{0.6686}{0.1109}+\frac{0.8994}{0.1486}+\frac{0.3746}{0.0621}\right)=6.0544$$

进行一致性检验：

$$\text{C. I.}=\frac{\lambda_{max}-n}{n-1}=\frac{6.0544-6}{6-1}=0.0109$$

查看一致性指标值，$n=6$ 时，C. R. $=1.24$，则

$$\frac{\text{C. I.}}{\text{C. R.}}=\frac{0.0109}{1.24}=0.0088<0.01$$

所以，判断矩阵的结果可以接受，求得的权重值可以使用。

计算结果经整理，归纳如表 3-88 所示。

表 3-88 主因素权重计算结果表

判断矩阵 A	安全管理	事故损失	安全教育	生产环境	安全技术	劳动卫生	$\overline{W}_i$	λ_{max}	$\frac{\text{C. I.}}{\text{C. R.}}$
安全管理	1	2	2	3	2	5	0.3252	6.0544	0.0088<0.1
事故损失	1/2	1	1	2	1	3	0.1766		
安全教育	1/2	1	1	2	1	3	0.1766		
生产环境	1/3	1/2	1/2	1	1	2	0.1109		
安全技术	1/2	1	1	1	1	2	0.1486		
劳动卫生	1/5	1/3	1/3	1/2	1/2	1	0.0621		

此计算结果仅代表一个专家对企业安全状况的安全管理、事故损失、安全教育、生产环境、安全技术和劳动卫生 6 个环节给出的权重集，综合各个专家的权重值，即可得到图 3-41 中所标识的主因素权重数值。以此类推，可以计算出分别影响安全管理、事故损失、安全教育、生产环境、安全技术和劳动卫生各评价子因素的权重值。

(3) 企业安全模糊评价分析

① 一级模糊评价 B_i 将企业的安全状况综合评价指标分为 5 个等级：$V=${优，好，较好，一般，中}（等级可以根据企业的实际情况做相应的调整）。根据专家评定，进行统计分析计算和用层次分析法求得的权重，采用 $M(\wedge,\vee)$ 算子，得出一级模糊评价 B_i。

$M(\wedge,\vee)$ 是用"$\wedge$"代替"$\dot{*}$"，用"$\vee$"代替"$\overset{+}{*}$"，则

$$b_j=\bigvee_{i=1}^{n}(a_i\wedge r_{ij})\qquad(j=1,2,\cdots,m)$$

式中∧和∨分别为取小（min）和取大（max）运算，即

$$b_j=\max[\min(a_1, r_{1j}), \min(a_2, r_{2j}), \cdots, \min(a_n, r_{nj})],$$

② 归一化处理建立总评价矩阵 **B** 根据企业安全指标体系及权重分布图 3-41 得到矩阵 $\underset{\sim}{\boldsymbol{R}}$ 和 $\underset{\sim}{\boldsymbol{A}}$：

$$\underset{\sim}{\boldsymbol{A}}=\{0.3 \quad 0.1 \quad 0.13 \quad 0.2 \quad 0.27\}$$

$$b_j=\begin{Bmatrix} 0.3\wedge 0.9 & \vee & 0.1\wedge 0 & \vee & 0.13\wedge 0.2 & \vee & 0.2\wedge 0.5 & \vee & 0.27\wedge 0.5 \\ 0.3\wedge 0.1 & \vee & 0.1\wedge 0.6 & \vee & 0.13\wedge 0.4 & \vee & 0.2\wedge 0.3 & \vee & 0.27\wedge 0.5 \\ 0.3\wedge 0 & \vee & 0.1\wedge 0.4 & \vee & 0.13\wedge 0.4 & \vee & 0.2\wedge 0.2 & \vee & 0.27\wedge 0 \\ 0.3\wedge 0 & \vee & 0.1\wedge 0 & \vee & 0.13\wedge 0 & \vee & 0.2\wedge 0 & \vee & 0.27\wedge 0 \\ 0.3\wedge 0 & \vee & 0.1\wedge 0 & \vee & 0.13\wedge 0 & \vee & 0.2\wedge 0 & \vee & 0.27\wedge 0 \end{Bmatrix}^{\mathrm{T}}$$

$$=\{0.3 \quad 0.27 \quad 0.2 \quad 0 \quad 0\}$$

同理 $b_2=\{0.26 \quad 0.26 \quad 0.17 \quad 0 \quad 0\}$

$b_3=\{0.2 \quad 0.24 \quad 0.2 \quad 0 \quad 0\}$

$b_4=\{0.2 \quad 0.3 \quad 0.27 \quad 0.1 \quad 0\}$

$b_5=\{0.24 \quad 0.24 \quad 0.24 \quad 0 \quad 0\}$

$b_6=\{0.27 \quad 0.27 \quad 0.2 \quad 0 \quad 0\}$

归一化处理建立总评价矩阵 **B**

$$\boldsymbol{B}=\begin{Bmatrix} 0.389 & 0.351 & 0.260 & 0.000 & 0.000 \\ 0.377 & 0.377 & 0.246 & 0.000 & 0.000 \\ 0.313 & 0.375 & 0.313 & 0.000 & 0.000 \\ 0.230 & 0.345 & 0.310 & 0.115 & 0.000 \\ 0.333 & 0.333 & 0.334 & 0.000 & 0.000 \\ 0.365 & 0.365 & 0.375 & 0.270 & 0.000 \end{Bmatrix}$$

③ 模糊评价分析处理求系统评价矩阵 **C**

$$\boldsymbol{C}=\{0.33 \quad 0.17 \quad 0.17 \quad 0.11 \quad 0.15 \quad 0.07\}\circ\begin{Bmatrix} 0.389 & 0.351 & 0.260 & 0.000 & 0.000 \\ 0.377 & 0.377 & 0.246 & 0.000 & 0.000 \\ 0.313 & 0.375 & 0.313 & 0.000 & 0.000 \\ 0.230 & 0.345 & 0.310 & 0.115 & 0.000 \\ 0.333 & 0.333 & 0.334 & 0.000 & 0.000 \\ 0.365 & 0.365 & 0.375 & 0.270 & 0.000 \end{Bmatrix}$$

通过计算得：

$$\boldsymbol{C}=\{0.33, 0.33, 0.26, 0.11, 0.00\}$$

④ 归一化处理结果

$$0.33+0.33+0.26+0.11+0.00=1.03$$

$$\boldsymbol{C}=\{0.33/1.03, 0.33/1.03, 0.26/1.03, 0.11/1.03, 0.00/1.03\}$$

$$\boldsymbol{C}=\{0.321, 0.321, 0.252, 0.106, 0.000\}$$

上式表明，对系统的安全状况按 5 个等级评价时，所得结果的分布。如对各种等级都按百分制给分（见表 3-89），可求得系统的总得分 f。

⑤ 求系统总得分 根据安全级别的分数及归一化处理的结果 **C** 值，计算系统的总得分如下：

表 3-89 百分制的评价表

分数	100	90	80	70	60
安全级别	优	好	较好	一般	中

$$f=100\times0.321+90\times0.321+80\times0.252+70\times0.106$$
$$=88.57$$

根据 f 分值判定此企业安全状况的级别为较好。由模糊综合评价的结果针对企业提出有针对的安全对策措施来提高企业的安全管理水平。

安全评价的任务基本是定量分析事故的风险，因此，在评价中应尽量采用定量的评价方法。然而许多危险因素往往是非物质的、动态的或人为的，定量很困难，而模糊集合恰能定量地描述这些不确定性因素，因此将模糊数学引入安全评价是必要的。应用模糊综合评价法，可以全面考虑影响系统安全的各种因素，将定性和定量的分析有机地结合起来，既能够充分体现评价因素和评价过程的模糊性，又尽量减少个人主观臆断所带来的弊端，比一般的检查表评比打分、预先危险性分析、LEC 等评价方法更符合客观实际，因此，评价结果更可信、可靠。

用该方法既可以用于系统的整体安全评价也可以用于局部的系统评价。如：可以评价一个企业的安全状况以及企业中某部分作业的安全状况，也可以对同行业的多个企业进行评价对比。该方法易于实现计算机程序化，在计算机上即可得出评价人员因素评价结果，直观易懂，可操作性强，具有很好的应用价值，是一种值得推广的系统安全评价方法。模糊综合评价法可操作性强、效果较好，可在一般工业企业的安全评价中广泛应用。

3.8.9 灰色层次分析评价方法

信息不完全的系统称为灰色系统。灰色系统可分为本征灰色系统和非本征灰色系统。本征灰色系统的基本特点是没有物理原型，缺乏建立确定关系的信息，系统的基本特征是多个互相依存、互相制约的部分，按照一定的关系组合，且具有一种或多种功能。灰色系统理论研究的对象是“部分信息已知，部分信息未知”的“贫信息”不确定系统，通过对“部分”已知信息的生成、开发，实现对现实世界的确切描述和认识。

3.8.9.1 灰色系统理论基础理论

(1) 灰数　把只知道大概范围而不知其确切值的数称为灰数。在应用中，灰数实际上指在某一区间或某个一般数集内取值的不确定数，通常用记号“$\otimes$”表示灰数。

(2) 灰色序列数据处理　由于系统中各因素的物理意义不同，或计量单位不同，从而导致数据的量纲不同。为了便于分析就需要在各因素进行比较前对原始数据进行归一化处理。常用的数据处理方法有：初值化、均值化、中值化、区间值化和归一化等。

① 初值化处理　对一个数列所有数据均用它的第一个数去除，从而得到一个新数列的方法称为初值化处理。这个新数列表明原始数列中不同时刻的值相对于第一个时刻值的倍数。该数列有共同的起点，无量纲，其数据列中的数据均大于零。

② 均值化处理　对一个数列的所有数据均用它的平均值去除，从而得到一个新数列的方法称为均值化处理。这个新数列表明原始数列中不同时刻的值相对于平均值的倍数。

③ 区间值化处理　对于指标数列或之间数列，当区间值特征比较重要时，采用区间值化处理。区间值化处理分为纵向区间值化处理和横向区间值化处理。

④ 归一化处理　在数列中若数据的物理量不一致，且其数值大小相差过分悬殊，为避免造成非等权的情况，可采用归一化处理。即对数列中的数据分别进行量级处理。

（3）灰色序列生成方式　灰色系统理论认为由于环境对系统的干扰，使系统行为特征值的离散函数数据出现紊乱，但是系统总是有整体功能的，因此必然蕴含着某种内在规律，通过原始数据的整理来寻找其变化规律和灰色过程生成对原始数据的处理，可得到随机性弱化和规律性强化了的序列。

灰色系统理论的主要研究对象是本征灰系统，也就是用有限离散函数。

$$x=\{x(1), x(2), \cdots, x(n)\}$$

表征灰色系统的行为特性的系统。灰色系统理论所涉及的主要工作是用上述离散数列建立微分方程型动态模型（也称为灰色模型，grey model，GM），GM 是灰色系统理论的核心，灰色预测、灰色线形规划与灰色控制等一系列处理灰色系统的方法均是在此基础上发展起来的。

将原始数列$\{x^{(0)}(i)\}$中的数据$x^{(0)}(k)$按某种要求作数据处理或数据转换，称为生成。用“生成”的方法求得随机性弱化、规律性强化了的新数列，此数列的数据称为生成数。

灰色系统中常用的生成方式有三类：累加生成、累减生成和映射生成。

① 累加生成　累加生成就是通过数列中各时刻的数据依个累加得到新的数据与数列。这种经过累加生成的数列，有明显接近指数关系的规律。表面上没有规律的原始数据，经累加生成得到新的生成数据后，如果能有较强的规律，并且接近某一函数，则称该函数为生成函数，生成函数就是一种模型，通过累加获得的称为累加生成模型。通过累加生成后得到的生成数列，其随机性弱化，规律性增强。

② 累减生成　累减生成时将原始数列前后两个数据相减而得到新的称为累减生成数列。累减生成是累加生成的逆运算，累减生成可将累加生成数列还原为非生成原始数列。

③ 均值生成　均值生成分为邻均值生成与非邻均值生成两种。邻均值生成是对于等时距的数列，用相邻数据平均值构造新的数据。非邻均值生成时对非等时距数列，或者虽为等时距数列，但剔除异常值之后出现空穴的数列，用空穴两边的数据求平均值构造新的数据以填补空穴。

3.8.9.2　灰色系统建模的理论依据及建模思路

灰色系统建模方法是通过处理灰色信息来揭示系统内部的运动规律，它利用系统信息，使抽象概念量化，量化概念模型化，最后进行模型优化。它不但考虑通过输出信息去构造系统模型，同时十分重视关联分析，从而充分利用系统信息，使杂乱无章的无序数据转化为适于微分方程建模的有序数列。

灰色系统建模的基本思路可以概括为以下几点：

（1）定性分析是建模的前提，定量模型是定性分析的具体化，定性与定量紧密结合，相互补充。

（2）明确系统因素，弄清因素关系及因素与系统的关系是系统研究的核心。

（3）因素分析不应停留在一种状态上，而应考虑时间推移，状态变化，即系统行为的研究要动态化。

（4）因素之间的关系及因素与系统的关系不是绝对的，而是相对的。

（5）系统模型应具有可控性。

（6）要通过模型了解系统的基本性能，如是否可控，变化过程是否可观测等。

（7）要通过模型对系统进行诊断，搞清现状，揭示潜在的问题。

（8）应从模型获取尽可能多的信息，特别是发展变化的信息。

(9) 建立模型常用的数据有：①科学实验数据；②经验数据；③生产数据。

(10) 序列生成数据是建立灰色模型的基础数据。

(11) 对于满足光滑条件的序列，可以建立微分方程，一般非负序列累加生成后，可得到准光滑序列。

(12) 模型精度可以通过灰数的不同生成方式，数据的取舍，序列的调整、修正以及不同级别的残差补充得到提高。

(13) 灰色系统理论采用三种方法检验、判断模型精度：①残差大小检验，对模型值和实际值的误差进行逐点检验；②关联度检验，通过考察模型值曲线与建模序列曲线的相似程度进行检验；③后验差检验，对残差分布的统计特性进行检验。

3.8.9.3　灰色层次分析法建立步骤

灰色层次分析法是灰色系统理论与层次分析法结合的效用。具体讲就是在层次分析中，不同层次决策“权”的数值是按灰色系统理论计算的。灰色层次分析法的步骤如下所述。

(1) 建立评估对象的递阶层次结构　在深入调查分析的基础上，应用层次分析法原理，经过反复论证，对目标进行逐层分解，使不同层次之间的元素含义互不交叉，底层元素为所求的评估指标。

(2) 计算评估指标体系底层元素的组合权重　根据简易表格法，由专家或评估者对上下层之间的关系进行定性填表，用精确法或和法计算相邻层次下层元素对上层目标的组合权重 $W=(w_1, w_2, \cdots, w_n)^{\mathrm{T}}$。

(3) 求评估指标值矩阵 $\boldsymbol{D}_{JI}^{(A)}$

$$\boldsymbol{D}_{JI}^{(A)}=\begin{bmatrix} d_{11}^{(A)} & d_{12}^{(A)} & \cdots & d_{1i}^{(A)} \\ d_{21}^{(A)} & d_{22}^{(A)} & \cdots & d_{2i}^{(A)} \\ \vdots & \vdots & \cdots & \vdots \\ d_{j1}^{(A)} & d_{j2}^{(A)} & \cdots & d_{ji}^{(A)} \end{bmatrix} \tag{3-74}$$

$\boldsymbol{D}_{JI}^{(A)}$ 表示评估者 I 对受评者 J 的第 A 个评估因素给出的评估指标值矩阵。该矩阵可根据评估者的评分表，采取多种方法求得。比如，若评估者来自不同方面，具有不同的重要性，可按重要程度分成若干小组，对各组取不同权重，用加权平均的方法得到；如果评估者具有完全同等的重要性，则等权处理。

(4) 确定评估灰类　确定评估灰类就是要确定评估灰类的等级数、灰类的灰数以及灰数的白化权函数。针对具体对象，通过定性分析确定。常用的白化权函数有下述三种。

① 第一级（上），灰数为$\otimes\in[d_1, \infty)$，其白化权函数如下所示。

$$f_1(d_{ji})=\begin{cases} \dfrac{d_{ji}}{d_1}, & d_{ji}\in[0, d_1] \\ 1, & d_{ji}\in[d_1, \infty) \\ 0, & d_{ji}\in(-\infty, 0] \end{cases} \tag{3-75}$$

② 第二级（中），灰数$\otimes\in[0, d_1, 2d_1]$，其白化权函数如下所示。

$$f_2(d_{ji})=\begin{cases} \dfrac{d_{ji}}{d_1}, & d_{ji}\in[0, d_1] \\ 2-\dfrac{d_{ji}}{d_1}, & d_{ji}\in[d_1, 2d_1] \\ 0, & d_{ji}\notin(0, 2d_1] \end{cases} \tag{3-76}$$

③ 第三级（下），灰数$\otimes \in [0, d_1, d_2]$，其白化权函数如下所示。

$$f_3(d_{ji})=\begin{cases}1, d_{ji}\in[0, d_1]\\ \dfrac{d_2-d_{ji}}{d_2-d_1}, d_{ji}\in[d_1, d_2]\\ 0, d_{ji}\notin(0, d_2]\end{cases} \tag{3-77}$$

白化权函数转折点的值称为阈值，可以按照准则或经验，用类比方法获得（此法所得的阈值称为客观阈值）。也可以从样本矩阵中，寻找最大、最小和中等值，作为上限、下限和中等的阈值。

(5) 计算灰色评估系数　由 $D_{JI}^{(A)}$ 和 $f_K(d_{ji})$ 算出受评者 J 对于评估指标 A 属于第 K 类的灰色评估系数，记为 $n_{JK}^{(A)}$，其计算公式：

$$n_{JK}^{(A)}=\sum_{I=1}^{i} f_K(d_{ji}^{(A)}) \tag{3-78}$$

以及对于评估指标 A，受评者 J 属于各个评估灰类的总灰色评估系数 $n_J^{(A)}$ 则有

$$n_J^{(A)}=\sum_{i=1}^{k} n_{Ji}^{(A)} \tag{3-79}$$

(6) 计算灰色评估权向量和权矩阵　由 $n_{JK}^{(A)}$ 和 $n_J^{(A)}$ 计算出对于评估指标 A 第 J 个受评者属于第 K 个灰类的评估权 $r_{JK}^{(A)}$ 和权向量 $\boldsymbol{r}_J^{(A)}$：

$$r_{JK}^{(A)}=\frac{n_{JK}^{(A)}}{n_J^{(A)}} \tag{3-80}$$

考到 $K=1, 2, 3, \cdots, k$，则有灰色评估权向量 $\boldsymbol{r}_{JK}^{(A)}$：

$$\boldsymbol{r}_{JK}^{(A)}=[r_{j1}^{(A)}, r_{j2}^{(A)}, \cdots, r_{jk}^{(A)}] \tag{3-81}$$

考虑 $J=1, 2, 3, \cdots, j$，则有灰色评估权向量 $\boldsymbol{r}_{JK}^{(A)}$：

$$\boldsymbol{r}_{JK}^{(A)}=[r_{1k}^{(A)}, r_{2k}^{(A)}, \cdots, r_{jk}^{(A)}]^{\mathrm{T}} \tag{3-82}$$

进而可求得所有受评者对于评估指标 A 的灰色评估矩阵 $\boldsymbol{R}^{(A)}=\{r_{JK}^{(A)}\}$

$$\boldsymbol{R}^{(A)}=\begin{bmatrix} r_{11}^{(A)} & r_{12}^{(A)} & \cdots & r_{1k}^{(A)}\\ r_{21}^{(A)} & r_{22}^{(A)} & \cdots & r_{2k}^{(A)}\\ \vdots & \vdots & \cdots & \vdots\\ r_{j1}^{(A)} & r_{j2}^{(A)} & \cdots & r_{jk}^{(A)}\end{bmatrix} \tag{3-83}$$

(7) 对指标层进行综合评价。

(8) 计算综合评价结果。

3.8.9.4　灰色层次分析法应用实例分析

对某企业运用系统工程的思想从安全技术、安全管理、安全教育和职业卫生考虑设定 4 个一级评价指标以及 18 个二级安全评价指标构成体系。所构成的安全指标体系见表 3-90。

(1) 企业事故灰色层次分析法评估分析模型的构造　按照灰色层次分析法，对事故的影响因素分为 3 个层次，根据层次分析法的原理，表 3-90 是一个由多个评估指标按属性不同分组，每组为一个层次，按目标层（w）、准则层（U_i，$i=1, 2, 3, 4$）和指标层（V_{ij}，$i=1, 2, 3, 4$,；$j=1, 2, \cdots, n_i$）形式排列起来评估指标体系。S 代表受评对象的综合评估值，U 代表 U_i 所组成的集合，记为 $U=\{U_1, U_2, U_3, U_4\}$；V_i（$i=1, 2, 3, 4$）代

表 3-90 安全评价指标及其权重

一级指标	二级指标	权重
安全技术(0.35)	三同时落实情况	0.20
	五同时落实情况	0.18
	事故预防措施	0.25
	事故应急措施	0.15
	生产工艺设备安全性	0.22
安全管理(0.21)	安全责任与组织机构	0.22
	安全法规及规章制度	0.19
	安全投入与安全科技	0.25
	事故隐患管理	0.23
	安全目标与规划计划	0.11
安全教育(0.14)	主要负责人及安全管理人员教育	0.26
	三级教育	0.30
	四新教育	0.20
	特种作业人员教育	0.24
职业卫生(0.30)	职业病危害及预防	0.33
	职业病防治及管理	0.27
	劳动防护用品	0.22
	特殊工种劳动保护	0.18

注：表中权重的分配由层次分析法求出。

表指标层指标 V_{ij} 所组成的集合，记为 $V_i=\{V_{i1}, V_{i2}, \cdots, V_{im}\}$。

构造模型程序如下所述。

① 确定评价指标 V_{ij} 的评分等级标准。在对企业事故评估时，由于 V_{ij} 是定性指标，尚未形成统一的评估标准，为此，将定性指标 V_{ij} 转化为定量指标，将评估指标的优劣等级划分为优、良、中、差 4 个等级，对应分值为 4 分、3 分、2 分和 1 分。指标等级介于两相邻等级之间时，相应评分值为 3.5 分、2.5 分和 1.5 分。具体等级标准由各专家根据经验确定。

② 确定评价指标 U_i 和 U_{ij} 的权重。按上述指标体系评价估时，准则层 U_i 指标之间和指标层 V_{ij} 指标之间对目标层 W 的重要程度是不同的，即有不同的权重，可以利用层次分析法（AHP）确定这些指标权重。

③ 组织评估专家评分。设评估专家序号为 m，$m=1, 2, \cdots, p$，即有 p 个专家，根据指标实测值和专家经验对各评价等级进行打分，并填写评估专家评分表。

④ 求评估样本矩阵。根据评估专家评估结果，即根据第 m 个评估专家对受评对象某指标 V_{ij} 给出评分 d_{ijm}，求得受评对象的评估样本矩阵 $\boldsymbol{D}$。

⑤ 确定评估灰类。即要确定评估灰类的等级数，灰类的灰数及灰类的白化权函数。一般情况下视实际评估问题分析确定。分析上述评估指标的评分等级标准，决定采用 4 个评估灰类。灰类序号为 e，$e=1, 2, 3, 4$，分别表示“优”、“良”、“中”、“差”。其相应的灰数及白化权函数如下所述。

第 1 灰类“优”（$e=1$），设定灰数$\otimes 1 \in [4, \infty]$，白化权函数为 f_1，表达式为

$$f_1(d_{ijm})=\begin{cases}\dfrac{d_{ijm}}{4}, d_{ijm}\in[0,4]\\ 1, d_{ijm}\in[4,\infty)\\ 0, d_{ijm}\in(-\infty,0]\end{cases}$$

第 2 灰类“良”($e=2$)，设定灰数$\otimes 2\in[0,3,6]$，白化权函数为 f_2，表达式为

$$f_2(d_{ijm})=\begin{cases}\dfrac{d_{ijm}}{3},d_{ijm}\in[0,3]\\ 2-\dfrac{d_{ijm}}{3},d_{ji}\in[3,6]\\ 0,d_{ijm}\notin(0,6]\end{cases}$$

第 3 灰类“中”($e=3$)，设定灰数$\otimes 3\in[0,2,4]$，白化权函数为 f_3，表达式为

$$f_3(d_{ijm})=\begin{cases}\dfrac{d_{ijm}}{2},d_{ijm}\in[0,2]\\ 2-\dfrac{d_{ijm}}{2},d_{ji}\in[2,4]\\ 0,d_{ji}\notin(0,4]\end{cases}$$

第 4 灰类“差”($e=4$)，设定灰数$\otimes\in[0,1,2]$，白化权函数为 f_4，表达式为

$$f_4(d_{ijm})=\begin{cases}1,d_{ijm}\in[0,1]\\ 2-d_{ijm},d_{ijm}\in[1,2]\\ 0,d_{ji}\notin(0,2]\end{cases}$$

⑥ 计算灰色评估系数。评估指标 V_{ij} 属于第 e 个评估灰类的灰色评估系数，记为 X_{ije}，属于各个评估灰类的总灰类的总灰色评估数，记为 X_{ij}，则有

$$X_{ije}=\sum f_e(d_{ijm}),\ m\in[1,p]$$
$$X_{ij}=\sum X_{ije},\ e\in[1,4]$$

⑦ 计算灰色评估权向量及权矩阵。所有评估专家就评估指标 V_{ij}，对受评对象主张第 e 个灰类的灰色评估权，记为 r_{ije}，则有 $r_{ije}=X_{ije}/X_{ij}$。考虑到评估灰类有 4 个，即 $e=1$，2，3，4，则受评对象的评估指标 V_{ij} 对于各灰类的灰色评估权向量为 $\boldsymbol{r_{ije}}=(r_{ij1}，r_{ij2}，r_{ij3}，r_{ij4})$，从而得到受评对象的 V_i 所属指标 V_{ij} 对于各评估灰类的灰色评估权矩阵为

$$\boldsymbol{R_i}=\begin{bmatrix}r_{i1}\\ r_{i2}\\ \vdots\\ r_{i4}\end{bmatrix}=\begin{bmatrix}r_{i11} & r_{i12} & r_{i13} & r_{i14}\\ r_{i21} & r_{i22} & r_{i23} & r_{i24}\\ \vdots & \vdots & \vdots & \vdots\\ r_{im1} & r_{im2} & r_{im3} & r_{im4}\end{bmatrix}$$

若 r_{ij} 中的第 q 个权数最大，即 $r_{ijq}=\max(r_{ij1},r_{ij2},r_{ij3},r_{ij4})$，则评估指标 V_{ij} 属于第 q 个评估灰类。

⑧ 对指标层次 V_i 做综合评估。其综合评估结果记为 B_i，则有 $B_i=A_iR_i=(b_{ij1},b_{ij2},b_{ij3},b_{ij4})$。

⑨ 对指标层 U 做综合评估。由指标层 V_i 的综合评估结果 B_i，得准则层 U 对于各评估灰类的灰色评估权矩阵为

$$\boldsymbol{R_i}=\begin{bmatrix}B_1\\ B_2\\ B_3\\ B_4\end{bmatrix}=\begin{bmatrix}b_{11} & b_{12} & b_{13} & b_{14}\\ b_{21} & b_{22} & b_{23} & b_{24}\\ b_{31} & b_{32} & b_{33} & b_{34}\\ b_{41} & b_{42} & b_{43} & b_{44}\end{bmatrix}$$

于是，可对准则层 U 做综合评估，其综合评估结果为 B，则有

$$B=AR=(b_1,b_2,b_3,b_4)$$

⑩ 计算综合评估结果。根据综合评估结果 B，按取最大原则确定受评对象所属灰类等级，可先求出综合评估值

$$S=B\boldsymbol{C}^{\mathrm{T}}$$

式中 $\boldsymbol{C}$——各灰类等级按“灰水平”赋值形成的向量，本书设 $\boldsymbol{C}=(4,3,2,1)$，然后根据综合评估值 S，参考灰类等级对受评对象系统进行综合评估。

⑪ 选择典型企业进行事故风险综合评估。

（2）某企业事故风险评估实例分析 根据事故评估灰色层次分析法分析模型，对某企业进行综合评估。

① 确定评价估对象递阶层结构。参考表 3-90 给出的事故评估层次分析的指标体系。

② 确定递阶层次结构底层元素的组合权重。参表 3-90 得到评估指标 U_i 和 V_{ij} 的权重如下：

$$A=(0.35,0.21,0.14,0.30)$$

$$A_1=(0.20,0.18,0.25,0.15,0.22);A_2=(0.22,0.19,0.25,0.23,0.11)$$

$$A_3=(0.26,0.30,0.20,0.24);A_4=(0.33,0.27,0.22,0.18)$$

③ 组织 5 位专家进行评分，评分结果如表 3-91 所示。

表 3-91 指标评分总表及灰色权向量

项目	专家评估分值					灰色评估权向量			
	1	2	3	4	5	r_{ij1}	r_{ij2}	r_{ij3}	r_{ij4}
V_{11}	2.5	2	3	3.5	2	0.3023	0.3721	0.3256	0
V_{12}	3	2.5	4	3	2.5	0.3543	0.4094	0.2363	0
V_{13}	3.5	3	4	3	3.5	0.4215	0.4297	0.1488	0
V_{14}	2.5	2	3	4	3.5	0.3659	0.3902	0.2403	0
V_{15}	2	3.5	2	2.5	3	0.2932	0.3909	0.3159	0
V_{21}	2.5	2.5	3	4	2	0.3333	0.3810	0.2857	0
V_{22}	3	4	2	2.5	3	0.3283	0.3773	0.2944	0
V_{23}	3.5	3	2.5	2	3	0.3231	0.3999	0.2771	0
V_{24}	3	3.5	3	2.5	4	0.4016	0.4094	0.1890	0
V_{25}	3	2.5	3	4	3.5	0.3871	0.4193	0.1936	0
V_{31}	4	3	3.5	3	3	0.3793	0.4318	0.1889	0
V_{32}	3	4	4	3	2.5	0.4323	0.4367	0.1310	0
V_{33}	2.5	3	3	2.5	2.5	0.3034	0.4045	0.2921	0
V_{34}	3	2.5	2.5	3	3	0.3621	0.4828	0.1552	0
V_{41}	3	2.5	3.5	3	3.5	0.3647	0.4235	0.2118	0
V_{42}	3.5	2	4	3.5	2.5	0.3536	0.3498	0.2966	0
V_{43}	2	3	3	4	3	0.3543	0.4094	0.2363	0
V_{44}	3	3.5	2.5	4	3.5	0.3426	0.3460	0.3114	0

④ 计算灰色评估系数。对评估指标 V_{11}，受评系统属于第 e 个评估灰类的灰色评估系

数 X_{11e}；

$$e=1,\ x_{111}=f_2(2.5)+f_2(2)+f_2(3)+f_2(3.5)+f_2(2)=3.250$$

同理，$e=2$，$x_{112}=4.000$；$e=3$，$x_{113}=3.5000$；$e=4$，$x_{114}=0$

受评指标 V_{11} 属于各评估灰类的总灰色评估数，因此：

$$X_{11}=3.250+4.000+3.5000+0=10.750$$

同理，用同样方法进行计算可得到其他指标的灰色评估系数和总灰色评估数。

⑤ 计算灰色评估权向量及权矩阵。

$$e=1,\ r_{111}=3.250/10.750=0.3023$$

同理，$e=2$，$r_{112}=0.3721$；$e=3$，$r_{113}=0.3256$；$e=4$，$r_{114}=0$

因此，受评估指标 V_{11} 对各灰类的灰色评估权向量

$$\boldsymbol{r_{11}}=(0.3023,0.3721,0.3256,0)$$

同样，可以得到其他评估指标的灰色评估权向量。

由向量 $\boldsymbol{r_{11}}$，$\boldsymbol{r}_{12}$，$\boldsymbol{r}_{13}$，$\boldsymbol{r}_{14}$ 组成 V_1 对应的权矩阵 $\boldsymbol{R_1}$

$$\boldsymbol{R_1}=\begin{bmatrix} 0.3023 & 0.3721 & 0.3256 & 0 \\ 0.3543 & 0.4094 & 0.2363 & 0 \\ 0.4215 & 0.4297 & 0.1488 & 0 \\ 0.3659 & 0.3902 & 0.2403 & 0 \\ 0.2932 & 0.3909 & 0.3159 & 0 \end{bmatrix}$$

同样可以得出 V_2，V_3，V_4 对应的权矩阵 $\boldsymbol{R_2}$，$\boldsymbol{R_3}$，$\boldsymbol{R_4}$，结果参考表 3-91。

⑥ 对指标层 V_1，V_2，V_3，V_4 做综合评估。

$$\boldsymbol{B_1}=\boldsymbol{A_1}R_1=(0.20,0.18,0.25,0.15,0.22)\begin{bmatrix} 0.3023 & 0.3721 & 0.3256 & 0 \\ 0.3543 & 0.4094 & 0.2363 & 0 \\ 0.4215 & 0.4297 & 0.1488 & 0 \\ 0.3659 & 0.3902 & 0.2403 & 0 \\ 0.2932 & 0.3909 & 0.3159 & 0 \end{bmatrix}$$

$$=(0.3490,0.4001,0.2504,0.0000)$$

同理：$\boldsymbol{B_2}=\boldsymbol{A_2}\boldsymbol{R_2}=(0.3514,\ 0.3958,\ 0.2528,\ 0.0000)$

$\boldsymbol{B_3}=\boldsymbol{A_3}\boldsymbol{R_3}=(0.3759,\ 0.4401,\ 0.1841,\ 0.0000)$

$\boldsymbol{B_4}=\boldsymbol{A_4}\boldsymbol{R_4}=(0.3554,\ 0.3866,\ 0.2580,\ 0.0000)$

⑦ 对准则层进行综合评估。

由 $\boldsymbol{B_1}$，$\boldsymbol{B_2}$，$\boldsymbol{B_3}$，$\boldsymbol{B_4}$ 组成矩阵 $\boldsymbol{R}$

$$\boldsymbol{R}=\begin{bmatrix} 0.3490 & 0.4001 & 0.2504 & 0 \\ 0.3514 & 0.3958 & 0.2528 & 0 \\ 0.3759 & 0.4401 & 0.1841 & 0 \\ 0.3554 & 0.3866 & 0.2580 & 0 \end{bmatrix}$$

$$\boldsymbol{B}=\boldsymbol{AR}=(0.35,0.21,0.14,0.30)\begin{bmatrix} 0.3490 & 0.4001 & 0.2504 & 0 \\ 0.3514 & 0.3958 & 0.2528 & 0 \\ 0.3759 & 0.4401 & 0.1841 & 0 \\ 0.3554 & 0.3866 & 0.2580 & 0 \end{bmatrix}$$

$$=(0.3552,0.4008,0.2439,0.0000)$$

⑧ 计算综合评估结果

$$\boldsymbol{S}=\boldsymbol{BC}^{\mathrm{T}}=B\begin{bmatrix}4\\3\\2\\1\end{bmatrix}=(0.3552,0.4008,0.2439,0.0000)\begin{bmatrix}4\\3\\2\\1\end{bmatrix}=3.1110$$

最终综合评估结果是 V_{ij} 均为良性指标。整个企业安全综合评估等级为 2 级，是良好。

运用灰色层次分析法对企业事故风险进行评估，将定性和定量分析有机结合起来，能够减少个人主观臆断所带来的弊端。从评估结果看，与企业实际的安全状态基本吻合，说明了此方法的实用性，能够比较客观、真实地反映企业发生事故的风险情况，值得在企业事故评估中推广和使用，该方法易于实现计算机程序化，在计算机上可以得出评估因素的评估结果，直观易懂，可操作性强。

3.8.10 神经网络分析评价方法

3.8.10.1 人工神经网络建模方法

人类具有高度发达的大脑，大脑是思维活动的物质基础，而思维是人类智能的集中体现。长期以来，人们设法了解人脑的工作机理及其本质，向往能构造出具有人类智能的人工智能系统，以模仿人脑功能，完成类似于人脑的工作。人工神经网络（Artificial Neural Network，ANN）正是在人类对其大脑神经网络认识理解的基础上人工构造的能够实现某种功能的神经网络。它是理论化的人脑神经网络的数学模型，是基于模仿大脑神经网络结构和功能而建立的一种信息处理系统。它实际上是由大量简单元件相互连接而成的复杂网络，具有高度的非线性，能够进行复杂的逻辑操作和非线性关系实现的系统。

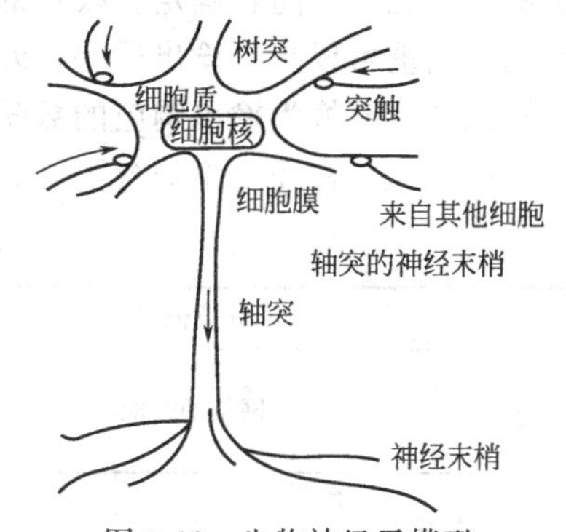

图 3-42 生物神经元模型

(1) 人工神经元模型 大脑是一个广泛连接的复杂网络系统，生物神经元是具有处理单元的神经细胞，它是组成人脑的最基本单元，人脑约有 1000 亿～10000 亿个神经元。生物神经元是一种根须状的蔓延物，其中组成包括：细胞体、树突、轴突。最简单的生物神经元模型如图 3-42 所示。

树突—神经纤维较短，分支很多，用来接受信息；

轴突—神经纤维较长，用来发出信息；

细胞体—用来把接收到的信息进行处理；

突触——一个神经元的轴突末端与另一个神经元树突之间的密切接触，能传递神经元冲动的地方。

经过突触的冲动传递是有方向性的，且不同的突触进行的冲动传递效果不一样，有的使后一神经元兴奋，有的使它受到抑制。

因为人脑处理信息的性能很高，所以人们在现在神经科学研究成果的基础上，试图通过模拟大脑神经网络处理，记忆信息的方式，完成人脑那样的信息处理功能。人工神经网络是由大量类似于生物神经元的处理单元相互连接而成的非线形复杂网络系统，对计算机及其应用的发展产生了巨大的影响。

神经元可以完成生物神经元的三种基本处理过程：

① 评价输入信号，决定每个输入信号的强度；

② 计算所有输入信号的加权和，并与处理单元的阀值进行比较；

③ 决定处理单元的输出。

神经元的数学模型如图 3-43 所示。

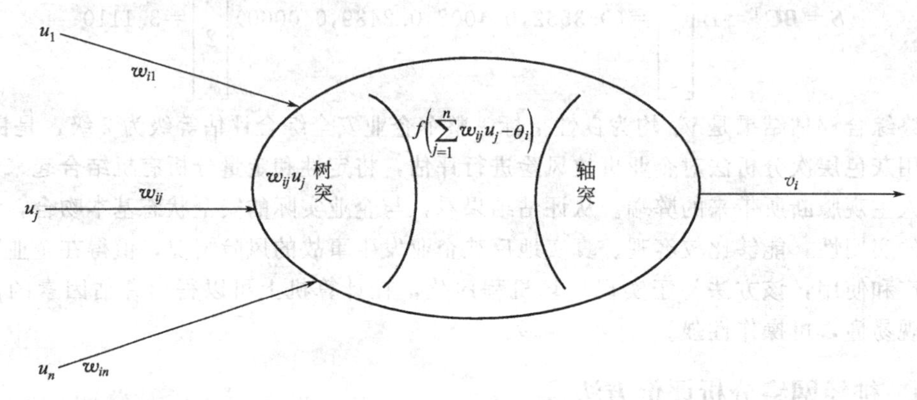

图 3-43　神经元的数学模型

u_j—输入量，每一个处理单元都有许多输入量，对每一个输入量都相应有一个相关联的权重；w_{ij}—权重，外面神经元与该神经元的连接强度，是变量。初始权重可以由一定算法确定，也可以随意确定。权重的动态调整是学习中最基本的过程，随学习规则变化，目的是调节权重可以减少输出误差；θ_i—阈值；v_i—输出；$f(x)$—该神经元的传递函数，就是将输入激励转换为输出响应的数学表达式。

(2) 人工神经网络的分类　人工神经网络按照不同的分类方式划分情况如表 3-92 所示。

表 3-92　人工神经网络的常用分类

分类依据	分　　类
网络的性能	连续型与离散型网络
	确定型与随机型网络
网络的结构	反馈网络
	前馈网络
	胞状网络
学习方式	有教师学习
	无教师学习

(3) 人工神经网络的工作过程　人工神经网络的工作过程主要分为以下两个阶段。

① 学习期，此时各计算单元传递函数不变，其输出由两个因素决定，即输入数据和与此输入单元连接的各输入量的权重。因此，若处理单元要学会正确反映所给数据的模式，唯一用以改善处理单元性能的元素就是连接权重，各连线上的权值通过学习来修改。

② 工作期，此时连接权固定，计算神经元输出。

编制神经网络程序，主要是确定：传递函数（即决定值的方程）；训练计划（即设置初始权重的规则及修改权重的方程）；网络结构（即处理单元数、层数及相互连接情况）。

(4) 人工神经网络的学习方式及学习规则

① 人工神经网络的学习方式　人工神经网络的学习方式主要有以下三种。

a. 有教师的学习（监督学习）。前提是要有输入数据及一定条件下的输出数据，网络根据输入/输出数据来调节本身的权重，所以学习过程的目的在于减少网络应有输出和实际输出之间的误差，当误差达到了允许范围，权重就不再改动了，就认为网络的输出符合于实际的输出。

b. 无教师的学习（非监督学习）。只提供输入数据，而无相应输出数据。网络检查输入数据的规律或趋向，根据网络本身功能来调整权重。其学习过程是：经系统提供动态输入信号，使各个单元以某种方式竞争，获胜者的神经元或其邻域得到增强，其他神经元进一步抑制，从而将信号空间划分为多个有用的区域。

c. 强化学习（激励学习）。这种学习介于上述两种学习之间，外部环境对系统输出结果只给出评价信息（奖或惩），而不提供正确答案。学习系统通过强化那些受奖的动作来改善自身的性能。

② 人工神经网络的学习规则　人工神经网络中，学习规则是修正权值的一个算法，以获得合适的影射函数或其他系统性能。

a. 相关规则。最典型是有 Hebb 学习规则。

调整 w_{ij} 的原则是：若第 i 与第 j 个神经元同时处于兴奋状态，则它们之间的连接应当加强，即

$$\Delta w_{ij}=\alpha v_i v_j,\quad \alpha>0$$

式中　v_i，v_j——第 i 与第 j 个神经元（节点）的状态。

这一规则与“条件反射”学说一致，并已得到神经细胞学说的证实。

相关规则常用于自联想网络，执行特殊记忆状态的死记式学习。Hopfield 神经网络即是如此，所采用的修正的 Hebb 规则为

$$\Delta w_{ij}=(2v_i-1)(2v_j-1)$$

式中　v_i，v_j——节点 i 和 j 的状态。

b. 纠错规则。纠错规则的最终目的是使基于误差的目标函数达到最小，以使网络中的每一个输出单元的实际输出在某种统计意义上逼近期望输出。在具体应用中，可以转化为最小方差规则，采用最优梯度下降法。通过在局部最大改善的方向上一小步一小步地进行修正，力图达到表示函数功能问题的全部解。感知器学习即是使用纠错规则：ⓐ如果一节点的输出正确，一切不变；ⓑ如输出本应为 0 而为 1，则相应地减少权值；ⓒ如果应为 1 而输出为 0，则权值增加一增量。

纠错规则基于梯度下降法，因此不能保证得到全部最优解；同时要求大量训练样本，因而收敛速度慢；纠错规则对样本的表示次序变化比较敏感，就像教师必须认真备课，精心组织才能有效地学习。

c. 无教师学习规则。在这类学习规则中，关键不在于实际节点的输出怎样与外部的期望输出相一致；而在于调整参数以反映观察事件的分布。

这类无教师学习系统的学习并不在于寻找一个特殊的映射函数的表示，而是将事件空间分类成输入活动区域，并有选择地对这些区域作出响应。它在应用于开发多层竞争族组成网络等方面具有良好前景。它的输入可以是连续值，对噪声有较强的抗干扰能力，但对较少的输入样本，结果可能要依赖于输入顺序。

（5）人工神经网络建模的特点　实际系统大都是多输入多输出的非线性系统，很难用机理分析或系统辨识的方法获得足够精确的数学模型。人工神经网络的输入和输出变量的数目是任意的，并且具有逼近任意非线性函数的能力，为多输入多输出的非线性系统提供了一种通用的建模方法。另外，人工神经网络系统的模型是非算式的，人工神经网络本身就是辨识

模型，其可调参数反映在网络内部的连接权上，它不需要建立以实际系统数学模型为基础的辨识格式，可以省去系统结构辨识这一步骤。神经网络建模法的任务是利用已有的输入输出数据来训练一个由神经网络构成的模型，使它能够精确地近似给定的非线性系统。目前，神经网络建模方法发展很快，出现了很多模型和算法，应用越来越广泛，是系统建模技术的一个重要发展方向。

3.8.10.2 网络结构类型的选择

神经网络结构分为前馈网络、反馈网络、胞状网络三种网络结构，而网络结构的选择对网络的推理和应用是一个关键性问题。在风险评估分析中，一般选用前馈型 BP 网络即误差逆传播神经网络，原因主要有以下两个方面。

首先，前馈网络和反馈网络在作用效果上有所不同。前馈型网络主要是函数映射，可用于函数逼近、模式识别和评判决策。而反馈型网络则主要用于求解能量函数的局部最小点或全局极小点，常用于做各种联想存储器和求解优化问题等。安全评估实质上是探求、逼近各影响因素和事故发生程度之间的映射关系，再进行推广、评判。

其次，BP 网络具有令人满意的对连续映射的逼近能力，可以满足评估的要求。由于 BP 神经网络包含了神经网络理论中最精华、最完美的部分，其特点是结构简单、可塑性强，并且 BP 网络也是人们研究最多、认知最清楚的一类网络。据统计，80％～90％的神经网络模型采用了 BP 神经网络或者它的变化形式，这为研究和进一步改进建立的评估模型奠定了基础。

3.8.10.3 网络结构的确定

神经网络的输入层和输出层一般都是和具体问题相联系，代表一定的实际意义。隐含层主要是根据模型要求和问题的复杂程度设置。必须首先确定输入层和输出层，然后再确定隐含层。

3.8.10.4 实际例分析

某企业安全评价神经网络建模如下所述。

(1) 神经网络评估的模型和具体步骤

① 确定安全评估指标为人-硬件、人-软件、人-环境、人-人四个因素。

② 确定目标向量。输出层的神经元以不同等级的数为目标量，客观分析企业的安全性。在进行评估时，将输出的目标量进行平均加权，以得到量化评估。

③ 对输入输出向量进行归一化处理，将输入值化为［0，1］区间内。确定 BP 网络为单隐层的三层网络，即为输入层、隐含层、输出层。

④ 选定样本，确定神经网络评估的样本数据。

⑤ 初始化，给定输入层、隐层、输出层之间的权值向量。

⑥ 输入训练样本，对神经网络进行训练并检验，直至达到误差的要求。

⑦ 获得待评估企业的评估指标，输入训练好的神经网络中，得出评估结果。

安全评估模型建立的过程及结构见图 3-44。

(2) 网络结构类型的选择　在风险评估分析中，选用前馈型 BP 网络。首先，前馈网络和反馈网络在作用效果上有所不同。前馈型网络主要是函数映射，可用于函数逼近、模式识别和评判决策。而反馈型网络则主要用于求解能量函数的局部最小点或全局极小点，常用于做各种联想存储器和求解优化问题等。评估实质上是探求、逼近各影响因素和事故发生程度之间的映射关系，再进行推广、评判。其次，BP 网络具有令人满意的对连续映射的逼近能

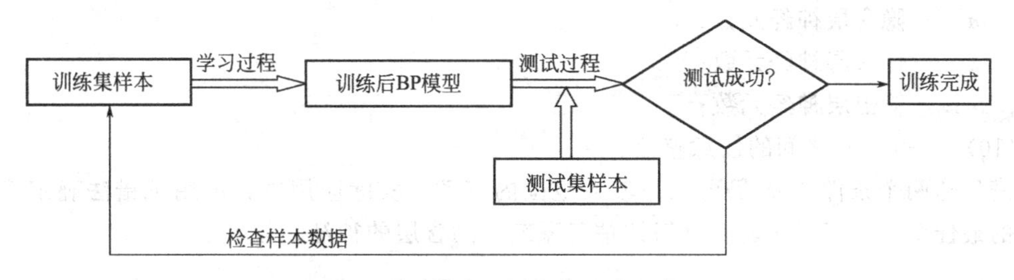

图 3-44 安全评估模型建立的过程及结构

力，可以满足评估的要求。由于 BP 神经网络包含了神经网络理论中最精华、最完美的部分，其特点是结构简单、可塑性强，并且 BP 网络也是人们研究最多、认知最清楚的一类网络。据统计，80%～90%的神经网络模型采用了 BP 神经网络或者它的变化形式，这为本论文研究和进一步改进建立的评估模型奠定了基础。

(3) 网络结构的确定　神经网络的输入层和输出层一般都是和具体问题相联系，代表一定的实际意义。隐含层主要是根据模型要求和问题的复杂程度设置。必须首先确定输入层和输出层，然后再确定隐含层。

① 输入层的确定　通过对企业近 10 年来生产安全事故数据进行调查、收集和分类处理，从中选取典型事故案例进行统计分析，列出事故重要影响因素指标，并征求安全管理专家和学者意见后，针对需要建立的神经网络模型。构建了每个系统神经网络模型的输入参数，具体见表 3-93。

表 3-93　企业基于的模型输入参数

指标体系	输　入　参　数
人-硬件(A)	人员对设备性能、场所熟悉程度 A_1、人员对技术应用水平 A_2、人员的操作控制能力 A_3、人员对设备维护管理能力 A_4
人-软件(B)	遵守操作程序 B_1、安全教育和培训 B_2、安全操作行为 B_3、安全意识 B_4、工作责任感 B_5、管理体系的建立 B_6
人-环境(C)	应对自然环境突变心理调整能力 C_1、周边环境变化应对能力 C_2、应急应变技能 C_3
人-人(D)	沟通能力 D_1、协作水平 D_2、团队建设 D_3、情绪疏导 D_4
all	人-硬件 A、人-软件 B、人-环境 C、人-人 D

② 输出层的确定　评估的结果是各系统的安全性程度，故各系统的输出响应应该反映这一结果。输出层神经元个数依模型的设计思想的不同而不同。一般来说，我们可用一个在一定范围内连续变化的实数代表安全性程度的量化，故对于各系统的输出层可用一个神经元来表示。

③ 隐含层的确定　隐含层神经元只具有计算意义，其数目没有严格的规定。一个公认的指导原则是在没有其他经验知识时，能与给定样本符合（一致）的最简单（规模最小）的网络就是最好的选择，这相当于是样本点的偏差在允许范围条件下用最平滑的函数去逼近未知的非线性映射。隐含层神经元数目增加，优化曲面的维数增加，使得网络能鉴别各种样本，但计算和存储量增加，同时有可能出现过拟合，此时随着训练次数的增加，虽然网络在训练集上的误差继续下降，但在其他样本上的误差反而可能上升（推广能力下降）。根据有关文献和实践，兼顾系统精度和运算速度，其个数应满足下述条件：

$$2^m > n, \quad m = \sqrt{w+n} + R(10) \tag{3-84}$$

式中　m——隐含层神经元数；

　　　n——输入层神经元数；

　　　w——输出层神经元数；

　$R(10)$——0～10之间的任意整数。

满足这两个条件的 m 仍可在一较大范围内变动。实际应用中，可用试错法确定隐含层节点的最佳个数。经过试验，针对评估各系统的隐含层的神经元数见表3-94。

表3-94　各系统隐含层神经元数

系统	A	B	C	D	all
隐含层神经元数	4	6	3	4	4

（4）评估BP神经网络模型训练样本　采用正交设计法原理来选择网络训练的样本。根据正交设计法在神经网络中的应用原理，将各评价因子危险程度分为5个水平，可由"差（很危险）"、"不好（较危险）"、"一般（安全性一般）"、"较好（较安全）"、"好（安全）"描述。文中所有的训练样本的实际输出采用专家评议的方法，由专家根据实际情况，结合 $L_{25}(5^6)$ 正交表所表示的25种水平组合，给出具体的量化数值作为网络训练样本的实际输出。对于所有的网络输出数据也由1～5之间的任意实数来描述的，均是量化后的安全性程度数据。其中输出数据中的1、2、3、4、5可转换为定性的指标，分别由"差（很危险）"、"不好（较危险）"、"一般（安全性一般）"、"较好（较安全）"、"好（安全）"来描述。

（5）某企业BP神经网络评估实例分析

① 人-硬件因素子系统的BP模型　如图3-45所示。

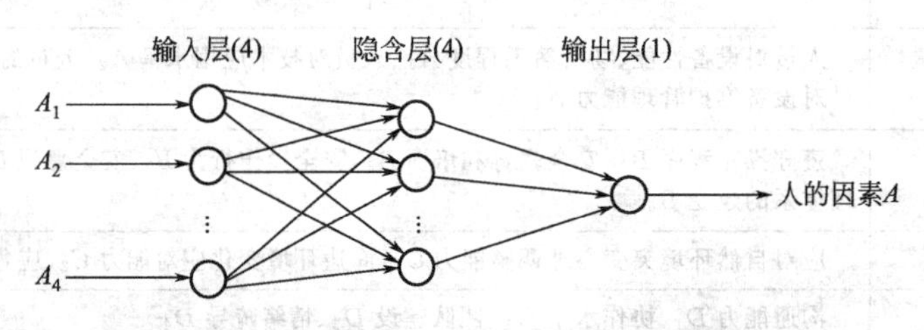

图3-45　人-硬件因素子系统的BP模型

a. 网络结构。各神经网络模型中同层神经元间无关联，异层神经元间前向连接。隐含层激发函数采用双曲正切S形函数（tansig），输出层采用线性函数（purelin）。研究已表明，在足够样本条件下，这种网络模型可以任意精度逼近任意从 n 维空间到 w 维空间的连续映射（n 为输入单元数，w 为输出单元数）。这是神经网络用于评估的可行性的重要依据之一。

b. 训练样本的输入和输出。针对人-硬件因素分析 A 子系统的BP模型，由专家结合 $L_{25}(5^6)$ 正交表，给出输入样本数据，如表3-95所示。

c. 训练后隐含层权重矩阵、输出层权重矩阵及预测值。

$$
\boldsymbol{B}=[\begin{matrix}
-0.3915 & -0.0309 & 2.8809 & -0.8118 & -0.3915 \\
-4.4153 & 0.4579 & -1.5966 & 3.1096 & -4.4153 \\
0.3735 & 0.7430 & -0.7109 & -4.4766 & 0.3735 \\
4.0230 & 0.7910 & -0.2382 & 3.0200 & 4.0230 \\
-0.3915 & -0.0309 & 2.8809 & -0.8118 & -0.3915
\end{matrix}]
$$

表 3-95　人-硬件因素分析的 BP 模型训练和测试数据

训练样本								测试样本							
输入					实际输出	理论输出	误差	输入					实际输出	理论输出	误差
1	1	1	1	1	1.0012	1.0363	−0.0351	3	3.5	3.5	4	3	3.5011	3.5247	−0.0236
1	2	2	2	2	1.7488	1.6715	0.0773	4	3.5	3.5	4	4	3.7482	3.7682	−0.0200
1	3	3	3	3	2.5033	2.4571	0.0462	3.5	3	4	4	3.5	3.6283	3.6303	−0.0020
1	4	4	4	4	3.2522	3.2336	0.0186	4.5	4	2.5	3	4.5	3.5150	3.5665	−0.0515
1	5	5	5	5	4.0121	3.9433	0.0688	4	4	3	3.5	4	3.6205	3.5601	0.0604
2	1	2	3	4	2.0045	1.9717	0.0328	3.5	3	4	3	3.5	3.3737	3.3085	0.0652
2	2	3	4	5	2.7488	2.7563	−0.0075	3.5	4	3.5	3	3.5	3.5055	3.4771	0.0284
2	3	4	5	1	3.4967	3.4504	0.0463	4.5	3	3	4	4.5	3.6261	3.6481	−0.0220
2	4	5	1	2	2.9989	2.9177	0.0812	3	4	3	3.5	3	3.3786	3.4080	−0.0294
2	5	1	2	3	2.5012	2.4637	0.0375	4	3.5	3	4	4	3.6292	3.6365	−0.0073
3	1	3	5	2	2.9984	3.1136	−0.1152								
3	2	4	1	3	2.5022	2.5136	−0.0114								
3	3	5	2	4	3.2549	3.2667	−0.0118								
3	4	1	3	5	2.7512	2.7971	−0.0459								
3	5	2	4	1	3.5088	3.552	−0.0432								
4	1	4	2	5	2.7444	2.8876	−0.1432								
4	2	5	3	1	3.4999	3.5449	−0.045								
4	3	1	4	2	3.0015	3.0893	−0.0878								
4	4	2	5	3	3.7532	3.7356	0.0176								
4	5	3	1	4	3.2531	3.2161	0.037								
5	1	5	4	3	3.7488	3.7551	−0.0063								
5	2	1	5	4	3.2474	3.3304	−0.083								
5	3	2	1	5	2.7483	2.7248	0.0235								
5	4	3	2	1	3.5019	3.507	−0.0051								
5	5	4	3	2	4.2454	4.2448	0.0006								

$$\boldsymbol{W}_1=[2.4347 \quad -4.7635 \quad 1.7501 \quad 4.1012 \quad 2.4347]$$

$$y_1=3.58152$$

d. 网络模型的收敛。人-硬件影响因素子系统 BP 模型的误差曲线如图 3-46 所示。

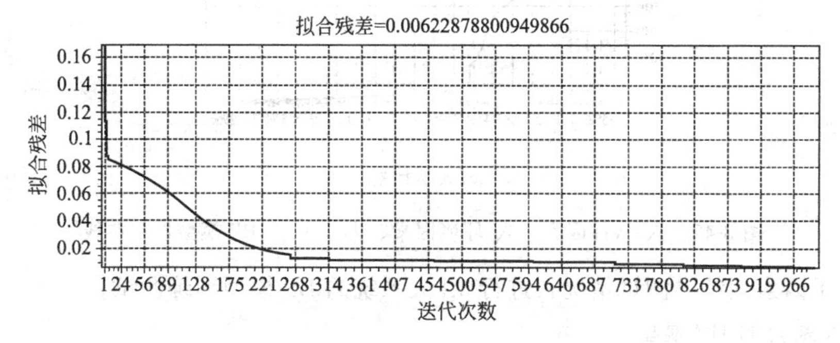

图 3-46　人-硬件影响因素子系统 BP 模型的误差曲线

同理，运用BP模型，在误差满足要求的条件下，可得出人-软件因素、人-环境因素、人-人因素测试后的输出结果，见表3-96。各因素BP模型误差曲线见图3-47。

表3-96 人-软件因素、人-环境因素、人-人因素理论输出结果

序号 \ 输出结果	人-软件因素	人-环境因素	人-人因素
1	3.5216	3.6121	3.7873
2	3.5285	3.6513	3.5454
3	3.5213	3.5882	3.9696
4	3.6606	3.5415	3.5159
5	3.5215	3.5415	3.8726
6	4.0149	3.5767	3.5991
7	3.641	3.847	3.9039
8	3.6192	3.67	3.738
9	3.5221	3.5728	3.9926
10	3.8284	3.6864	4.266

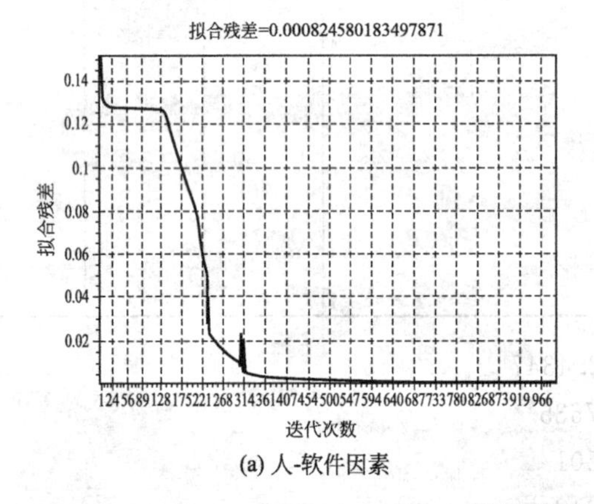

(a) 人-软件因素

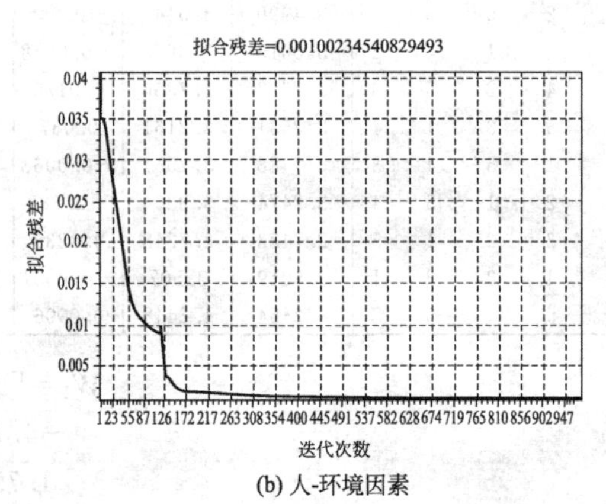

(b) 人-环境因素

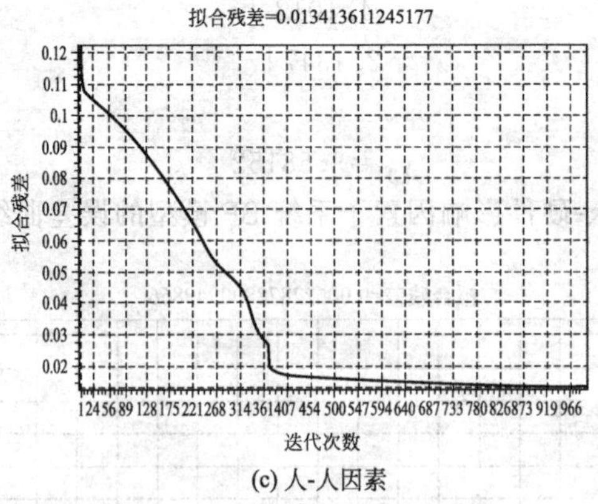

(c) 人-人因素

图3-47 人-软件因素、人-环境因素、人-人因素BP模型误差曲线

根据各子因素训练、测试情况，进行all大系统的BP模型训练测试。

② all大系统的BP模型

a. 网络结构。如图3-48所示。

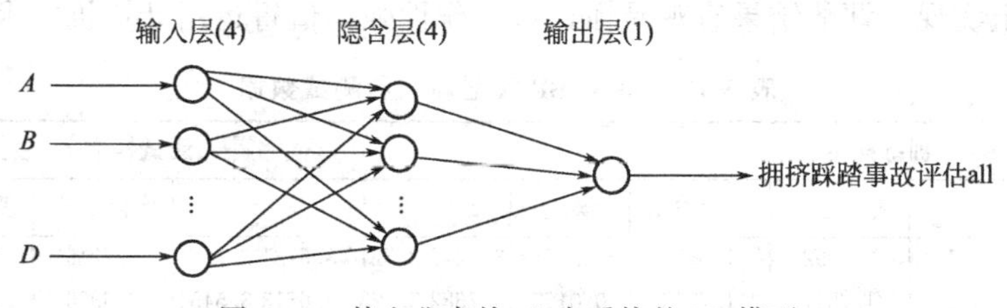

图 3-48 某企业事故 all 大系统的 BP 模型

b. 训练样本的输入和输出。针对某企业事故大系统的 BP 模型，由专家结合 $L_{25}(5^6)$ 正交表给出的输入样本数据如表 3-97 所示。

c. 训练后隐含层权重矩阵、输出层权重矩阵及预测值。

$$\boldsymbol{b}_5=[1.35 \quad -0.3586 \quad 3.4512 \quad -0.7539$$
$$-1.0518 \quad 0.4333 \quad -3.4402 \quad 0.4991$$
$$-0.1745 \quad 0.6368 \quad -3.5561 \quad 0.8377$$
$$-0.3337 \quad -0.1851 \quad 3.5706 \quad -0.068]$$

$$\boldsymbol{w}_5=[1.0846$$
$$-1.334$$
$$3.7527$$
$$-2.0855]$$

$$y_5=3.6641$$

d. 网络模型的收敛。某企业事故大系统 BP 模型的误差曲线如图 3-49 所示。

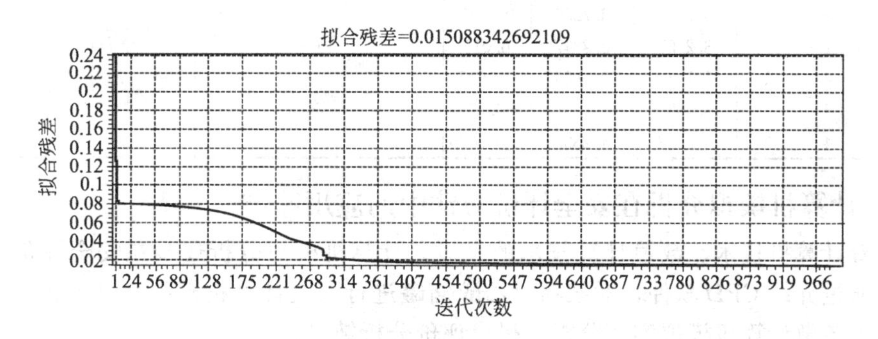

图 3-49 all 的 BP 模型的误差曲线

注：以上各神经网络的学习算法均采用 Levenberg-Marquardt 算法，且参数定义如下：训练的最大迭代次数 me＝1000，期望的误差平方和 eg＝0.02。数据在 DPS 环境下运行得到的。

由测试样本误差可以看出，测试样本的理论输出值与实际值比较有些偏差，但也在合理范围内。根据 $y_5=3.6641$ 处于“一般（安全性一般）”、“较好（较安全）”之间，接近较好，该企业安全状况的级别为中，虽有事故发生可能性，但概率不高。由于事故发生具有偶然性、突发性，因此，在目前安全状况基础上，应加大监督和管控力度，有效地预防和控制事故发生。

采用人工神经网络评估方法，以某企业为例，对其安全状况进行了评估分析，分析结果表明，该企业安全状况为中，接近较好；评估结果与实际安全状况基本吻合，因此，运用人工神经网络评估方法对风险进行评估是可行的，根据模拟过程可知，人工神经网络评估方法能够在计算机上实现，评估结果直观易懂，可操作性强，值得运用计算机技术予以实现。

表 3-97　all 的 BP 模型训练和测试数据

训练样本							测试样本						
输入				实际输出	理论输出	误差	输入				实际输出	理论输出	误差
1	1	1	1	0.9992	1.0674	−0.0682	3.5247	3.5216	3.6121	3.7873	3.7216	3.7233	−0.0017
1	2	2	2	1.7511	1.7346	0.0165	3.7682	3.5285	3.6513	3.5454	3.6336	3.6871	−0.0535
1	3	3	3	2.4977	2.4802	0.0175	3.6303	3.5213	3.5882	3.9696	3.8879	3.8135	0.0744
1	4	4	4	3.2515	3.2836	−0.0321	3.5665	3.6606	3.5415	3.5159	3.5816	3.6096	−0.0280
1	5	5	5	3.9967	3.8994	0.0973	3.5601	3.5215	3.5415	3.8726	3.7259	3.7239	0.0020
2	1	2	3	2.0025	2.0653	−0.0628	3.3085	4.0149	3.5767	3.5991	3.5938	3.6121	−0.0183
2	2	3	4	2.7364	2.7497	−0.0133	3.4771	3.641	3.847	3.9039	3.7066	3.6923	0.0143
2	3	4	5	3.5032	3.5106	−0.0074	3.6481	3.6192	3.67	3.738	3.6708	3.6555	0.0153
2	4	5	1	2.9976	2.9167	0.0809	3.4080	3.5221	3.5728	3.9926	3.7349	3.7569	−0.0220
2	5	1	2	2.4988	2.445	0.0538	3.6365	3.8284	3.6864	4.266	3.8603	3.8516	0.0087
3	1	3	5	3.0142	3.0186	−0.0044							
3	2	4	1	2.4947	2.5029	−0.0082							
3	3	5	2	3.2535	3.3203	−0.0668							
3	4	1	3	2.7488	2.78597	−0.03717							
3	5	2	4	3.5044	3.5712	−0.0668							
4	1	4	2	2.7574	2.7839	−0.0265							
4	2	5	3	3.4969	3.5776	−0.0807							
4	3	1	4	2.9976	2.9324	0.0652							
4	4	2	5	3.7511	3.7249	0.0262							
4	5	3	1	3.2535	3.2499	0.0036							
5	1	5	4	3.7477	3.7259	0.0218							
5	2	1	5	3.2457	3.2347	0.011							
5	3	2	1	2.7473	2.6826	0.0647							
5	4	3	2	3.4929	3.5606	−0.0677							
5	5	4	3	4.2328	4.2383	−0.0055							

3.8.11　计算机模拟分析在安全评价方法中的应用

伴随着计算机技术、数值计算技术的发展，计算机模拟分析逐步在安全评价中得以运用，本节通过介绍 CFD 软件，对某项目乙醇储罐进行火灾计算机模拟实例分析、对某地铁站进行应急疏散计算机模拟实例分析，得出评价分析结果。

3.8.11.1　CFD 简介以及常用的 CFD 商用软件

CFD 是英文 computational fluid dynamics（计算流体动力学）的简称。它是伴随着计算机技术、数值计算技术的发展而发展起来的。简单地说，CFD 相当于在计算机上“虚拟”地做实验，用以模拟仿真实际流体的流动。CFD 实质就是利用计算机对控制流体流动的偏微分方程组进行数值求解的一项技术，这其中涉及流体力学、计算方法乃至计算机图形处理等技术，最后得出流体流动的流场在连续区域上的离散分布，实现对流体流动的近似模拟。

（1）CFD 技术发展概况　1933 年，英国人 Thom 首次采用数值方法求解了二维黏性流体偏微分方程，计算流体动力学 CFD 由此而生。Shortley 和 Weller 在 1938 年，Southwell 在 1946 年利用松弛方法（relaxation method）求解了椭圆型微分方程，也即非黏性流体的偏微分方程组，使 CFD 逐渐成为一门学科并且得到广大学者、科学家和工程师的关注。在随后短短的几十年内，由于计算机技术和数值计算技术的高速发展，CFD 技术也有了长足的进步，尤其是在工程领域内的应用更是越来越广泛。

(2) CFD理论及主要特点　CFD技术的主要特点如下所述。

① 成本低，与常用的模型实验相比，计算机运算的成本要低好几个数量级，而且与大多数物品价格不断上涨的趋势相反，计算机计算的成本不断下降；

② 速度快，应用计算机，利用已有的软件，一个工程师可以在几个小时内研究数种不同的方案。而用模型实验却需要相当长的周期；

③ 资料完备，CFD计算能够提供整个研究区域内所有物理变量的值，而且，没有测量仪器的影响问题；

④ 模拟真实条件的能力强，不论研究对象尺寸的大小，温度的高低，也不论对象是否有毒，过程进行得快慢，用数值计算不会有任何困难；

⑤ 模拟理想条件的能力强，数值计算可以人为地去掉次要因素，集中精力研究几个基本参数，这一点是实验难以达到的。

(3) 常用的CFD商用软件　自1981年以来，出现了如PHOENICS、CFX、FLUENT等商用CFD软件，这些软件各有特点。

① FLUENT　1983年，美国的流体技术服务公司Creare Inc.的CFD软件部推出了其第一个商用CFD软件包FLUENT。自FLUENT软件上市以来，由于其丰富的物理模型、先进的数值方法及高质量的技术支持和服务，FLUENT很快成为CFD市场的领先者。

FLUENT软件提供了丰富的物理模型，包括理想气体、真实气体模型、多种燃烧模型、各种物性参数，旋转系统模型、传热模型、针对外流场与内流的特定的边界条件等。另外。FLUENT软件包含了8种工程上常用的湍流模型（包括1992年提出的一方程的*S-A*模型，双方程的k-ε模型，雷诺应力模型和最新的大涡模拟等），而每一种模型又有若干子模型。其他任何软件都没有像FLUENT这样提供如此丰富的物理模型。

FLUENT具有强大的后置处理功能，能够完成CFD计算所要求的功能，包括速度矢量图、等值线图、等值面图、流动轨迹图，并具有积分功能，可以求得力、力矩及其对应的力和力矩系数、流量等。对于用户关心的参数和计算的误差可以随时进行动态跟踪显示。

② CFX　CFX软件的前身为CCFDS-FLOW 3D，是由Computational Fluid Dynamics Services，AEA Technology于1991年推出的，后改名为CFX。该软件主要由3部分组成：Build，Solver和Analyze。Build主要是要求操作者建立问题的几何模型，CFX软件的前期处理模块与主体软件合二为一，并可以实现与CAD建立接口，功能非常强劲，网格生成器适用于复杂外形的模拟计算。Solver主要是建立模拟程序，在给定边界条件下，求解方程；Analyze是后处理分析，对计算结果进行各种图形、表格和色彩图形处理。该平台的最大特点是具有强大的前处理和后处理功能以及结果导出能力，具有较多的数学模型，比较适合于化工过程的模拟计算。

CFX采用的数值方法是有限体积法，可以进行结构化正交网格、不规则分块网格和非正交曲线坐标网格划分。另外，CFX还能处理滑移网格划分功能，利用它可以模拟运动物体的边界条件，如可以模拟动力机械转动的叶片周围流动情况。使用CFX可以进行包括流体流动、传热、辐射、多相流、化学反应、燃烧等许多工程实际问题的模拟。CFX具有很强的网格生成和图像后处理功能，使得问题的定义、求解直到最后的结果输出都非常直观方便。2003年CFX加入ANSYS软件包，成为其中专门进行流体力学数值计算的一个模块。

③ AIRPAK　AIRPAK是面向HVAC领域的软件，基于有限容积法，具有自动化的非结构化、结构化网格生成能力。提供模型有强迫对流、自然对流和混合对流模型，热传导、流固耦合传热模型、热辐射模型、湍流模型。其中湍流模型采用零方程模型，也称混合长度

模型，此模型对房间内的纯自然对流、大空间流动及置换通风具有令人满意的准确度且计算速度较快。目前 Airpak 已在空调制冷行业的如下方面得到了应用：住宅通风、排烟罩设计、电信室设计、洁净室设计、污染控制、建筑外部绕流、运输通风、矿井通风、烟火管理、电站通风等。

④ PHOENICS　PHOENICS 软件是英国 CHAM 公司开发的模拟传热、流动、反应、燃烧过程的通用 CFD 软件，它于 1981 年投放市场，是世界上第一个投放市场的商用 CFD 软件。PHOENICS 可以对三维稳态或非稳态的可压缩流或不可压缩流进行模拟，包括牛顿流、非牛顿流、多孔介质中的流动，并且可以考虑黏度、密度、温度变化的影响。

该软件采用有限容积法，网格系统包括：直角、圆柱、曲面、多重网格、精密网格。对流项的离散格式包括：一阶迎风格式、混合格式和 QUICK 格式等；压力与速度的耦合关系采用 SIMPLEST 算法。对两相流纳入了 IPSA 算法（适用于两种介质互相穿透时）及 PSI-Cell 算法（粒子跟踪法）。代数方程组采用整场求解或点叠代、块叠代方法，同时纳入了块修正以加速收敛。

PHOENICS 的开放性很好，提供对软件现有模型进行修改、增加新模型的功能和接口，可以用 FORTRAN 语言进行二次开发。PHOENICS 的 VR（虚拟现实）彩色图形界面菜单系统是这几个 CFD 软件里前处理最方便的一个，可以直接读入 ProPE 建立的模型（需转换成 STL 格式），使复杂几何体的生成更为方便，在边界条件的定义方面也极为简单。

PHOENICS-FLAIR 是专门为建筑设计专业和暖通空调专业开发的专用程序，已经拥有了大量的应用实践并积累了丰富的工程经验。

3.8.11.2　某项目乙醇储罐火灾计算机模拟分析

选取某项目乙醇储罐区作为评价对象，运用计算机模拟评价其发生火灾及爆炸对人体的伤害及周围设施的破坏程度。

成品罐区设备见表 3-98。

表 3-98　成品罐区设备

字号	设备名称	规格或主要参数	数量
1	混配罐	BV=250m³,7000mm×7000mm,CS	3
2	燃料乙醇储罐	BV=5000m³,24000mm×12000mm,CS	3
3	H_2SO_4 储罐	BV=50m³,4000mm×4000mm,CS	1
4	NaOH 储罐	BV=50m³,4000mm×4000mm,CS	1

由于罐区所储存的物料有乙醇、硫酸、氢氧化钠等，其中乙醇属甲类易燃易爆物品，其火灾、爆炸危险性最大，所以只对乙醇作模拟计算。储存量：5000×0.789（密度）×3×0.85（充满度）=10059t。

(1) 火球热辐射数值计算　对于该成品罐区，有三个大容量的乙醇储罐，发生火灾时如形成爆炸火球的危险较大，且该情况下对周边人员和设备的危害较强，该部分采用火球热辐射计算方法计算火球热辐射的影响区域。可燃液体（如乙醇、汽油等）泄漏后流到地面形成液池，或流到水面覆盖水面，遇到火源燃烧而形成池火灾。池火灾的主要危害来自火焰的强烈热辐射危害，而且火灾持续时间一般较长，因而采用稳态火灾下的热通量准则来确定火灾影响区域。本次评价过程中，根据火灾的数值计算方法使用 Visual Basic 编制火灾数值计算软件，结果如图 3-50、图 3-51 所示。

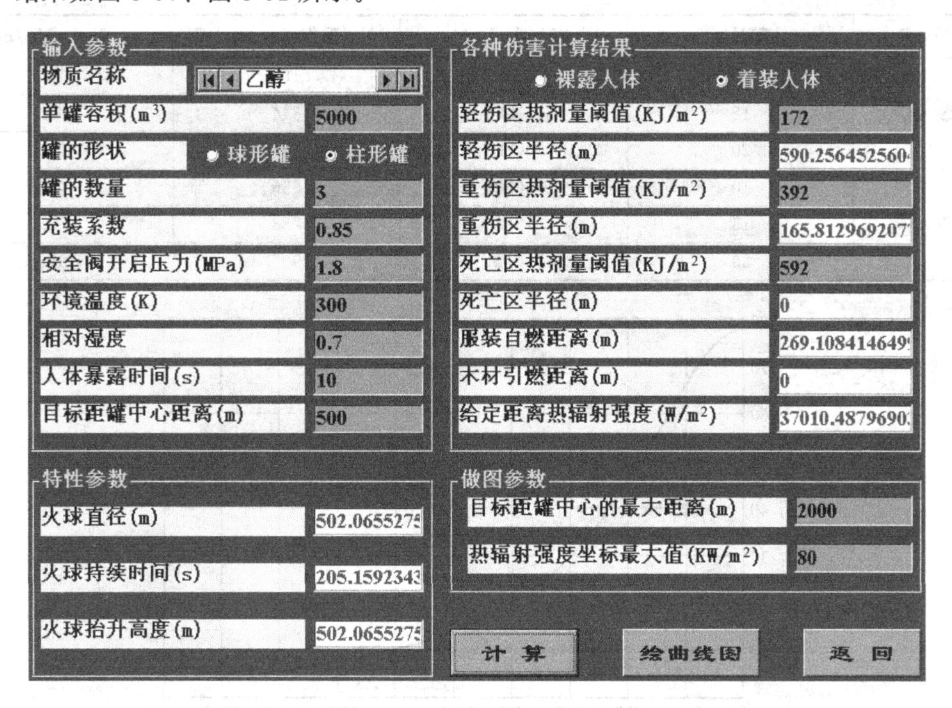

图 3-50 三个乙醇储罐发生火球热辐射的计算（对于着装人体）

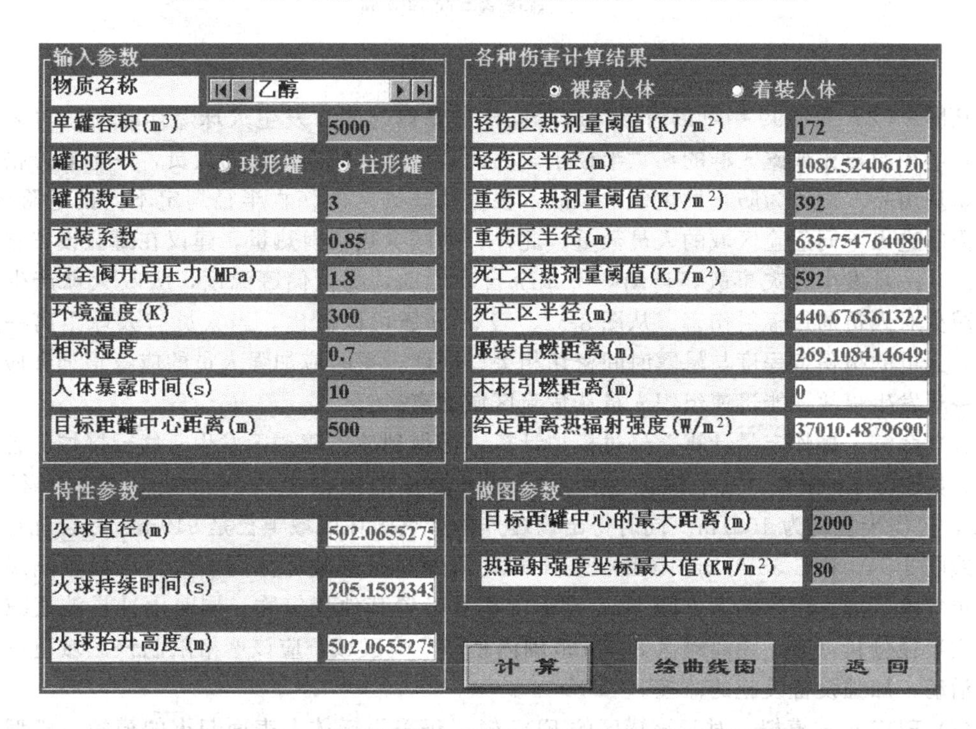

图 3-51 三个乙醇储罐发生火球热辐射的计算（对于裸露人体）

经过计算可以得出对于不同人群、不同暴露时间的影响范围，经过多次计算，将火球爆炸的轻伤、重伤和死亡区域半径统计出来，如表 3-99 所示。并可根据计算结果绘制出火球热辐射强度曲线，如图 3-52 所示。

表 3-99　伤亡区域统计表

人群对象	暴露时间/s	轻伤半径/m	重伤半径/m	死亡半径/m
着装人体	10	590	166	—
	15	740	344	33
	20	853	448	238
裸露人体	10	1083	636	441
	15	1283	788	583
	20	1442	905	689

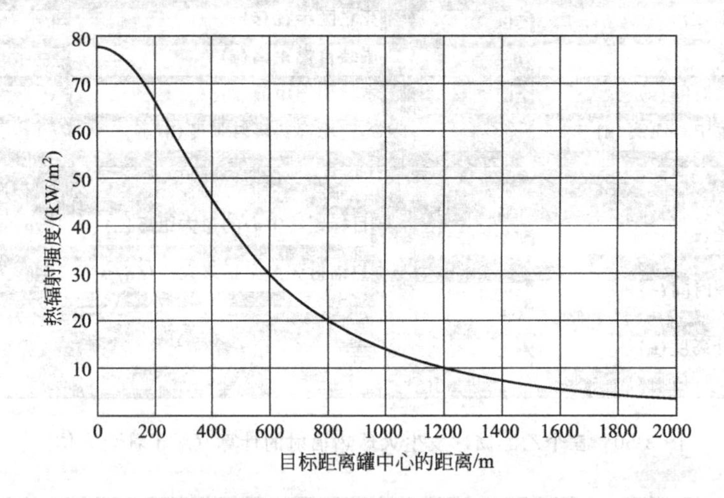

图 3-52　火球热辐射强度曲线

从图 3-52、表 3-99 中可以看出，对于同样的暴露时间，发生火球爆炸时对于着装人体的伤亡半径明显比裸露人群的伤亡半径小，因此在危险区域内工作的人员，一定要严格配备个人防护用品。同时为防止发生伤亡事故，根据计算确定的伤亡半径划定不同的危险区域，严格限制进入不同危险区域的人员数量。此外，为减少热辐射热量，建议在罐区设置自动喷淋系统，一旦发生火灾事故，自动喷淋系统自动启动，降低储罐温度，吸收火球产生的热量，减少对人员的热辐射伤害。从图 3-52、表 3-99 还可以看出，当人员与火球距离一定的时候，人员的被伤害程度与暴露时间密切相关，因此，平时应加强人员的应急培训和应急演练，一旦发生事故，能迅速组织人员从危险区域撤离。

(2) 蒸气云爆炸定量计算　经过模拟计算，可得到该乙醇罐区发生蒸气云爆炸的各重要参数，如图 3-53 所示。三个罐同时形成蒸气云爆炸的死亡半径是 289m，重伤半径约为 528m，轻伤半径约为 1031m。同时得出该爆炸的严重破坏区域半径是 919m。综合计算结果和曲线图 3-54、图 3-55 可知，该罐区发生蒸气云爆炸时的破坏范围较大，应设置隔爆装置和划定危险区域。距离罐区方圆 1km 范围内不宜设置其他建筑物，同时由冲击波衰减曲线和死亡半径分析可知，距离罐区 300m 范围内是高危险区域，应该严格限制该区域范围内的人员活动，加强设备设施的监控。

(3) FDS 火灾模拟　对于该罐区的 FDS 模拟仍采用罐体上表面起火的模拟，模型提取三个乙醇储罐为主要火源，建模结果如图 3-56 所示。左边黑色部分为敞开区域模拟 2.5m/s 风流的构造，它可以假定环境空气以 2.5m/s 的速度从左向右均匀流动。

在模拟时，我们假设三个储罐同时起火的最危险情况进行分析，通过模拟计算，FDS 给出火焰形状和烟气的扩散过程，如图 3-57、图 3-58 所示。

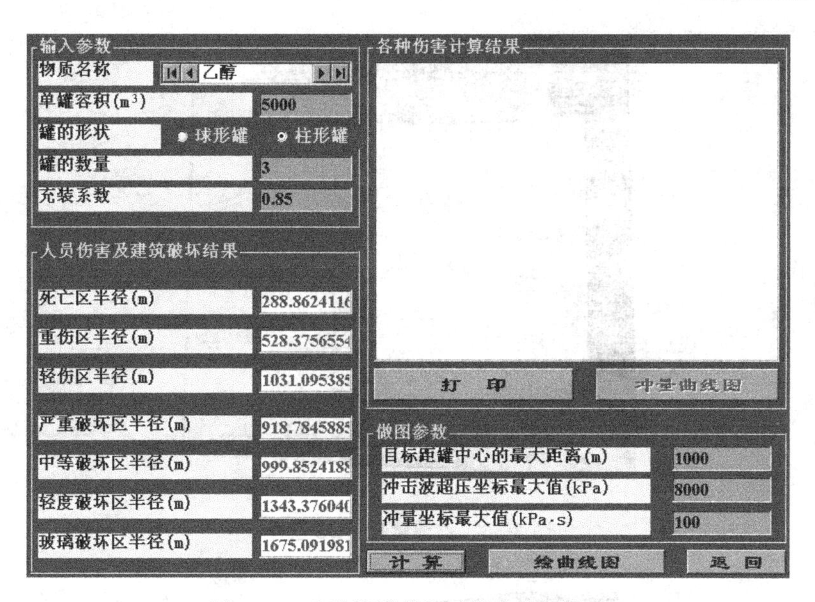

图 3-53 乙醇储罐蒸气云爆炸数值计算

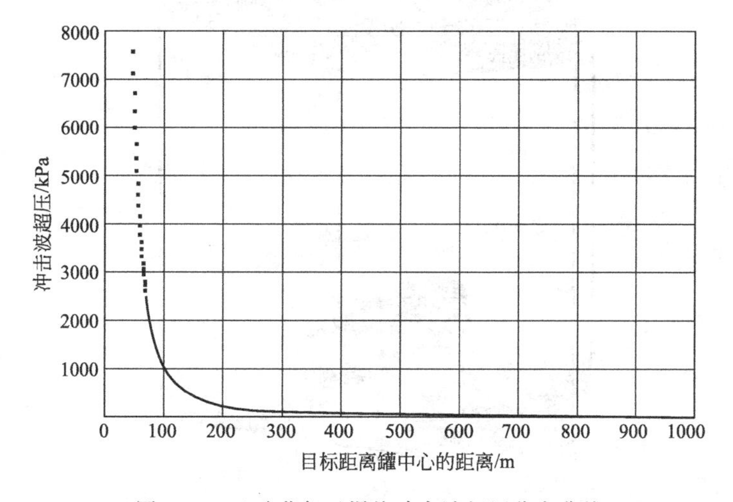

图 3-54 乙醇蒸气云爆炸冲击波超压分布曲线

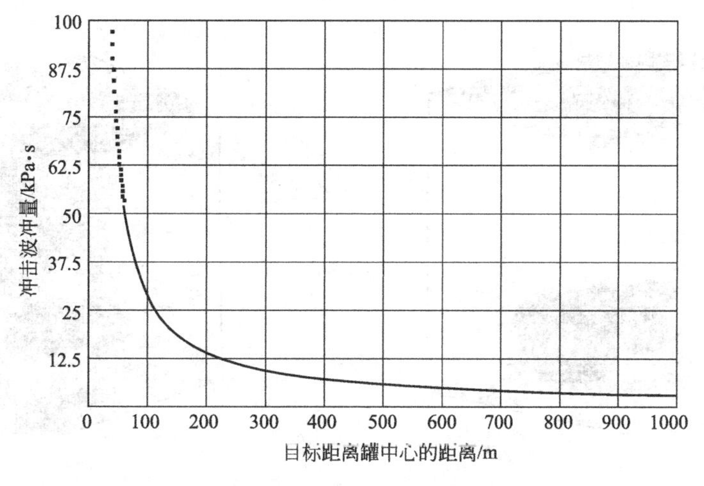

图 3-55 乙醇蒸气云爆炸冲击波冲量分布曲线

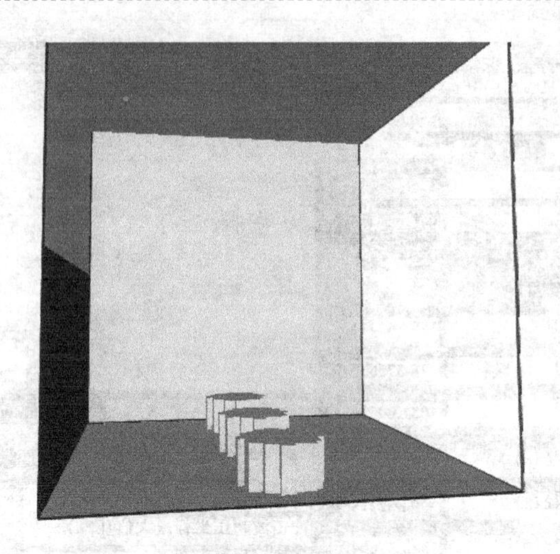

图 3-56　乙醇罐区 FDS 模型

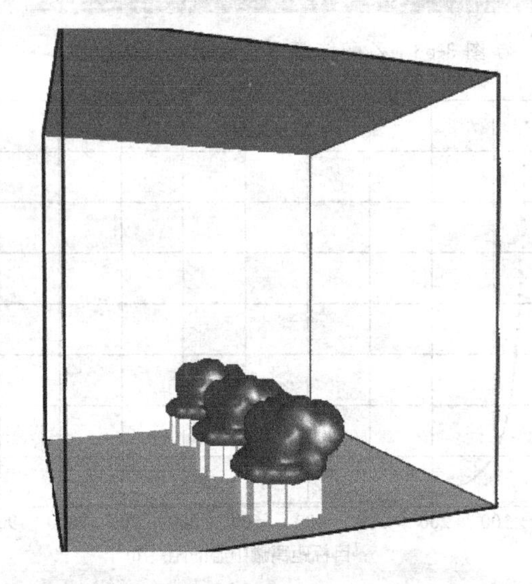

图 3-57　火灾发生 5s 后的火焰形状

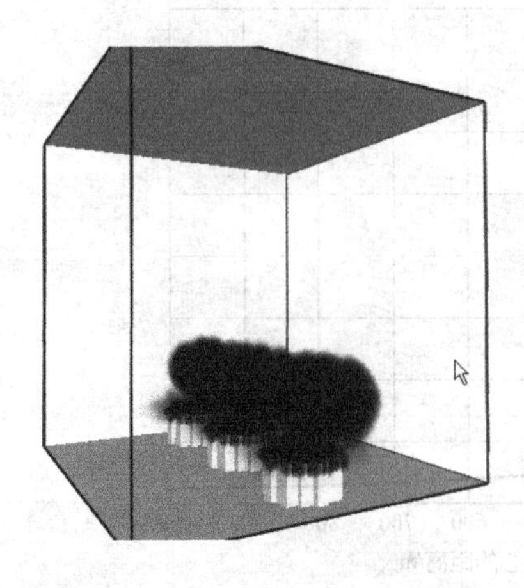

图 3-58　火灾发生后烟气扩散过程（6s 和 15s 截图）

分析可知，当三个罐同时发生火灾时，烟气扩散速度较快，15s后上升到空中150m左右，可见度较低。燃烧产生的有害物主要是CO，在有风的情况下它会随风流扩散到下风向的很大范围，对罐区下风向的工作人员和居民造成影响，严重时还可能导致大面积中毒。通过模拟得到火灾热辐射分布云图（见图3-59)，可以看出风速对于火焰的热辐射有一定影响，下风向范围内的热辐射强度高于上风向，且温度向上空的传播高于水平方向。

图3-59 火灾发生15s时的热辐射分布云图（取横向剖面）

(4) 评价结论 为防止事故发生时，高温火焰烧烤环境下因储罐罐内物料过热而迅速气化导致罐内超压、破裂所引起的二次灾害，应采取水冷却周围储罐外壁，降低罐内温度。同时，在泄压装置设计方面应考虑到事故状态下泄压装置的动作时间，避免动作时间过缓而导致储罐破裂；在确定泄压量时，应考虑对罐内气液平衡的破坏影响。

为防止池火灾发生，防止因池面积的扩大而导致灾害的扩大，应根据储罐容积来设计事故状态下防护堤的半径和高度。

为了减少在罐区内形成局部化空间，从而为UVCE的发生创造条件，储罐布局时除了满足防火防爆间距的要求外，还应适当减少储罐分布密度。

点火源是引起火灾、爆炸的一个重要因素，应采取措施消除和控制火源：如罐区内严禁烟火，同时注意防止静电；进入罐区的车辆必须佩带防火罩，装卸过程中车辆必须熄火；严个执行罐区内动火程序；罐区内应采用防爆电器设施。

设计罐区与周围办公、住宅等建筑物距离时，在满足防火防爆间距要求的同时，还应考虑根据罐区储量估算的爆炸冲击波或火灾热辐射所导致的各种破坏、伤害半径的大小，以减少突发事故对罐区外人员、建筑物造成的伤害和破坏。

尽管罐区发生火灾爆炸事故的可能性，特别是重大火灾爆炸事故的可能性较小。但是一旦发生，其后果极其严重，对人员的伤害范围和对建筑物、构筑物、设施、设备的破坏范围可以覆盖整个罐区。因此该项目工程在施工中应严格按照国家、石油化工行业的防止泄漏、防火、防爆的有关规定，严格把好设计、施工质量关，同时在生产过程中采取全面、系统的安全管理措施，并确保这些措施行之有效，确保池火灾和蒸气云雾爆炸（VCE）事故不会发生。应该加强库区内某些重要设备、设施和工艺的管理，进一步对生产安全管理及事故应急处理等提出了有针对性的对策与措施。并与毗邻单位、各级消防局共同合作建立长期有效的消防联防制度。所有这些对策措施，对于全面降低火灾爆炸危险性，对于保护罐区作业人员的生命安全与健康，对于指导安全工作，实现安全生产，都具有极其重要的意义。

3.8.11.3 某地铁事故应急疏散计算机模拟分析

（1）实例概况　以某地铁换乘站M为研究样本，该站位于市中心，周围建筑设施多，人流密集，内部结构复杂，进出站客流量大，是北京地铁公布的前十大进出站人流量车站之一。该站能够为乘客提供三条地铁线路之间的换乘，其中前两条地铁线路换乘部位共有5个出口：A西北（分为A_1、A_2）、B东北、C东南、D西南，第三条线路有2个出口：A北、B南，其区域位置图及简化平面图如图3-60、图3-61所示。

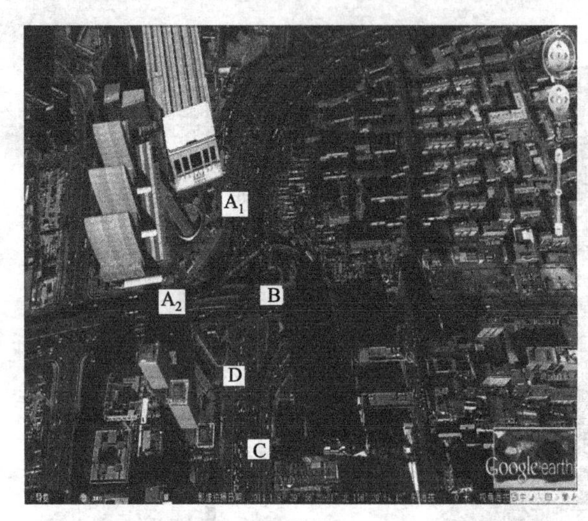

图3-60　地铁站M区域位置图（goole earth绘制）

（2）事故情景构建　本次地铁事故模拟假设发生于上午8点早高峰时间段，地铁M前两条地铁线路换乘的站台。假设模拟事故发生时地铁站M前两条地铁线路换乘站台上有2680人等待乘坐地铁，站台附近发现一个黑色包裹，包裹内存放自制炸药（等同3kg TNT），8点15分该包裹爆炸，采用TNT当量法计算爆炸物波及的范围约为7m，由于爆炸冲击波、爆破碎片、有毒化物品接触，出现局部人员伤亡及财产损失。现场混乱、乘客恐慌，站台局部拥挤。为防止事故蔓延和扩大，中控室发现后立即采取措施调配工作人员对站内乘客进行应急疏散，运用蚁群算法模型选择优化应急疏散路径，将乘客疏散至安全区域。

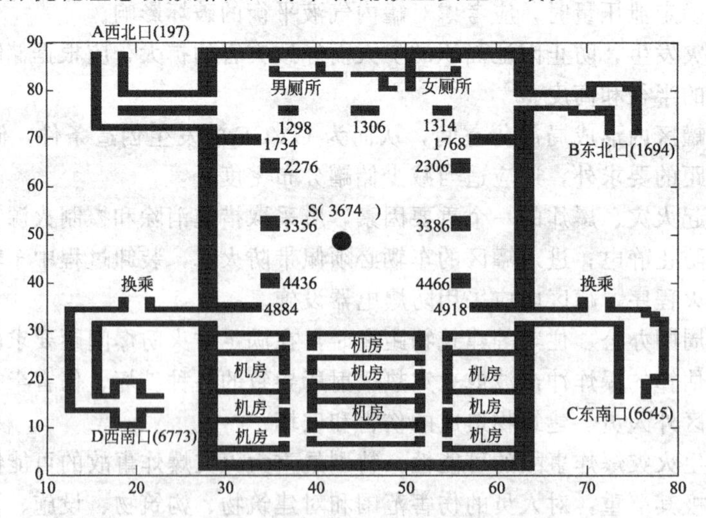

图3-61　地铁站M简化后的平面图

（3）地铁事故应急疏散路径评价　根据上述事故情景构建，以二维规划空间建立矩阵，设聚集人数较多的站台某点为事故发生点S（3674），根据事故发生位置、站台内障碍物状况及各出口通道的分布，将西北口同一疏散通道下的两个出口A_1、A_2简化为A出口，乘客被分别疏散至 4 个出口，即 A 西北口、B 东北口、C 东南口、D 西南口，其在二维空间矩阵中所代表的位置点分别为：A(197)、B(1694)、C(6645)、D(6773)。结合地铁站 M 的总平面位置图及内部公共设施布局，输入各通道及障碍物位置坐标，如图 3-61 所示。

采用 MAKLINK 蚁群算法建立路径规划的二维空间，模拟从起点到各疏散出口终点的初始路径及其优劣更新的信息素，在 MATLAB 程序运行下，得出模拟疏散最优路径结果，如图 3-62 所示。

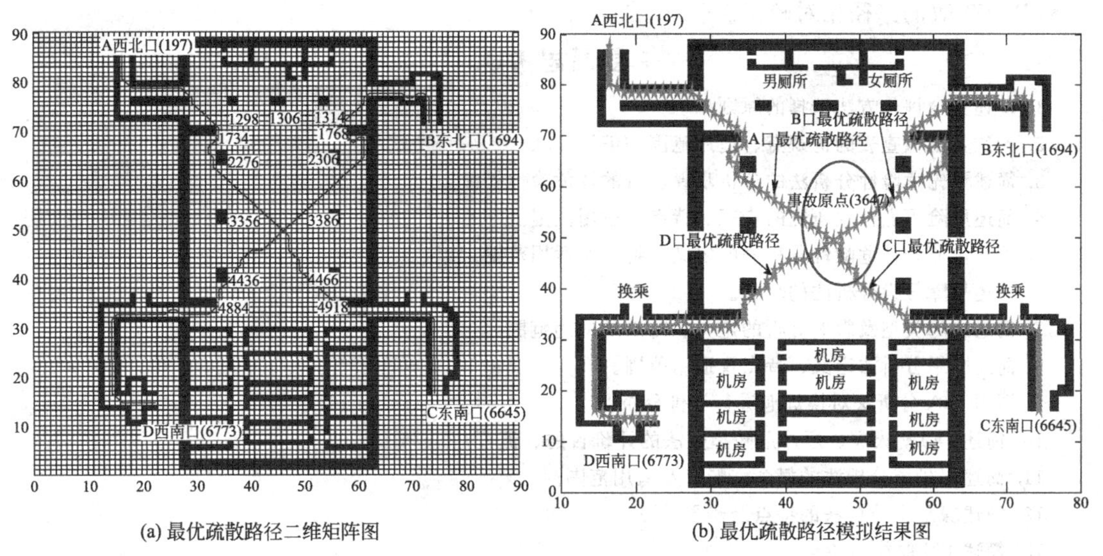

(a) 最优疏散路径二维矩阵图　　(b) 最优疏散路径模拟结果图

图 3-62　模拟疏散最优路径结果

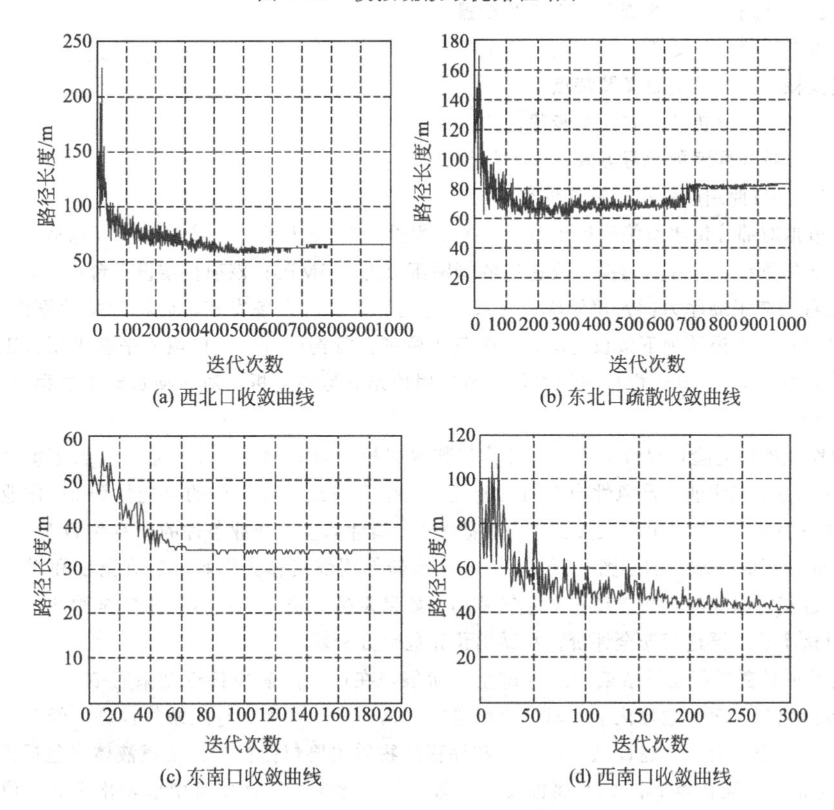

(a) 西北口收敛曲线　　(b) 东北口疏散收敛曲线

(c) 东南口收敛曲线　　(d) 西南口收敛曲线

图 3-63　4 个出口的疏散路径曲线

图 3-62(a) 所示的 MATLAB 二维矩阵图为 90m×90m 的正方形矩阵建模，每一方格边长均代表 1.0m，与地铁 M 实际状况基本一致。在此计算基础数据之上，模拟求得图 3-62 所示的 4 个出口的疏散路径为 X 状。各出口模拟结果的收敛曲线如图 3-63 所示。

图 3-63 的各实验结果显示，在 A 口、B 口开始的 0～700 迭代次数下，开始的疏散路径波动较大，在运行到 1000 代及之后，疏散路径选择趋于稳定；C 口、D 口在运行到 300 代及之后，疏散路径选择趋于稳定。经分析对比 4 个出口的模拟结果，事故发生时，人员从 A 口和 B 口疏散的路径相对较短。

复习思考题

1. 简述安全评价方法选择的原则。
2. 论述安全检查表的优缺点、适用范围和编制步骤。
3. 简述预先危险性分析法的分析步骤、目的及危险性等级。
4. 简述危险可操作性研究的步骤、特点及适用范围。
5. 简述作业条件危险性分析法的定义、特点及适用范围。
6. 简述故障假设分析法的步骤。
7. 简述故障类型及影响分析的定义、特点及适用范围。
8. 简述因果分析法定义、特点及适用范围。
9. 请用 JSA 分析法对换灯泡进行评价分析。
10. 简述 DOW 火灾、爆炸危险指数法的评价目的、流程。
11. 简述保护层分析法的概念、特点及适用范围。
12. 简述蝶形图分析法的特点及步骤。
13. 简述 FN 曲线的特点。
14. 简述蒙特卡洛分析法的概念、特点及步骤。
15. 简述贝叶斯分析法的概念及特点。
16. 简述模糊评价方法的定义及特点。
17. 简述灰色层次分析评价方法的步骤。
18. 简述人工神经网络的学习方式及学习规则。
19. 常用的 CFD 商用软件包括哪些种类?

20. 某城市拟对部分供水系统进行改造，改造工程投资 2900 万元，改造主要内容包括：沿主要道路敷设长度为 15km 的管线，并穿越道路，改造后的管网压力为 0.5MPa；该项目增设 2 台水泵，泵房采用现有设施。改造工程的施工顺序为：先挖管沟，管线下沟施焊，泵房设备安装，后将开挖的管沟回填、平整。据查，管线经过的城市道路地下敷设有电缆、煤气等管线。管沟的开挖、回填和平整采用人工、机械两种方式进行，管沟深 1.5m，管道焊接采用电焊。请采用预先危险性分析法对该项目施工过程中存在的危险、有害因素进行分析。

21. 采用作业条件危险性评价的方法，计算某装置巡检作业人员在现场作业时，若不慎吸入现场逸散的硫化氢气体，将致使作业人员急性中毒的可能性。发生事故或危险事件的可能性为 3；作业人员暴露于危险环境飞频率为 6；可能发生重大人员伤害事故为 3。请计算生产作业条件的危险性 D 值。

22. 某车间使用的热水器如附图 3-1 所示，该热水器使用煤气作为燃料，装有温度和煤气开关联锁装置，当水温超过规定温度时，联锁动作将煤气关小，如果发生故障，则通过泄压安全阀放出热水。用预先危险分析法对这个热水器进行安全评价，并做出预先危险分析表。

23. 某建设项目在工程建设结束后进入试生产阶段，在试生产阶段接近结束时欲进行安全验收评价。该建设项目包括生产厂房、危险化学品库、变配电室、锅炉房、油库、空压站等设施。经观测，项目所在地年最小频率风向为西南风。建设项目中使用和储存的物质主要包括：(1) 易燃液体（包括丙酮、异丙醇等)；(2) 氧化剂、过氧化氢等；(3) 腐蚀品，硫酸、氢氧化钠等。该项目中危险化学品库位于企业西南角，根据各类危险化学品的性质，该建设项目将其分房储存。对存放腐蚀性危险化学品的场所已按相关要

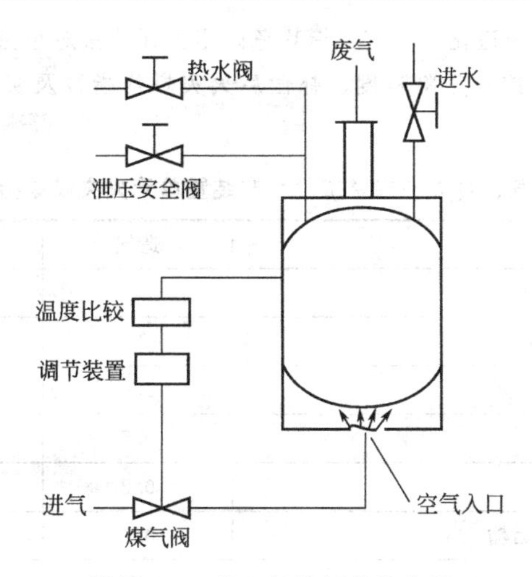

附图 3-1 某车间使用的热水器

求完成防腐处理。

现场勘查中发现该建设项目的生产厂房采用了有防护罩的灯具进行照明，但部分电气线路未穿管敷设。已按相关规定设置了导静电装置，但尚未完成安全标志的设置。企业提供了消防验收文件、安全管理机构设置和应急救援预案等文件，但未涉及具体的应急装置设置。同时，企业提供了员工的教育和培训记录，经检查，厂长未参加培训和考核。根据建设项目情况，采用符合/不符合型的安全检查表法对该项目进行安全评价。附表 3-1 为部分安全检查表。

根据提供的安全检查表和已知条件，对该项目进行安全评价。

附表 3-1 安全验收评价中采用的部分安全检查表

序号	检查项目及内容	记录检查	结果
1	化学危险品库，油料库应布置在厂区最小频率风向的上风侧		
2	污水处理站应布置在厂区边缘地带，并与厂区和居民区保持必要的卫生防护距离		
3	生产厂房内应设置紧急冲淋装置及洗眼器，并保证不间断供水		
4	危险化学品应按其类别、性质分类储存，性质相抵触的危险化学品，严禁混放在一起		
5	生产厂房的电气设备线路必须安全可靠，照明应采用有防护罩的灯具		
6	储存具有较强腐蚀性液体的房间，其基础及周围地面，应采取防腐蚀处理		
7	企业法定代表人和厂长、经理必须经过安全教育并经考核合格后方能任职		
8	企业应按国家有关规定设置安全生产管理机构		
9	仓库四周应设置醒目的防火标志		
10	危险化学品库房应设有防雷和导出静电的接地装置		

24. 小氮肥行业全国现有 500 多家，其合成氨生产力为每年 2.5 万～20 万吨。合成氨生产是以白煤为原料，在煤气发生炉内燃烧，间隙加入空气和水蒸气，产生伴水煤气；在经气柜到脱硫工段，脱出气体中的硫；到变换工段将气体中一氧化碳变换为二氧化碳；经压缩机输送到碳化工段，生产碳酸氢铵或送脱碳工段，清除并回收气体中的二氧化碳；再到铜洗工段，清除气体中少量有害成分；最后送合成工段，生成氨；氨再与二氧化碳合成尿素。在整个合成氨生产操作过程中，始终存在着高温、高压、易燃、易爆、易中毒等危险因素。同时，因生产工艺流程长、连续性强，设备长期承受高温和高压，还有内部介质的冲刷、渗透和外部环境的腐蚀等因素影响，各类事故发生率比较高，尤其是火灾、爆炸和重大设备事故经常发生。通过以往经验，造气、合成和尿素工段的危险程度更大。附表 3-2～附表 3-4 给出的 DOW 化学方法对应工艺的取值参数表。

根据所述条件和数据，应用道化学火灾、爆炸危险指数评价法对小氮肥厂生产中造气工段进行分析评价，要求得出火灾爆炸指数及危险程度、补偿后火灾爆炸指数及实际火灾爆炸暴露半径和暴露面积。

附表 3-2 造气、合成和尿素工段生产装置单元火灾爆炸指数（F&EI）

项目		造气	合成	尿素
物质名称		CO	H_2	NH_3
物质系数		21	21	4
一般工艺危险	基本系数	1.0	1.0	1.0
	1.放热化学反应	0.5	0.5	0.3
	2.吸热化学反应	0.2	—	—
	3.物料的处理和运输	0.4	0.3	0.3
	4.密闭式或室内工艺单元	0.25	0.25	0.5
	5.通道	0.2	0.2	0.2
	6.排放和泄漏控制	0.2	0.2	05
特殊工艺危险	基本系数	1.0	1.0	1.0
	1.毒性物质	0.4	0.3	0.4
	2.压力	—	1.0	0.6
	3.易燃极不稳定物质量/kg 物质燃烧热 H_c/(J/kg)	0.3	0.3	0.3
	4.一直在燃烧范围内	0.8	0.8	—
	5.低温	—	0.3	—
	6.腐蚀与磨损	0.2	0.3	0.7
	7.泄漏——连接和填料	0.1	0.3	0.3
	8.使用明火设备	0.4	—	—
	9.转动设备	0.2	0.5	0.5

附表 3-3 单元补偿系数

项目		造气	合成	尿素
C_1 工艺控制	1.应急电源	0.98	0.98	0.98
	2.冷却装置	0.99	0.99	0.99
	3.拟爆	0.98	0.98	0.98
	4.紧急切断装置	0.98	0.98	0.98
	5.计算机控制	0.97	0.97	097
	6.惰性气体保护	0.96	—	0.96
	7.操作规程	0.99	0.91	0.91
	8.活性化学物质检查	—	—	0.91
C_2 物质隔离	1.远距离控制阀	0.98	0.98	0.98
	2.备用泄料装置	0.98	—	0.98
	3.排放系统	0.91	0.91	0.91
	4.联锁装置	0.98	0.98	0.98

续表

项目		造气	合成	尿素
C_3 防火措施	1.泄漏检测装置	0.98	0.98	0.98
	2.钢制结构	0.98	0.98	0.98
	3.消防水供应	0.94	0.94	0.94
	4.特殊系统	0.91	0.91	0.91
	5.喷洒系统	0.97	0.97	0.97
	6.水幕	0.98	0.97	—
	7.泡沫装置	0.94	0.94	0.94
	8.手提式灭火器	0.97	0.97	0.97
	9.电缆保护	0.94	0.94	0.94

附表 3-4 F&EI 及危险等级

F&EI 值	危险等级	F&EI 值	危险等级
1～60	最轻	128～158	很大
61～96	较轻	＞159	非常大
97～127	中等		

25. 轮式汽车起重吊车，在吊物时，吊装物坠落伤人是一种经常发生的起重伤人事故，起重钢丝绳断裂是造成吊装物坠落的主要原因，吊装物坠落与钢丝绳断脱、吊勾冲顶和吊装物超载有直接关系。钢丝绳断脱的主要原因是钢丝绳强度下降和未及时发现钢丝绳强度下降，钢丝绳强度下降是由于钢丝绳腐蚀断股、变形和钢丝绳质量不良，而未及时发现钢丝绳强度下降主要原因是日常检查不够和未定期对钢丝绳进行检测；吊勾冲顶是由于吊装工操作失误和未安装限速器造成的；吊装物超载则是由于吊装物超重和起重限制器失灵造成的。请用故障树分析法对该案例进行分析，做出故障树，求出最小割集和最小径集。假如每个基本事件都是独立发生的，且发生概率均为0.1，即 $q_1=q_2=q_3=\cdots=q_n=0.1$，试求钢丝绳裂事故发生的概率。

26. 根据下面工艺图绘制事件树图。

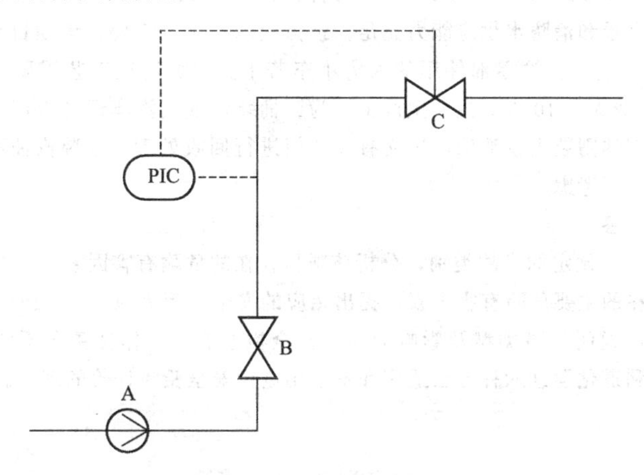

27. 某一储存有毒液体的储罐，直径 5m，罐高 10m，罐顶上装设有呼吸阀与大气连同。由于年久腐蚀，在罐底下部高 2m 处有一直径为 5cm 圆滑喷嘴型泄漏小孔，初始泄露时液面高度为 8m，有毒液体的密度为 $1000kg/m^3$，圆滑喷嘴型泄漏系数 $C_0=1.0$，请计算有毒液体泄漏 1h 的泄漏量？

28. 尾矿库安全评估指标体系如下所示：

1级指标	2级指标
尾矿库安全评价	人的因素(R)
	物的因素(W)
	环境因素(H)
	管理因素(G)

应用层次分析法确定指标权重，通过比较指标间两两重要程度，采用1～9标度法得到判断矩阵$\boldsymbol{A}$，以主因素为例，根据专家的意见，从人的因素（R）、物的因素（W）、环境因素（H）和管理（G）这四个因素建立指标体系。判断矩阵$\boldsymbol{A}$为：

$$\boldsymbol{A}=\begin{bmatrix}1 & 2 & 3 & 4\\ 1/2 & 1 & 2 & 3\\ 1/3 & 1/2 & 1 & 2\\ 1/4 & 1/3 & 1/2 & 1\end{bmatrix}$$

请用层次分析法进行分析，并对影响因素进行权重排序。

29. 某矿对2300名接触煤尘人员进行健康体检，发现职工的健康状况分布如附表3-5所示。根据以往资料统计，前年到去年各种健康人员的变化情况如下：健康人员继续保持健康的占73%，有19%变为疑似尘肺病，8%的人员被定为尘肺病；原有的疑似尘肺病一般不可能恢复为健康者，仍保持原来的状态80%，有20%被正式定为尘肺病。尘肺病患者一般不可能恢复为健康或返回疑似尘肺病。请用马尔科夫法预测今年接触煤尘人员健康状况，并提出措施。

附表3-5　某矿某年对接触煤尘人员健康体检状况

健康状况	健康	疑似尘肺病	尘肺病
状态	E_1	E_2	E_3
人数/人	1800	400	100

30. 某机械装备制造厂是一现代化生产企业，现有办公楼、耐火等级为戊级生产厂房各一座，并设有食堂、变电所、污水处理车间、空压站、换热站、水泵房及消防、生产、生活共用水池。为满足新产品生产装配的需要，现需建设一座大层、占地面积为40mm×20mm的零部件有机溶剂清洗间，所用有机溶剂为汽油，该清洗间高度为9.6m。每台封闭式清洗机内汽油为200kg，经核算，现有生产和生活给排水、供热采暖能力、消防水池容量和消防水供应能力充足，预留地基本满足需要。该项目需要清洗机2台，额定起重量为1t的电动葫芦2台，运输零部件用的人力小车若干。根据清洗工艺需要，车间内设有高度大于2.6m的平台，需各类作业人员10人。主要生产工艺为：桶装汽油用汽车运送至清洗间，并注入封闭式清洗机内，清洗后用过的汽油则装入废油桶，送交有关部门进行回收处理。桶装汽油不在清洗间内储存，气象条件和工程地质条件可不考虑。

请根据给定条件，解答：

(1) 根据GB 6441—86规定的事故类别，分析该项目存在的危险有害因素。

(2) 针对该项目存在的主要危险有害因素，提出相应的安全对策措施。

(3) 针对清洗间，请说明故障类型及影响分析、安全检查表、工作任务分析法（JSA）、蝶形图分析法、预先危险性分析法和道化学这六种方法适用和不适用进行安全验收评价的理由。

第4章 安全对策措施

本章学习目标

1. 了解安全对策措施的基本要求和遵循的原则。
2. 熟悉安全技术对策包括的内容，掌握安全技术对策遵循的原则。
3. 掌握项目选址、平面布局、建构筑物、机械、电气、防火防爆、特种设备及职业危害控制措施的内容。
4. 掌握安全管理对策措施包括的主要内容。

安全对策措施是要求设计单位、生产单位、经营单位在建设项目设计、生产经营、管理中采取的消除或减弱危险、有害因素的技术措施和管理措施，是预防事故和保障整个生产、经营过程安全的对策措施。

4.1 安全对策措施的基本要求和遵循的原则

4.1.1 安全对策措施的基本要求

在考虑、提出安全对策措施时，有如下基本要求：

(1) 能消除或减弱生产过程中产生的危险、危害；

(2) 处置危险和有害物，并降低到国家规定的限值内；

(3) 预防生产装置失灵和操作失误产生的危险、危害；

(4) 能有效地预防重大事故和职业危害的发生；

(5) 发生意外事故时，能为遇险人员提供自救和互救条件。

4.1.2 制定安全对策措施应遵循的原则

在制定安全对策措施时，应遵守如下原则。

(1) 安全技术措施等级顺序　当安全技术措施（简称安全技术措施）与经济效益发生矛盾时，应优先考虑安全技术措施上的要求，并应按下列安全技术措施等级顺序选择安全技术措施。

① 直接安全技术措施。生产设备本身应具有本质安全性能，不出现任何事故和危害。

② 间接安全技术措施。若不能或不完全能实现直接安全技术措施时，必须为生产设备设计出一种或多种安全防护装置（不得留给用户去承担），最大限度地预防、控制事故或危

害的发生。

③ 指示性安全技术措施。间接安全技术措施也无法实现或实施时，须采用检测报警装置、警示标志等措施，警告、提醒作业人员注意，以便采取相应的对策措施或紧急撤离危险场所。

④ 若间接、指示性安全技术措施仍然不能避免事故、危害发生，则应采用安全操作规程、安全教育、培训和个体防护用品等措施来预防、减弱系统的危险、危害程度。

(2) 安全对策措施应具有针对性、可操作性和经济合理性

① 针对性是指针对不同行业的特点和评价中提出的主要危险、有害因素及其后果，提出对策措施。

由于危险、有害因素及其后果具有隐蔽性、随机性、交叉影响性，对策措施不仅要针对某项危险、有害因素孤立地采取措施，而且应使系统全面地达到国家安全指标为目的，采取优化组合的综合措施。

② 提出的对策措施是设计单位、建设单位、生产经营单位进行安全设计、生产、管理的重要依据，因而对策措施应在经济、技术、时间上是可行的，能够落实和实施的。此外，要尽可能具体指明对策措施所依据的法规、标准，说明应采取的具体的对策措施，以便于应用和操作。不宜笼统地将“按某某标准有关规定执行”作为对策措施提出。

③ 经济合理性是指不应超越国家及建设项目生产经营单位的经济、技术水平，按过高的安全指标提出安全对策措施。即在采用先进技术的基础上，考虑到进一步发展的需要，以安全法规、标准和指标为依据，结合评价对象的经济、技术状况，使安全技术装备水平与工艺装备水平相适应，求得经济、技术、安全的合理统一。

(3) 对策措施应符合有关的国家标准和行业安全设计规定的要求　在安全评价中，应严格按有关设计规定的要求提出安全对策措施。

4.2 安全对策措施

安全对策措施包括安全技术措施和安全管理措施，安全技术措施主要包括：厂址及厂区平面布置的对策措施；防火、防爆对策措施；电气安全对策措施；机械伤害对策措施；其他安全对策措施（包括：高处坠落、物体打击、安全色、安全标志等方面）。有害因素控制对策措施（包括：尘、毒、窒息、噪声和振动等有害因素的控制对策措施）。

4.2.1 安全技术对策措施

安全技术对策措施的原则是优先应用无危险或危险性较小的工艺和物料，广泛采用综合机械化、自动化生产装置（生产线）和自动化监测、报警、排除故障和安全联锁保护等装置，实现自动化控制、遥控或隔离操作。尽可能防止操作人员在生产过程中直接接触可能产生危险因素的设备、设施和物料，使系统在人员误操作或生产装置（系统）发生故障的情况下也不会造成事故的综合措施是应优先采取的对策措施。

4.2.1.1 厂址及厂区平面布局的对策措施

(1) 项目选址　选址时，除考虑建设项目经济性和技术合理性并满足工业布局和城市规划要求外，在安全方面应重点考虑地质、地形、水文、气象等自然条件对企业安全生产的影响和企业与周边区域的相互影响。

① 自然条件的影响

a. 不得在各类（风景、自然、历史文物古迹、水源等）保护区、有开采价值的矿藏区、各种（滑坡、泥石流、溶洞、流沙等）直接危害地段、高放射本底区、采矿陷落（错动）区、淹没区、发震断层区、地震烈度高于九度地震区、Ⅳ级湿陷性黄土区、Ⅲ级膨胀土区、地方病高发区和化学废弃物层上面建设。

b. 依据地震、台风、洪水、雷击、地形和地质构造等自然条件资料，结合建设项目生产过程和特点采取易地建设或采取有针对性的、可靠的对策措施。如设置可靠的防洪排涝设施、按地震烈度要求设防、工程地质和水文地质不能完全满足工程建设需要时的补救措施、产生有毒气体的工厂不宜设在盆地窝风处等。

c. 对产生和使用危险危害性大的工业产品、原料、气体、烟雾、粉尘、噪声、振动和电离、非电离辐射的建设项目，还必须依据国家有关专门（专业）法规、标准的要求，提出对策措施。例如生产和使用氰化物的建设项目禁止建在水源的上游附近。

② 与周边区域的相互影响　除环保、消防行政部门管理的范畴外，主要考虑风向和建设项目与周边区域（特别是周边生活区、旅游风景区、文物保护区、航空港和重要通信、输变电设施和开放型放射工作单位、核电厂、剧毒化学品生产厂等）在危险、危害性方面相互影响的程度，采取位置调整、按国家规定保持安全距离和卫生防护距离等对策措施。

例如，根据区域内各工厂和装置的火灾、爆炸危险性分类，考虑地形、风向等条件进行合理布置，以减少相互间的火灾爆炸威胁；易燃易爆的生产区沿江河岸边布置时，宜位于邻近江河的城镇、重要桥梁、大型锚地、船厂、港区、水源等重要建筑物或构筑物的下游，并采取防止可燃液体流入江河的有效措施；公路、地区架空电力线路或区域排洪沟严禁穿越厂区。与相邻的工厂或设施的防火间距应符合《建筑设计防火规范》《石油化工企业设计防火规范》等有关标准的规定。危险、危害性大的工厂企业应位于危险、危害性小的工厂企业全年主导风向的下风侧或最小频率风向的上风侧；使用或生产有毒物质、散发有害物质的工厂企业应位于城镇和居住区全年主导风向的下风侧或最小频率风向的上风侧；有可能对河流、地下水造成污染的生产装置及辅助生产设施，应布置在城镇、居住区和水源地的下游及地势较低地段（在山区或丘陵地区应避免布置在窝风地带）；产生高噪声的工厂应远离噪声敏感区（居民、文教、医疗区等）并位于城镇居民集中区的夏季最小风频风向的上风侧，对噪声敏感的工业企业应位于周围主要噪声源的夏季最小风频风向的下风侧；建设项目不得建在开放型放射工作单位的防护检测区和核电厂周围的限制区内；按建设项目的生产规模、产生危险、有害因素的种类和性质、地区平均风速等条件，与居住区的最短距离，应不小于规定的卫生防护距离；与爆炸危险单位（含生产爆破器材的单位）应保持规定的安全距离等。

（2）厂区平面布置　在满足生产工艺流程、操作要求、使用功能需要和消防、环保要求的同时，主要从风向、安全（防火）距离、交通运输安全和各类作业、物料的危险、危害性出发，在平面布置方面采取对策措施。

① 功能分区　将生产区、辅助生产区（含动力区、储运区等）、管理区和生活区按功能相对集中分别布置，布置时应考虑生产流程、生产特点和火灾爆炸危险性，结合地形、风向等条件，以减少危险、有害因素的交叉影响。管理区、生活区一般应布置在全年或夏季主导风向的上风侧或全年最小风频风向的下风侧。

辅助生产设施的循环冷却水塔（池）不宜布置在变配电所、露天生产装置和铁路冬季主导风向的上风侧和怕受水雾影响设施全年主导风向的上风侧。

② 厂内运输和装卸　厂内运输和装卸包括厂内铁路、道路、输送机通廊和码头等运输

和装卸（含危险品的运输、装卸）。应根据工艺流程、货运量、货物性质和消防的需要，选用适当运输和运输衔接方式，合理组织车流、物流、人流（保持运输畅通、物流顺畅且运距最短、经济合理，避免迂回和平面交叉运输、道路与铁路平交和人车混流等），为保证运输、装卸作业安全，应从设计上对厂内的路和道路（包括人行道）的布局、宽度、坡度、转弯（曲线）半径、净空高度、安全界线及安全视线、建筑物与道路间距和装卸（特别是危险品装卸）场所、堆扬（仓库）布局等方面采取对策措施。

依据行业、专业标准（如化工企业、炼油厂、工业锅炉房、氧气站、乙炔站等）规定的要求，应采取其他运输、装卸对策措施。

根据满足工艺流程的需要和避免危险、有害因素交叉相互影响的原则，布置厂房内的生产装置、物料存放区和必要的运输、操作、安全、检修通道。

例如，全厂性污水处理场及高架火炬等设施，宜布置在人员集中场所及明火或散发火花地点的全年最小风频风向的上风侧；空气分离装置，应布置在空气清洁地段并位于散发乙炔、其他烃类气体、粉尘等场所的全年最小风频风向的下风侧；液化烃或可燃液体罐组，不应毗邻布置在高于装置、全厂性重要设施或人员集中场所的阶梯上，并且不宜紧靠排洪沟；当厂区采用阶梯式布置时，阶梯间应有防止泄漏液体漫流措施；设置环形通道，保证消防车、急救车顺利通过可能出现事故的地点；易燃、易爆产品的生产区域和仓储区域，根据安全需要，设置限制车辆通行或禁止车辆通行的路段；道路净空高度不得小于5m；厂内铁路线路不得穿过易燃、易爆区；主要人流出入口与主要货流出入口分开布置，主要货流出口、入口宜分开布置；码头应设在工厂水源地下游，设置单独危险品作业区并与其他作业区保持一定的防护距离等；汽车装车站、液化烃装车站、危险品仓库等机动车辆频繁出入的设施，应布置在厂区边缘或厂区外，并设独立围墙；采用架空电力线路进出厂区的总变配电所，应布置在厂区边缘等。

③ 危险设施/处理有害物质设施的布置　可能泄漏或散发易燃、易爆、腐蚀、有毒、有害介质（气体、液体、粉尘等）的生产、储存和装卸设施（包括锅炉房、污水处理设施等）、有害废弃物堆场等的布置应遵循以下原则。

a. 应远离管理区、生活区、中央实（化）验室、仪表修理间，尽可能露天、半封闭布置。应布置在人员集中场所、控制室、变配电所和其他主要生产设备的全年或夏季主导风向的下风侧或全年最小风频风向的上风侧并保持安全、卫生防护距离；当评价出的危险、危害半径大于规定的防护距离时，宜采用评价推荐的距离。储存、装卸区宜布置在厂区边缘地带。

b. 有毒、有害物质的有关设施应布置在地势平坦、自然通风良好地段，不得布置在窝风低洼地段。

c. 剧毒物品的有关设施还应布置在远离人员集中场所的单独地段内，宜以围墙与其他设施隔开。

d. 腐蚀性物质的有关设施应按地下水位和流向，布置在其他建筑物、构筑物和设备的下游。

e. 易燃易爆区应与厂内外居住区、人员集中场所、主要人流出入口，铁路、道路干线和产生明火地点保持安全距离；易燃易爆物质仓储、装卸区宜布置在厂区边缘，可能泄漏、散发液化石油气及相对密度大于0.7的可燃气体和可燃蒸气的装置不宜毗邻生产控制室、变配电所布置；油、气储罐宜低位布置。

f. 辐射源（装置）应设在僻静的区域，与居住区、人员集中场所，人流密集区和交通主干道、主要人行道保持安全距离。

④ 强噪声源、振动源的布置

a. 主要噪声源应符合《工业企业厂界噪声标准》《工业企业噪声控制设计规范》《工业企业设计卫生标准》等的要求，噪声源应远离厂内外要求安静的区域，宜相对集中、低位布置；高噪声厂房与低噪声厂房应分开布置，其周围宜布置对噪声非敏感设施（如辅助车间、仓库、堆场等）和较高大、朝向有利于隔声的建（构）筑物作为缓冲带；交通干线应与管理区、生活区保持适当距离。

b. 强振动源（包括锻锤、空压机、压缩机、振动落沙机、重型冲压设备等生产装置，发动机实验台和火车、重型汽车道路等）应与管理、生活区和对其敏感的作业区（如实验室、超精加工、精密仪器等）之间，按功能需要和精密仪器、设备的允许振动速度要求保持防振距离。

⑤ 建筑物自然通风及采光　为了满足采光、避免日晒和自然通风的需要，建筑物的采光应符合《工业企业采光设计标准》和《工业企业设计卫生标准》的要求，建筑物（特别是热加工和散发有害介质的建筑物）的朝向应根据当地纬度和夏季主导风向确定（一般夏季主导风向与建筑物长轴线垂直或夹角应大于45°）。半封闭建筑物的开口方向，面向全年主导风向，其开口方向与主导风向的夹角不宜大于45°。在丘陵、盆地和山区，则应综合考虑地形、纬度和风向来确定建筑物的朝向。建筑物的间距应满足采光、通风和消防要求。

⑥ 其他要求　依据《工业企业总平面设计规范》《厂矿道路设计规范》、行业规范（机械、化工、石化、冶金、核电厂等）和有关单体、单项（石油库、氧气站、压缩空气站、乙炔站、锅炉房、冷库、辐射源和管路布置等）规范的要求，应采取的其他相应的平面布置对策措施。

4.2.1.2 防火、防爆对策措施

引发火灾、爆炸事故的因素很多，一旦发生事故危害后果极其严重。为了确保安全生产，首先必须做好预防工作，消除可能引起燃烧爆炸的危险因素。从理论上讲，使可燃物质不处于危险状态，或者消除一切着火源，这两个措施，只要控制其一，就可以防止火灾和化学爆炸事故的发生。但在实践中，由于生产条件的限制或某些不可控因素的影响，仅采取一种措施是不够的，往往需要采取多方面的措施，以提高生产过程的安全程度。另外还应考虑其他辅助措施，以便在万一发生火灾爆炸事故时，减少危害的程度，将损失降到最低限度，这些都是在防火防爆工作中必须全面考虑的问题。

(1) 防火、防爆对策措施的原则

① 防止可燃可爆系统的形成　防止可燃物质、助燃物质（空气、强氧化剂）、引燃能源（明火、撞击、炽热物体、化学反应热等）同时存在；防止可燃物质、助燃物质混合形成的爆炸性混合物（在爆炸极限范围内）与引燃能源同时存在。

为防止可燃物与空气或其他氧化剂作用形成危险状态，在生产过程中，首先，应加强对可燃物的管理和控制，利用不燃或难燃物料取代可燃物料，不使可燃物料泄漏和聚集形成爆炸性混合物；其次是防止空气和其他氧化性物质进入设备内，或防止泄漏的可燃物料与空气混合。

a. 取代或控制用量　在工艺上可行的条件下，在生产过程中不用或少用可燃可爆物质。如用不燃或不易燃烧爆炸的有机溶剂如CCl_4或水取代易燃的苯、汽油，根据工艺条件选择沸点较高的溶剂等。

b. 加强密闭　为防止易燃气体、蒸气和可燃性粉尘与空气形成爆炸性混合物，应设法使生产设备和容器尽可能密闭操作。对具有压力的设备，应防止气体、液体或粉尘逸出与空气形成爆炸浓度；对真空设备，应防止空气漏入设备内部达到爆炸极限。开口的容器、破损的铁桶、容积较大且没有保护措施的玻璃瓶不允许储存易燃液体；不耐压的容器不能储存压缩气体和加压液体。

为保证设备的密闭性，对处理危险物料的设备及管路系统应尽量少用法兰连接，但要保证安装检修方便；输送危险气体、液体的管道应采用无缝钢管；盛装具有腐蚀性介质的容器，底部尽可能不装阀门，腐蚀性液体应从顶部抽吸排出。如用计液玻璃管，要装设结实的保护，以免打碎玻璃，漏出易燃液体，应慎重使用脆性材料。如设备本身不能密封，可采用液封或负压操作，以防系统中有毒或可燃性气体逸入厂房。

加压或减压设备，在投产前和定期检修后应检查密闭性和耐压程度；所有压缩机、液泵、导管、阀门、法兰接头等容易漏油、漏气部位应经常检查，填料如有损坏应立即调换，以防渗漏；设备在运行中也应经常检查气密情况，操作温度和压力必须严格控制，不允许超温、超压运行。

接触氧化剂如高锰酸钾、氯酸钾、硝酸铵、漂白粉等生产的传动装置部分的密闭性能必须良好。应定期清洗传动装置，及时更换润滑剂，以免传动部分因摩擦发热而导致燃烧爆炸。

c. 通风排气　为保证易燃、易爆、有毒物质在厂房生产环境里不超过危险浓度，必须采取有效的通风排气措施。

在防火防爆环境中对通风排气的要求应按两方面考虑，即当仅是易燃易爆物质，其在车间内的浓度，一般应低于爆炸下限的1/4；对于具有毒性的易燃易爆物质，在有人操作的场所，还应考虑该毒物在车间内的最高容许浓度。

应合理选择通风方式。通风方式一般宜采取自然通风，但自然通风不能满足要求时应采取机械通风。

对有火灾爆炸危险的厂房，通风气体不能循环使用；排风/送风设备应有独立分开的风机室，送风系统应送入较纯净的空气；排除、输送温度超过80℃的空气或其他气体以及有燃烧爆炸危险的气体、粉尘的通风设备，应用非燃烧材料制成；空气中含有易燃易爆危险物质的厂所使用通风机和调节设备应防爆。

排除有燃烧爆炸危险的粉尘和容易起火的碎屑的排风系统，其除尘器装置也应防爆。有爆炸危险粉尘的空气流体宜在进入排风机前选用恰当的方法进行除尘净化；如粉尘与水会发生爆炸，则不应采用湿法除尘；排风管应直接通往室外安全处。

对局部通风，应注意气体或蒸气的密度，密度比空气大的气体要防止在低洼处积聚；密度比空气小的要防止在高处死角上积聚。有时即使是少量也会使厂房局部空间达到爆炸极限。

设备的一切排气管（放气管）都应伸出屋外，高出附近屋顶；排气不应造成负压，也不应堵塞，如排出蒸气遇冷凝结，则放空管还应考虑有加热蒸汽保护措施。

d. 惰性化　在可燃气体或蒸气与空气的混合气中充入惰性气体，可降低氧气、可燃物的百分比，从而消除爆炸危险和阻止火焰的传播。在以下几种场合常使用惰性化气体。

- 易燃固体的粉碎、研磨、混合、筛分以及粉状物料的气流输送；
- 可燃气体混合物的生产和处理过程；
- 易燃液体的输送和装卸作业；

• 开工、检修前的处理作业等。

② 消除、控制引燃能源　为预防火灾及爆炸灾害，对点火源进行控制是消除燃烧三要素同时存在的一个重要措施。引起火灾爆炸事故的能源主要有明火、高温表面、摩擦和撞击、绝热压缩、化学反应热、电气火花、静电火花、雷击和光热射线等。在有火灾爆炸危险的生产场所，对这些着火源都应引起充分的注意，并采取严格的控制措施。

a. 明火和高温表面　对于易燃液体的加热应尽量避免采用明火。一般加热时可采用过热水或蒸汽；当采用矿物油、联苯醚等载热体时，必须注意加热温度必须低于载热体的安全使用温度，在使用时要保持良好的循环并留有载热体膨胀的余地，防止传热管路产生局部高温出现结焦现象；定期检查载热体的成分，及时处理或更换变质的载热体；当采用高温熔盐载热体时，应严格控制熔盐的配比，不得混入有机杂质，以防载热体在高温下爆炸。如果必须采用明火，设备应严格密封，燃烧室应与设备分开建筑或隔离，并按防火规定留出防火间距。

在使用油浴加热时，要有防止油蒸气起火的措施。在积存有可燃气体、蒸气的管沟、深坑、下水道及其附近，没有消除危险之前，不能有明火作业。

在有火灾爆炸危险的场所必须进行明火作业时应按动火制度进行。汽车、拖拉机、柴油机等在未采取防火措施时不得进入危险场所。烟囱应有足够的高度，必要时装火星熄灭器，在一定范围内不得堆放易燃易爆物品。

高温物料的输送管线不应与可燃物、可燃建筑构件等接触；应防止可燃物散落在高温表面上；可燃物的排放口应远离高温表面，如果接近，则应有隔热措施。

设立固定动火区应符合下述条件：固定动火区距易燃易爆设备、储罐、仓库、堆场等的距离，应符合有关防火规范的防火间距要求；区内可能出现的可燃气体的含量应在允许含量以下；在生产装置正常放空时可燃气应不致扩散到到动火区；室内动火区，应与防爆生产现场隔开，不准有门窗串通，允许开的门窗应向外开启，道路应畅通；周围 10m 以内不得存放易燃易爆物；区内备有足够的灭火器具。

维修作业在禁火区动火，有关动火审批、动火分析等要求，必须按有关规范规定严格执行，采取预防措施，并加强监督检查，以确保安全作业。

对危险化学品的设备、管道，维修动火前必须进行清洗、扫线、置换。此外，对附近的地面、阴沟也要用水冲洗。

明火与有火灾及爆炸危险的厂房和仓库等相邻时，应保证足够的安全间距。

b. 摩擦与撞击　摩擦与撞击往往成为引起火灾爆炸事故的原因。如机器上轴承等摩擦发热起火；金属零件、铁钉等落入粉碎机、反应器、提升机等设备内，由于铁器和机件的撞击起火；磨床砂轮等摩擦及铁质工具相互撞击或与混凝土地面撞击发生火花；导管或容器破裂，内部溶液和气体喷出时摩擦起火；在某种条件下乙炔与铜制件生成乙炔铜，一经摩擦和冲击即能起火起爆等等。因此在有火灾爆炸危险的场所，应采取防止火花生成的措施。

• 机器上的轴承等转动部件，应保证有良好的润滑，要及时加油并经常清除附着的可燃污垢；机件的摩擦部分，如搅拌机和通风机上的轴承，最好采用有色金属制造的轴瓦。

• 锤子、扳手等工具应防爆。

• 为防止金属零件等落入设备或粉碎机里，在设备进料口前应装磁力离析器，不宜使用磁力离析器的危险物料破碎时应采用惰性气体保护。

• 输送气体或液体的管道，应定期进行耐压试验，防止破裂或接口松脱喷射起火。

• 凡是撞击或摩擦的两部分都应采用不同的金属（如铜与钢）制成，通风机翼应采用铜铝合金等不发生火花的材料制作。

•搬运金属容器，严禁在地上抛掷或拖拉，在容器可能撞碰部位覆盖不会发生火花的材料。

•防爆生产厂房，地面应铺不会发火材料的地坪，进入车间禁止穿带铁钉的鞋。

•吊装盛有可燃气体和液体的金属容器用的吊车，应经常重点检查，以防吊绳断裂、吊钩松脱，造成坠落冲击发火。

•应防止高压气体通过管道时，管道中的铁锈因随气流流动与管壁摩擦变成高温粒子，成为可燃气的着火源。

c. 防止电气火花　一般的电气设备很难完全避免电火花的产生，因此在火灾爆炸危险场所必须根据物质的危险特性正确选用不同的防爆电气设备。

必须设置可靠的避雷设施；有静电积聚危险的生产装置和装卸作业应有控制流速、导除静电、静电消除器、添加防静电剂等有效的消除静电措施。

根据整体防爆的要求，按危险区域等级和爆炸性混合物的类别、级别、组别配备相应符合国家标准规定的防爆等级的电气设备，并按国家规定的要求施工、安装、维护和检修（详见电气防火、防爆措施部分）。

③ 有效监控，及时处理　在可燃气体、蒸气可能泄漏的区域设置检测报警仪，这是监测空气中易燃易爆物质含量的重要措施。当可燃气体或液体万一发生泄漏而操作人员尚未发现时，检测报警仪可在设定的安全浓度范围内发生警报，便于及时处理泄漏点，从而避免发生重大事故。

早发现，早排除，早控制，防止事故发生和蔓延扩大。

（2）建（构）筑物防火防爆措施

① 生产及储存的火灾危险性分类　根据《建筑设计防火规范》规定，生产的或储存的火灾危险性分为甲、乙、丙、丁、戊 5 类。《石油化工企业设计防火规范》中，同样以使用、生产或储存的物质的危险性进行火灾危险性分类。根据火灾危险性的不同，可从防火间距、建筑耐火等级、容许层数、安全疏散、消防灭火设施等方面提出防止和限制火灾爆炸的要求和措施。

② 建筑物的耐火等级　在《建筑设计防火规范》里，将建筑物分为 4 个耐火等级。对建筑物的主要构件，如承重墙、梁、柱、楼板等的耐火性能均作出了明确规定。在建筑设计时对那些火灾危险性特别大的，使用大量可燃物质和贵重器材设备的建筑，在容许的条件下，应尽可能采用耐火等级较高的建筑材料施工。在确定耐火等级时，各构件的耐火极限应全部达到要求。

③ 厂房的耐火等级、层数和占地面积　厂房的层数及面积、耐火等级应符合《建筑设计防火规范》等标准的要求。

④ 厂房建筑的防爆设计

a. 合理布置有爆炸危险的厂房

•有爆炸危险的厂房宜采用单层建筑。除有特殊需要外，一般情况下，有爆炸危险的厂房宜采用单层建筑。

•有爆炸危险的生产不应设在地下室或半地下室。

•敞开式或半敞开式建筑的厂房，自然通风良好，因而能使设备系统中泄漏出来的可燃气、可燃液体蒸气及粉尘很快地扩散，使之不易达到爆炸极限，有效地排除形成爆炸的条件。但对采用敞开或半敞开式建筑的生产设备和装置，应注意气象条件对生产设备和操作人员健康的影响等，并妥善合理地处理夜间照明、雨天防滑、夏日防晒、冬季防寒和有关休息等方面的问题。

• 对单层厂房来说，应将有爆炸危险的设备配置在靠近一侧外墙门窗的地方。工人操作位置在室内一侧，且在主导风向的上风位置。配电室、车间办公室、更衣室等有火源及人员集中的用房，采用集中布置在厂房一端的方式，设防爆墙与生产车间分隔，以保安全。

有爆炸危险的多层厂房的平面设备布置，其原则基本上与单层厂房相同，但对多层厂房不应将有爆炸危险的设备集中布置在底层或夹在中间层。应将有爆炸危险的生产设备集中布置在顶层或厂房一端的各楼层。

b. 采用耐火、耐爆结构　对有爆炸危险的厂房，应选用耐火、耐爆较强的结构形式，以避免和减轻现场人员的伤亡和设备物资的损失。

厂房的结构形式有砖混结构、现浇钢筋混凝土结构、装配式钢筋混凝土结构和钢框架结构等。在选型时，应根据它们的特点以满足生产与安全的一致性及使用性和节约投资等方面综合考虑。

钢结构厂房，其耐爆强度是很高的，但由于受热后钢材的强度大大下降，如温度升到500℃时，其强度只有原来的1/2，耐火极限低，在高温时将失去承受荷载的能力，所以对钢结构的厂房，其容许极限温度应控制在400℃以下。至于可发生400℃以上温度事故的厂房，如用钢结构则应在主要钢构件外包上非燃烧材料的被覆，被覆的厚度应满足耐火极限的要求，以保证钢构件不致因高温而降低强度。

c. 设置必要的泄压面积　有爆炸危险的厂房，应设置泄压轻质屋盖、泄压门窗、轻质外墙。布置泄压面，应尽可能靠近爆炸部位，泄压方向一般向上，侧面泄压应尽量避开人员集中场所、主要通道及能引起二次爆炸的车间、仓库。

对有爆炸危险的厂房所规定的泄压面积与厂房体积的比值（m^2/m^3），应采用0.05～0.22的比值。当厂房体积超过1000m^3，采用上述比值有困难时，可适当降低，但不宜小于0.03m^2/m^3。

d. 设置防爆墙、防爆门、防爆窗

• 防爆墙应具有耐爆炸压力的强度和耐火性能。防爆墙上不应开通气孔道，不宜开普通门、窗、洞口，必要时应采用防爆门窗。

• 防爆窗的窗框及玻璃均应采用抗爆强度高的材料。窗框可用角钢、钢板制作。而玻璃则应采用夹层的防爆玻璃。

• 防爆门应具有很高的抗爆强度，需采用角钢或槽钢、工字钢拼装焊接制作门框骨架，门板则以抗爆强度高的装甲钢板或锅炉钢板制作。门的铰链装配时，应衬有青铜套轴和垫圈，门扇的周边衬贴橡皮带软垫，以排除因开关时由于摩擦碰撞可能产生的火花。

e. 不发火地面　不发火地面按构造材料性质可分为两大类，即不发火金属地面和不发火非金属地面。不发火金属地面，其材料一般常用铜板、铝板等有色金属制作。不发火非金属材料地面，又可分为不发火有机材料制造的地面，如沥青、木材、塑料橡胶等敷设的。由于这些材料的导电性差，具有绝缘性能，因此对导走静电不利，当用这种材料时，必须同时考虑导走静电的接地装置；另一种为不发火无机材料地面，是采用不发火水泥石砂、细石混凝土、水磨石等无机材料制造，集料可选用石灰石、大理石、白云石等不发火材料，但这些石料在破碎时多采用球磨机加工，为防止可能带进的铁屑，在配料前应先用磁棒搅拌石子以吸掉钢屑铁粉，然后配料制成试块，进行试验，确认为不发火后才能正式使用。

在使用不发火混凝土制作地面时，分格材料不应使用玻璃，而应采用铝或铜条分格。

f. 露天生产场所内建筑物的防爆　敞开布置生产设备、装置，使生产实现露天化，可以不需要建造厂房。但按工艺过程的要求，尚需建造中心控制室、配电室、分析室、办公室、生活室等用房，这些建筑通常设置在有爆炸危险场所内或附近。这些建筑自身内部不产生爆炸性物质，但它处于有爆炸危险场所范围，生产设备、装置或物料管道的跑、冒、滴、漏而逸出或挥发的气体，有可能扩散到这些建筑物内，而这些建筑物在使用过程中又有产生各种火源的可能，一旦着火爆炸将波及整个露天装置区域，所以这些建筑必须采取有效的防爆措施。包括：

• 保持室内正压。一般采用机械送风，使室内维持正压，从而避免室内爆炸性混合物的形成，排除形成爆炸的条件。送风机的空气引入口必须置于气体洁净的地方，防止可燃气体或蒸气的吸入。

• 开设双门斗。

• 设耐爆固定窗。

• 采用耐爆结构。

• 室内地面应高出露天生产界区地面。

• 当由于工艺布置要求建筑留有管道孔隙及管沟时，管道孔隙要采取密封措施，材料应为非燃烧体填料；管沟则应设置阻火分割密封。

g. 排水管网的防爆　应采取合理的排水措施，连接下水主管道处应设水封井。对工艺物料管道、热力管道、电缆等设施的地面管沟，为防止可燃气体或蒸气扩散到其他车间的管沟空间，应设置阻火分隔设施。如在地面管沟中段或地下管沟穿过防爆墙外设阻火分隔沟坑。坑内填满干砂或碎石以阻止火焰蔓延及可燃气体或蒸气、粉尘扩散窜流。

h. 防火间距　在设计总平面布置时，留有足够的防火间距。在此间距间不得有任何建（构）筑物和堆放危险品。防火间距计算方法是以建筑物外墙凸出部分算起；铁路的防火间距，是从铁路中心线算起；公路的防火间距是从邻近一边的路边算起。

防火间距的确定，应以生产的火灾危险性大小及其特点来综合评定。其考虑原则是：

• 发生火灾时，直接与其相邻的装置或设施不会受到火焰加热；

• 邻近装置中的可燃物（或厂房），不会被辐射热引燃；

• 要考虑燃烧着的液体从火灾地点流不到或飞散不到其他地点的距离。

我国现行的设计防火规范，如《建筑设计防火规范》（GB 50016）、《石油化工企业设计防火规范》（GB 50160）等，对各种不同装置、设施、建筑物的防火间距均有明确规定，在总平面布置设计时，都应遵照执行。

i. 安全疏散设施及安全疏散距离　安全疏散设施包括安全出口，即疏散门、过道、楼梯、事故照明和排烟设施等。

一般来说，安全出口的数目不应少于两个（层面面积小、现场作业人员少者例外）；过道、楼梯的宽度是根据层面能容纳的最多人数在发生事故时能迅速撤出现场为依据而设计的，所以必须保证畅通，不得随意堆物，更不能堆放易燃易爆物品。疏散门应向疏散方向开启，不能采用吊门和侧拉门，严禁采用转门，要求在内部可随时推动门把手开门，门上禁止上锁。疏散门不应设置门槛。

为防止在发生事故时照明中断而影响疏散工作的进行，在人员密集的场所、地下建筑等疏散过道和楼梯上均应设置事故照明和安全疏散标志，照明应是专用的电源。

甲、乙、丙类厂房和高层厂房的疏散楼梯应采用封闭楼梯间，高度超过 32m 且每层人数在 10 人以上的，宜采用防烟楼梯间或室外楼梯。

(3) 消防设施 在进行工厂设计时，必须同时进行消防设计。在采取有效的防火措施的同时应根据工厂的规模、火灾危险性和相邻单位消防协作的可能性，设置相应的灭火设施。

① 消防用水 消防用水量应为同一时间内火灾次数与一次灭火用水量的乘积。在考虑消防用水时，首先应确定工厂在同一时间内的火灾次数。

一次灭火用水量应根据生产装置区、辅助设施区的火灾危险性、规模、占地面积、生产工艺的成熟性以及所采用的防火设施等情况，综合考虑确定。

② 消防给水设施

a. 消防水池或天然水源，可作为消防供水源。当利用此类水源时，应有可靠的吸水设施，并保证枯水时最低消防用水量，消防水池不得被易燃可燃液体污染。

b. 消防给水管道，是保证消防用水的给水管道，可与生活、生产用水的水道合并，如不经济或不可能，则设独立管道。低压消防给水系统不宜与循环冷却水系统合并，但可作备用水源。消防给水管道可采用低压或高压给水。采用低压给水时，管道压力应保证在消防用水达到设计用水量时不低于 15m（从地面算起）；采用高压给水时，其压力宜为 0.7～1.2MPa。

c. 消防给水管网应采用环状布置，其输水干管不应少于两条，目的在于当其中一条发生事故时仍能保证供水。环状管道应用阀分成若干段，此阀应常开，以便检修时使用。

d. 室外消火栓应沿道路设置，便于消防车吸水，设置数量由消火栓的保护半径和室外消防用水量确定。低压给水管网室外消火栓保护半径，不宜超过 120m。露天生产装置的消火栓宜在装置四周设置。当装置宽度大于 120m 时，可在装置内的路边增设。易燃、可燃液体罐区及液化石油气罐区的消火栓应该设在防火堤外。

e. 设有消防给水的建筑物，各层均应设室内消火栓；甲、乙类厂房室内消火栓的距离不应大于 50m。宜设置在明显易于取用的地点，栓口离地面高度为 1.2m。

③ 露天装置区消防给水 石油化工企业露天装置区有大量高温、高压（或负压）的可燃液体或气体、金属设备、塔器等，一旦发生火灾，必须及时冷却防止火势扩大。故应设灭火、冷却消防给水设施。

a. 消防供水竖管。即输送泡沫液或消防水的主管，根据需要设置，在平台上应有接口，在竖管旁设消防水带箱，备齐水带、水枪和泡沫管枪。

b. 冷却喷淋设备。当塔器、容器的高度超过 30m 时，为确保火灾时及时冷却，宜设固定冷却设备。

c. 消防水幕。有些设备在不正常情况下会泄出可燃气体，有的设备则具有明火或高温，对此可采用水幕分隔保护，也有用蒸汽幕的。消防水幕应具有良好的均匀连续性。

d. 带架水枪。在危险性较大且较高的设备四周，宜设置固定的带架水枪（水炮）。一般，炼制塔群和框架上的容器除有喷淋、水幕设施外，再设带架水枪。

④ 灭火器 厂内除设置全厂性的消防设施外，还应设置小型灭火机和其他简易的灭火器材。其种类及数量，应根据场所的火灾危险性、占地面积及有无其他消防设施等情况综合全面考虑。

灭火器类型的选择应符合下列规定：

a. 扑救 A 类火灾应选用水型、泡沫、磷酸铵盐干粉、卤代烷型灭火器；

b. 扑救 B 类火灾应选用干粉、泡沫、卤代烷、二氧化碳型灭火器，扑救极性溶剂 B 类火灾应选用抗溶泡沫灭火器；

c. 扑救 C 类火灾应用干粉、卤代烷、二氧化碳型灭火器；

d. 扑救带电火灾应选用卤代烷、二氧化碳、干粉型灭火器；

e. 扑救A、B、C类火灾和带电火灾应选用磷酸铵盐干粉、卤代烷型灭火器；

f. 扑救D类火灾的灭火器材应由设计单位和当地公安消防监督部门协商解决。

⑤ 消防站 消防站是消防力量的固定驻地。油田、石油化工厂、炼油及其他大型企业，应建立本厂的消防站。其布置应满足消防队接到火警后5min内消防车能到达消防管辖区（或厂区）最远点的甲、乙、丙类生产装置、厂房或库房；按行车距离计，消防站的保护半径不应大于2.5km，对于丁类、戊类火灾危险性场所，也不宜超过4km。

消防车辆应按扑救工厂一处最大火灾的需要进行配备。

消防站应装设不少于两处同时报警的受警电话和有关单位的联系电话。

⑥ 消防供电 为了保证消防设备不间断供电，应考虑建筑物的性质、火灾危险性、疏散和火灾扑救难度等因素。

高度超过50m的可燃物品厂房、库房，其消防设备（如消防控制室、消防水泵、消防电梯、消防排烟设备、火灾报警装置、火灾事故照明、疏散指示标志和电动防火门窗、卷帘、阀门等）均应采用一级负荷供电。

户外消防用水量大于$0.03m^3/s$的工厂、仓库或户外消防用水量大于$0.035m^3/s$的易燃材料堆物、油罐或油罐区、可燃气体储罐或储罐区，以及室外消防用水量大于$0.025m^3/s$的公共建筑物，应采用6kV以上专线供电，并应有两回线路。超过1500个座位的影剧院，户外消防用水量大于$0.03m^3/s$的工厂、仓库等，宜采用由终端变电所两台不同变压器供电，且应有两回线路，最末一级配电箱处应能自动切换。

对某些电厂、仓库、民用建筑、储罐和堆物，如仅有消防水泵，而采用双电源或双回路供电确有困难，可采用内燃机作为带动消防水泵的动力。

鉴于消防水泵、消防电梯、火灾事故照明、防烟、排烟等消防用电设备在火灾时必须确保运行，而平时使用的工作电源发生火灾时又必须停电，从保障安全和方便使用出发，消防用电设备配电线路应设置单独的供电回路，即要求消防用电设备配电线路与其他动力、照明线路（从低压配电室至最末一级配电箱）分开单独设置，以保证消防设备用电。为避免在紧急情况下操作失误，消防配电设备应有明显标志。

为了便于安全疏散和火灾扑救，在有众多人员聚集的大厅及疏散出口处、高层建筑的疏散走道和出口处、建筑物内封闭楼梯间、防烟楼梯间及其前室，以及消防控制室、消防水泵房等处应设置事故照明。

4.2.1.3 电气安全对策措施

以防触电、防电气火灾爆炸、防静电和防雷击为重点，提出防止电气事故的对策措施。

(1) 安全认证 电气设备必须具有国家指定机构的安全认证标志。

(2) 备用电源 停电能造成重大危险后果的场所，必须按规定配备自动切换的双路供电电源或备用发电机组、保安电源。

(3) 防触电 为防止人体直接、间接和跨步电压触电（电击、电伤），应采取以下措施。

① 接零、接地保护系统 按电源系统中性点是否接地，分别采用保护接零（TN-S，TN-C-S，TN-C系统）或保护接地（TT，IT系统）。在建设项目中，中性点接地的低压电网应优先采用TN-S，TN-C-S保护系统。

② 漏电保护 按《漏电保护器安装和运行》的要求，在电源中性点直接接地的TN，TT保护系统中，在规定的设备、场所范围内必须安装漏电保护器（部分标准称作漏电流动

作保护器、剩余电流动作保护器）和实现漏电保护器的分级保护。对一旦发生漏电切断电源时，会造成事故和重大经济损失的装置和场所，应安装报警式漏电保护器。

例如，Ⅰ、Ⅱ类手持电动工具和生活日用电器、Ⅰ类移动式电气设备及建筑施工场所、临时用电的电气设备和高温、潮湿、强腐蚀、金属占有系数大的场所（机械加工、造船、冶金、化工、食品加工、纺织酿造等行业生产作业场所等）以及公用、辅助场所（锅炉房、水泵房、食堂、浴室、医院、托儿所、旅馆、影剧院、游泳池、喷水池等）、所有插座回路和新制造的低压配电、开关、动力柜（箱）、机电设备的动力配电箱等均必须安装漏电保护器。

不允许停电的特殊设备和场所、公共场所的应急照明和安全设备，防盗报警电源、消防电梯和消防设备电源均应安装报警式漏电保护器。

③ 绝缘　是指根据环境条件（潮湿、高温、有导电性粉尘、腐蚀性气体、金属占有系数大的工作环境，如：机加工、铆工、电炉电极加工、锻工、铸工、酸洗、电镀、漂染车间和水泵房、空压站、锅炉房等场所）选用加强绝缘或双重绝缘（Ⅱ类）的电动工具、设备和导线；采用绝缘防护用品（绝缘手套、绝缘鞋、绝缘垫等）、不导电环境（地面、墙面均用不导电材料制成）；上述设备和环境均不得有保护接零或保护接地装置。

④ 电气隔离　采用原、副边电压相等的隔离变压器，实现工作回路与其他回路电气上的隔离。在隔离变压器的副边构成一个不接地隔离回路（工作回路），可阻断在副边工作的人员单项触电时电击电流的通路。

隔离变压器的原、副边间应有加强绝缘，副边回路不得与其他电气回路、大地、保护接零（地）线有任何连接；应保证隔离回路（副边）电压$U \leqslant 500$V、线路长度$L \leqslant 200$m，且副边电压与线路长度的乘积$UL \leqslant 100000$V·m；副边回路较长时，还应装设绝缘监测装置；隔离回路带有多台用电设备时，各设备金属外壳间应采取等电位连接措施，所用的插座应带有供等电位连接的专用插孔。

⑤ 安全电压（或称安全特低电压）　直流电源采用低于120V的电源。交流电源用专门的安全隔离变压器（或具有同等隔离能力的发电机、独立绕组的变流器、电子装置等）提供安全电压电源（42V，36V，24V，12V，6V）并使用Ⅲ类设备、电动工具和灯具。应根据作业环境和条件选择工频安全电压额定值（即在潮湿、狭窄的金属容器、隧道、矿井等工作的环境，宜采用12V安全电压）。

用于安全电压电路的插销、插座应使用专用的插销、插座，不得带有接零或接地插头和插孔；安全电压电源的原、副边均应装设熔断器作短路保护。当电气设备采用超过24V安全电压时，必须采取防止直接接触带电体的保护措施。

⑥ 屏护和安全距离

a. 屏护包括屏蔽和障碍。是指能防止人体有意、无意触及或过分接近带电体的遮栏、护罩、护盖、箱匣等装置，是将带电部位与外界隔离、防止人体误入带电间隔的简单、有效的安全装置。例如：开关盒、母线护网、高压设备的围栏、变配电设备的遮栏等。

金属屏护装置必须接零或接地，屏护的高度、最小安全距离、网眼直径和栅栏间距应满足《防护屏安全要求》的规定。屏护上应根据屏护对象特征挂有警示标志。必要时，还应设置声、光报警信号和联锁保护装置；当人体越过屏护装置、可能接近带电体时，声、光报警且被屏护的带电体自动断电。

b. 安全距离是指有关规程明确规定的、必须保持的带电部位与地面、建筑物、人体、其他设备、其他带电体、管道之间的最小电气安全空间距离；安全距离的大小取决于电压的高低、设备的类型和安装方式等因素，设计时必须严格遵守规定的安全距离；当无法达到时，还应采取其他安全技术措施。

⑦ 联锁保护　设置防止误操作、误入带电间隔等造成触电事故的安全联锁保护装置。

例如：变电所的程序操作控制锁、双电源的自动切换联锁保护装置、打开高压危险设备的屏护时的报警和带电装置自动断电保护装置、电焊机空载断电或降低空载电压装置等。

⑧ 其他对策措施　防止间接触电的电气间隔、等电位环境和不接地系统防止高压窜入低压的措施等。

(4) 电气防火、防爆对策措施

① 危险环境的划分　为正确选用电气设备、电气线路和各种防爆设施，必须正确划分所在环境危险区域的大小和级别。

a. 气体、蒸气爆炸危险环境　根据爆炸性气体混合物出现的频繁程度和持续时间，可将危险环境分为0区、1区和2区。

通风情况是划分爆炸危险区域的重要因素。划分危险区域时，应综合考虑释放源和通风条件，并应遵循以下原则。

对于自然通风和一般机械通风的场所，连续级释放源一般可使周围形成0区，第一级释放源可使周围形成0区，第二级释放源可使周围形成1区（包括局部通风)。可降低爆炸危险区域的范围和等级，甚至可将环境降低为非爆炸危险区域。如没有通风，应提高区域危险等级，第一级释放源可能导致形成1区，第二级释放源可能导致形成2区。但是，良好的通风可使爆炸危险区域的范围缩小或可忽略不计，或可使其等级降低，甚至划分为非爆炸危险区域。因此，释放源应尽量采用露天、开敞式布置，达到良好的自然通风以降低危险性和节约投资。相反，若通风不良或通风方向不当，可使爆炸危险区域范围扩大，或使危险等级提高。即使在只有一个级别释放源的情况下，不同的通风方式也可能把释放源周围的范围变成不同等级的区域。

局部通风在某些场合稀释爆炸性气体混合物比自然通风和一般机械通风更有效，因而可使爆炸危险区的区域范围缩小（有时可小到忽略不计)，或使等级降低，甚至划分为非爆炸危险区域。

释放源处于无通风的环境时，可能提高爆炸危险区域的等级，连续级或第一级释放源可能导致0区，第二级释放源可能导致1区。

在障碍物、凹坑、死角等处，由于通风不良，局部地区的等级要提高，范围要扩大。另一方面，堤或墙等障碍物有时可能限制爆炸性混合物的扩散而缩小爆炸危险范围（应同时考虑到气体或蒸气的密度)。

b. 粉尘、纤维爆炸危险环境　粉尘、纤维爆炸危险区域是指生产设备周围环境中，悬浮粉尘、纤维量足以引起爆炸以及在电气设备表面会形成层积状粉尘、纤维而可能形成自燃或爆炸的环境。根据爆炸性气体混合物出现的频繁程度和持续时间，将此类危险环境划为10区和11区。

划分粉尘、纤维爆炸危险环境的等级时，应考虑粉尘量的大小、爆炸极限的高低和通风条件。对于气流良好的开敞式或局部开敞式建筑物或露天装置区，在考虑爆炸极限等因素的具体情况后，可划分为低一级的危险区域。如装有足够除尘效果的除尘装置，且当该除尘装置停止运行时，爆炸性粉尘环境中的工艺机组能联锁停车，也可划分为低一级的危险区域。为粉尘爆炸危险环境服务的排风机室，应与被排风环境的危险等级相同。

划分悬浮粉尘的危险区域时，应考虑在环境中悬浮粉尘形成的条件、颗粒度、粉尘浓度、处理方法、粉尘从设备或管道中向外泄漏的情况、泄漏量的大小，以及考虑到粉尘使用量、作业空间大小，有无有效的换气装置、机械装置的故障及引起粉尘悬浮的可能性，机械装置的配置、隔离情况和操作条件等。

划分层积粉尘的危险区域时，应考虑自燃的可能性及每一单位时间内尘降堆积量的大小，机械装置的形状和配置，有无粉尘飞扬，通风是否良好，清扫次数和清扫难度等。应特别注意加热表面形成的层积粉尘，如果堆积层厚度大，在较低温度下也会自燃甚至爆炸。

划分邻近厂房的危险区域时，应根据粉尘或纤维扩散和沉积的具体情况划定其危险等级和范围。

对于非开敞危险环境，应以生产厂房为单位划分危险区域。对于开敞和半开敞环境，厂房边界以内划为10区者，开敞面以外水平距离7.5m（通风不良时为15m）、地面和屋面以上3m的空间应划为11区；厂房边界以内划为11区者，开敞面以外水平距离3m、地面以上3m、屋面以上1m的空间也应划为11区。

对于集中的露天装置，应以装置群体轮廓线外水平距离3m、垂直距离3m的空间作为分区界限或11区界限；如其内为10区，则其外水平距离15m、垂直距离3m的空间划为11区。

c. 火灾危险环境　火灾危险环境分为21区、22区和23区，与旧标准H-1级、H-2级和H-3级火灾危险场所一一对应，分别为有可燃液体、有可燃粉尘或纤维、有可燃固体存在的火灾危险环境。

② 爆炸危险环境中电气设备的选用　选择电气设备前，应掌握所在爆炸危险环境的有关资料，包括环境等级和区域范围划分，以及所在环境内爆炸性混合物的级别、组别等有关资料。

应根据电气设备使用环境的等级、电气设备的种类和使用条件选择电气设备。

所选用的防爆电气设备的级别和组别不应低于该环境内爆炸性混合物的级别和组别。当存在两种以上的爆炸性物质时，应按混合后的爆炸性混合物的级别和组别选用。如无据可查又不可能进行试验时，可按危险程度较高的级别和组别选用。

爆炸危险环境内的电气设备必须是符合现行国家标准并有国家检验部门防爆合格证的产品。

爆炸危险环境内的电气设备应能防止周围化学、机械、热和生物因素的危害，应与环境温度、空气湿度、海拔高度、日光辐射、风沙、地震等环境条件下的要求相适应。其结构应满足电气设备在规定的运行条件下不会降低防爆性能的要求。

矿井用防爆电气设备的最高表面温度，无煤粉沉积时不得超过450℃，有煤粉沉积时不得超过150℃。粉尘、纤维爆炸危险环境一般电气设备的最高表面温度不得超过125℃，若沉积厚度5mm以下时低于引燃温度75℃，或不超过引燃温度的2/3。

在爆炸危险环境，应尽量少用携带式设备和移动式设备，应尽量少安装插销座。

为了节省费用，应设法减小防爆电气设备的使用量。首先，应当考虑把危险的设备安装在危险环境之外；如果不得不安装在危险环境内，也应当安装在危险较小的位置。

采用非防爆型设备隔墙机械传动时，隔墙必须是非燃烧材料的实体墙，穿轴孔洞应当封堵，安装电气设备的房间的出口只能通向非爆炸危险环境；否则，必须保持正压。

③ 防爆电气线路　在爆炸危险环境中，电气线路安装位置、敷设方式、导体材质、连接方法等的选择均应根据环境的危险等级进行。

a. 气体、蒸气爆炸危险环境的电气线路

• 电气线路位置的选择：在爆炸危险性较小或距离释放源较远的位置，应当考虑敷设电气线路。例如，当爆炸危险气体或蒸气比空气重时，电气线路应在高处敷设，电缆则直接埋地敷设或电缆沟充砂敷设；当爆炸危险气体或蒸气比空气轻时，电气线路宜敷设在低处，电缆则采取电缆沟敷设。

电气线路宜沿有爆炸危险的建筑物的外墙敷设。当电气线路沿输送易燃气体或易燃液体的管道栈桥敷设时，应尽量沿危险程度较低的管道一侧敷设。当易燃气体或蒸气比空气重时，电气线路应在管道上方；当易燃气体或蒸气比空气轻时，电气线路应在管道下方。

电气线路应避开可能受到机械损伤、振动、污染、腐蚀及受热的地方；否则，应采取防护措施。

10kV 及其以下的架空线路不得跨越爆炸危险环境；当架空线路与爆炸危险环境邻近时，其间距离不得小于杆塔高度的 1.5 倍。

• 线路敷设方式的选择：爆炸危险环境中，电气线路主要有防爆钢管配线和电缆配线，其敷设方式应符合要求。爆炸危险环境不得明敷电气线路。

固定敷设的电力电缆应采用铠装电缆。固定敷设的照明、通信、信号和控制电缆可采用铠装电缆和塑料护套电缆。非固定敷设的电缆应采用非塑性橡胶护套电缆。煤矿井下高压电缆宜采用铠装、不滴流式电缆。

不同用途的电缆应分开敷设。钢管配线应使用专用镀锌钢管或使用处理过内壁毛刺且做过内、外壁防腐处理的水管或煤气管。

两段钢管之间、钢管与钢管附件之间、钢管与电气设备之间应用螺纹连接，螺纹啮合不少于 6 扣，并应采取防松和防腐蚀措施。

钢管与电气设备直接连接有困难处，以及管路通过建筑物的伸缩缝、沉降缝处应装挠性连接管。

• 隔离密封：敷设电气线路的沟道以及保护管、电缆或钢管在穿过爆炸危险环境等级不同的区域之间的隔墙或楼板时，应用非燃性材料严密堵塞。

隔离密封盒的位置应尽量靠近隔墙，墙与隔离密封盒之间不允许有管接头、接线盒或其他任何连接件。

隔离密封盒的防爆等级应与爆炸危险环境的等级相适应。隔离密封盒不应作为导线的连接或分线用。在可能引起凝结水的地方，应选用排水型隔离密封盒。钢管配线的隔离密封盒应采用粉剂密封填料。

电缆配线的保护管管口与电缆之间，应使用密封胶泥进行密封。在两级区域交界处的电缆沟内应采取充砂、填阻火材料或加设防火隔墙。

• 导线材料选择：由于铝芯导线的机械强度差，易于折断，需要过渡连接而加大接线盒，且连接技术难以保证，铝芯导线和铝芯电线电缆的安全性能较差，如有条件，爆炸危险环境应优先采用铜线。

爆炸危险环境危险等级 2 区的范围内，当配电线路的导线连接以及电缆的封端采用压接、熔焊或钎焊时，电力线路也采取截面积 4mm² 及以上的铝芯导线或电缆，照明线路可采用截面积 2.5mm² 及其以上的铝芯导线或电缆。

爆炸危险环境危险等级为 1 区的范围内，配电线路应选用铜芯导线或电缆。

在有剧烈振动处应选用多股铜芯软线或多股铜芯电缆。煤矿井下不得采用铝芯电力电缆。

爆炸危险环境内的配线，一般采用交联聚乙烯、聚乙烯、聚氯乙烯或合成橡胶绝缘的、有护套的电线或电缆。爆炸危险环境宜采用有耐热、阻燃、耐腐蚀绝缘的电线或电缆，不宜采用油浸纸绝缘电缆。

在爆炸危险环境，低压电力、照明线路所用电线和电缆的额定电压不得低于工作电压，工作零线应与相线有同样的绝缘能力，并应在同一护套内。

选用电气线路时还应该注意到：干燥无尘的场所可采用一般绝缘导线；潮湿、特别潮湿或多尘的场所应采用有保护绝缘导线（如铅皮导线）或一般绝缘导线穿管敷设；高温场所应采用有瓷管、石棉、瓷珠等耐热绝缘的耐热线；有腐蚀性气体或蒸气的场所可采用铅皮线或耐腐蚀的穿管线。

• 允许载流量：为避免可能的危险温度，爆炸危险环境的允许载流量不应高于非爆炸危险环境的允许载流量。1 区、2 区绝缘导线截面和电缆截面的选择，导体允许载流量不应小于熔断器熔体额定电流和断路器长延时过电流脱扣器整定电流的 1.25 倍。引向低压笼型感应电动机支线的允许载流量不应小于电动机额定电流的 1.25 倍。

线路电压 1000V 以上的导线和电缆应按短路电流进行热稳定校验。

• 电气线路的连接：1 区和 2 区的电气线路不允许有中间接头，但若电气线路的连接是在与该危险环境相适应的防护类型的接线盒或接头盒附近的内部，则不属于此种情况。1 区宜采用隔爆型接线盒，2 区可采用增安型接线盒。

2 区的电气线路若选用铝芯电缆或导线与铜线连接时，必须有可靠的用铜铝过渡接头。导线的连接或封端应采用压接、熔焊或钎焊，而不允许使用简单的机械绑扎或螺旋缠绕的连接方式。

b. 粉尘、纤维爆炸危险环境的电气线路　粉尘、纤维爆炸危险环境电气线路的技术要求与相应等级的气体、蒸气爆炸危险环境电气线路的技术要求基本一致，即 10 区、11 区的电气线路可分别按 1 区、2 区考虑。

c. 火灾危险环境的电气线路　火灾危险环境的电气线路应避开可燃物。10kV 及其以下的架空线路不得跨越爆炸危险环境，邻近时其间距离不得小于杆塔高度的 1.5 倍。

当绝缘导线采用针式或鼓形绝缘子敷设时，应注意远离可燃物质，不在未抹灰的木质吊顶和木质墙壁等处敷设，不在木质闷顶内以及可燃液体管线栈桥上敷设。

在火灾危险环境，移动式和携带式电气设备应采用移动式电缆。

在火灾危险环境内，须采用裸铝、裸铜母线时，应符合下列要求：

• 不需拆卸检修的母线连接处，应采用熔焊或钎焊。

• 螺栓连接（例如母线与电气设备的连接）应可靠，并应防止自动松脱。

• 在 21 区和 23 区，母线宜装设金属网保护罩，其孔眼直径应能防止直径大于 12mm 的固体异物进入壳内；在 22 区应有防护外罩。

• 在露天安装时，应有防雨、雪措施。

• 火灾危险环境可采用铝导线，当采用铝芯绝缘导装时，应有可靠的连接和封端。火灾危险环境电力、照明线路和电缆的额定电压不应低于网络的额定电压，且不低于 500V。

④ 电气防火防爆的基本措施

a. 消除或减少爆炸性混合物　消除或减少爆炸性混合物属一般性防火防爆措施。例如，采取封闭式作业，防止爆炸性混合物泄漏；清理现场积尘，防止爆炸性混合物积累；设计正压室，防止爆炸性混合物侵入；采取开式作业或通风措施，稀释爆炸性混合物；在危险空间充填惰性气体或不活泼气体，防止形成爆炸性混合物；安装报警装置等等。

在爆炸危险环境，如有良好的通风装置，能降低爆炸性混合物的浓度，从而降低环境的危险等级。

蓄电池可能有氢气排出，应有良好的通风。变压器室一般采用自然通风，若采用机械通风时，其送风系统不应与爆炸危险环境的送风系统相连，且供给的空气不应含有爆炸性混合物或其他有害物质。几间变压器室共用一套送风系统时，每个送风支管上应装防火阀，其排风系统应独立装设。排风口不应设在窗口的正下方。

通风系统应用非燃烧性材料制作，结构应坚固，连接应紧密。通风系统内不应有阻碍气流的死角。电气设备应与通风系统联锁，运行前必须先通风。进入电气设备和通风系统内的气体不应含有爆炸危险物质或其他有害物质。通风系统排出的废气，一般不应排入爆炸危险环境。对于闭路通风的防爆通风型电气设备及其通风系统，应供给清洁气体以补充漏损，保持系统内的正压。电气设备外壳及其通风、充气系统内的门或盖子上，应有警告标志或联锁装置，防止运行中错误打开。爆炸危险环境内的事故排风用电动机的控制设备应设在事故情况下便于操作的地方。

b. 隔离和间距　隔离是将电气设备分室安装，并在隔墙上采取封堵措施，以防止爆炸性混合物进入。电动机隔墙传动时，应在轴与轴孔之间采取适当的密封措施；将工作时产生火花的开关设备装于危险环境范围以外（如墙外）；采用室外灯具通过玻璃窗给室内照明等都属于隔离措施。将普通拉线开关浸泡在绝缘油内运行，并使油面有一定高度，保持油的清洁；将普通日光灯装入高强度玻璃管内，并用橡皮塞严密堵塞两端等都属于简单的隔离措施。

变、配电室与爆炸危险环境或火灾危险环境毗连时，隔墙应用非燃性材料制成。与1区和10区环境共用的隔墙上，不应有任何管子、沟道穿过；与2区或11区环境共用的隔墙上，只允许穿过与变、配电室有关的管子和沟道，孔洞、沟道应用非燃性材料严密堵塞。

毗连变、配电室的门及窗应向外开，并通向无爆炸或火灾危险的环境。

室外变、配电站与建筑物、堆场、储罐应保持规定的防火间距，且变压器油量越大，建筑物耐火等级越低及危险物品储量越大者，所要求的间距也越大，必要时可加防火墙。露天变、配电装置不应设置在易于沉积可燃粉尘或可燃纤维的地方。

为了防止电火花或危险温度引起火灾，开关、插销、熔断器、电热器具、照明器具、电焊设备和电动机等均应根据需要，适当避开易燃物或易燃建筑构件。起重机滑触线的下方不应堆放易燃物品。

10kV及其以下架空线路，严禁跨越火灾和爆炸危险环境；当线路与火灾和爆炸危险环境接近时，其间水平距离一般不应小于杆柱高度的1.5倍；在特殊情况下，采取有效措施后允许适当减小距离。

c. 消除引燃源　为了防止出现电气引燃源，应根据爆炸危险环境的特征和危险物的级别和组别选用电气设备和电气线路，并保持电气设备和电气线路安全运行。安全运行包括电流、电压、温升和温度等参数不超过允许范围，还包括绝缘良好、连接和接触良好、整体完好无损、清洁、标志清晰等。

在爆炸危险环境，应尽量少用携带式电气设备，少装插销座和局部照明灯。为了避免产生火花，在爆炸危险环境更换灯泡应停电操作。在爆炸危险环境内一般不应进行测量操作。

d. 爆炸危险环境接地和接零

• 整体性连接。在爆炸危险环境，必须将所有设备的金属部分、金属管道以及建筑物的金属结构全部接地（或接零）并连接成连续整体，以保持电流途径不中断。接地（或接零）干线宜在爆炸危险环境的不同方向且不少于两处与接地体相连，连接要牢固，以提高可靠性。

·保护导线。单相设备的工作零线应与保护零线分开，相线和工作零线均应装有短路保护元件，并装设双极开关同时操作相线和工作零线。1区和10区的所有电气设备和2区除照明灯具以外，其他电气设备应使用专门接地（或接零）线，而金属管线、电缆的金属包皮等只能作为辅助接地（或接零）。除输送爆炸危险物质的管道以外，2区的照明器具和20区的所有电气设备，允许利用连接可靠的金属管线或金属桁架作为接地（或接零）线。

·保护方式。在不接地配电网中，必须装设一相接地时或严重漏电时能自动切断电源的保护装置或能发出声、光双重信号的报警装置。在变压器中性点直接接地的配电网中，为了提高可靠性，缩短短路故障持续时间，系统单相短路电流应当大一些。

（5）防静电对策措施　为预防静电妨碍生产、影响产品质量、引起静电电击和火灾爆炸，从消除、减弱静电的产生和积累着手采取对策措施。

① 工艺控制　从工艺流程、材料选择、设备结构和操作管理等方面采取措施，减少、避免静电荷的产生和积累。

对因经常发生接触、摩擦、分离而起电的物料和生产设备，宜选用在静电起电极性序列表中位置相近的物质（或在生产设备内衬配与生产物料相同的材料层），或生产设备采取合理的物质组合使分别产生的正、负电荷相互抵消，最终达到起电最小的目的。选用导电性能好的材料，可限制静电的产生和积累。

在搅拌过程中，适当安排加料顺序和每次加料量，可降低静电电压。

用金属齿轮传动代替皮带传动，采用导电皮带轮和导电性能较好的皮带（或皮带涂以导电性涂料），选择防静电运输皮带、抗静电滤料等。

在生产工艺设计上，控制输送、卸料、搅拌速度，尽可能使有关物料接触压力较小、接触面积较小、接触次数较少、运动和分离速度较慢。

生产设备和管道内、外表面应光滑平整、无棱角，容器内避免有静电放电条件的细长导电性突出物，管道直径不应有突变，避免粉料不正常滞留、堆积和飞扬等。还应配备密闭、清扫和排放粉料的装置。

带电液体、强带电粉料经过静电发生区后，工艺上应设置静电消散区（如设置缓和容器和静停时间等）避免静电积累。

尽量减少带电液体的杂质和水分，可燃液体表面禁止存在不接地导体漂浮物；气流输送物料系统内应防止金属导体混入，形成对地绝缘导体。

② 泄漏　生产设备和管道应避免采用静电非导体材料制造。所有存在静电引起爆炸和静电影响生产的场所，其生产装置（设备和装置外壳、管道、支架、构件、部件等）都必须接地，使已产生的静电电荷尽快对地泄漏、散失。对金属生产装置应采用直接静电接地，非金属静电导体和静电亚导体的生产装置则应作间接接地。

金属导体与非金属静电导体、静电亚导体互相连接时，接触面之间应加降低接触电阻的金属箔或涂导电性涂料。

必要时，还应采取将局部环境相对湿度增至50%～70%和将亲水性绝缘材料增湿以降低绝缘体表面电阻；或加适量防静电添加剂（石墨、炭黑、金属粉、合成脂肪酸盐、油酸等）来降低物料的电阻率等措施，加速静电的泄漏。

在气流输送系统的管道中央，顺流向加设两端接地的金属线以降静电电位。

装卸甲、乙和丙A类的油品的场所（包括码头），应设有为油罐车（轮船）等移动式设备跨接的防静电接地装置；移动式设备、油品装卸设备均应静电接地、连接。

移动设备在工艺操作或运输之前，就将接地工作做好；工艺操作结束后，经过规定的静置时间，才能拆除接地线。

在爆炸危险场所的工作人员禁止穿戴化纤、丝绸衣物，应穿戴防静电的工作服、鞋、手套；火药加工场所，必要时操作人员应佩戴接地的导电的腕带、腿带和围裙；地面均应配用导电地面。

生产现场使用静电导体制作的操作工具，应予接地。

禁止采用直接接地的金属导体或筛网与高速流动的可燃粉末接触的方法消除静电。

③ 中和　采用各类感应式、高压电源式和放射源式等静电消除器（中和器）消除（中和）、减少静电非导体的静电，各类静电消除器的接地端应按说明书的要求进行接地。

④ 屏蔽　用屏蔽体来屏蔽非带电体，能使之不受外界静电场的影响。

⑤ 综合措施　综合采取工艺、泄漏、中和、屏蔽等措施，使系统的静电电位、泄漏电阻、空间平均电场强度、面电荷密度等参数控制在各行业、专业标准规定的限值范围内。

⑥ 其他措施　根据行业、专业有关静电标准（化工、石油、橡胶、静电喷漆等）的要求，应采取的其他对策措施。

(6) 防雷对策措施　应当根据建筑物和构筑物、电力设备以及其他保护对象的类别和特征，分别对直击雷、雷电感应、雷电侵入波等采取适当的防雷措施。

① 直击雷防护

a. 应用范围和基本措施　第一类防雷建筑物、第二类防雷建筑物和第三类防雷建筑物的易受雷击部位应采取防直击雷的防护措施；可能遭受雷击，且一旦遭受雷击后果比较严重的设施或堆料（如装卸油台、露天油罐、露天储气罐等）也应采取防直击雷的措施；高压架空电力线路、发电厂和变电站等也应采取防直击雷的措施。

装设避雷针、避雷线、避雷网、避雷带是直击雷防护的主要措施。

避雷针分独立避雷针和附设避雷针。独立避雷针是离开建筑物单独装设的。一般情况下，其接地装置应当单设，接地电阻一般不应超过10Ω。严禁在装有避雷针的建筑物上架设通信线、广播线或低压线。利用照明灯塔作独立避雷针支柱时，为了防止将雷电冲击电压引进室内，照明电源线必须采用铅皮电缆或穿入铁管，并将铅皮电缆或铁管埋入地下。独立避雷针不应设在人经常通行的地方。

附设避雷针是装设在建筑物或构筑物屋面上的避雷针。多支附设避雷针相互之间应连接起来，有其他接闪器者（包括屋面钢筋和金属屋面）也应相互连接起来，并与建筑物或构筑物的金属结构连接起来。其接地装置可以与其他接地装置共用，宜沿建筑物或构筑物四周敷设，其接地电阻不宜超过1～2Ω。如利用自然接地体，为了可靠起见，还应装设人工接地体。人工接地体的接地电阻不宜超过5Ω。装设在建筑物屋面上的接闪器应当互相连接起来，并与建筑物或构筑物的金属结构连接起来。建筑物混凝土内用于连接的单一钢筋的直径不得小于10mm。

露天装设的有爆炸危险的金属储罐和工艺装置，当其壁厚不小于4mm时，一般可不再装设接闪器，但必须接地。接地点不应少于两处，其间距不应大于30m，冲击接地电阻不应大于30Ω。

利用山势装设的远离被保护物的避雷针或避雷线，不得作为被保护物的主要直击雷防护措施。

b. 二次放电防护 防雷装置承受雷击时，其接闪器、引下线和接地装置呈现很高的冲击电压，可能击穿与邻近的导体之间的绝缘，造成二次放电。二次放电可能引起爆炸和火灾，也可能造成电击。为了防止二次放电，不论是空气中或地下，都必须保证按闪器、引下线、接地装置与邻近导体之间有足够的安全距离。冲击接地电阻越大，被保护点越高，避雷线支柱越高及避雷线挡距越大，则要求防止二次放电的间距越大。在任何情况下，第一类防雷建筑物防止二次放电的最小间距不得小于 3m，第二类防雷建筑物防止二次放电的最小间距不得小于 2m。不能满足间距要求时，应予跨接。

为了防止防雷装置对带电体的反击事故，在可能发生反击的地方，应加装避雷器或保护间隙，以限制带电体上可能产生的冲击电压。降低防雷装置的接地电阻，也有利于防止二次放电事故。

② 感应雷防护 雷电感应也能产生很高的冲击电压，在电力系统中应与其他过电压同样考虑；在建筑物和构筑物中，应主要考虑由二次放电引起爆炸和火灾的危险。无火灾和爆炸危险的建筑物及构筑物一般不考虑雷电感应的防护。

a. 静电感应防护 为了防止静电感应产生的高电压，应将建筑物内的金属设备、金属管道、金属的架、钢室架、钢窗、电缆金属外皮，以及突出屋面的放散管、风管等金属物件与防雷电感应的接地装置相连。屋面结构钢筋宜绑扎或焊接成闭合回路。

根据建筑物的不同屋顶，应采取相应的防止静电感应的措施。对于金属屋顶，应将屋顶妥善接地；对于钢筋混凝土屋顶，应将屋面钢筋焊成边长 5～12m 的网格，连成通路并予以接地；对于非金属屋顶，宜在屋顶上加装边长 5～12m 的金属网格，并予以接地。

屋顶或其上金属网格的接地可以与其他接地装置共用。防雷电感应接地干线与接地装置的连接不得少于 2 处。

b. 电磁感应防护 为防止电磁感应，平行敷设的管道、构架、电缆相距不到 100mm 时，须用金属线跨接，跨接点之间的距离不应超过 30m；交叉相距不到 100mm 时，交叉处也应用金属线跨接。

此外，管道接头、弯头、阀门等连接处的过渡电阻大于 0.03Ω 时，连接处也应用金属线跨接。在非腐蚀环境，对于 5 根及 5 根以上螺栓连接的法兰盘，以及对于第二类防雷建筑物可不跨接。

防电磁感应的接地装置也可与其他接地装置共用。

c. 雷电侵入波防护 雷击低压线路时，雷电侵入波将沿低压线传入用户，进入户内。特别是采用木杆或木横担的低压线路，由于其对地冲击绝缘水平很高，会使很高的电压进入户内，酿成大面积雷害事故。除电气线路外，架空金属管道也有引入雷电侵入波的危险。

对于建筑物，雷电侵入波可能引起火灾或爆炸，也可能伤及人身。因此，必须采取防护措施。

条件许可时，第一类防雷建筑物全长宜采用直接埋地电缆供电；爆炸危险较大或年平均雷暴日 30d/a 以上的地区，第二类防雷建筑物应采用长度不小 50m 的金属铠装直接埋地电缆供电。

户外天线的馈线临近避雷针或避雷针引下线时，馈线应穿金属管线或采用屏蔽线，并将金属管或屏蔽接地。如果馈线未穿金属管，又不是屏蔽线，则应在馈线上装设避雷器或放电间隙。

d. 电子设备防雷 依据电子设备受雷电影响程度、环境条件、工作状态和电子设备的介质绝缘强度、耐流量、阻抗，确定受保护设备的耐过电压能力的等级，通过在电路上串联或并联保护元件，切断或短路直击雷、雷电感应引起的过电压，保护电子设备不受到破坏。常用的保护元件有气体放电管、压敏电阻、热线圈、熔丝、排流线圈、隔离变压器等。保护电路的设计、保护元件的选用和安装位置以及应采取的其他措施均应符合《电子设备雷击保护导则》的规定。

4.2.1.4 机械伤害防护措施

(1) 设计与制造的本质安全措施

① 选用适当的设计结构避免或减小危险

a. 采用本质安全技术

·避免锐边、尖角和凸出部分。在不影响预定使用功能的前提下，机械设备及其零部件应尽量避免设计成会引起损伤的锐边、尖角、粗糙的、凸凹不平的表面和较突出的部分。金属薄片的棱边应倒钝、折边或修圆。可能引起刮伤的开口端应该包覆。

·安全距离的原则。利用安全距离防止人体触及危险部位或进入危险区，是减小或消除机械风险的一种方法。在规定安全距离时，必须考虑使用机器时可能出现的各种状态、有关人体的测量数据、技术和应用等因素。

·限制有关因素的物理量。在不影响使用功能的情况下，根据各类机械的不同特点，限制某些可能引起危险的物理量值来减小危险。例如，将操纵力限制到最低值，使操作件不会因破坏而产生机械危险；限制运动件的质量或速度，以减小运动件的动能；限制噪声和振动等。

·使用本质安全工艺过程和动力源。对预定在爆炸气氛中使用的机器，应采用全气动或全液压控制系统和操纵机构，或“本质安全”电气装置，也可采用电压低于“功能特低电压”的电源，以及在机器的液压装置中使用阻燃和无毒液体。

b. 限制机械应力　机械选用的材料性能数据、设计规程、计算方法和试验规则，都应该符合机械设计与制造的专业标准或规范的要求，使零件的机械应力不超过许用值，保证安全系数，以防止由于零件应力过大而被破坏或失效，避免故障或事故的发生。同时，通过控制连接、受力和运动状态来限制应力。

c. 材料和物质的安全性　用以制造机器的材料、燃料和加工材料在使用期间不得危及面临人员的安全或健康。

d. 履行安全人机工程学原则　在机械设计中，通过合理分配人机功能、适应人体特性、人机界面设计、作业空间的布置等方面履行安全人机工程学原则，提高机器的操作性能和可靠性，使操作者的体力消耗和心理压力尽量降到最低，从而减小操作差错。

e. 设计控制系统的安全原则　机械在使用过程中，典型的危险工况有：意外启动；速度变化失控；运动不能停止；运动机器零件或工件掉下飞出；安全装置的功能受阻等。控制系统的设计应考虑各种作业的操作模式或采用故障显示装置，使操作者可以安全进行干预的措施，并遵循以下原则和方法。

·机构启动及变速的实现方式。机构的启动或加速运动应通过施加或增大电压或流体压力去实现，若采用二进制逻辑元件，应通过由“0”状态到“1”状态去实现；相反，停机或降速应通过去除或降低电压或流体压力去实现，若采用二进制逻辑元件，应通过“1”状态到“0”状态去实现。

·重新启动的原则。动力中断后重新接通时，如果机器自发启动会产生危险，就应采取措施，使动力重新接通时机器不会自行启动，只有再次操作启动装置机器才能运转。

• 零部件的可靠性。这应作为安全功能完备性的基础，使用的零部件应能承受在预定使用条件下的各种干扰和应力，不会因失效而使机器产生危险的误动作。

• 定向失效模式。这是指部件或系统主要失效模式是预先已知的，而且只要失效总是这些部件或系统，这样可以事先针对其失效模式采取相应的预防措施。

• 关键件的加倍（或冗余）。控制系统的关键零部件，可以通过备份的方法，当一个零部件万一失效，用备份件接替以实现预定功能。当与自动监控相结合时，自动监控应采用不同的设计工艺，以避免共因失效。

• 自动监控。自动监控的功能是保证当部件或元件执行其功能的能力减弱或加工条件变化而产生危险时，以下安全措施开始起作用：停止危险过程，防止故障停机后自行再启动，触发报警器。

• 可重编程序控制系统中安全功能的保护。在关键的安全控制系统中，应注意采取可靠措施防止储存程序被有意或无意改变。可能的话，应采用故障检验系统来检查由于改变程序而引起的差错。

• 有关手动控制的原则：手动操纵器应根据有关人类工效学原则进行设计和配置；

停机操纵器应位于对应的每个启动操纵器附近；除了某些必须位于危险区的操纵器（如急停装置、吊挂式操纵器等）外，一般操纵器都应配置于危险区外；如果同一危险元件可由几个操纵器控制，则应通过操纵器线路的设计，使其在给定时间内，只有一个操纵器有效；但这一原则不能用于双手操纵装置；在有风险的地方，操纵器的设计或防护应做到不是有意识的动作时不会动作；操作模式的选择。如果机械允许使用几种操作模式以代表不同的安全水平（如允许调整、维修、检验等），则这些操作模式应装备能锁定在每个位置的模式选择器。选择器的每个位置都应相应于单一操作或控制模式。

• 特定操作的控制模式。对于必须移开或拆除防护装置，或使安全装置功能受到抑制才能进行的操作（如设定、示教、过程转换、查找故障、清理或维修等），为保证操作者的安全，必须使自动控制模式无效，采用操作者伸手可达的手动控制模式（如止－动、点动或双手槽子装置），或在加强安全条件下（如降低速度、减小动力或其他适当措施）才允许危险元件运转并尽可能限制接近危险区。

f. 防止气动和液压系统的危险　当采用气动、液压、热能等装置的机械时，必须通过设计来避免与这些能量形式有关的各种潜在危险。

• 借助限压装置控制管路中最大压力不能超过允许值；不因压力损失、压力降低或真空度降低而导致危险。

• 所有元件（尤其是管子和软管）及其连接应密封，要针对各种有害的外部影响加以防护，不因泄漏或元件失效而导致流体喷射。

• 当机器与其动力源断开时，储存器、蓄能器及类似容器应尽可能自动卸压，若难以实现，则应提供隔离措施或局部卸压及压力指示措施，以防剩余压力造成危险。

• 机器与其能源断开后，所有可能保持压力的元件都应提供有明显识别排空的装置和绘制有注意事项的警告牌，提示对机器进行任何调整或维修前必须对这些元件卸压。

g. 预防电的危险　电的安全是机械安全的重要组成部分，机器中电气部分应符合有关电气安全标准的要求，预防电的危险尤其应注意防止电击、短路、过载和静电。

② 采用机械化和自动化技术　机械化和自动化技术可以使人的操作岗位远离危险或有害现场，从而减少工伤事故。

a. 操作自动化　在比较危险的岗位或被迫以机器特定的节奏连续参与的生产过程，使用机器人或机械手代替人的操作，使得工作条件不断改善。

b. 装卸搬运机械化　装卸机械化可通过工件的送进滑道、手动分度工作台等措施实现；搬运的自动化可通过采用工业机器人、机械手、自动送料装置等实现。应注意防止由于装置与机器零件或被加工物料之间阻挡而产生的危险，以及检修故障时产生的危险。

c. 调整、维修的安全　在设计机器时，应尽量考虑将一些易损而需经常更换的零部件设计得便于拆装和更换；提供安全接近或站立措施（梯子、平台、通道）；锁定切断的动力；机器的调擎、润滑、一般维修等操作点配置在危险区外，这样可减少操作者进入危险区的需要，从而减小操作者面临危险的概率。

（2）安全防护措施　安全防护是通过采用安全装置、防护装置或其他手段，对一些机械危险进行预防的安全技术措施，其目的是防止机器在运行时产生各种对人员的接触伤害。防护装置和安全装置有时也统称为安全防护装置。安全防护的重点是机械的传动部分、操作区、高处作业区、机械的其他运动部分、移动机械的移动区域，以及某些机器由于特殊危险形式需要采取的特殊防护等。采用何种手段防护，应根据对具体机器进行风险评价的结果来决定。

① 安全防护装置的一般要求　安全防护装置必须满足与其保护功能相适应的安全技术要求，其基本安全要求如下：

a. 结的形式和布局设计合理，具有切实的保护功能，以确保人体不受到伤害。

b. 结构要坚固耐用，不易损坏；安装可靠，不易拆卸。

c. 装置表面应光滑、无尖棱利角，不增加任何附加危险，不应成为新的危险源。

d. 装置不容易被绕过或避开，不应出现漏保护区。

e. 满足安全距离的要求，使人体各部位（特别是手或脚）无法接触危险。

f. 不影响正常操作，不得与机械的任何可动零部件接触；对人的视线障碍最小。

g. 便于检查和修理。

② 安全防护装置的设置原则　安全防护装置的设置原则有以下几点：

a. 以操作人员所站立的平面为基准，凡高度在 2m 以内的各种运动零部件应设防护。

b. 以操作人员所站立的平面为基准，凡高度在 2m 以上，有物料传输装置、皮带传动装置以及在施工机械施工处的下方，应设置防护。

c. 凡在坠落高度基准面 2m 以上的作业位置，应设置防护。

d. 为避免挤压伤害，直线运动部件之间或直线运动部件与静止部件之间的间距应符合安全距离的要求。

e. 运动部件有行程距离要求的，应设置可靠的限位装量，防止因超行程运动而造成伤害。

f. 对可能因超负荷发生部件损坏而造成伤害的，应设置负荷限制装置。

g. 有惯性冲撞运动部件必须采取可靠的缓冲装置，防止因惯性而造成伤害事故。

h. 运动中可能松脱的零部件必须采取有效措施加以紧固，防止由于启动、制动、冲击、振动而引起松动。

i. 每台机械都应设置紧急停机装置，使已有的或即将发生的危险得以避开。紧急停机装置的标识必须清晰、易识别，并可迅速接近其装置，使危险过程立即停止并不产生附加风险。

③ 安全防护装置的选择　选择安全防护装置的形式应考虑所涉及的机械危险和其他非机械危险，根据运动件的性质和人员进入危险区的需要决定。对特定机器安全防护应根据对

该机器的风险评价结果进行选择。

a. 机械正常运行期间操作者不需要进入危险区的场合 操作者不需要进入危险区的场合，应优先考虑选用固定式防护装置，包括进料、取料装置，辅助工作台，适当高度的栅栏及通道防护装置等。

b. 机械正常运转时需要进入危险区的场合 当操作者需要进入危险区的次数较多、经常开启固定防护装置会带来不便时，可考虑采用联锁装置、自动停机装置、可调防护装置、自动关闭防护装置、双手操纵装置、可控防护装置等。

c. 对非运行状态等其他作业期间需进入危险区的场合 对于机器的设定、示教、过程转换、查找故障、清理或维修等作业，防护装置必须移开或拆除，或安全装置功能受到抑制，可采用手动控制模式、止-动操纵装置或双手操纵装置、点动-有限运动操纵装置等。

有些情况下，可能需要几个安全防护装置联合使用。

(3) 履行安全人机工程学原则

① 操纵（控制）器的安全人机学要求 操纵器的设计应考虑到功能、准确性、速度和力的要求，与人体运动器官的运动特性相适应，与操作任务要求相适应；同时，还应考虑由于采用个人防护装备（如防护鞋、手套等）带来的约束。操纵装置应满足以下安全人机学要求。

a. 操纵器的表面特征 操纵器的形状、尺寸、间隔和触感等表面特征的设计和配置，应使操作者的手或脚能准确、快速地执行控制任务，并使操作受力分布合理。

b. 操纵力和行程 操纵器的行程和操作力应根据控制任务、生物力学及人体测量参数选择，操纵力不应过大使劳动强度增加；操纵行程不应超过人的最佳用力范围，避免操作幅度过大，引起疲劳。

c. 操纵器的布置 操纵器数量较多时，其布置与排列应以能确保安全、准确、迅速地操作来配置，可以根据控制器在过程中的功能和使用的顺序将它们分成若干部分；应首先考虑重要度和使用频率，同时兼顾人的操作习惯、操作顺序和逻辑关系；应尽可能给出明显指示正确动作次序的示意图，与相应的信号装置设在相邻位置或形成对应的空间关系，以保证正确有序的操作。

d. 操纵器的功能 各种操纵器的功能应易于辨认，避免混淆，使操作者能安全、即时地操作。必要时应辅以符合标准规定且容易理解的形象化符号或文字说明。当执行几种不同动作采用同一个操纵器时，每种动作的状态应能清晰地显示。例如，按压式操纵器，应能显示“接通”或“断开”的工作状态。

e. 操纵方向与系统过程的协调 操纵器的控制功能与动作方向应与机械系统过程的变化运动方向一致，控制动作、设备的应答和显示信息应相互适应和协调，同样操作模式的同类型机器应采用标准布置，以减少操作差错。

f. 防止附加风险 设有多个挡位的控制机构，应有可靠的定位措施，防止操作越位、意外触碰移位、因振动等原因自行移动；双手操作式的操纵器应保证安全距离，防止单手操作的可能；多人操作应有互锁装置，避免因多人动作不协调而造成危险；对关键的控制器应有防止误动作的保护措施，使操作不会引起附加风险。

② 显示器的安全人机学要求 显示器是显示机械运行状态的装置，是人们用以观察和监控系统过程的手段。显示装置的设计、性能和形式选择、数量和空间布局等，均应符合信息特征和人的感觉器官的感知特性，使人能迅速、通畅、准确地接受信息。

显示装置应满足以下安全人机学要求。

a. 显示信息的形式　指示器、刻度盘和视觉显示装置的设计应在人能感知的参数和特征范围之内，显示形式（常见有数字式和指针式）、尺寸应便于察看，信息含义明确、耐久、清晰易辨。

b. 显示器的布置　当信号和显示器的数量较多时，在安全、准确、迅速的原则下，应根据其功能和显示的种类不同，根据工艺流程、重要程度和使用频度的要求，适应人的视觉习惯，按从左到右、从上到下的优先顺序，布置在操作者视距和听力的最佳范围内；还可依据过程的机能、测定种类等划分为若干部分顺序排列。

c. 显示器的数量　信号和显示器的种类与数量应符合信息的特性，要少而精，不可过多、过滥，提供的信息量应控制在不超过人能接受的生理负荷限度内；信号显示的变化速率和方向应与主信息源变化的速率和方向相一致。

d. 危险信号和报警装置　对安全性有重大影响的危险信号和报警装置，应配置在机械设备相应的易发生故障或危险性较大的部位，优先采用声、光组合信号，其强度、对比性要明显区别并突出于其他信号。报警装置应与相关的操纵器构成一个整体或紧密相连。

③ 工作位置的安全性　确定操作者在机械上的作业区设计时，考虑人机系统的安全性和可靠性，合理布置机械设备上直接由人操作或使用的部件（包括各种显示器、操纵器、照明器），以及创造良好的与人的劳动姿势有关的工作空间、工作椅、作业面等条件，防止产生疲劳和发生事故。

a. 工作空间　对机械工作空间的设计应考虑到工作过程中对人身体所产生的约束条件，其工作空间应保证操作人员的头、臂、手、腿是有合乎心理要求和生理要求的充分的活动余地；危险作业点，应留有足够在意外情况下能避让的空间和安全通道。

必要时提供工作室，以防御外界的有害作用，保证操作者不受存在的危险（如灼热、气温、通风不良、视野、噪声、振动、上方落物）的伤害。工作室及装潢所用材料必须是耐燃的，有紧急逃难措施，视野良好。保证司机在无任何危险情况下进行机械操作。

b. 工作台面　工作高度应适合于操作者的身体测量参数及所要完成的工作类型。工作面或工作台应设计得能满足安全、舒适的身体姿势；可使身体躯干挺直、舒展得开，身体重量能适当地得到支承；各种操作器应布置在人的相应器官功能可及的范围内。

c. 座位装置　座位结构及尺寸应符合人的解剖生理特点和功能的发挥，高低可调，以适应不同人员的需要。其固定须能承受相应载荷时不破坏，应将振动降低到合理的最低程度并满足工作需要和舒适的要求。

d. 良好的视野　操作者应在操作位置直接看到或通过监控装置了解到控制目标的运行状态，在主要操作位置能够确认没有人面临危险；否则，操纵系统的设计应该做到：每当机器要启动时，都能发出听觉或视觉警告信号，使面临危险的人有时间撤离，或能采取措施防止机械启动。

e. 高处作业位置　操作人员的工作位置在坠落基准面2m以上时，必须充分考虑脚踏和站立的安全性，配置供站立的平台、梯子和防坠落的栏杆或防护板等。若操作人员需要经常变换工作位置，还须配置走板宽度不小于500mm的安全通道。当机械设备的操作位置高度在30m（含30m）以上时，必须配置安全可靠的载人升降设备。

f. 工作环境　机械工作现场的环境应避免人员暴露于危险及有害物质（如温度、振动、噪声、粉尘、辐射、有毒）的影响中；在室外工作时，对不利的气候影响（如热、冷、风、雨、雪、冰）应提供适当的遮掩物；应满足照明要求，优先采用自然光，当工作环境照明不足时，辅之以机器的局部人工照明，光源的位置在使用中进行调整时不应引起任何危险。避免眩光、阴影和频闪效应引起的风险。

④ 操作姿势的安全要求　工作过程设计、操作的内容、重复程度及操作者对整个工作过程的控制，应避免超越操作者生理或心理的功能范围，养成良好的作业习惯，保持正确的操作姿势，保护作业人员的健康和安全，有利于完成预定工作。

a. 负载限度　机器各部分的布局要合理，减少操作者操作时来回走动、大幅度扭转或摆动，使操作时的姿势、用力、动作互相协调，避免用力过度或频率过快，还应保证负荷适量。超负荷使人产生疲劳，负荷不足或单调重复的工作会降低对危险的警惕性。

b. 工作节奏　设计机器时应考虑操作模式，人的身体动作应遵循自然节奏，避免将操作者的工作节奏与机器的自动连续循环相联系，否则，会使操作者处于被动配合状态，由于工作节奏过分紧张，产生疲劳而导致危险。

c. 作业姿势　身体姿势不应由于长时间的静态肌内紧张而引起疲劳，机械设备上的操作位置，应能保证操作者可以变换姿势，交替采用坐姿和立姿。若两者必择其一，则优先选择坐姿，因坐姿稳定性好，并可同时解放手和脚进行操作。

d. 提供必要的支承　如果必须施用较大的肌力或需要在振动、颠簸环境下进行精细或连续调节的操作时，应该通过采取适宜的身体姿势并提供适当的身体支承，以保持操作平稳、准确。手控操纵器应提供依托装置；脚控操纵器应考虑在操作者有靠背座椅坐着的条件下使用。

e. 保持平衡　身体动作的幅度、强度、速度和节拍应互相协调，提供适合于不同操作者的调整机器的工具，使操作者保持操作姿势平衡，防止失稳跌倒，尤其是在高处作业时，更要特别注意。

(4) 安全信息的使用　使用信息由文字、标记、信号、符号或图表组成，以单独或联合使用的形式，向使用者传递信息，用以指导使用者（专业或非专业）安全、合理、正确地使用机器。

① 使用信息的一般要求

a. 明确机器的预定用途。使用信息应具备保证安全和正确使用机器所需的各项说明。

b. 规定和说明机器的合理使用方法。使用信息中应要求使用者按规定方法合理地使用机器，说明安全使用的程序和操作模式。对不按要求而采用其他方式操作机器的潜在风险，应提出适当的警告。

c. 通知和警告遗留风险。遗留风险是指通过设计和采用安全防护技术都无效或不完全有效的那些风险。通过使用信息，将其通知和警告使用者，以便在使用阶段采用补救安全措施。

d. 使用信息应贯穿机械使用的全过程。该过程包括运输、交付试验运转（装配、安装和调整）、使用（设定、示教或过程转换、运转、清理、查找故障和机器维修），如果需要的话还应包括解除指令、拆卸和报废处理在内的所有过程，都应提供必要的信息。这些使用信息在各阶段可以分开使用，也可以联合使用。

e. 使用信息不可用于弥补设计缺陷。不能代替应该由设计来解决的安全问题，使用信息只起提醒和警告的作用，不能在实质意义上避免风险。

② 信息的使用根据

a. 风险的大小和危险的性质。根据风险大小可依次采用安全色、安全标志、警告信号，直到警报器。

b. 需要信息的时间。提示操作要求的信息应采用简洁形式长期固定在所需的机器部位附近，显示状态的信息应与机器运行同步出现，警告超载的信息应在接近额定值时提前发出，危险紧急状态的信息应及时，持续的时间应与危险存在的时间一致，信号的消失应随危险状态而定。

c. 机器结构和操作的复杂程度。对于简单机器，一般只需提供有关标志和使用操作说明书；对于结构复杂的机器，特别是有一些危险性的大型设备，除了各种安全标志和使用说明书（或操作手册）外，还应配备有关负载安全的图表、运行状态信号，必要时应提供报警装置等。

d. 视觉颜色与信息内容。红色表示禁止和停止，危险警报和要求立即处理的情况；红色闪光警告操作者状况紧急，应迅速采取行动；黄色提示注意和警告；绿色表示正常工作状态；蓝色表示需要执行的指令或必须遵守的规定。

③ 使用信息的配置位置和形式

a. 在机身上，可配置各种标志、信号、文字警告等；

b. 随机文件，如可配置操作手册、说明书等；

c. 其他方式。可根据需要，以适当的信息形式配置。

对重要信息（如须给出的各种警告信息），应采用标准化用语。

（5）起重作业的安全对策措施　起重吊装作业潜在的危险性是物体打击。如果吊装的物体是易燃、易爆、有毒、腐蚀性强的物料，若吊索吊具发生意外断裂、吊钩损坏或违反操作规程等发生吊物坠落，除有可能直接伤人外，还会将盛装易燃、易爆、有毒、腐蚀性强的物件包装损坏，介质流散出来，造成污染，甚至会发生火灾、爆炸、腐蚀、中毒等事故。起重设备在检查、检修过程中，存在着触电、高处坠落、机械伤害等危险性，吊装汽车在行驶过程中存在着引发交通事故的潜在危险性。

① 吊装作业人员必须持有 2 种作业证。吊装质量大于 10t 的物体应办理《吊装安全作业证》。

② 吊装质量≥40t 的物体和土建工程主体结构，应编制吊装施工方案。吊物虽不足 40t，但形状复杂、刚度小、长径比大、精密贵重、施工条件特殊的情况下，也应编制吊装施工方案。吊装施工方案经施工主管部门和安全技术部门审查，报主管厂长或总工程师批准后方可实施。

③ 各种吊装作业前，应预先在吊装现场设置安全警戒标志并设专人监护，非施工人员禁止入内。

④ 吊装作业中，夜间应有足够的照明，室外作业遇到大雪、暴雨、大雾及六级以上大风时，应停止作业。

⑤ 吊装作业人员必须佩戴安全帽，安全帽应符合《安全帽》的规定，高处作业时应遵守厂区高处作业安全规程的有关规定。

⑥ 吊装作业前，应对起重吊装设备、钢丝绳、揽风绳、链条、吊钩等各种机具进行检查，必须保证安全可靠，不准带病使用。

⑦ 吊装作业时，必须分工明确、坚守岗位，并按《起重吊运指挥信号》规定的联络信号，统一指挥。

⑧ 严禁利用管道、管架、电杆、机电设备等做吊装锚点。未经机动、建筑部门审查核算，不得将建筑物、构筑物作为锚点。

⑨ 吊装作业前必须对各种起重吊装机械的运行部位、安全装置以及吊具、索具进行详细的安全检查，吊装设备的安全装置应灵敏可靠。吊装前必须试吊，确认无误方可作业。

⑩ 任何人不得随同吊装重物或吊装机械升降。在特殊情况下，必须随之升降的，应采取可靠的安全措施，并经过现场指挥员批准。

⑪ 吊装作业现场如须动火时，应遵守厂区动火作业安全规程的有关规定。吊装作业现场的吊绳索、揽风绳、拖拉绳等应避免同带电线路接触，并保持安全距离。

⑫ 用定型起重吊装机械（履带吊车、轮胎吊车、桥式吊车等）进行吊装作业时，除遵守通用标准外，还应遵守该定型机械的操作规程。

⑬ 吊装作业时，必须按规定负荷进行吊装，吊具、索具经计算选择使用，严禁超负荷运行。所吊重物接近或达到额定起重吊装能力时，应检查制动器，用低高度、短行程试吊后，再平稳吊起。

⑭ 悬吊重物下方严禁站人、通行和工作。

⑮ 在吊装作业中，有下列情况之一者不准吊装：

a. 指挥信号不明；

b. 超负荷或物体质量不明；

c. 斜拉重物；

d. 光线不足、看不清重物；

e. 重物下站人，或重物越过人头；

f. 重物埋在地下；

g. 重物紧固不牢，绳打结、绳不齐；

h. 棱刃物体没有衬垫措施；

i. 容器内介质过满；

j. 安全装置失灵。

⑯ 汽车吊作业时，除要严格遵守起重作业和汽车吊装的有关安全操作规程外，还应保证车辆的完好，不准带病运行，做到行驶安全。

4.2.1.5 其他安全对策措施

（1）防高处坠落、物体打击对策措施　可能发生高处坠落危险的工作场所，应设置便于操作、巡检和维修作业的扶梯、工作平台、防护栏杆、护栏、安全盖板等安全设施；梯子、平台和易滑倒操作通道的地面应有防滑措施；设置安全网、安全距离、安全信号和标志、安全屏护和佩戴个体防护用品（安全带、安全鞋、安全帽、防护眼镜等）是避免高处坠落、物体打击事故的重要措施。

针对特殊高处作业（指强风、高温、低温雨天、雪天、夜间、带电、悬空、抢救高处作业）特有的危险因素，提出针对性的防护措施。高处作业应遵守“十不登高”：

① 患有禁忌证者不登高；

② 未经批准者不登高；

③ 未戴好安全帽、未系安全带者不登高；

④ 脚手板、跳板、梯子不符合安全要求不登高；

⑤ 在脚手架上作业，不直接攀爬登高；

⑥ 穿易滑鞋、携带笨重物体不登高；

⑦ 石棉、玻璃钢瓦上无垫脚板不登高；

⑧ 高压线旁无可靠隔离安全措施不登高；

⑨ 酒后不登高；

⑩ 照明不足不登高。

(2) 安全色、安全标志　根据《安全色》《安全标志》，充分利用红（禁止、危险）、黄（警告、注意）、蓝（指令、遵守）、绿（通行、安全）四种传递安全信息的安全色，正确使用安全色，使人员能够迅速发现或分辨安全标志，及时受到提醒，以防止事故、危害的发生。

① 安全标志的分类与功能　安全标志分为禁止标志、警告标志、指令标志和提示标志四类：

a. 禁止标志，表示不准或制止人们的某种行动；

b. 警告标志，使人们注意可能发生的危险；

c. 指令标志，表示必须遵守，用来强制或限制人们的行为；

d. 提示标志，示意目标地点或方向。

② 安全标志应遵守的原则

a. 醒目清晰：一目了然，易从复杂背景中识别；符号的细节、线条之间易于区分。

b. 简单易辨：由尽可能少的关键要素构成，符号与符号之间易分辨，不致混淆。

c. 易懂易记：容易被人理解（即使是外国人或不识字的人），牢记不忘。

③ 标志应满足的要求

a. 含义明确无误。标志、符号和文字警告应明确无误，不使人费解或误会；使用容易理解的各种形象化的图形符号应优先于文字警告，文字警告应采用使用机器国家的语言；确定图形符号应做理解性测试，标志必须符合公认的标准。

b. 内容具体且有针对性。符号或文字警告应表示危险类别，具体且有针对性，不能笼统写“危险”两字。例如，禁火、防爆的文字警告，或简要说明防止危险的措施（例如指示佩戴个人防护用品），或具体说明“严禁烟火”、“小心碰撞”等。

c. 标志的设置位置。机械设备易发生危险的部位，必须有安全标志。标志牌应设置在醒目且与安全有关的地方，使人们看到后有足够的时间来注意它所表示的内容。不宜设在门、窗、架或可移动的物体上。

d. 标志应清晰持久。直接印在机器上的信息标志应牢固，在机器的整个寿命期内都应保持颜色鲜明、清晰、持久。每年至少应检查一次，发现变形、破损或图形符号脱落及变色等影响效果的情况，应及时修整或更换。

(3) 储运安全对策措施

① 厂内运输安全对策措施

a. 着重就铁路、道路线路与建筑物、设备、大门边缘、电力线、管道等的安全距离和安全标志、信号、人行通道（含跨线地道、天桥）、防护栏杆，以及车辆、道口、装卸方式等方面的安全设施提出对策措施。

例如，厂内铁路道口设置必要的警示标志、声光报警装置、栏木、遮断信号机、护桩和标线等；装卸、搬运易燃、易爆、剧毒化学危险品应采用的专用运输工具、专用装卸器具，装卸机械和工具应按其额定负荷降低20%使用；液体金属、高温货物运输时的特殊安全措施等。

b. 根据《工业企业厂内铁路、道路运输安全规程》《工业企业铁路道口安全标准》《机动工业车辆安全规范》和各行业有关标准的要求，提出其他对策措施。

② 化学危险品储运安全对策措施

a. 危险货物包装应按《危险货物包装标志》设标志；

b. 危险货物包装运输应按《危险货物运输包装通用技术条件》执行；

c. 应按《化学危险品标签编写导则》编写危险化学品标签；

d. 应按《常用化学危险品贮存通则》对上述物质进行妥善储存，加强管理；

e. 应按《危险化学品安全技术说明书编写规定》编写危险化学品安全技术说明书，内容包括：标识、成分及理化特性、燃烧爆炸危险特性、毒性及健康危害性、急救、防护措施、包装与储运、泄漏处理与废弃八大部分，化学危险品的作业场所、管理及使用应遵照《危险化学品安全技术说明书编写规定》(GB 16483) 的附录1～附录4；

f. 根据国务院第591号令《危险化学品安全管理条例》，危险化学品必须储存在专用仓库内，储存方式、方法与储存数量必须符合国家标准，并由专人管理。危险化学品出入库，必须进行检查登记。库存危险化学品应当定期检查。例如，氰化物等剧毒化学品必须在专用仓库内单独存放，实行双人收发、保管制度。储存单位应当将储存氰化物的数量、地点以及管理人员的情况，报当地公安部门和负责危险化学品安全监督管理综合工作的部门备案。

危险化学品专用仓库，应当符合国家标准对安全、消防的要求，设置明显标志。危险化学品专用仓库的储存设备和安全设施应当定期检测。

(4) 焊割作业的安全对策措施　国内外不少案例表明，造船、化工等行业在焊割作业时发生的事故较多，有的甚至引发了重大事故。因此，对焊割作业应予以高度重视，采取有力对策措施，防止事故发生和对焊工健康的损害。

① 存在易燃、易爆物料的企业应建立严格的动火制度　动火必须经批准并制定动火方案，如：要有负责人、作业流程图、操作方案、安全措施、人员分工、监护、化验；特别是要确认易燃、易爆、有毒、窒息性物料及氧含量在规定的范围内，经批准后方可动火。

② 焊割作业要求　焊割作业应遵守《焊接与切割安全》等有关国家标准和行业标准。

电焊作业人员除进行特殊工种培训、考核、持证上岗外，还应严格遵照焊割规章制度、安全操作规程进行作业。

电弧焊时应采取隔离防护、保持绝缘良好，正确使用劳动防护用品，正确采取保护接地或保护接零等措施。

③ 焊割作业应严格遵守“十不焊”

a. 无操作证，又无有证焊工在现场指导，不准焊割；

b. 禁火区，未经审批并未办理动火手续，不准焊割；

c. 不了解作业现场及周围情况，不准焊割；

d. 不了解焊割物内部情况，不准焊割；

e. 盛装过易燃、易爆、有毒物质的容器、管道，未经彻底清洗置换，不准焊割；

f. 用可燃材料作保温层的部位及设备未采取可靠的安全措施，不准焊割；

g. 有压力或密封的容器、管道，不准焊割；

h. 附近堆有易燃、易爆物品，未彻底清理或采取有效安全措施，不准焊割；

i. 作业点与外单位相邻，在未弄清对外单位或区域有无影响或明知危险而未采取有效的安全措施，不准焊割；

j. 作业场所及附近有与明火相抵触的工作，不准焊割。

4.2.1.6　有害因素控制对策措施

有害因素控制对策措施的原则是优先采用无危害或危害性较小的工艺和物料，减少有害物质的泄漏和扩展；尽量采用生产过程密闭化、机械化、自动化的生产装置（生产线）和自动监测、报警装置和联锁保护、安全排放等装置，实现自动控制、遥控或隔离操作。尽可能避免、减少操作人员在生产过程中直接接触产生有害因素的设备和物料，是优先采取的对策措施。

(1) 预防中毒的对策措施　根据《职业性接触毒物危害程度分级》《有毒作业分级》《工业企业设计卫生标准》《工作场所有害因素职业接触限值》《生产过程安全卫生要求总则》《使用有毒物品作业场所劳动保护条例》等，对物料和工艺、生产设备（装置）、控制及操作系统、有毒介质泄漏（包括事故泄漏）处理、抢险等技术措施进行优化组合，采取综合对策措施。

① 物料和工艺　尽可能以无毒、低毒的工艺和物料代替有毒、高毒工艺和物料，是防毒的根本性措施。例如：应用水溶性涂料的电泳漆工艺、无铅字印刷工艺、无氰电镀工艺，用甲醛酯、醇类、丙酮、醋酸乙酯、抽余油等低毒稀料取代含苯稀料，以锌钡白、钛白代替油漆颜料中的铅白，使用无汞仪表消除生产、维护、修理时的汞中毒等。

② 工艺设备（装置）　生产装置应密闭化、管道化、尽可能实现负压生产，防止有毒物质泄漏、外逸。

生产过程机械化、程序化和自动控制可使作业人员不接触或少接触有毒物质，防止误操作造成的中毒事故。

③ 通风净化　受技术、经济条件限制，仍然存在有毒物质逸散且自然通风不能满足要求时，应设置必要的机械通风排毒，净化（排放）装置，使工作场所空气中有毒物质浓度限制到规定的最高容许浓度值以下。

机械通风排毒方法主要有全面通风、局部排风、局部送风三种。

a. 全面通风　在生产作业条件不能使用局部排风或有毒作业地点过于分散、流动时，采用全面通风换气。全面通风换气量应按机械通风除尘部分规定的原则计算。

b. 局部排风　局部排风装置排风量较小、能耗较低、效果好，是最常用的通风排毒方法。机械通风排毒的气流组织和局部通风排毒的设计，参照局部机械通风排尘部分。

c. 局部送风　局部送风主要用于有毒物质浓度超标、作业空间有限的工作场所，新鲜空气往往直接送到人的呼吸带，以防止作业人员中毒、缺氧。

d. 净化处理　对排出的有毒气体、液体、固体应有经过相应的净化装置处理，以达到环境保护排放标准。常用的净化方法有吸收法、吸附法、燃烧法、冷凝法、稀释法及化学处理法等。有关净化处理的要求，一般由环境保护行政部门进行管理。

对有回收利用价值的有毒、有害物质应经回收装置处理、回收、利用。

④ 应急处理　对有毒物质泄漏可能造成重大事故的设备和工作场所必须设置可靠的事故处理装置和应急防护设施。

应设置有毒物质事故安全排放装置（包括储罐）、自动检测报警装置、联锁事故排毒装置，还应配备事故泄漏时的解毒（含冲洗、稀释、降低毒性）装置。

例如：光气（$COCl_2$）生产，应实现遥控操作；当事故泄漏时，用遥控的喷淋管喷液氨雾解毒（$COCl_2+4NH_3 \longrightarrow CO(NH_2)_2+2NH_4Cl$），同时联锁事故通风装置将室内含光气的废气送到喷淋塔中，用氨水、液碱喷淋并对废水用碱性物质（氢氧化钠、碳酸钠等）相应处理，达到无害排放。

大中型化工、石油企业及有毒气体危害严重的单位，应有专门的气体防护机构；接触Ⅰ级（极度危害）、Ⅱ级（高度危害）有毒物质的车间应设急救室；均应配备相应的抢救设施。

根据有毒物质的性质、有毒作业的特点和防护要求，在有毒作业工作环境中应配置事故柜、急救箱和个体防护用品（防毒服、手套、鞋、眼镜、过滤式防毒面具、长管面具、空气呼吸器、生氧面具等），个体冲洗器、洗眼器等卫生防护设施的服务半径应小于15m。

⑤ 急性化学物中毒事故的现场急救　急性中毒事故的发生，可能使大批人员受到毒害，病情往往较重。因此，现场及时有效地处理与急救，对挽救患者的生命、防止并发症起关键作用。

⑥ 其他措施　在生产设备密闭和通风的基础上实现隔离（用隔离室将操作地点与可能发生重大事故的剧毒物质生产设备隔离）、遥控操作。

配备定期和快速检测工作环境空气中有毒物质浓度的仪器，有条件时应安装自动检测空气中有毒物质浓度和超限报警装置。

配备检修时的解毒吹扫、冲洗设施。

生产、储存、处理极度危害和高度危害毒物的厂房和仓库，其天棚、墙壁、地面均应光滑，便于清扫，必要时加设防水、防腐等特殊保护层及专门的负压清扫装置和清洗设施。

采取防毒教育、定期检测、定期体检、定期检查、监护作业、急性中毒及缺氧窒息抢救训练等管理措施。

根据《职业性急性化学物中毒诊断总则》《职业性急性隐匿式化学物中毒的诊断规则》《职业性急性化学物中毒性心脏病诊断》《职业性急性化学物中毒性血液系统疾病的诊断》以及有关的化学物中毒诊断标准及处理原则提出相应对策措施，确保做出迅速正确地诊断和救治。

根据有关标准（石油、化工、农药、涂装作业、干电池、煤气站、铅作业、汞温度计等）的要求，应采取的其他防毒技术措施和管理措施。

（2）预防缺氧、窒息的对策措施

① 针对缺氧危险工作环境（密闭设备：指船舱、容器、锅炉、冷藏车、沉箱等；地下有限空间：指地下管道、地下库室、隧道、矿井、地窖、沼气池、化粪池等；地上有限空间：指储藏室、发酵池、垃圾站、冷库、粮仓等）发生缺氧窒息和中毒窒息（如二氧化碳、硫化氢和氰化物等有害气体窒息）的原因，应配备（作业前和作业中）氧气浓度、有害气体浓度检测仪器、报警仪器、隔离式呼吸保护器具（空气呼吸器、氧气呼吸器、长管面具等）、通风换气设备和抢救器具（绳缆、梯子、氧气呼吸器等）。

② 按先检测、通风，后作业的原则，工作环境空气氧气浓度大于18%和有害气体浓度达到标准要求后，在密切监护下才能实施作业；对氧气、有害气体浓度可能发生变化的作业和场所，作业过程中应定时或连续检测（宜配设连续检测、通风、报警装置），保证安全作业，严禁用纯氧进行通风换气，以防止氧中毒。

③ 对由于防爆、防氧化的需要不能通风换气工作场所、受作业环境限制不易充分通风换气的工作场所和已发生缺氧、窒息的工作场所，作业人员、抢救人员必须立即使用隔离式呼吸保护器具，严禁使用净气式面具。

④ 有缺氧、窒息危险的工作场所，应在醒目处设警示标志，严禁无关人员进入。

⑤ 有关缺氧、窒息的安全管理、教育、抢救等措施和设施同防毒措施部分。

（3）防尘对策措施

① 工艺和物料　选用不产生或少产生粉尘的工艺，采用无危害或危害性较小的物料，是消除、减弱粉尘危害的根本途径。

例如，用湿法生产工艺代替干法生产工艺（如用石棉湿纺法代替干纺法，水磨代替干磨，水力清理、电液压清理代替机械清理，使用水雾电弧气刨等），用密闭风选代替机械筛分，用压力铸造、金属模铸造工艺代替砂模铸造工艺，用树脂砂工艺代替水玻璃砂工艺，用不含游离二氧化硅含量或含量低的物料代替含量高的物料，不使用含猛、铅等有毒物质，不使用或减少产生呼吸性粉尘（5μm 以下的粉尘）的工艺措施等。

② 限制、抑制扬尘和粉尘扩散

a. 采用密闭管道输送、密闭自动（机械）称量、密闭设备加工，防止粉尘外逸；不能完全密闭的尘源，在不妨碍操作的条件下，尽可能采用半封闭罩、隔离室等设施来隔绝、减少粉尘与工作场所空气的接触，将粉尘限制在局部范围内，减弱粉尘的扩散。

利用条缝吹风口吹出的空气扁射流形成的空气屏幕，能将气幕两侧的空气环境隔离，防止有害物质由一侧向另一侧扩散。

b. 通过降低物料落差、适当降低溜槽倾斜度、隔绝气流、减少诱导空气量和设置空间（通道）等方法，抑制由于正压造成的扬尘。

c. 对亲水性、弱黏性的物料和粉尘应尽量采用增湿、喷雾、喷蒸汽等措施，可有效地抑制物料在装卸、运转、破碎、筛分、混合和清扫等过程中粉尘的产生和扩散；厂房喷雾有助于室内漂尘的凝聚、降落。

对冶金、建材、矿山、机械、粮食、轻工等行业的振动筛、破碎机、皮带输送机转运点、矿山坑道、毛皮加工等开放性尘源，均可用高压静电抑尘装置有效地抑制金、钨、铜、铀等金属粉尘和煤、焦炭、粮食、毛皮等非金属粉尘以及电焊烟尘、爆破烟尘等粉尘的扩散。

d. 为消除二次尘源、防止二次扬尘，应在设计中合理布置、尽量减少积尘平面，地面、墙壁应平整光滑、墙角呈圆角，便于清扫；使用负压清扫装置来清除逸散、沉积在地面、墙壁、构件和设备上的粉尘；对炭黑等污染大的粉尘作业及大量散发沉积粉尘的工作场所，则应采用防水地面、墙壁、顶棚、构件和水冲洗的方法，清理积尘。严禁用吹扫方式清扫积尘。

e. 对污染大的粉状辅料（如橡胶行业的炭黑粉）宜用小袋包装运输，连同包装一并加料和加工，限制粉尘扩散。

③ 通风除尘　建筑设计时要考虑工艺特点和除尘的需要，利用风压、热压差，合理组织气流（如进排风口、天窗、挡风板的设置等），充分发挥自然通风改善作业环境的作用。当自然通风不能满足要求时，应设置全面或局部机械通风除尘装置。

a. 全面机械通风　对整个厂房进行的通风、换气，是把清洁的新鲜空气不断地送入车间，将车间空气中的有害物质（包括粉尘）浓度稀释并将污染的空气排到室外，使室内空气中有害物质的浓度达到标准规定的最高容许浓度以下。一般多用于存在开放性、移动性有害物质源的工作场所。当数种有毒蒸气或数种有刺激性气体同时在室内散发时，全面通风换气量应按各种有害物质分别稀释到相应的最高容许浓度所需换气量的总和计算。同时散发数种其他有害物质时，则按分别稀释到相应最高容许浓度所需换气量中的最大值计算。

b. 局部机械通风　是对厂房内某些局部部位进行的通风、换气，使局部作业环境条件得到改善。局部机械通风包括局部送风和局部排风。

· 局部送风是把清洁、新鲜空气送至局部工作地点，使局部工作环境质量达到标准规定的要求；主要用于室内有害物质浓度很难达到标准规定的要求、工作地点固定且所占空间很小的工作场所。

· 局部排风是在产生的有害物质的地点设置局部排风罩，利用局部排风气流捕集有害物质并排至室外，使有害物质不致扩散到作业人员的工作地点；是通风排除有害物质最有效的方法，是目前工业生产中控制粉尘扩散、消除粉尘危害的最有效的一种方法。

・通风气流，一般应使清洁、新鲜空气先经过工作地带，再流向有害物质产生部位，最后通过排风口排出；含有害物质的气流不应通过作业人员的呼吸带。

・局部通风、除尘系统的吸尘罩（形式、罩口风速、控制风速）、风管（形状尺寸、材料、布置、风速和阻力平衡）、除尘器（类型、适用范围、除尘效率、分级除尘效率、处理风量、漏风率、阻力、运行温度及条件、占用空间和经济性等）、风机（类型、风量、风压、效率、温度、特性曲线、输送有害气体性质、噪声）的设计和选用，应科学、经济、合理和使工作环境空气中粉尘浓度达到标准规定的要求。

・除尘器收集的粉尘应根据工艺条件、粉尘性质、利用价值及粉尘量，采用就地回收（直接卸到料仓、皮带运输机、溜槽等生产设备内）、集中回收（用气力输送集中到料罐内）、湿法处理（在灰斗、专用容器内加水搅拌，或排入水封形成泥浆，再运输、输送到指定地点）等方式，将粉尘回收利用或综合利用并防止二次扬尘。

④ 由于工艺、技术上的原因，通风和除尘设施无法达到劳动卫生指标要求的有尘作业场所，操作人员必须佩戴防尘口罩（工作服、头盔、呼吸器、眼镜）等个体防护用品。

(4) 噪声控制措施　根据《噪声作业分级》《工业企业噪声控制设计规范》《工业企业噪声测量规范》《建筑施工场界噪声限值》《工业企业厂界噪声标准》和《工业企业设计卫生标准》等，采取低噪声工艺及设备、合理平面布置、隔声、消声、吸声等综合技术措施，控制噪声危害。

① 工艺设计与设备选择　为消除、减少噪声源，应注意以下几点。

a. 减少冲击性工艺和高压气体排空的工艺。尽可能以焊代铆、以液压代冲压、以液动代气动，物料运输中避免大落差翻落和直接撞击。

b. 选用低噪声设备。采用振动小、噪声低的设备，使用哑声材料降低撞击噪声；控制管道内的介质流速、管道截面不宜突变、选用低噪声阀门；强烈振动的设备、管道与基础、支架、建筑物及其他设备之间采用柔性连接或支撑等。

c. 采用操作机械化（包括进、出料机械化）和运行自动化的设备工艺，实现远距离的监视操作。

② 噪声源的平面布置

a. 主要强噪声源应相对集中（厂区、车间内），宜低位布置、充分利用地形隔挡噪声。

b. 主要噪声源（包括交通干线）周围宜布置对噪声较不敏感的辅助车间、仓库、料场、堆场、绿化带及高大建（构）筑物；用以隔挡对噪声敏感区、低噪声区的影响。

c. 必要时，与噪声敏感区、低噪声区之间需保持防护间距、设置隔声屏障。

③ 隔声、消声、吸声和隔振降噪　采取上述措施后噪声级仍达不到要求，则应采用隔声、消声、吸声、隔振等综合控制技术措施。尽可能使工作场所的噪声危害指数达到《噪声作业分级》规定的0级，且各类地点噪声A声级不得超过《工业企业噪声控制设计规范》规定的噪声限制值（55～90dB）。

a. 隔声　采用带阻尼层、吸声层的隔声罩对噪声源设备进行隔声处理，随结构形式不同其A声级降噪量可达到15～40dB。

不宜对噪声源作隔声处理，且允许操作人员不经常停留在设备附近时，应设置操作、监视、休息用的隔声间（室）。

强噪声源比较分散的大车间，可设置隔声屏障或带有生产工艺孔的隔墙，将车间分成几个不同强度的噪声区域。

b. 消声　对空气动力机械（风机、压缩机、燃汽轮机、内燃机等）辐射的空气动力性噪声，应采用消声器进行消声处理；当噪声呈中高频宽带特性时，可选用阻性型消声器；当噪声呈明显低中频脉动特性时，可选用扩展室型消声器；当噪声呈低中频特性时，可选用共振性消声器；消声器的消声量一般不宜超过50dB。

c. 吸声　对原有吸声较少、混响声较强的车间厂房，应采取吸声降噪处理；根据所需的吸声除噪量，确定吸声材料、吸声体的类型、结构、数量和安装方式。

d. 隔振降噪　对产生较强振动和冲击，从而引起固体声传播及振动辐射噪声的机器设备，应采取隔振措施；根据所需的振动传动比（或隔振效率）确定隔振元件的荷载、型号、大小和数量。常用的隔振元件（隔振垫层和隔振器）有橡胶、软木、玻璃纤维隔振垫和金属弹簧、空气弹簧、压缩型橡胶隔振器等。

e. 个体防护　采取噪声控制措施后工作场所的噪声级仍不能达到标准要求，则应采取个人防护措施和减少接触噪声时间。

对流动性、临时性噪声源和不宜采取噪声控制措施的工作场所，主要依靠个体防护用品（耳塞、耳罩等）防护。

(5) 振动控制措施　根据《作业场所局部振动卫生标准》，提出工艺和设备、减振、个体防护等方面的对策措施。

① 工艺和设备　从工艺和技术上消除或减少振动源是预防振动危害最根本的措施；如用油压机或水压机代替气（汽）锤、用水爆清沙或电液清沙代替风铲清沙、以电焊代替铆接等。

选用动平衡性能好、振动小、噪声低的设备；在设备上设置动平衡装置，安装减振支架、减振手柄、减振垫层、阻尼层；减轻手持振动工具的重量等。

② 基础　提高基础重量、刚度、面积，使基础固有频率避开振源频率，错开30%以上，防止发生共振。

基础隔振是将振动设备的基础与基础支撑之间用减振材料（橡胶、软木、泡沫乳胶、矿渣棉等）、减振器（金属弹簧、橡胶减振器和减振垫等）隔振，减少振源的振动输出；在振源设备周围地层中设置隔振沟、板桩墙等隔振层，切断振波向外传播的途径。

③ 个体防护　穿戴防振手套、防振鞋等个体防护用品，降低振动危害程度。

(6) 防辐射（电离辐射）对策措施

① 防电离辐射对策措施　根据《放射卫生防护基本标准》《辐射防护规定》《放射性物质安全运输规定》《低、中水平放射性固体废物暂时贮存规定》《高水平放射性废液贮存厂房设计规定》《操作开放型放射物质的辐射防护规定》《辐射防护技术人员资格基本要求》《放射防护规定》等，按辐射源的特征（α粒子、β粒子、γ射线、X射线、中子等，密闭型、开放型）和毒性（极毒、高毒、中毒、低毒）、工作场所的级别（控制区、监督区、非限制区和控制区再细分的区、级、开放型放射源工作场所的级别），为防止非随机效应的发生和将随机效应的发生率降到可以接受的水平，遵守辐射防护三原则（屏蔽、防护距离和缩短照射时间）采取对策措施，使各区域工作人员受到的辐射照射不得超过标准规定的个人剂量限制值。

a. 外照射源应根据需要和有关标准的规定，设置永久性或临时性屏蔽（屏蔽室、屏蔽墙、屏蔽装置）。屏蔽的选材、厚度、结构和布置方式应满足防护、运行、操作、检修、散热和去污的要求。

b. 设置与设备的电气控制回路联锁的辐射防护门，并采取迷宫设计，设置监测、预警和报警装置和其他安全装置，高能X射线照射室内应设紧急事故开关。

c. 在可能发生空气污染的区域（如操作放射性物质的工作箱、手套箱、通风柜等），必须设有全面或局部的送、排风装置，其换气次数、负压大小和气流组织应能防止污染的回流和扩散。

d. 工作人员进入辐射工作场所时，必须根据需要穿戴相应的个体防护用品（防放射性服、手套、眼面防护品和呼吸防护用品），佩戴相应的个人剂量计。

e. 开放型放射源工作场所入口处，一般应设置更衣室、淋浴室和污染检测装置。

f. 应有完善的监测系统和特殊需要的卫生设施（污染洗涤、冲洗设施和消洗急救室等）。

g. 根据《放射卫生防护基本标准》和《辐射防护规定》的要求，对有辐射照射危害的工作场所的选址、防护、监测（个体、区域、工艺和事故的监测）、运输、管理等方面提出应采取的其他措施。

h. 核电厂的核岛区和其他控制的防护措施，按《核电厂安全系统准则》《核电厂环境辐射防护规定》以及由国家核安全局依据专业标准、规范提出。

② 防非电离辐射对策措施

a. 防紫外线措施　电焊等作业、灯具和炽热物体（达到1200℃以上）发射的紫外线，主要通过防护屏蔽（滤紫外线罩、挡板等）和保护眼睛、皮肤的个人防护用品（防紫外线面罩、眼镜、手套和工作服等）防护。目前我国尚无紫外线防护卫生标准，建议采用美国卫生标准（连续7h接触不超过$0.5mW/cm^2$，连续24h接触不超过$0.1mW/cm^2$）。

b. 防红外线（热辐射）措施　主要是尽可能采用机械化、遥控作业、避开热源；其次，应采用隔热保温层、反射性屏蔽（铝箔制品、铝挡板等）、吸收性屏蔽（通过对流、通风、水冷等方式冷却的屏蔽）和穿戴隔热服、防红外线眼镜、面具等个体防护用品。

c. 防激光辐射措施　为防止激光对眼睛、皮肤的灼伤和对身体的伤害，达到《作业场所激光辐射卫生标准》规定的眼直视激光束的最大容许照射量、激光照射皮肤的最大容许照射量，应采取下列措施：

· 优先采取用工业电视、安全观察孔监视的隔离操作；观察孔的玻璃应有足够的衰减指数，必要时还应设置遮光屏罩。

· 作业场所的地、墙壁、天花板、门窗、工作台应采用暗色不反光材料和毛玻璃；工作场所的环境色与激光色谱错开（如红宝石激光操作室的环境色可取浅绿色）。

· 整体光束通路应完全隔离，必要时设置密闭式防护罩；当激光功率能伤害皮肤和身体时，应在光束通路影响区设置保护栏杆，栏杆门应与电源、电容器放电电路联锁。

· 设局部通风装置，排除激光束与靶物相互作用时产生的有害气体。

· 激光装置宜与所需高压电源分室布置；针对大功率激光装置可能产生的噪声和有害物质，采取相应的对策措施。

· 穿戴有边罩的激光防护镜和白色防护服。

d. 防电磁辐射对策措施　根据《电磁辐射防护规定》《环境电磁波卫生标准》《作业场所微波辐射卫生标准》《作业场所超高频辐射卫生标准》，按辐射源的频率（波长）和功率分别或组合采取对策措施。

根据标准规定的限量值（操作位平场功率密度）和防护限值（任意连续6mim全身比吸收率）提出对策措施：

·用金属板（网）制作接地或不接地的屏蔽板（罩、室）近距离屏蔽辐射源，将电磁场限制在限定范围内，防止辐射能量对作业人员和其他仪器、设备的影响，是防护电磁辐射的主要方式；用屏蔽来屏蔽其他仪器、设备设施和作业人员的操作位置，是根据需要采取的防护工作。

·敷设吸收材料层，吸收辐射能量。通常采用屏蔽-吸收组合方式，提高防护性能。

·使用滤波器防止电磁辐射通过贯穿屏蔽的线路传播和泄漏。

·增大辐射源与人体的距离。

·辐射源的屏蔽室（罩）门应与辐射源电源联锁，防止误打开门时人员受到伤害。

·当采取的防护措施不能达到规定的限值或需要不停机检修时，必须穿戴防微波服（眼镜、面具）等个体防护用品。

(7) 高温作业的防护措施　根据《高温作业分级》《工业设备及管道绝热工程施工及验收规范》《高温作业分级检测规程》《高温作业允许持续接触热时间限值》，按各区对限制高温作业级别的规定采取措施。

① 尽可能实现自动化和远距离操作等隔热操作方式，设置热源隔热屏蔽［热源隔热保温层、水幕、隔热操作室（间）、各类隔热屏蔽装置］。

② 通过合理组织自然通风气流，设置全面、局部送风装置或空调降低工作环境的温度。供应清凉饮料。

③ 依据《高温作业允许持续接触热时间限值》的规定，限制持续接触热时间。

④ 使用隔热服（面罩）等个体防护用品。尤其是特殊高温作业人员，应使用适当的防护用品，如防热服装（头罩、面罩、衣裤和鞋袜等）以及特殊防护眼镜等。

⑤ 注意补充营养及合理的膳食制度，供应高温饮料，口渴饮水，少量多次为宜。

(8) 低温作业、冷水作业防护措施　根据《低温作业分级》《冷水作业分级》提出相应的对策措施。

① 实现自动化、机械化作业，避免或减少低温作业和冷水作业。控制低温作业、冷水作业时间。

② 穿戴防寒服（手套、鞋）等个体防护用品。

③ 设置采暖操作室、休息室、待工室等。

④ 冷库等低温封闭场所，应设置通信、报警装置，防止误将人员关锁。

(9) 其他对策措施

① 体力劳动

a. 为消除超重搬运和限制重体力劳动（例如消除Ⅳ级体力劳动强度）应采取的降低体力劳动强度的机械化、自动化作业的措施。

b. 根据成年男女单次搬运重量、全日搬运重量的限制提出的对策措施。

c. 针对女职工体力劳动强度、体力负重量的限制提出对策措施。

② 定员编制、工时制度、劳动组织（包括安全卫生机构的设置）

a. 定员编制应满足国家现行工时制的要求。

b. 定员编制还应满足女职工劳动保护规定（包括禁忌劳动范围）和有关限制接触有害因素时间（例如，有毒作业、高处作业、高温作业、低温作业、冷水作业和全身强振动作业等）、监护作业的要求，以及其他安全的需要，做必要的调整和补充。

c. 根据工艺、工艺设备、作业条件的特点和安全生产的需要，在设计中对劳动组织（作业岗设置、岗位人员配备和文化技能要求、劳动定额、工时和作业班制、指挥管理系统等）提出具体安排。

d. 劳动安全管理机构的设置。

e. 根据《中华人民共和国劳动法》及《国务院关于职工工作时间的规定》提出工时安排方面的对策措施。

③ 工厂辅助用室的设置　根据生产特点、实际需要和使用方便的原则，按职工人数、设计计算人数设置生产卫生用室（浴室、存衣室、盥洗室、洗衣房）、生活卫生用室（休息室、食堂、厕所）和医疗卫生、急救设施。

根据工作场所的卫生特征等级的需要，确定生产卫生用室。

依据《女职工劳动保护规定》应设置女职工劳动保护设施（例如妇女卫生室、孕妇休息室、哺乳室等。）

④ 女职工劳动保护　根据《中华人民共和国劳动法》、国务院令第 619 号《女职工劳动保护特别规定》《女职工禁忌劳动范围的规定》《女职工保健工作规定》提出女职工“四期”保护等特殊的保护措施。

4.2.2　安全管理对策措施

与安全技术对策措施处于同一层面上的安全管理对策措施，其在企业的安全生产工作中与前者起着同等重要的作用。如果将安全技术对策措施比作计算机系统内的硬件设施，那么安全管理对策措施则是保证硬件正常发挥作用的软件。安全管理对策措施通过一系列管理手段将企业的安全生产工作整合、完善、优化，将人、机、物、环等涉及安全生产工作的各个环节有机地结合起来，保证企业生产经营活动在安全健康的前提下正常开展，使安全技术对策措施发挥最大的作用。在某些缺乏安全技术对策措施的情况下，为了保证生产经营活动的正常进行，必须依靠安全管理对策措施的作用加以弥补。

安全管理对策措施的具体内容涉及面较为广泛，《中华人民共和国安全生产法》《危险化学品安全管理条例》《特种设备安全监察条例》《化工企业安全管理规定》等许多法律法规和政府行政规章中具体的条款内容都能涉及。

各类技术标准和规范如《常用化学危险品储存通则》《生产过程安全卫生要求总则》《劳动防护用品选用规则》也包含了安全管理对策措施的许多具体内容。

安全生产管理是以保证建设项目建成以后实现生产过程安全为目的的现代化、科学化的管理。其基本任务是发现、分析和控制生产过程中的危险、有害因素，制定相应的安全卫生规章制度，对企业内部实施安全卫生监督、检查，对各类人员进行安全、卫生知识的培训和教育，防止发生事故和职业病，避免、减少有关损失。

即使具有本质安全性能、高度自动化的生产装置，也不可能全面地、一劳永逸地控制、预防所有的危险、有害因素（例如维修等辅助生产作业中存在的、生产过程中设备故障造成的危险、有害因素）和防止作业人员的失误。安全生产管理对于所有建设项目和生产经营单位都是企业管理的重要组成部分，是保证安全生产的必不可少的措施。

4.2.2.1　建立制度

《中华人民共和国安全生产法》第四条规定：“生产经营单位必须遵守本法和其他有关安全生产的法律、法规，加强安全生产管理，建立、健全安全生产责任制和安全生产规章制度，改善安全生产条件，推进安全生产标注化建设，提高安全生产水平，确保安全生产。”不管是法律法规和技术标准的要求，还是生产经营单位实际安全生产的需要，都必须建立健全企业安全生产责任制、落实生产经营单位安全生产规章制度和操作规程。

例如：依据企业的自身特点，应建立《安全生产总则》《安全生产守则》《“三同时”管理制度》等指导性安全管理文件，制定《安全生产责任制》《工艺技术安全生产规程》《安全操作规程》；明确各级人员的安全生产岗位责任制，对日常安全管理工作，应建立相应的《安全检查制度》《安全生产巡视制度》《安全生产交接班制度》《安全监督制度》《安全生产确认制》《安全生产奖惩制度》《有毒有害作业管理制度》《劳保用品管理制度》《厂内交通运输安全管理条例》等管理制度；对工伤事故应建立《伤亡事故管理制度》《伤亡事故责任者处理规定》《职业病报告处理制度》等制度；对设备、工机具等应建立《特种设备管理管理责任制度》《危险设备管理制度》《手持电动工具管理制度》《吊索具安全管理规程》《蒸汽锅炉、压力容器管理细则》等制度；在安全教育培训方面，应建立《各级领导安全培训教育制度》《新进员工三级安全教育制度》《转岗安全培训教育制度》《日常安全教育和考核制度》《违章员工教育》和《临时性安全教育》等制度；对检修、动火和紧急状态，应建立《设备检修安全联络挂牌制度》《动火作业管理规定》《临时线审批制度》《动力管线管理制度》《危险作业审批制度》等管理措施；对特殊工种应建立《特种作业人员的安全教育》《持证上岗管理规定》等制度；对外协、临时工和承包工程队的安全管理应建立相应的管理制度，等等。

4.2.2.2 完善机构和人员配置

建立并完善生产经营单位的安全管理组织机构和人员配置，保证各类安全生产管理制度能认真贯彻执行，各项安全生产责任制能落实到人。明确各级第一负责人为安全生产第一责任人。

例如：生产经营单位设立安全生产委员会（或者相类似的管理机构），由单位负责人任主任，下设办公室，安全科长任办公室主任；建立安全员管理网络。各生产经营单位的安全管理机构设安全科，各作业区（包括物资储存区）设作业区级兼职安全员一名，分别由各作业区作业长兼任，各大班各设班组级兼职安全员一名，分别由各大班班长兼任。

《安全生产法》第二十一条规定，矿山、金属冶炼、建筑施工、道路运输单位和危险物品的生产、经营、储存单位，应当设置安全生产管理机构或者配备专职安全生产管理人员。

前款规定以外的其他生产经营单位，从业人员超过一百人的，应当设置安全生产管理机构或者配备专职安全生产管理人员；从业人员在一百人以下的，应当配备专职或者兼职的安全生产管理人员。

国家安全生产监督管理局颁布的《危险化学品经营单位安全评价导则》内容规定，危险化学品经营单位应有安全管理机构或者配备专职安全管理人员；从业人员在10人以下的，有专职或兼职安全管理人员；个体工商户可委托具有国家规定资格的人员提供安全管理服务。中、小型生产经营单位可根据上述两条规定的精神，结合本单位的特点确定安全管理机构的设置和人员配置模式。在落实安全生产管理机构和人员配置后，还需建立各级机构和人员安全生产责任制。

各级人员安全职责包括单位负责人及其副手、总工程师（或技术总负责人）、车间主任（或部门负责人）、工段长、班组长、车间（或部门）安全员、班组安全员、作业工人的安全职责。

4.2.2.3 安全培训、教育和考核

在建立了各类安全生产管理制度和安全操作规程，落实机构和人员安全生产责任制后，安全管理对策措施所要涉及的内容是各类人员的安全教育和安全培训。生产经营单位的主要

负责人、安全生产管理人员和生产一线操作人员，都必须接受相应的安全教育和培训。

《安全生产法》第十一条规定：“各级人民政府及其有关部门应当采取多种形式，加强对有关安全生产的法律、法规和安全生产知识的宣传，增强全社会的安全生产意识。”第二十四条规定“生产经营单位的主要负责人和安全生产管理人员必须具备与本单位所从事的生产经营活动相应的安全生产知识和管理能力。危险物品的生产、经营、储存单位以及矿山、金属冶炼、建筑施工、道路运输单位的主要负责人和安全生产管理人员，应当由主管的负有安全生产监督管理职责的部门对其安全生产知识和管理能力考核合格。考核不得收费。危险物品的生产、储存单位以及矿山、金属冶炼单位应当有注册安全工程师从事安全生产管理工作。鼓励其他生产经营单位聘用注册安全工程师从事安全生产管理工作。注册安全工程师按专业分类管理，具体办法由国务院人力资源和社会保障部门、国务院安全生产监督管理部门会同国务院有关部门制定。”第二十五条规定：生产经营单位应当对从业人员进行安全生产教育和培训，保证从业人员具备必要的安全生产知识，熟悉有关的安全生产规章制度和安全操作规程，掌握本岗位的安全操作技能，了解事故应急处置措施，知悉自身在安全生产方面的权利和义务。未经安全生产教育和培训合格的从业人员，不得上岗作业。生产经营单位使用被派遣劳动者的，应当将被派遣劳动者纳入本单位从业人员统一管理，对被派遣劳动者进行岗位安全操作规程和安全操作技能的教育和培训。劳务派遣单位应当对被派遣劳动者进行必要的安全生产教育和培训。生产经营单位接收中等职业学校、高等学校学生实习的，应当对实习学生进行相应的安全生产教育和培训，提供必要的劳动防护用品。学校应当协助生产经营单位对实习学生进行安全生产教育和培训。生产经营单位应当建立安全生产教育和培训档案，如实记录安全生产教育和培训的时间、内容、参加人员以及考核结果等情况。第二十七条规定：生产经营单位的特种作业人员必须按照国家有关规定经专门的安全作业培训，取得相应资格，方可上岗作业。特种作业人员的范围由国务院安全生产监督管理部门会同国务院有关部门确定。第五十五条规定：从业人员应当接受安全生产教育和培训，掌握本职工作所需的安全生产知识，提高安全生产技能，增强事故预防和应急处理能力。

生产经营单位的安全培训和教育工作分以下三个层面进行。

① 单位主要负责人和安全生产管理人员的安全培训教育，侧重面为国家有关安全生产的法律法规、行政规章和各种技术标准、规范，了解企业安全生产管理的基本脉络，掌握对整个企业进行安全生产管理的能力，取得安全管理岗位的资格证书。

② 从业人员的安全培训教育在于了解安全生产知识，熟悉有关的安全生产规章制度和安全操作规程，掌握本岗位的安全操作技能。

③ 特种作业人员必须按照国家有关规定经专门的安全作业培训，取得特种作业操作资格证书。要选拔具有一定文化程度、操作技能、身体健康和心理素质好的人员从事相关工作，并定期进行考察、考核、调整。重大危险岗位作业人员还需要专门的安全技术训练，有条件的单位最好能对该类作业人员进行身体素质、心理素质、技术素质和职业道德素质的测定，避免由于作业人员先天性素质缺陷造成的安全隐患。

对作业人员要加强职业培训、教育，使作业人员具有高度的安全责任心、缜密的态度，并且要熟悉相应的业务，有熟练的操作技能，具备有关物料、设备、设施、防止工艺参数变动及泄漏等的危险、危害知识和应急处理能力，有预防火灾、爆炸、中毒等事故和职业危害的知识和能力，在紧急情况下能采取正确的应急方法，事故发生时有自救、互救能力。

加强对新职工的安全教育、专业培训和考核，新进人员必须经过严格的三级安全教育和专业培训，并经考试合格后方可上岗。对转岗、复工人员应参照新职工的办法进行培训和考试。对职工每年至少进行两次安全技术培训和考核。

4.2.2.4 安全投入与安全设施

建立健全生产经营单位安全生产投入的长效保障机制，从资金和设施装备等物质方面保障安全生产工作正常进行，也是安全管理对策措施的一项内容。

《安全生产法》第二十条规定，生产经营单位应当具备的安全生产条件所必需的资金投入，由生产经营单位的决策机构、主要负责人或者个人经营的投资人予以保证，并对由于安全生产所必需的资金投入不足导致的后果承担责任。有关生产经营单位应当按照规定提取和使用安全生产费用，专门用于改善安全生产条件。安全生产费用在成本中据实列支。安全生产费用提取、使用和监督管理的具体办法由国务院财政部门会同国务院安全生产监督管理部门征求国务院有关部门意见后制定。第二十八条规定，生产经营单位新建、改建、扩建工程项目（以下统称建设项目）的安全设施，必须与主体工程同时设计、同时施工、同时投入生产和使用。安全设施投资应当纳入建设项目概算。

建设项目在可行性研究阶段和初步设计阶段都应该考虑投入用于安全生产的专项资金的预算。生产经营单位在日常运行过程中应该安排用于安全生产的专项资金，进行安全生产方面的技术改造、增添安全设施和防护设备以及个体防护用品。配备安全卫生管理、检查、事故调查分析、检测检验的用房和检查、检测、通信、录像、照相、微机、车辆等设施、设备。根据生产特点，适应事故应急预案措施的需要，配备必要的训练、急救、抢险的设备、设施，以及安全卫生管理需要的其他设备、设施。配备安全卫生培训、教育（含电化教育）设备和场所。设计单位和生产单位应根据安全管理的需要，配备必要的人员和管理、检查、检测、培训教育和应急抢救仪器设备和设施。如设置卫生室并配置相应的急救药品，高温作业需要设置有空调的休息室，化工装置有的需要设置相应的防毒面具、淋洗、洗眼器等。

4.2.2.5 实施监督与日常检查

安全管理对策措施的动态表现就是监督与检查，对于有关安全生产方面国家法律法规、技术标准、规范和行政规章执行情况的监督与检查，对于本单位所制定的各类安全生产规章制度和责任制的落实情况的监督与检查；通过监督检查，保证本单位各层面的安全教育和培训能正常有效地进行；保证本单位安全生产投入的有效实施；保证本单位安全设施、安全技术装备能正常发挥作用；应经常性督促、检查本单位的安全生产工作，及时消除生产安全事故隐患。《安全生产法》第三十三条规定，安全设备的设计、制造、安装、使用、检测、维修、改造和报废，应当符合国家标准或者行业标准。生产经营单位必须对安全设备进行经常性维护、保养，并定期检测，保证正常运转。维护、保养、检测应当做好记录，并由有关人员签字。第三十四条，生产经营单位使用的危险物品的容器、运输工具，以及涉及人身安全、危险性较大的海洋石油开采特种设备和矿山井下特种设备，必须按照国家有关规定，由专业生产单位生产，并经具有专业资质的检测、检验机构检测、检验合格，取得安全使用证或者安全标志，方可投入使用。检测、检验机构对检测、检验结果负责。第三十七条，生产经营单位对重大危险源应当登记建档，进行定期检测、评估、监控，并制定应急预案，告知从业人员和相关人员在紧急情况下应当采取的应急措施。生产经营单位应当按照国家有关规定将本单位重大危险源及有关安全措施、应急措施报有关地方人民政府安全生产监督管理部门和有关部门备案。第四十一条，生产经营单位应当教育和督促从业人员严格执行本单位的安全生产规章制度和安全操作规程；并向从业人员如实告知作业场所和工作岗位存在的危险因素、防范措施以及事故应急措施。第四十三条，生产经营单位的安全生产管理人员应当根据本单位的生产经营特点，对安全生产状况进行经常性检查；对检查中发现的安全问题，应当立即处理；不能处理的，应当及时报告本单位有关负责人，有关负责人应当及时处理。检查及处理情况应当如实记录在案。生产经营单位的安全生产管理人员在检查中发现重大事故隐患，依照前款规定向本单位有关负责人报告，有关负责人不及时处理的，安全生产管理人员可以向主管的负有安全生产监督管理职责的部门报告，接到报告的部门应当依法及时处理。

例如：生产经营单位建有《安全活动日制度》，明确每周一为安全活动日，总结和回顾一周来安全规章制度执行情况，发现存在问题并提出改进措施。《安全生产检查制度》规定了单位安全管理部门每季度进行一次安全生产综合大检查，各作业区每月进行两次安全检查，并建立了季节性安全检查、专业性安全检查和节假日安全检查制度。

此外，设备的不安全状态是诱发事故的物质基础。保持设备、设施的完好状态，是实现安全生产的前提。因此，要加强对设备运行时的监视、检查、定期维修保养等管理工作。经常进行安全分析，对发生过的事故或未遂事件、故障、异常工艺条件和操作失误等，应作详细记录和原因分析并找出改进措施。还应经常收集、分析国内外的有关案例，类比本企业建设项目的具体情况，加强教育，积极采取安全技术、管理等方面的有效措施，防止类似事故的发生。经常对主要设备故障处理方案进行修订，使之不断完善。

冬寒、暑热、风、霜、雨、雪、雷电等环境气候条件，会影响操作人员作出正确地判断和操作，会间接或直接影响作业人员的安全和健康。因此，作业场所的温度、湿度、采光照明、通风、噪声，空气中有毒、有害物质含量要定期进行检测，重视作业环境及条件的改善。

对火灾报警装置、监测器、防爆膜、安全阀、视镜等应定期检验，防止失效；做好各类监测目标、泄漏点、检测点的记录和分析，对不安全因素进行及时处理和整改。

制定并严格执行动火审批制度，动火前应检测可燃物的浓度，动火时须有专人监护，并准备适用的消防器材。

4.2.2.6　事故应急救援预案

事故应急救援在安全管理对策措施中占有非常重要的地位，《安全生产法》专门设置了第五章“生产安全事故的应急救援与调查处理。”安全评价报告中对策措施的章节内必须要有应急救援预案相关的评价内容。

复习思考题

1. 在制定安全对策措施时，应遵循的原则有哪些？

2. 简要叙述防尘措施。

3. 简要叙述噪声的控制措施。

4. 简要叙述电离辐射的防护措施。

5. 简述防静电的对策措施。

6. 简述安全防护装置的设置原则。

7. 简述工艺布置的防火、防爆要求。

8. 安全措施和危险源的关系是什么？

9. 论述安全对策措施应考虑哪两个方面内容？

10. 某机械加工企业，主要生产设备为金属切削机床：车床、铣床、磨床、钻床、冲床、剪床等，同时，车间还安装了3t桥式起重机，配备了2辆叉车。根据该公司近几年的事故统计资料，大部分事故为机械伤害和物体打击事故，其中2015年内发生冲床断指的事故共有14起。

(1) 简述在金属切削过程中存在的主要危险、有害因素。

(2) 为杜绝或减少冲床事故的发生，应该采取哪些有效的安全对策措施。

(3) 简述防止触电的安全对策措施。

11. 一拟建加氢站根据规划其东侧隔 10m 宽的绿化带即为城市主干道，且到城市主干道东侧的居民区围墙距离约 100m，南面为公交枢纽，站址与公交枢纽之间是一条公路。加氢站北侧和西侧为空地。

加氢站总平面布置主要分为卸气区、工艺区、加注区和站房四个区域。

卸气区布置在站区南部，布置有三辆长管拖车位，以满足“两用一备”的要求。卸气区细分为转车区、停车区和卸气柱区。停车场地的长宽均大于 25m，以满足长管拖车的转车要求。停车区各车位净距为 2.5m，与两侧围墙净距为 3m。卸气柱位于长管拖车尾侧，与长管拖车一一对应，也为三组，卸车台长宽各 1.5m。

工艺区布置在站区中部西侧，布置有压缩机、固定式储气瓶组和氮气吹扫瓶组，压缩机为两组撬装式，每撬布置两台，固定式储气瓶组共有两组，采用 ASME 储气瓶，分别为 9 个一组和 6 个一组。压缩机和固定式储气瓶组采用单面防爆围墙与站房分隔。站区的放散总管和避雷针均布置于本区域的最西侧，并满足与站区围墙、储气设施和压缩机的安全距离。

加注区位于站区中部东侧，由四座加氢岛及其整体天棚构成，其中三座岛上各布置一台加氢机，一座岛备用，加氢机均用双枪，可满足两侧车辆同时加注的要求，两岛间纵向中间车道宽度 7m，满足同时通行公交车和小轿车的要求。

站房布置在站区的西北侧，为一栋单层建筑，总建筑面积为 160.8m^2，主要包括营业间、办公间、变配电间、控制间、卫生间等，与站内高压储气设备保持 10m 以上的安全距离，并采用防爆防火墙隔开。

站内设北进南出两座大门，均面向城市主干道，四周均采用围墙，其中西侧为高 3.2m 实体墙（高于长管拖车），其余三侧为高 2.5m 的镂空非实体墙。

本站的总氢储量约 860kg，其中站内的固定式高压储氢量约 300kg，储存压力不大于 45MPa（20℃），站内的移动式长管拖车 560kg（计两辆，不计备用车），储存压力不大于 20MPa。

本站属于三级站（国家标准小于 1000kg，地方标准小于 2000kg）。加氢机充装压力 35MPa（20℃），能满足车辆快速连续加氢的要求。

试根据以上信息，按照《安全预评价导则》的要求提出安全对策措施。

第5章 评价结论

本章学习目标

1. 了解评价数据采集分析处理原则，熟悉安全评价数据的分析处理内容。
2. 掌握 Q 值检验法。
3. 了解评价结论的一般工作步骤，熟悉评价结论中的逻辑思维方法的应用。
4. 了解评价结论的编制原则，掌握评价结论的主要内容。

5.1 安全评价数据处理与分析

5.1.1 评价数据采集分析处理原则

安全评价资料、数据采集是进行安全评价必要的关键性基础工作。预评价与验收评价资料以可行性研究报告及设计文件为主，同时要求可类比的安全卫生技术资料、监测数据；适用的法规、标准、规范是评价的依据；安全卫生设施及其运行效果；安全卫生的管理及其运行情况；安全、卫生、消防组织机构情况等。安全状况综合评价所需资料则复杂得多，它重点要求厂方提供反映现实运行状况的各种资料与数据，而这类资料、数据往往由生产一线的车间人员、设备管理部门、安全、卫生、消防管理部门、技术检测部门等分别掌握，有些甚至还需要财务部门提供。表 5-1 是美国 CCPS（化工过程安全中心）针对化工行业安全评价，列出的“安全评价所需资料一览表”。

表 5-1　安全评价所需资料一览表

<table>
<tr>
<td>1. 化学反应方程式和主次的二次反应的最佳配比；
2. 所用催化剂类型和特性；
3. 所有的包括工艺化学物质的流量和化学反应数据；
4. 主要过程反应，包括顺序、反应速率、平衡途径、反应动力学数据等；
5. 不希望的反应，如分解、自聚合反应的动力学数据；
6. 压力、浓度、催化速率比值等参数的极限值，以及超出极限值的情况下，进行操作可能产生的后果；
7. 工艺流程图、工艺操作步骤或单元操作过程，包括从原料的储存，加料的准备至产品产出及储存的整个过程操作说明；
8. 设计动力及平衡点；
9. 主要物料量；</td>
<td>10. 基本控制原料说明（例：辨识主要控制变化及选择变化的原因）；
11. 对某些化学物质包含的特殊危险或特性、要求而进行的专门设计说明；
12. 原材料、中间体、产品、副产品和废物的安全、卫生及环保数据；
13. 规定的极限值和/或容许的极限值；
14. 规章制度及标准；
15. 工艺变更说明书；
16. 厂区平面布置图；
17. 单元的电力分级图；
18. 建筑和设备布置图；
19. 管道和仪表图；
20. 机械设备明细表；</td>
</tr>
</table>

续表

21. 设备一览表； 22. 设备厂家提供的图纸； 23. 仪表明细表； 24. 管道说明书； 25. 公用设施说明书； 26. 检验和检测报告； 27. 电力分布图； 28. 仪表布置及逻辑图； 29. 控制及报警系统说明书； 30. 计算机控制系统软硬件设计； 31. 操作规程(包括关键参数)； 32. 维修操作规程；	33. 应急救援计划和规程； 34. 系统可靠性设计依据； 35. 通风可靠性设计依据； 36. 安全系统设计依据； 37. 消费系统设计依据； 38. 事故报告； 39. 气象数据； 40. 人口分布数据； 41. 场地水文资料； 42. 已有的安全研究； 43. 内部标准和检查表； 44. 有关行业生产经验

对安全评价资料、数据采集处理方面，应遵循以下原则：首先应保证满足评价的全面、客观、具体、准确的要求；其次应尽量避免不必要的资料索取，从而给企业带来的不必要负担。根据这一原则，参考国外评价资料要求，结合我国对各类安全评价的各项要求，各阶段安全评价资料、数据应满足的一般要求见表5-2。

表5-2　安全评价所需资料、数据

评价类别 资料类别	安全预评价	安全验收评价	安全现状综合评价
有关法规、标准、规范	√	√	√
评价所依据的工程设计文件	√	√	√
厂区或装置平面布置图	√	√	√
工艺流程图与工艺概况	√	√	√
设备清单	√	√	√
厂区位置图及厂区周围人口分布数据	√	√	√
开车试验资料	—	√	√
气体防护设备分布情况	√	√	√
强制检定仪器仪表标定检定资料	—	√	√
特种设备检测和检验报告	—	√	√
近年来的职业卫生监测数据	—	√	√
近年来的事故统计及事故记录	—	—	√
气象条件	√	√	√
重大事故应急预案	—	√	√
安全卫生组织机构网络	√	√	√
厂消防组织、机构、装备	√	√	√
预评价报告	—	√	√
验收评价报告	—	—	√
安全现状综合评价报告	—	—	—
不同行业的其他资料要求	—	—	—

注：表中“√”表示该类评价需要该项资料。

5.1.2 评价数据的分析处理

数据收集是进行安全评价最关键的基础工作。所收集的数据要以满足安全评价需要为前提。由于相关数据可能分别掌握在管理部门（设备、安全、卫生、消防、人事、劳动工资、财务等）、检测部门（质量科、技术科）以及生产车间，因此，数据收集时要做好协调工作。尽量使收集到的数据全面、客观、具体、准确。

收集数据的范围以已确定的评价边界为限，兼顾与评价项目相联系的接口。如：对改造项目进行评价时，动力系统不属改造范围，但动力系统的变化会导致所评价系统的变化，因此，数据收集应该将动力系统的数据包括在内。

5.1.2.1 数据内容

安全评价要求提供的数据内容一般分为：人力与管理数据、设备与设施数据、物料与材料数据、方法与工艺数据、环境与场所数据。

被评价单位提供的设计文件（可行性研究报告或初步设计）、生产系统实际运行状况和管理文件等；其他法定单位测量、检测、检验、鉴定、检定、判定或评价的结果或结论等；评价机构或其委托检测单位，通过对被评价项目或可类比项目实地检查、检测、检验得到的相关数据，以及通过调查、取证得到的安全技术和管理数据。相关的法律法规、相关的标准规范、相关的事故案例、相关的材料或物性数据、相关的救援知识，数据的真实性和有效性控制对收集到的安全评价资料数据，应关注以下几个方面：

（1）收集的资料数据，要对其真实性和可信度进行评估，必要时可要求资料提供方书面说明资料来源；

（2）对用作类比推理的资料要注意类比双方的相关程度和资料获得的条件；

（3）代表性不强的资料（未按随机原则获取的资料）不能用于评价；

（4）安全评价引用反映现状的资料必须在数据有效期限内。

5.1.2.2 数据汇总及数理统计

通过现场检查、检测、检验及访问，得到大量数据资料，首先应将数据资料分类汇总，再对数据进行处理，保证其真实性、有效性和代表性，必要时可进行复测，经数理统计将数据整理成可以与相关标准比对的格式，采用能说明实际问题的评价方法，得出评价结果。

（1）数据分类

① 定性检查结果，如：符合、不符合、无此项或文字说明等；

② 定量检测结果，如：20mg/m^3、30mA、88dB（A）、0.8MPa等，带量纲的数据；

③ 汇总数据，如：起重机械30台/套，职工安全培训率89%等，计数或比例数据；

④ 检查记录，如：易燃易爆物品储量12t、防爆电器合格证编号等；

⑤ 照片、录像，如：法兰间采用四氟乙烯垫片、反应釜设有防爆片和安全阀、将器具放入冲压机光电感应器生效联锁切断电源等；用录像记录安全装置试验结果，效果更好，特别是制作评价报告电子版本时，图像数据更为直观。

⑥ 其他数据类型，如：连续波形对比数据、数据分布、线性回归、控制图等，图表数据。

（2）数据结构（格式）

① 汇总类，如：厂内车辆取证情况汇总、特种作业人员取证汇总；

② 检查表类，如：安全色与安全标志检查表；

③ 定量数据消除量纲加权变成指数进行分级评价，如：有毒作业分级；

④ 定性数据通过因子加权赋值变成指数进行分级评价，如：机械工厂安全评价；

⑤ 引用类，如：引用其他法定检测机构“专项检测、检验”的数据；

⑥ 其他数据格式，如：集合、关系、函数、矩阵、树（林、二叉树）、图（有向图、串）、形式语言（群、环）、偏集和格、逻辑表达式、卡诺图等。

(3) 数据处理　在安全检测检验中，通常用随机抽取的样本来推断总体。为了使样本的性质充分反映总体的性质，在样本的选取上遵循随机化原则：样本各个体选取要具有代表性，不得任意删留；样本各个体选取必须是独立的，各次选取的结果互不影响。

对获得的数据在使用之前，要进行数据处理，消除或减弱不正常数据对检测结果的影响。若采用了无效或无代表性的数据，会造成检查、检测结果错误，得出不符合实际情况的评价结论。

① 概率　随机事件在若干次观测中出现的次数叫频数，频数与总观测次数之比叫频率。当检测次数逐渐增多时，某一检测数据出现的频率总是趋近某一常数，此常数能表示现场出现此检测数据的可能性，这就是概率。在概率论中，把事件发生可能性的数称为概率。在实际工作中，我们常以频率近似地代替概率。

② 显著性差异　概率在 0～1 的范围内波动。当概率为 1 时，此事件必然发生；当概率为 0 时，此事件必然不发生。数理统计中习惯上认为概率 $P \leqslant 0.05$ 为小概率，并以此作为事物间差别有无显著性的界限。

原设定的系统，若系统之间无显著性差异（通过显著性检验确定），就可将其合并，采用相同的安全技术措施；若系统之间存在显著性差异，就应分别对待。

③ 数据整理和加工有三种基本形式　按一定要求将原始数据进行分组，作出各种统计表及统计图；将原始数据由小到大顺序排列，从而由原始数列得到递增数列；按照统计推断的要求将原始数据归纳为一个或几个数字特征。

④“异常值”和“未检出”的处理

a.“异常值”的处理。异常值是指现场检测或实验室分析结果中偏离其他数据很远的个别极端值，极端值的存在导致数据分布范围拉宽。当发现极端值与实际情况明显不符时，首先要在检测条件中直接查找可能造成干扰的因素，以便使极端值的存在得到解释，并加以修正。

若发现极端值属外来影响造成则应舍去。

若查不出产生极端值的原因时，应对极端值进行判定再决定取舍。

对极端值有许多处理方法。在这里介绍一种“Q 值检验法”。

“Q 值检验法”是迪克森（W. J. Dixon）在 1951 年专为分析化学中少量观测次数（$n<10$）提出的一种简易判据式。检验时将数据从小到大依次排列：X_1，X_2，X_3，…，X_{n-1}，X_n，然后将极端值代入以下公式求出 Q 值，将 Q 值对照表 5-3 的 $Q_{0.90}$，若 Q 值 $\geqslant Q_{0.90}$ 则有 90% 的置信此极端值应被舍去。

$$Q=\frac{X_n-X_{n-1}}{X_n-X_1}\text{（检验最大值 } X_n \text{ 时）}$$

$$Q=\frac{X_2-X_1}{X_n-X_1}\text{（检验最小值 } X_1 \text{ 时）}$$

式中　X_n-X_{n-1}，X_2-X_1——极端值与邻近值间的偏差；

X_n-X_1——全距。

表 5-3　2～10 观测次数的置信因素

观测次数	$Q_{0.90}$	观测次数	$Q_{0.90}$
2	不能舍去	7	0.51
3	0.94	8	0.47
4	0.76	9	0.44
5	0.64	10	0.41
6	0.56		

例 1：现场仪器在同一点上 4 次测出的数值为 0.1014，0.1012，0.1025，0.1016，其中 0.1025 与其他数值差距较大，是否应该舍去？

根据“*Q* 值检验法”：

$$Q=\frac{X_n-X_{n-1}}{X_n-X_1}=\frac{0.1025-0.1016}{0.1025-0.1012}=0.69<0.76（4\text{ 次观测的 }Q_{0.90}=0.76）$$

所以：0.1025 不能舍弃，测出结果应用 4 次观测均值 0.1017。

b.“未检出”的处理。

在检测上，有时因采样设备和分析方法不够精密，会出现一些小于分析方法“检出限”的数据，在报告中称为“未检出”。这些“未检出”并不是真正的零值，而是处于“零值”与“检出限”之间的值，用“0”来代替不合理（可造成统计结果偏低）。“未检出”的处理在实际工作中可用两种方法进行处理：将“未检出”按标准的 1/10 加入统计整理；将“未检出”按分析方法“最低检出限”的 1/2 加入统计。

总之，在统计分组时不要轻易将“未检出”舍掉。

(4) 检测数据质量控制　检测质量控制经常采用两种控制方式来保证获得数据的正确性：一是用线性回归方法对原制作的“标准曲线”进行复核；二是核对精密度和准确度。

记录精密度和准确度最简便的方法是制作“休哈特控制图”，通过控制图可以看出检测、检验是否在控制之中，有利于观察正、负偏差的发展趋势，及时发现异常，找出原因，采取措施。

(5) 安全评价的数据处理　收集到的数据要经过筛选和整理，才能用于安全评价。

来源可靠：收集到的数据要经过甄别，舍去不可靠的数据。

数据完整：凡安全评价中要使用的数据都应设法收集到。

取值合理：评价过程取值带有一定主观性，取值正确与否往往影响评价结果。

为提高取值准确性可从以下三方面着手：严格按技术守则规定取值；有一定范围的取值，可采用内插法提高精度；较难把握的取值，可采用向专家咨询方法，集思广益来解决。

5.2　编写评价结论步骤

安全评价结论应体现系统安全的概念，要阐述整个被评价系统的安全能否得到保障，系统客观存在的固有危险、有害因素在采取安全对策措施后能否得到控制及其受控的程度如何。

取得评价结论的一般工作步骤：

(1) 收集与评价相关的技术与管理资料；

(2) 按评价方法从现场获得与各评价单元相关的基础数据；

(3) 数据处理得到单元评价结果；

(4) 根据单元评价结果整合成单元评价小结；

（5）各单元评价小结整合成评价结论。

5.3 评价结论中的逻辑思维方法的应用

安全评价报告是基于对评价对象的危险、有害因素的分析，运用评价方法进行评价、推理、判断；评价方法的选择、单元的确定，需要有充足的理由和依据；根据因果联系提出对策措施，将评价结果再综合起来作出评价结果；而安全评价报告要遵守内容、结论的同一性、不矛盾性、不能模棱两可；结论的提出要进行充分的论证。

在编写评价结论时应考虑逻辑思维方法中"逻辑规律"的运用，主要有：同一律、不矛盾律、排中律、充足理由律等。

5.4 评价结论的编制原则

由于系统进行安全评价时，通过分析和评估将单元各评价要素的评价结果汇总成各单元安全评价的小结，因此，整个项目的评价结论应是各评价单元评价小结的高度概括，而不是将各评价单元的评价小结简单地罗列起来作为评价的结论。

评价结论的编制应着眼于整个被评价系统的安全状况。评价结论应遵循客观公正、观点明确的原则，做到概括性、条理性强且文字表达精练。

（1）客观公正性　评价报告应客观地、公正地针对评价项目的实际情况，实事求是地给出评价结论。应注意既不夸大危险也不缩小危险。

① 对危险、危害性分类、分级的确定，如火灾危险性分类、防雷分类、重大危险源辨识、火灾危险、环境电力装置危险区域的划分、毒性分级等，应恰如其分，实事求是。

② 对定量评价的计算结果应进行认真地分析是否与实际情况相符，如果发现计算结果与实际情况出入较大，就应该认真分析所建立的数学模型或采用的定量计算模式是否合理，数据是否合格，计算是否有误。

（2）观点明确　在评价结论中观点要明确，不能含糊其辞、模棱两可、自相矛盾。

（3）清晰准确　评价结论应是评价报告进行充分论证的高度概括，层次要清楚，语言要精练，结论要准确，要符合客观实际，要有充足的理由。

5.5 评价结论的主要内容

安全评价结论的内容，因评价种类（安全预评价、安全验收评价、安全现状综合评价和专项评价）的不同而各有差异。通常情况下，安全评价结论的主要内容应包括以下三个方面。

（1）评价结论分析

① 评价结果概述、归类、危险程度排序；

② 对于评价结果可接受的项目还应进一步提出要重点防范的危险、危害性；

③ 对于评价结果不可接受的项目，要指出存在的问题，列出不可接受的充足理由；

④ 对受条件限制而遗留的问题提出改进方向和措施建议。

（2）评价结论

① 评价对象是否符合国家安全生产法规、标准要求；

② 评价对象在采取所要求的安全对策措施后达到的安全程度。

(3) 持续改进方向

① 提出保持现已达到安全水平的要求（加强安全检查、保持日常维护等）；

② 进一步提高安全水平的建议（冗余配置安全设施、采用先进工艺、方法、设备）；

③ 其他建设性的建议和希望。

复习思考题

1. 办公室的照度标准值为500lx，照度标准值是指工作、活动或生活场所参考平面上的最低平均照度值。某新建办公室，现场实测工作参考平面上的8个照度数据为：527lx、448lx、518lx、551lx、549lx、546lx、498lx、532lx。试用“Q值检验法”判别其中是否有极端数据应该舍去。计算该新建办公室的平均照度值，并说明是否满足标准的要求？（观察8次的置信因素 $Q_{0.90}=0.47$）

2. 某建设项目完成了可行性研究报告，在进行初步设计前，已具备了进行安全预评价的条件。一安全评价机构通过危险有害因素辨识，采用了预先危险性分析方法、作业条件危险性分析法等方法对该项目中某评价单元进行了安全预评价。通过预先危险性分析，得到该单元中存在Ⅳ级危险等级的火灾、爆炸危险，Ⅲ级危险等级的中毒、高温灼伤危险和Ⅱ级危险等级的车辆伤害等危险。通过作业条件危险性分析，该单元存在 $20<D<70$ 的危险作业10项，$70<D<160$ 的危险作业4项，$160<D<320$ 的危险作业2项。经过辨识，该单元构成重大危险源。评价机构对该单元提出了应采纳的对策措施和建议10条，宜采纳的对策措施和建议10条。评价机构认为在这些对策措施和建议被落实后，上述危险有害因素可控。在取得该安全预评价报告后，被评价单位将进行项目初步设计。请根据以上已知条件，编制该单元的安全评价结论。

3. 安全评价结论分析应包括的内容有哪些？

4. 简述安全评价结论的核心内容。

第6章 安全评价过程控制

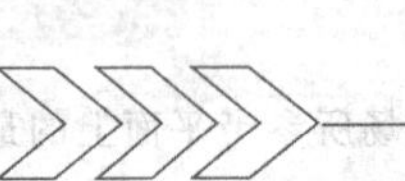

本章学习目标

1. 熟悉安全评价过程控制的含义。
2. 了解安全评价过程控制的目的、意义和依据。
3. 掌握安全评价过程控制体系的核心内容。
4. 掌握安全评价过程控制体系文件的构成，熟悉安全评价过程控制体系文件的编制。
5. 了解安全评价过程控制体系的建立、运行和持续改进，掌握建立安全评价过程控制体系的原则。

6.1 安全评价过程控制概述

6.1.1 安全评价过程控制的含义

安全评价过程控制是保证安全评价工作质量的一系列文件。安全评价的质量是指安全评价工作的优劣程度，也就是安全评价工作体现客观公正性、合法性、科学性和针对性的程度。

安全评价过程控制的内容可划分为“硬件管理”和“软件管理”。硬件管理：主要指安全评价机构建设的管理，包括安全评价机构内部机构的设置；各职能部门职责的划定、相互间分工协作的关系；安全评价人员及专家的配备等管理。软件管理：主要指“硬件”运行中的管理，包括项目单位的选定；合同的签署；安全评价资料的收集；安全评价报告的编写；安全评价报告内部评审；安全评价技术档案的管理；安全评价信息的反馈；安全评价人员的培训等一系列管理活动。

6.1.2 安全评价过程控制的目的和意义

安全评价是安全生产管理的一个重要组成部分，是预测、预防事故的重要手段。

安全评价机构建立过程控制体系的重要意义主要体现在以下几个方面：

(1) 强化安全评价质量管理，提高安全评价工作质量水平；

(2) 有利于安全评价规范化、法制化及标准化的建设和安全评价事业的发展；

(3) 提高了安全评价的质量就能使安全评价在安全生产工作中发挥更有效的作用，确保人民生命安全、生活安定，具有重要的社会效益；

(4) 有利于安全评价机构管理层实施系统和透明的管理，学习运用科学的管理思想和方法；

（5）促进安全评价工作的有序进行，使安全评价人员在评价过程中做到各负其责，提高工作效率；

（6）可加强对安全评价人员的培训，促进其工作交流，持续不断地提高其业务技能和工作水平；

（7）提高安全评价机构的市场信誉，在市场竞争中取胜。

6.1.3 安全评价机构建立过程控制体系的主要依据

主要依据：管理学原理；国家对安全评价机构的监督管理要求；安全评价机构自身的特点。安全评价过程控制体系以戴明原理、目标原理和现场改善原理为基础；遵循戴明原则——PDCA管理模式，基于法制化的管理思想：预防为主、领导承诺、持续改进、过程控制；运用了系统论、控制论、信息论的方法。

6.2 安全评价过程控制体系的核心内容

安全评价机构应按照相关要求编制安全评价过程控制文件，明确过程控制方针和目标，确定岗位职责，保证安全评价过程控制持续有效。过程控制文件包括过程控制手册、程序文件和作业文件，经安全评价机构主要负责人批准实施，并定期检查改进。过程控制体系文件内容包括：风险分析、实施评价、报告审核、技术支撑、作业文件、内部管理、档案管理和检查改进等。

6.2.1 风险分析

风险分析应在安全评价项目合同签订之前进行。风险分析的重点如下所述。

（1）被评价单位：基本概况、评价类别（预评价、验收评价、现状评价）和项目投资规模、地理位置、周边环境、行业风险特性等。

（2）评价机构：项目是否在资质业务范围之内，现有评价人员专业构成是否满足评价项目需要，是否聘请相关专业的技术专家，承担项目的风险。

（3）项目的经济性。

（4）项目的可行性。

（5）工作计划。

6.2.2 实施评价

根据过程控制方针和目标实施安全评价。组建评价项目组并任命项目组长。项目组应由与评价项目相关的专业人员组成，且评价人员专业配备能够满足项目要求，个别专业人员不足时，应选择相应专业的技术专家参加。项目组按照有关法律法规和技术标准及过程控制要求进行安全评价。

（1）系统收集被评价单位有关资料（含影像资料），进行现场考察、勘察、观测。

（2）获取检测检验数据。

（3）划分评价单元。

（4）识别危险有害因素。

（5）选择评价方法。

（6）取得评价结果。

（7）提出安全对策措施和建议。

（8）作出评价结论。

（9）编制评价报告。

6.2.3 报告审核

报告审核的重点是评价依据资料的完整性、危险有害因素识别的充分性、评价单元划分的合理性、评价方法的适用性、对策措施的针对性和评价结论的正确性等。

内部审核是由安全评价机构内非项目组成员进行的审核。主要内容包括：评价依据是否充分、有效，危险有害因素识别是否全面，评价单元划分是否合理，评价方法选择是否适当，对策措施是否可行，结论是否正确，格式是否符合要求，文字是否准确等。

技术负责人审核是在评价报告内部审核完成后，由技术负责人重点对现场收集的有关资料是否齐全、有效和危险有害因素识别充分性、评价方法合理性、对策措施针对性、结论正确性及格式、文字等内容进行的审核。

过程控制负责人审核是在内部审核和技术负责人审核完成后，由过程控制负责人重点对评价项目整个过程是否符合过程控制文件要求而进行的审核。主要包括：是否进行了风险分析，是否编制了项目实施计划，是否进行了报告审核，记录是否完整，是否满足过程控制要求等内容。

6.2.4 技术支撑

（1）基础数据库

① 法律法规、技术标准数据库。

② 有关物质特性、事故案例数据库。

③ 其他数据库。

（2）技术及软件　购买及自主开发的技术及应用软件、内部管理信息系统软件、图书和资料管理系统软件等。

（3）检测检验及科研开发能力　检测检验主要包括检测检验资质类别、业务范围、项目及检测检验人员资格等。科研开发能力是指机构安全评价技术研究的基础条件（包括设备和科研人员状况）、科研开发项目、科研经费与资金投入等。

（4）协作支撑　安全评价机构如果自身不具备检测检验及科研开发能力，应与有关的安全科学技术研究单位和具有相关检测检验资质的机构签订技术协作协议，建立协作支撑渠道。

6.2.5 作业文件

作业文件是程序文件的支持性文件。按照相关规定和技术标准，结合业务范围及领域，编制相应的安全评价作业文件。安全评价机构要编制安全预评价、验收评价和现状评价作业文件，并不断完善，并根据业务范围及领域，编制相应的作业文件，并通过加强内部培训，保证贯彻执行。

6.2.6 内部管理

内部管理主要内容如下所述。

（1）建立评价人员和技术专家管理制度　评价人员管理主要包括劳动关系（劳动合同和具有法律效力的劳动关系证明）和从业资格、业绩、培训、保密及从业行为等；技术专家管理主要包括聘用协议和业绩、培训、保密及从业行为等。

（2）建立业绩考核管理制度　建立机构、评价人员和技术专家业绩档案，及时统计和报送业绩情况。

（3）建立业务培训制度

① 根据职责明确评价人员的能力要求。

② 制订评价人员业务培训计划，保存培训记录。

③ 定期审查和不断改进业务培训计划，保证其适宜性和有效性。

④ 业务培训内容。

a. 法律法规、技术标准。

b. 安全专业知识。

c. 安全评价过程控制文件。

d. 其他。

（4）建立信息通报制度　安全评价机构情况（尤其是资质条件）发生变化或发生重大事件应及时报告资质管理部门。

（5）建立跟踪服务制度　明确跟踪服务基本要求，对跟踪服务各环节实施有效控制，积极、妥善解决被评价单位提出的问题，及时处理被评价单位或来自其他方面的投诉、申诉。项目完成后，应对评价报告中提出的对策措施的实施情况进行跟踪，确认其适用性及有效性，适时进行调整。

（6）建立保密制度　明确保密范围，确定保密等级，对被评价单位的技术和商业机密保守秘密。

（7）建立资质和印章管理制度　严格资质和印章管理，认真履行相关手续，严禁转借或出租资质和印章。

6.2.7　档案管理

（1）明确获取法律法规和技术标准的内容、途径、方法、频次，并对其有效性进行识别，保持有关法律法规、技术标准和政策信息及时、有效。

（2）文件和资料管理。文件和资料主要包括法律法规及技术标准、过程控制手册、程序文件、作业文件、管理制度、基础数据库、评价项目档案、过程控制记录和外部文件等。

（3）建立并不断改进文件和资料控制程序，明确相关部门和人员的职责，规定文件和资料的编号、受控状态、修改、审核、批准、借阅、档案的保存期限和密级、记录的格式和要求等。

（4）建立并不断改进获取法律法规和技术标准控制程序，明确相关部门和人员职责。

（5）编制适用的法律法规和技术标准目录，并定期更新。

（6）过程控制记录应便于查询，避免损坏、变质或遗失，明确记录保存期限。明确工作过程中记录的编目、归档、保存及处理实施控制要求，保证记录的完整、有效。记录应字迹清楚、标识明确。

6.2.8　检查改进

检查改进是安全评价机构过程控制实现自我约束、自我发展、自我完善的重要环节。

（1）内部审查　安全评价机构应定期组织内部审查，通过观察、交谈，查阅文件和记录，获取客观证据，及时发现不合格项。

内部审查内容：

① 审查范围。

② 审查依据。

③ 审查方案。

④ 明确实施审查和报告审查结果的职责和要求。

（2）及时采取纠正和预防措施 纠正和预防措施是对过程控制运行的监督。对于发生偏离过程控制方针和目标的情况应及时加以纠正，预防同类问题的再次发生。

（3）建立并不断改进内部审查程序 制定内部审查控制要求，明确内部审查的时机、方式，保证内部审查有效实施。内部审查由机构内部专业人员进行，审查人员与被审查活动无直接关系。

① 明确内部审查记录要求。

② 明确相关部门和人员职责。

③ 编写不合格项报告和内部审查报告。

④ 明确纠正和预防措施要求。

（4）建立并不断改进投诉申诉处理程序

① 调查和处理不合格项和投诉、申诉。

② 制定措施纠正和预防不合格项产生的影响。

③ 采取纠正和预防措施。

④ 确认纠正和预防措施的有效性。

6.3 安全评价过程控制体系文件的构成及编制

6.3.1 安全评价过程控制体系文件的构成及层次关系

安全评价过程控制体系文件一般分为三个层次：管理手册（一级）、程序文件（二级）、作业文件（三级），其层次关系和内容如图 6-1 和图 6-2 所示。

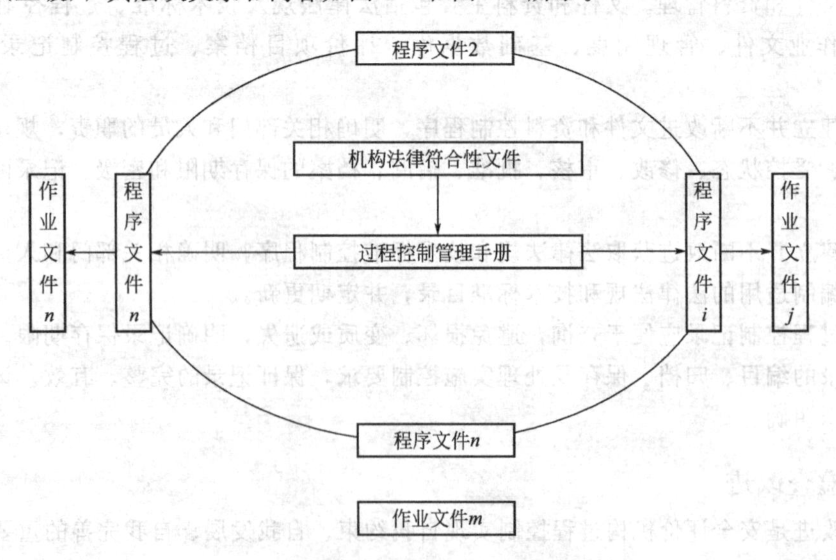

图 6-1 安全评价过程控制体系文件的层次关系

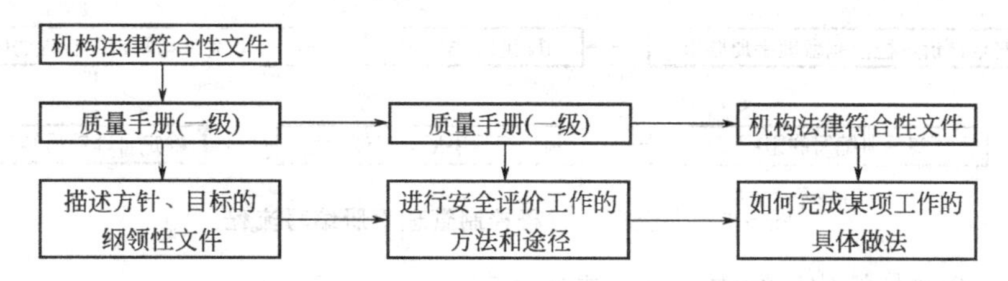

图 6-2　安全评价过程控制体系文件的内容

6.3.2　安全评价过程控制体系文件的编制

安全评价过程控制管理手册的编写要有系统性，避免面面俱到、冗长重复。管理手册不可能像具体工作标准或管理制度那样详尽，对各重要环节和控制要求只需概括地做出原则规定。在编写时，要求文字准确、语言精练、结构严谨，还要通俗易懂，以便评价机构全体员工能理解和掌握。

（1）编写手册遵循的原则

① 指令性原则　安全评价过程控制管理手册应由机构最高管理者批准签发。手册的各项规定是机构全体员工（包括最高管理者）都必须遵守的内部法规，它能够保证安全评价过程控制体系管理的连续性和有效性。因此，手册各项规定具有指令性。

② 目的性原则　手册应围绕质量方针、目标，对为实现安全评价质量方针、目标所要开展的各项活动做出规定。

③ 符合性原则　手册应符合国家有关法规、条例、标准，同时还要与外部环境条件相适应。

④ 系统性原则　手册所阐述的安全评价质量保障体系，应当具有整体性和层次性。手册应就安全评价全程中影响安全评价的技术、管理和人员的各环节进行控制。手册所阐述的安全评价过程控制体系，应当结构合理、接口明确、层次清楚，各项活动有序而且连续，要从整体出发，对安全评价机构运行的重要环节进行阐述，做出明确规定。

⑤ 协调性原则　手册中各项规定之间，手册与机构其他安全评价文件之间，必须协调一致。首先，手册中各项规定要协调；其次，手册与机构其他文件（管理程序、标准、制度）之间要协调。无论是在手册编写阶段，还是在体系运行阶段，都应该及时记录、处理手册中的规定与目前管理制度中不一致的部分。

⑥ 可行性原则　手册中的规定，应从机构运行的实际情况出发，能够做到或经过努力可以达到。某些规定，尽管内容先进，如果组织不具备实施条件，可暂不列入手册中。

⑦ 先进性原则　手册的各项规定，应当在总结机构安全评价管理实践经验的基础上，尽可能采用国内外的先进标准、技术和方法，加以科学化、规范化。

⑧ 可检查性原则　手册的各项规定不但要明确，而且要有定量的考核要求，便于实施监督和审核，使编写出来的手册有可检查性。也只有具有可检查性与可考核的手册，方能真正被认真实施。手册内容要简练，重点要突出。

手册应当按照评价机构安全评价工作分析的结果，对体系的构成，涉及的内容及其相互之间的联系做出系统、明确和原则的规定。

（2）手册的编写程序　见图 6-3。

① 管理手册编写　安全评价过程控制管理手册一般应包括如下内容：

a. 安全评价过程控制方针目标；

b. 组织结构及安全评价管理工作的职责和权限；

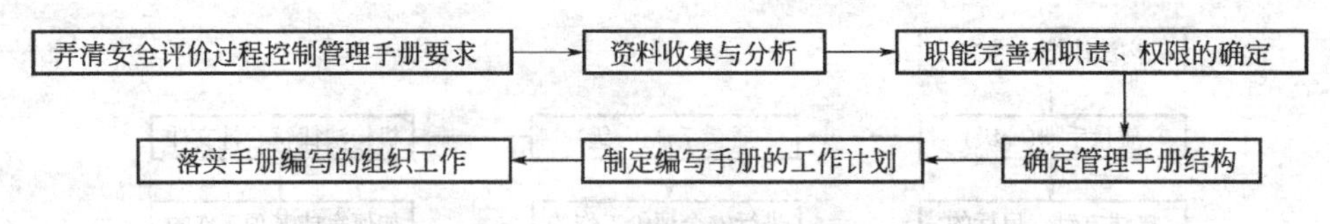

图 6-3　安全评价过程控制管理手册编写流程

c. 描述安全评价机构运行中涉及的重要环节；

d. 安全评价过程控制管理手册的审批、管理和修改的规定。

② 程序文件的编写　程序是为实施某项活动而规定的方法，安全评价过程控制体系程序文件是指为进行某项活动所规定的途径。由于程序文件是管理手册的支持性文件，是手册中原则性要求的进一步展开和落实，因此，编制程序文件必须以安全评价管理手册为依据，符合安全评价管理手册的有关规定和要求，并从评价机构的实际出发，进行系统编制。程序文件编写的工作程序如图 6-4 所示。

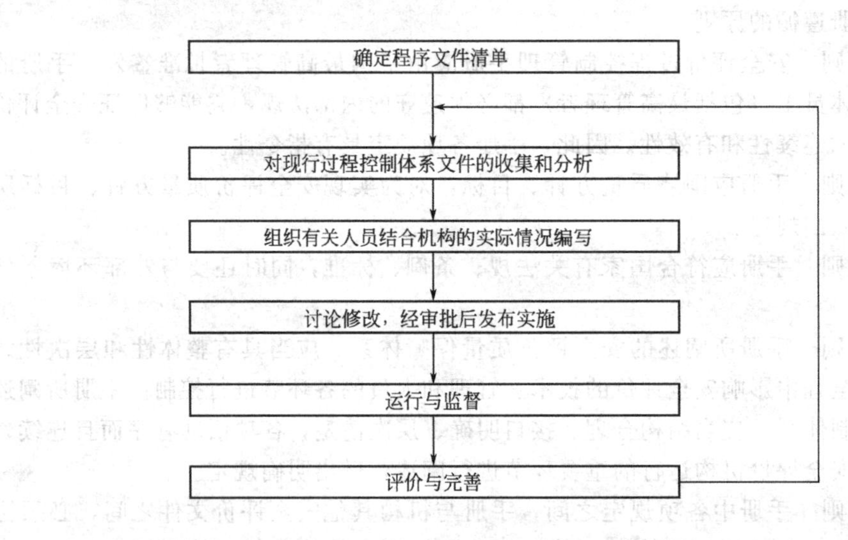

图 6-4　程序文件编写流程

程序文件的编写要求如下：

a. 程序文件至少应包括体系重要控制环节的程序。

b. 每一个程序文件在逻辑上都应是独立的，程序文件的数量、内容和格式由机构自行确定。程序文件一般不涉及纯技术的细节，细节通常在工作指令或指导书中规定。

c. 程序文件应结合评价机构的业务范围和实际情况具体阐述。

d. 程序文件应有可操作性和可检查性。

机构程序文件的多少，每个程序的详略、篇幅和内容，在满足安全评价过程控制的前提下，应做到越少越好。每个程序之间应有必要的衔接，但要避免相同的内容在不同的程序之间重复。

在编写程序文件时，应明确每个环节包括的内容，规定由谁干，干什么，干到什么程度，达到什么要求，如何控制，形成什么样的记录和报告等；同时，应针对可能出现的问题，采取相应的预防措施，以及一旦发生问题应采取的纠正措施。

程序文件的结构和格式由机构自行确定，文件编排应与安全评价过程控制管理手册和作业指导书以及机构的其他文件形成一个完整的整体。

③ 作业文件的编写 作业文件是程序文件的支持性文件。为了使各项活动具有可操作性，一个程序文件可能涉及几个作业文件。能在程序文件中交代清楚的活动，不用再编制作业文件。作业文件应与程序文件相对应，是对程序文件的补充和细化。

评价机构现行的许多制度、规定、办法等文件，很多具有与作业文件相同的功能。在编写作业文件时，可按作业文件的格式和要求进行改写。到目前为止，国家已经陆续颁发了安全评价通则，安全预评价导则，安全现状评价导则，安全验收评价导则，非煤矿山安全评价导则，危险化学品经营单位安全评价导则（试行），陆上及石油天然气安全评价导则，民用爆破器材安全评价导则以及危险化学品生产企业安全评价导则（试行）等，用于指导安全评价工作。评价机构在建立评价过程控制体系过程中，应将导则的要求与评价工作密切结合，编制具有指导意义的安全评价作业指导书。

④ 记录的编写 记录是为已完成的活动或达到的结果提供客观证据的文件，它是重要的信息资料，为证实可追溯性以及采取预防措施和纠正措施提供依据。安全评价机构所产生的记录覆盖于过程控制的各个环节。记录具有如下功能：

a. 是安全评价过程控制体系文件的组成部分，是安全评价职能活动的反映和载体。

b. 是验证评价过程控制体系运行结果是否达到预期目标的主要证据，具有可追溯性。记录可以是书面形式，也可以是其他形式，如电子格式等。

c. 安全评价质量管理记录为采取预防和纠正措施提供了依据。

记录的设计应与编制程序文件和作业文件同步进行，应使记录与程序文件和作业文件协调一致、接口清楚。

根据管理手册和程序文件的要求，应对安全评价过程控制所需记录进行统一规划，同时对表格的标记、编目、表式、表名、审批程序等做出统一规定。记录可附在程序文件和作业文件的后面。将所有的记录表格统一编号，汇编成册发布执行。必要时，对某些较复杂的记录表格要规定填写说明。记录编制要求如下：

a. 应建立并保持有关评价过程控制记录的标识、收集、编目、查阅、归档、储存、保管、收集和处理的文件化程序。

b. 记录应在适宜的环境中储存，以减少编制或损坏并防止丢失，且便于查询。

c. 应明确记录所采用的方式。

d. 按规定表格填写或输入记录，做到记录内容准确、真实。

e. 应根据需要规定记录的保存期限。一般应遵循的原则是，需要永久保存的记录应整理成档案，长期保管。

f. 应规定对过期或作废记录的处理方法。

记录的内容一般应包括以下几个方面：

a. 记录名称：简短反映记录的对象；

b. 记录编码：编码是每种记录的识别标记，每种记录只有一个编码；

c. 记录顺序号：顺序号是某种记录中每张记录的识别标记，如记录为成册票据，印有流水序号，可视为记录顺序号；

d. 记录内容：按记录对象要求，确定编写内容；

e. 记录人员：记录填写人、审批人等；

f. 记录时间：按活动时间填写，一般应写清年月日；

g. 记录单位名称；

h. 保存期限和保存部门。

6.4 安全评价过程控制体系的建立、运行与持续改进

6.4.1 安全评价过程控制体系的建立

(1) 建立安全评价过程控制体系时应考虑的因素　安全评价过程控制体系是依据管理学原理、国家对评价机构的监督管理要求及机构自身的特点三方面因素而建立。就管理学原理而言，安全评价过程控制体系以戴明原理和目标原理为基础；遵循 PDCA 管理模式，预防为主、领导承诺、持续改进、过程控制。另一方面，体系的建立还应考虑国家安全生产监督管理部门对安全评价机构的要求。国家主要从人员管理、机构管理、质量控制和内部管理制度这四方面对安全评价机构提出要求。安全评价机构在考虑前两个因素的基础上，应详细分析机构自身的特点，建立适合自己的安全评价体系。

(2) 建立安全评价过程控制体系的原则　安全评价机构建立质量保证体系应遵循以下原则。

① 领导层真正重视。任何管理模式的成功建立，任何管理方法的有效实施，任何改革措施的真正落实都离不开领导层的重视，尤其是最高管理者的重视和支持。"重视"就是充分明白和理解在市场经济和竞争的大环境之下，质量管理的重要性和迫切性，重视安全评价过程控制体系的实质内容的确定和实施，而不是仅停留在文件上。

② 员工积极参与。任何具体工作的落实，都需要通过各级人员的积极参与来实现。从安全评价过程控制体系的建立、运行到持续改进，都需要各级员工的积极参与，包括：提供安全评价项目策划的依据；收集资料；总结过去的经验教训；提出合理化建议；参与规章制度的策划；体系实施并检验其适宜性和有效性；提出持续改进的建议等。

③ 专家把关。安全评价过程控制体系的核心是对安全评价过程的质量控制，整个的体系运行，都是围绕着安全评价工作开展的。在安全评价过程中，从合同评审、现场勘察、资料收集、危险辨识、评价报告的编制直到报告的评审，整个过程都应配备技术专家审查把关，以确保各个环节的质量。通过技术专家的工作，使评价人员的业务水平得以提升，从而不断提高安全评价工作的质量。

(3) 建立安全评价过程控制体系的步骤　安全评价机构建立过程控制体系的基本步骤如下所述。

① 建立安全评价过程控制的方针和目标；

② 确定实现过程控制目标必需的过程和职责；

③ 确定和提供实现过程控制目标必需的资源；

④ 规定测量评价每个过程的有效性和效率的方法；

⑤ 应用这些测量方法确定每个过程的有效性和效率；

⑥ 确定防止不合格并消除产生原因的措施。

6.4.2 安全评价过程控制体系的运行与持续改进

安全评价机构在建立了过程控制体系之后，应使过程控制体系真正运行起来，使质量管理职能得到充分的实施。安全评价过程控制体系建立和保持示意如图 6-5 所示。持续改进是安全评价过程控制体系的一个核心思想，它体现了管理的持续发展的过程。持续改进包括：

① 分析和评价现状，以便识别改进区域；

② 确定改进目标；

③ 为实现改进目标寻找可能的解决办法；
④ 评价这些解决办法；
⑤ 实施选定的解决办法；
⑥ 测量、验证、分析和评价实施的结果以证明这些目标已经实现；
⑦ 正式采纳更改；
⑧ 必要时，对结果进行评审，以确定进一步的改进机会。

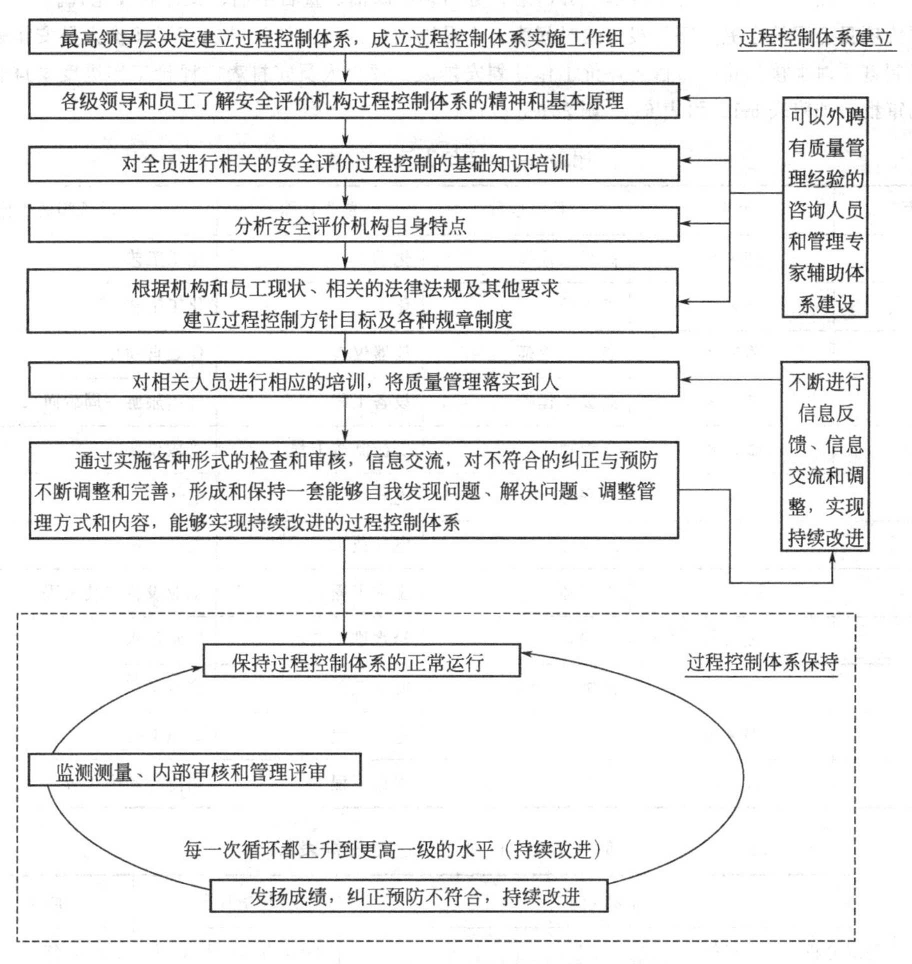

图 6-5　安全评价过程控制体系建立和保持

持续改进是一个整体和系统的过程，是一个观念转变、思维进化和思想进步的过程，它不同于不符合的纠正预防，相对于不符合纠正预防的“点”（某一具体问题）或“面”（举一反三至某一类问题）上的变化，持续改进属于全方位的“形”的变化。因此，持续改进必须经过更长期的过程，需要经过无数次的不符合纠正预防，从不断的量变逐渐转化为质变，从行为的改善到思维和观念的进步，从管理结果的持续改进到管理能力的持续改进，逐步实现持续改进的飞跃。

复习思考题

1. 简述安全评价过程控制的内涵及意义。
2. 简述安全评价过程控制体系的核心内容。
3. 某公司已开展多年安全评价工作，为参与安全评价市场竞争，公司准备申报安全评价甲级机构资质，决定由你来编制安全评价技术支撑文件，请叙述安全评价技术支撑主要内容。

4. 试说明安全评价过程控制体系中管理手册的主要内容。

5. 某安全评价机构承接到一个需要用HAZOP分析法评价有毒、易燃易爆的生产工艺的建设项目，工艺流程是：原料油过滤后与H_2混合，送加热炉加热至反应温度，依次进入加氢精制反应器和加氢裂化反应器，在催化剂作用下进行加氢脱硫、脱氮、脱氧、烯烃饱和、芳烃饱和及裂化等反应。反应产物经冷却后进入冷高压分离器进行气、油、水三相分离，气体H_2经脱硫后循环使用，油相减压后送至冷低压分离器。冷低分油换热后依次进入脱丁烷塔、分馏塔，分出轻石脑油、重石脑油、柴油和液化气。

该评价项目合同约定提交评价报告的时间为3个月以内，该机构的领导制订了评价人员安排表，一个评价人员制订了对承接到建设项目的评价工作计划安排表，评价人员安排表、评价工作进度安排表和评价工作计划审批表如附表6-1、附表6-2、附表6-3所述。

附表6-1 评价人员安排表

序号	姓名	技术职称	专业名称	目前承担的工作
1	许××	高级工程师	化学工程	化工工艺
2	李××	工程师	化工工艺	化工工艺
3	陈××	高级工程师	仪器仪表	仪表自动化
4	刘××	高级工程师	设备工程	外出旅游一周后回来
5	张××	工程师	机械制造工程	机械设备
6	王××	工程师	电气工程	电气
7	赵××	工程师	电气技术	电气
8	孙××	工程师	土木工程	工业设备安装工程
9	钱××	工程师	给水排水工程	给水排水
10	周××	高级工程师	安全工程	安全工程
11	冯××	工程师	地质工程	地质勘查
12	程××	工程师	能源工程	热能与动力工程

附表6-2 评价工作进度安排表

序号	工作名称及内容	开始日期	截止日期
1	确定分析范围和目标	2014年11月10日	2014年11月15日
2	收集数据及资料	2014年11月10日	2014年11月15日
3	熟悉并分析委托方提供的数据及资料	2014年11月16日	2014年11月17日
4	将资料变成适当的表格并拟定分析顺序	2014年11月18日	2014年11月20日
5	分析节点划分，将系统分解为若干部分	2014年11月21日	2014年11月22日
6	完成HAZOP分析，记录分析情况	2014年11月23日	2014年1月24日
7	对建议措施达成一致意见	2015年1月25日	2015年1月27日
8	编制分析结果文件和报告	2015年1月28日	2015年2月3日
9	跟踪措施的执行情况	2015年2月4日	2015年2月5日
10	完成最终输出报告	2015年2月6日	2015年2月9日

附表 6-3　评价工作计划审批表

<table>
<tr><td rowspan="5">建设项目基本信息</td><td>项目名称</td><td></td><td>地理位置</td><td></td></tr>
<tr><td>项目性质</td><td></td><td>厂区用地面积</td><td></td></tr>
<tr><td>评价类别</td><td></td><td>项目红线面积</td><td></td></tr>
<tr><td rowspan="2">提供的技术资料</td><td rowspan="2"></td><td>项目投资规模</td><td></td></tr>
<tr><td>行业风险特性</td><td></td></tr>
<tr><td rowspan="7">项目负责人初审意见</td><td colspan="2">审核项目及要求</td><td colspan="2" rowspan="7">审核意见

项目负责人：
年　月　日</td></tr>
<tr><td colspan="2">1. 确定评价范围，分析工艺及设备、安全工程设计周边环境的初步情况</td></tr>
<tr><td colspan="2">2. 提出评价项目重点、评价所需要的信息内容</td></tr>
<tr><td colspan="2">3. HAZOP 分析项目的目标和策略</td></tr>
<tr><td colspan="2">4. HAZOP 分析项目实施程序</td></tr>
<tr><td colspan="2">5. 人员配置、专业搭配</td></tr>
<tr><td colspan="2">6. 评价工作进度安排（评价的工时）</td></tr>
<tr><td>技术负责人审定意见</td><td colspan="4">技术负责人：
年　月　日</td></tr>
</table>

假设你是该安全评价机构的技术负责人，请你从安全评价过程控制的角度审定该评价工作计划是否合理，并说明理由。

第7章 安全评价在教学实践中的运用

安全评价实践教学方式有很多种，教学中通常采用安全评价课程设计的方式进行安全评价的教学实践运用。安全评价课程设计一般以班级为单位，分成若干小组，平均每组5～10人，按照教师的要求模拟完成相应的安全评价实践项目。具体过程为：选定小组组长；填写安全评价课程设计任务书；按照大纲要求，完成实践项目安全评价；提交安全评价课程设计申报书和安全评价课程设计评分表；教师根据小组实践项目完成情况给出成绩。安全评价课程设计详述如下。

7.1 安全评价课程设计的目的

安全评价作为现代安全管理模式，体现安全生产以人为本和预防为主的理念，对于安全生产所起的技术保障作用越来越显现出来，安全评价知识和技术越来越被广泛普及和应用。通过安全评价课程设计的学习，促进掌握安全评价的基本原理、方法，做到预先了解、掌握危险源，利用各种现代技术方法，分析、计算风险转化为事故的可能性，预测其将会造成的对人的伤害或物的损失的严重程度、波及范围，进而提前采取技术性或管理性的措施，防范事故的发生，或降低事故对人的伤害或物的损失程度，培养编制安全评价报告的动手能力。

7.2 课程设计的项目设置

序号	项目名称	设计内容	学时	类型	要求	备注
1	安全预评价报告 安全验收评价报告 安全现状评价报告	1. 概述 (1)评价依据 (2)被评价对象概况 2. 生产流程、工业园区规划、活动分布简介 3. 评价方法和评价单元 (1)评价方法简介 (2)评价单元划分 4. 定性、定量评价 (1)定性、定量评价 (2)评价结果分析 5. 安全对策措施及建议 6. 评价结论	16	设计	必做	安全预评价、安全验收评价及安全现状评价任选其二
合计			16			

7.3　课程设计的基本要求及内容

(1) 课程设计基本要求

① 根据课程设计的目的和任务，应当做到理论联系实际。

② 整理资料和编写安全评价报告时，尽量用图表反映收集到的数据，并附文字说明。编制的图表和文字说明应准确、整齐、明晰，并经过反复核实。

③ 开展课程设计前学生必须认真学习大纲，准确把握大纲规定的内容，并准备好必要的参考书及绘图工具。

④ 课程设计的语言文字要求重点突出、条理清晰，语言简洁、通俗易懂。

⑤ 课程设计过程中加强纪律，加强团结，遵守规章制度，按规定完成设计内容。

(2) 课程设计基本内容

① 前期准备　明确评价对象，备齐有关安全评价所需的设备、工具，收集国内外相关法律法规、标准、规章、规范等资料。

② 辨识与分析危险、有害因素　根据评价对象的具体情况，辨识和分析危险、有害因素，确定其存在的部位、方式，以及发生作用的途径和变化规律。

③ 划分评价单元　评价单元划分应科学、合理、便于实施评价、相对独立且具有明显的特征界限。

④ 定性、定量评价　根据评价单元的特性，选择合理的评价方法，对评价对象发生事故的可能性及其严重程度进行定性、定量评价。

⑤ 对策措施建议

a. 依据危险、有害因素辨识结果与定性、定量评价结果，遵循针对性、技术可行性、经济合理性的原则，提出消除或减弱危险、危害的技术和管理对策措施建议。

b. 对策措施建议应具体翔实、具有可操作性。按照针对性和重要性的不同，措施和建议可分为应采纳和宜采纳两种类型。

⑥ 安全评价结论

a. 安全评价机构应根据客观、公正、真实的原则，严谨、明确地做出安全评价结论。

b. 安全评价结论的内容应包括高度概括评价结果，从风险管理角度给出评价对象在评价时与国家有关安全生产的法律法规、标准、规章、规范的符合性结论，给出事故发生的可能性和严重程度的预测性结论，以及采取安全对策措施后的安全状态等。

(3) 安全评价课程设计的基本格式要求

① 评价报告的基本格式要求

a. 封面；

b. 安全评价资质证书影印件；

c. 著录项；

d. 前言；

e. 目录；

f. 正文；

g. 附件；

h. 附录。

② 规格　安全评价报告应采用A4幅面，左侧装订。

③ 封面格式

a. 封面的内容应包括：

ⓐ 委托单位名称；

ⓑ 评价项目名称；

ⓒ 标题；

ⓓ 安全评价机构名称；

ⓔ 安全评价机构资质证书编号；

ⓕ 评价报告完成时间。

b. 标题。标题应统一写为“安全××评价报告”，其中××应根据评价项目的类别填写为：预、验收或现状。

c. 封面样张。封面式样参考安全评价通则（AQ 8001—2007）。

7.4 课程设计的考核方式及成绩评定标准

考核是对学习效果的检查和验收。本安全评价课程设计以小组编制安全评价报告成果，占总成绩 70%，其他占 30%比例来确定。

7.5 课程设计的教材及参考书

(1)《安全评价》（上/下册）（第 3 版），国家安监总局编，煤炭工业出版社，2005 年 4 月。

(2)《安全评价师》(基础知识)，中国就业培训技术指导中心编写，中国劳动社会保障出版社，2008 年 7 月。

(3)《安全评价常用法律法规》(基础知识)，中国就业培训技术指导中心编写，中国劳动社会保障出版社，2008 年 7 月。

(4)《安全评价师》(国家职业资格一、二、三级)，中国就业培训技术指导中心编写，中国劳动社会保障出版社，2008 年 7 月。

(5)《安全评价通则》AQ 8001—2007。

(6)《安全预评价导则》AQ 8002—2007。

(7)《安全验收评价导则》AQ 8003—2007。

7.6 安全评价课程及设计写作要求

(1) 书写　一律由本人在计算机上输入、编排并打印在 A4 幅面打印纸上，双面打印。

(2) 字体和字号

题目：加粗 3 号宋体

章标题：加粗小 4 号宋体

节标题：加粗小 4 号宋体

条标题：加粗小 4 号宋体

正文：小 4 号宋体

页码：小5号宋体

数字和字母：Times New Roman 体

（3）封面 毕业论文封面参照评价导则格式要求。

（4）目录 建议按（1……，1.1……，1.1.1……）的格式编写，目录中各章题序的阿拉伯数字用 Times New Roman 体。目录中的标题要与正文中标题一致。字体采用小4号宋体，章、节、条标题加粗。

（5）编制说明 文中内容字体采用小四号宋体字，1.5倍行距。

（6）正文 包括前言，按照页眉顺序编排页码；文字打印，以 Word（*.doc）格式存储，A4（210mm×297mm）页面设置，中文采用小四号宋体字，1.5倍行距打印；英文正文字体为 Times New Roman。

正文分章节撰写，每章应另起一页。各章标题要突出重点、简明扼要。

① 章节标识 章、节、小节字体采用小四号宋体字，加粗。

② 图 图号按章节顺序编号，“图1”、“图2”应在图的下方标注，文字为5号宋体。

③ 表格 按章节顺序编号，“表1”、“表2”应在表的上方标注。表内按规定的符号标注单位。表格内文字为5号宋体。

④ 公式 公式书写在文中另起一行，居中，按章节顺序编号。

⑤ 附件及附录 采用小四号宋体字。

⑥ 打印 双面打印，统一使用A4（210mm×297mm）标准大小的白纸。

（*）页面设置

上边距：30mm，下边距：25mm，左边距：30mm，右边距：20mm，行间距为1.5倍行距。

备注：安全评价报告格式参考安全评价通则及导则。

7.7 安全评价课程（设计）任务书

系部：<u>安全工程系</u> 专业：________ 年级：________

组别：<u>第×组</u> 组长姓名：________________

同组学生姓名：________________________________

一、题目

二、要求

（一）课程设计基本要求

1. 根据课程设计的目的和任务，应当做到理论联系实际。

2. 整理资料和编写安全评价报告时，尽量用图表反映收集到的数据，并附文字说明。编制的图表和文字说明应准确、整齐、明晰，并经过反复核实。

3. 开展课程设计前学生必须认真学习大纲，准确把握大纲规定的内容，并准备好必要的参考书及绘图工具。

4. 课程设计的语言文字要求重点突出、条理清晰，语言简洁、通俗易懂。

5. 课程设计过程中加强纪律，加强团结，遵守规章制度，按规定完成设计内容。

（二）课程设计基本内容

1. 前期准备

明确评价对象，备齐有关安全评价所需的设备、工具，收集国内外相关法律法规、标准、规章、规范等资料。

2. 辨识与分析危险、有害因素

根据评价对象的具体情况，辨识和分析危险、有害因素，确定其存在的部位、方式，以及发生作用的途径和变化规律。

3. 划分评价单元

评价单元划分应科学、合理、便于实施评价、相对独立且具有明显的特征界限。

4. 定性、定量评价

根据评价单元的特性，选择合理的评价方法，对评价对象发生事故的可能性及其严重程度进行定性、定量评价。

5. 对策措施建议

（1）依据危险、有害因素辨识结果与定性、定量评价结果，遵循针对性、技术可行性、经济合理性的原则，提出消除或减弱危险、危害的技术和管理对策措施建议。

（2）对策措施建议应具体翔实、具有可操作性。按照针对性和重要性的不同，措施和建议可分为应采纳和宜采纳两种类型。

6. 安全评价结论

（1）安全评价机构应根据客观、公正、真实的原则，严谨、明确地做出安全评价结论。

（2）安全评价结论的内容应包括高度概括的评价结果，从风险管理角度给出评价对象在评价时与国家有关安全生产的法律法规、标准、规章、规范的符合性结论，给出事故发生的可能性和严重程度的预测性结论，以及采取安全对策措施后的安全状态等。

（三）课程设计撰写规范要求

1. 评价报告的基本格式要求

① 封面；

② 安全评价资质证书影印件；

③ 著录项；

④ 前言；

⑤ 目录；

⑥ 正文；

⑦ 附件；

⑧ 附录。

2. 规格

安全评价报告应采用 A4 幅面，左侧装订。

3. 封面格式

（1）封面的内容应包括：

① 委托单位名称；

② 评价项目名称；

③ 标题；

④ 安全评价机构名称；

⑤ 安全评价机构资质证书编号；

⑥ 评价报告完成时间。

（2）标题　标题应统一写为“安全××评价报告”，其中××应根据评价项目的类别填写为：预、验收或现状。

（3）封面样张　封面式样参考安全评价通则（AQ 8001—2007）。

备注：安全评价课程设计的具体分工和计划表格如下。

某安全预评价项目的具体分工和计划表

序号	编制内容(章节)	负责人	完成时间	负责人签名
1				
2				
3				

某安全验收评价项目的具体分工和计划表

序号	编制内容(章节)	负责人	完成时间	负责人签名
1				
2				
3				

某安全现状评价项目的具体分工和计划表

序号	编制内容(章节)	负责人	完成时间	负责人签名
1				
2				
3				

指导教师签字：__________

7.8 安全评价课程设计申报书

<table>
<tr><td rowspan="2">评价项目名称</td><td>中文</td><td colspan="3"></td></tr>
<tr><td>英文</td><td colspan="3"></td></tr>
<tr><td colspan="2">主要完成人</td><td colspan="3">项目组长：
副组长：
成员：</td></tr>
<tr><td colspan="2">主要完成单位</td><td colspan="3">××大学安全工程系　　班第组</td></tr>
<tr><td colspan="2">可否公布</td><td>可√否□</td><td>密级</td><td>无</td></tr>
<tr><td colspan="2">主要联系人
地址、邮编、
电话(手机)</td><td colspan="3">地址：　　邮政编码：
联系人：
电话：　　手机：</td></tr>
<tr><td colspan="2">任务来源</td><td colspan="3">××大学安全评价课程设计</td></tr>
<tr><td colspan="2">完成起止时间</td><td>起始：　年　月　日</td><td colspan="2">完成：　　年　月</td></tr>
</table>

7.9 安全评价课程设计综合评价表

学生所在院（系）：＿＿＿＿＿＿＿＿ 班级：＿＿＿＿＿＿＿＿

组别：＿＿＿＿＿＿＿＿ 名称：＿＿＿＿＿＿＿＿

序号	组员姓名	学号	工作表现评价内容					总分
			工作态度	责任心	工作效果	完成进度情况	团队配合意识	
1								
2								
3								

注：评价内容每项为20分，根据实际表现情况填写相应分值，必要时可附加情况说明。

组长签字：

附录1 安全评价师国家职业标准

1 职业概况

1.1 职业名称

安全评价师。

1.2 职业定义

采用安全系统工程方法、手段，对建设项目和生产经营单位生产安全存在的风险进行安全评价的人员。

1.3 职业等级

本职业共设三个等级，分别为：三级安全评价师（国家职业资格三级）、二级安全评价师（国家职业资格二级）、一级安全评价师（国家职业资格一级）。

1.4 职业环境

室内、外，常温，有时会在危险、有害环境中工作。

1.5 职业能力特征

具有较强的文字表达、语言沟通、获取信息、综合分析与处理、组织协调、洞察风险和思维判断的能力；具备团队合作精神；身体健康。

1.6 基本文化程度

大学专科毕业。

1.7 培训要求

1.7.1 培训期限

全日制职业学校教育，根据其培养目标和教学计划确定。普级培训期限：三级安全评价师不少于150标准学时；二级安全评价师不少于120标准学时；一级安全评价师不少于90标准学时。

1.7.2 培训教师

培训三级安全评价师的教师应具有二级安全评价师及以上职业资格证书或相关专业高级专业技术职务任职资格；培训二级安全评价师的教师应具有一级安全评价师职业资格证书或相关专业高级专业技术职务任职资格3年以上；培训一级安全评价师的教师具有一级安全评价师职业资格证书或相关专业高级专业技术职务任职资格5年以上。

1.7.3 培训场地设备

标准教室或具备相应条件的会议室，配备必要的计算机、投影仪或多媒体设备等，卫生、光线、通风条件良好。

1.8 鉴定要求

1.8.1 适用对象

从事或准备从事本职业的人员。

1.8.2 申报条件

(1) 三级安全评价师（具备以下条件之一者）

① 取得安全工程类专业大学专科学历证书，从事安全生产相关工作5年以上。

过渡期间按过渡实施方案执行。

② 取得其他专业大学专科学历证书，从事安全生产相关工作5年以上，经三级安全评价师正规培训达规定标准学时数，并取得结业证书。

③ 取得安全工程类专业大学本科学历证书，从事安全生产相关工作3年以上。

④ 取得其他专业大学本科学历证书，从事安全生产相关工作3年以上，经三级安全评价师正规培训达规定标准学时数，并取得结业证书。

(2) 二级安全评价师（具备以下条件之一者）

① 连续从事安全生产相关工作13年以上。

② 取得三级安全评价师职业资格证书后，连续从事本职业工作5年以上。

③ 取得三级安全评价师职业资格证书后，连续从事本职业工作4年以上，经二级安全评价师正规培训达规定标准学时数，并取得结业证书。

④ 取得安全工程类专业大学本科学历证书后，连续从事本职业工作5年以上，或取得其他专业大学本科学历证书后，连续从事本职业工作7年以上，经二级安全评价师正规培训达规定标准学时数，并取得结业证书。

⑤ 取得硕士研究生及以上学历证书后，连续从事本职业工作2以上，经二级安全评价师正规培训达规定标准学时数，并取得结业证书。

(3) 一级安全评价师（具备以下条件之一者）

① 连续从事安全生产相关工作19年。

② 取得二级安全评价师职业资格证书后，连续从事本职业工作4年以上。

③ 取得二级安全评价师职业资格证书后，连续从事本职业工作3年以上，经一级安全评价师正规培训达规定标准学时数，并取得结业证书。

新职业试行期间：

④ 取得硕士研究生及以上学历证书。从事安全生产相关工作10年以上，经一级安全评价师正规培训达规定标准学时数，并取得结业证书。

1.8.3 鉴定方式

分为理论知识考试和专业能力考核。理论知识考试采用闭卷笔试方式，专业能力考核采用笔试或综合模拟考试方式。理论知识考试和专业能力考核均实行百分制，成绩皆达60分及以上者为合格。二级安全评价师和一级安全评价师还须进行综合评审。

1.8.4 考评人员与考生配比

理论知识考试考评人员与考生配比为1∶15，每个标准教室不少于2名考评人员；专业能力考核考评员与考生配比为1∶15，且不少于2名考评员。综合评审委员不少于3人。

1.8.5 鉴定时间

理论知识考试不少于120min；专业能力考核不少于150min；综合评审时间不少于30min。

1.8.6 鉴定场所设备

理论知识考试在标准教室进行。专业能力考核在具有相应考试设施（如多媒体设备等）的标准教室或模拟现场进行。综合评审在标准教室或会议室进行。

2 基本要求

2.1 职业道德

2.1.1 职业道德基本知识

2.1.2 职业守则

(1) 遵纪守法，客观公正。
(2) 诚实守信，勤勉尽责。
(3) 加强自律，规范执业。
(4) 钻研业务，提高素质。
(5) 竭诚服务，接受监督。

2.2 基础知识

2.2.1 法律、法规和标准、规范

(1) 安全生产相关法律、规范。
(2) 安全生产技术标准、规范。
(3) 安全评价技术标准、规范。

2.2.2 安全评价技术基础知识

(1) 安全系统工程。
(2) 安全评价理论。
(3) 系统安全分析方法。
(4) 安全评价过程控制。

2.2.3 安全生产技术理论知识

(1) 防火、防爆安全技术。
(2) 职业危害控制技术。
(3) 特种设备安全技术。
(4) 矿山安全技术。
(5) 危险化学品安全技术。
(6) 民用爆破器材、烟花爆竹安全技术。
(7) 建筑施工安全技术。
(8) 其他安全技术。

2.2.4 安全生产管理知识

(1) 生产经营单位的安全生产管理。
(2) 重大危险源辨识与监控。
(3) 事故应急救援。
(4) 职业安全健康体系。
(5) 安全生产监管、监察。
(6) 事故报告、调查、分析与处理。
(7) 安全生产事故隐患排查治理。

3 工作要求

本标准对三级安全评价师、二级安全评价师、一级安全评价师的能力要求依次递进，高级别涵盖低级别的要求。

3.1 三级安全评价师

职业功能	工作内容	能力要求	相关知识
一、危险有害因素辨识	(一)前期准备	1. 能采集安全评价所需的法律、法规、标准、规范、事故案例信息 2. 能采集被评价对象所涉及的人、机、物、法、环，基础技术资料	1. 基础资料信息采集方法 2. 生产安全事故案例分析知识

续表

职业功能	工作内容	能力要求	相关知识
一、危险有害因素辨识	（二）现场勘查	1. 能对类比工程进行调查 2. 能按现场勘查方案对现场周边环境、水文地质条件等的安全状况进行调查 3. 能使用现场询问观察法、现场检查表对被评价对象的内外静安全距离、安全设施设备装置运行状况、安全监控状况、检测检验状况及管理情况等进行查验	1. 现场调查分析方法 2. 与评价相关的工程设计、勘查基础知识 3. 安全生产条件 4. 安全检查表编写知识
	（三）危险有害因素分析	1. 能对现场勘查结果进行汇总 2. 能对独立生产单元、辅助单元、设施设备装置、作业场所存在的危险、有害因素进行识别 3. 能分析危险、有害因素分布情况	1. 危险、有害因素辨识方法 2.《生产过程危险和有害因素分类与代码》知识 3.《企业职工伤亡事故分类》知识 4. 重大危险源辨识知识
二、危险与危害程度评价	（一）划分评价单元	1. 能以危险、有害因素的类别划分评价单元 2. 能以装置特征和物质特性划分评价单元 3. 能依据评价方法的有关规定划分评价单元	评价单元划分的原则
	（二）定性定量评价	能使用安全检查表、预先危险性分析、作业条件危险性评价、风险矩阵、重大危险源辨识方法进行评价	1. 安全评价方法的确定原则 2. 预先危险性分析、作业条件危险性评价、风险矩阵重大危险源辨识方法知识
三、风险控制	（一）提出安全对策措施	1. 能提出评价单元的技术、布局、工艺、方式和设施、设备、装置方面的安全对策措施 2. 能提出评价单元配套和辅助工程的安全对策措施 3. 能提出制定评价单元应急救援措施的技术要点	安全对策措施基本知识
	（二）编制评价报告	1. 能编制安全评价报告前言、编制依据、项目概况、危险有害因素辨识、定性定量评价、单元安全对策措施等章节内容 2. 能按照安全评价有关规范编制安全评价报告的单元评价结论	1. 单元评价结论编制原则 2. 安全评价报告编写规范

3.2　二级安全评价师

职业功能	工作能力	能力要求	相关知识
一、危险有害因素辨识	（一）前期准备	1. 能编制危险有害因素辨识方案及现场检查表 2. 能分析评价对象，能定评价范围	1. 工程项目危险有害特征知识 2. 计划表编制方法
	（二）危险有害因素分析	1. 能对建设项目和生产经营单位存在的危险有害因素进行分类 2. 能对建设项目和生产经营单位存在的危险有害因素进行分析	1. 企业生产工艺基础知识 2. 各类安全评价导则和细则
二、危险与危害程度评价	（一）定性评价	能运用故障假设分析法与故障假设/检查表分析法、故障类型和影响分析法、工作任务分析法进行评价	故障假设分析法与故障假设/检查表分析法、故障类型和影响分析法、工作任务分析法知识
	（二）定量评价	能运用事故树、事件树、火灾爆炸指数法、概率理论分析方法进行评价	事故树、事件树、火灾爆炸指数法、概率理论分析方法知识

续表

职业功能	工作能力	能力要求	相关知识
三、风险控制	(一)提出安全对策措施	1. 能提出安全技术对策措施 2. 能提出安全管理对策措施 3. 能编制事故应急救援预案	1. 安全评价对策措施效果知识 2. 安全评价过程控制基本知识
	(二)编制评价报告	1. 能确定综合评价结论,完成安全评价报告 2. 能对安全评价报告进行内部审核	
四、技术管理	(一)项目实施计划管理	1. 能对评价项目承受风险进行分析 2. 能编制现场勘察人员及器材设备配置方案 3. 能编制项目实施计划	1. 人员配置管理计划知识 2. 项目勘查方案编写要求
	(二)项目成果管理	1. 能对项目完成情况进行跟踪 2. 能根据用户意见对评价报告进行完善	信息反馈与交流知识
五、培训与指导	(一)培训	1. 能编制三级安全评价师培训计划 2. 能编制三级安全评价师培训讲义	1. 培训讲义编写基本知识 2. 多媒体课程开发知识 3. 专业能力指导方法
	(二)指导	1. 能指导三级安全评价师进行评价工作 2. 能编制三级安全评价人员作业指导书	

3.3 一级安全评价师

职业功能	工作内容	能力要求	相关知识
一、危险有害因素辨识	(一)前期准备	1. 能编制区域经济发展和产业结构、社会人文环境和周边自然生态状况等资料的收集方案 2. 能编制区域危险、有害因素分析方案	区域危险、有害因素辨识方案编制原则和要素
	(二)危险有害因素分析	1. 能分析区域内建设项目和生产经营单位的危险、有害因素对区域周边单位生产、经营活动或者居民生活的影响 2. 能分析区域周边单位生产、经营活动或者居民生活对区域内建设项目和生产经营单位的影响 3. 能分析区域所在地的自然条件对建设项目和生产经营单位的影响	1. 自然灾害知识 2. 选址与总图布置知识
二、危险与危害程度评价	(一)定性评价	能运用危险和可操作性研究,认知可靠性分析、模糊理论法进行评价	危险和可操作性研究,认知可靠性分析,模糊理论法知识
	(二)定量评价	1. 能运用液体及气体泄漏扩散、火焰与辐射强度、火球爆炸伤害、爆炸冲击波超压伤害、气云爆炸超压破坏、凝聚态爆炸、粉尘爆炸、爆炸伤害 TNT 当量模型进行评价 2. 能运用事故频率分析方法对发生事故的概率进行评价 3. 能进行风险等级、事故损失评价	1. 事故后果预测方法 2. 事故频率分析方法 3. 定量风险评价知识 4. 财产损失预测知识
三、风险控制	(一)报告审核	1. 能提出和确定安全评价报告审核要素 2. 能制定安全评价报告审核方案 3. 能对安全评价报告进行审定	安全评价报告审核知识
	(二)项目方案编制	1. 能编制安全评价项目投标书 2. 能确定项目风险分析方案 3. 能审定评价工作计划	1. 项目投标知识 2. 项目风险分析知识 3. 技术经济分析方法

续表

职业功能	工作内容	能力要求	相关知识
四、技术管理	(一)评价技术创新与开发	1. 能运用国内外新的安全评价方法进行评价 2. 能创新与开发新的安全评价技术方法	1. 安全评价数据库功能设置知识 2. 信息处理知识
	(二)技术支撑	1. 能提出安全评价基础数据库的建立方案 2. 能提出安全评价技术支撑体系建设方案	
五、培训与指导	(一)培训	1. 能编制二级安全评价师培训计划 2. 能编制二级安全评价师培训教材	教案编写基本知识
	(二)指导	1. 能指导二级安全评价师进行评价工作 2. 能制定安全评价报告质量评判标准和实施方案 3. 能编制安全评价过程控制文件	1. 安全评价报告质量管理方法 2. 安全评价过程控制文件编写方法 3. 专业能力指导方案

4 比重表

4.1 理论知识

项目		三级安全评价师/%	二级安全评价师/%	一级安全评价师/%
基本要求	职业道德	5	5	5
	基础知识	35	9	4
相关知识	危险有害因素辨识	24	15	18
	危险与危害程度评价	21	35	40
	风险控制	15	20	13
	技术管理	—	8	10
	培训与指导	—	8	10
合计		100	100	100

4.2 专业能力

项目		三级安全评价师/%	二级安全评价师/%	一级安全评价师/%
能力要求	危险有害因素辨识	35	25	20
	危险与危害程度评价	35	41	46
	风险控制	30	15	14
	技术管理	—	10	10
	培训与指导	—	9	10
合计		100	100	100

附录2　安全评价通则(AQ 8001—2007)

1　范围

本标准规定了安全评价的管理、程序、内容等基本要求。

本标准适用于安全评价及相关的管理工作。

2　规范性引用文件

下列文件中的条款通过本标准的引用而成为本标准的条款。凡是注明日期的引用文件，其随后所有的修改本（不包括勘误的内容）或修订版不适用于本标准。然而，鼓励根据本标准达成协议的各方研究是否可使用这些文件的最新版本。凡是不注明日期的引用文件，其最新版本适用于本标准。

GB 4754 国民经济行业分类

3　术语和定义

3.1　安全评价

以实现安全为目的，应用安全系统工程原理和方法，辨识与分析工程、系统、生产经营活动中的危险、有害因素，预测发生事故或造成职业危害的可能性及其严重程度，提出科学、合理、可行的安全对策措施建议，做出评价结论的活动。安全评价可针对一个特定的对象，也可针对一定区域范围。

安全评价按照实施阶段的不同分为三类：安全预评价、安全验收评价、安全现状评价。

3.2　安全预评价

在建设项目可行性研究阶段、工业园区规划阶段或生产经营活动组织实施之前，根据相关的基础资料，辨识与分析建设项目、工业园区、生产经营活动潜在的危险、有害因素，确定其与安全生产法律法规、标准、行政规章、规范的符合性，预测发生事故的可能性及其严重程度，提出科学、合理、可行的安全对策措施建议，做出安全评价结论的活动。

3.3　安全验收评价

在建设项目竣工后正式生产运行前或工业园区建设完成后，通过检查建设项目安全设施与主体工程同时设计、同时施工、同时投入生产和使用的情况或工业园区内的安全设施、设备、装置投入生产和使用的情况，检查安全生产管理措施到位情况，检查安全生产规章制度健全情况，检查事故应急救援预案建立情况，审查确定建设项目、工业园区建设满足安全生产法律法规、标准、规范要求的符合性，从整体上确定建设项目、工业园区的运行状况和安全管理情况，做出安全验收评价结论的活动。

3.4　安全现状评价

针对生产经营活动中、工业园区的事故风险、安全管理等情况，辨识与分析其存在的危险、有害因素，审查确定其与安全生产法律法规、规章、标准、规范要求的符合性，预测发生事故或造成职业危害的可能性及其严重程度，提出科学、合理、可行的安全对策措施建议，做出安全现状评价结论的活动。

安全现状评价既适用于对一个生产经营单位或一个工业园区的评价，也适用于某一特定的生产方式、生产工艺、生产装置或作业场所的评价。

3.5　安全评价机构

是指依法取得安全评价相应的资质，按照资质证书规定的业务范围开展安全评价活动的社会中介服务组织。

3.6　安全评价人员

是指依法取得《安全评价人员资格证书》，并经从业登记的专业技术人员。其中，与所登记服务的机构建立法定劳动关系。专职从事安全评价活动的安全评价人员，称为专职安全评价人员。

4 管理要求

4.1 评价对象

4.1.1 对于法律法规、规章所规定的、存在事故隐患可能造成伤亡事故或其他有特殊要求的情况，应进行安全评价。亦可根据实际需要自愿进行安全评价。

4.1.2 评价对象应自主选择具备相应资质的安全评价机构按有关规定进行安全评价。

4.1.3 评价对象应为安全评价机构创造必备的工作条件，如实提供所需的资料。

4.1.4 评价对象应根据安全评价报告提出的安全对策措施建议及时进行整改。

4.1.5 同一对象的安全预评价和安全验收评价，宜由不同的安全评价机构分别承担。

4.1.6 任何部门和个人不得干预安全评价机构的正常活动，不得指定评价对象接受特定安全评价机构开展安全评价，不得以任何理由限制安全评价机构开展正常业务活动。

4.2 工作规则

4.2.1 资质和资格管理

4.2.1.1 安全评价机构实行资质许可制度。

安全评价机构必须依法取得安全评价机构资质许可，并按照取得的相应资质等级、业务范围开展安全评价。

4.2.1.2 安全评价机构需通过安全评价机构年度考核保持资质。

4.2.1.3 取得安全评价机构资质应经过初审、条件核查、许可审查、公示、许可决定等程序。

安全评价机构资质申报、审查程序详见附录A。

a）条件核查包括：材料核查、现场核查、会审等三个阶段。

b）条件核查实行专家组核查制度。材料核查2人为1组；现场核查3～5人为1组，并设组长1人。

c）条件核查应使用规定格式的核查记录文件。核查组独立完成核查、如实记录并做出评判。

d）条件核查的结论由专家组通过会审的方式确定。

e）政府主管部门依据条件核查的结论，经许可审查合格，并向社会公示无异议后，做出资质许可决定；对公示期间存在异议或受到举报的申报机构，应在进行调查核实后再做出决定。

f）政府主管部门依据社会区域经济结构、发展水平和安全生产工作的实际需要，制订安全评价机构发展规划，对总体规模进行科学、合理控制，以利于安全评价工作的有序、健康发展。

4.2.1.4 业务范围

a）依据国民经济行业分类类别和安全生产监管工作的现状，安全评价的业务范围划分为两大类，并根据实际工作需要适时调整。安全评价业务分类详见附录B。

b）工业园区的各类安全评价按本标准规定的原则实施。

c）安全评价机构的业务范围由政府主管部门 根据安全评价机构的专职安全评价人员的人数、基础专业条件和其他有关设施设备等条件确定。

4.2.1.5 安全评价人员应按有关规定参加安全评价人员继续教育保持资格。

4.2.1.6 取得《安全评价人员资格证书》的人员，在履行从业登记，取得从业登记编号后，方可从事安全评价工作。安全评价人员应在所登记的安全评价机构从事安全评价工作。

4.2.1.7 安全评价人员不得在两个或两个以上安全评价机构从事安全评价工作。

4.2.1.8 从业的安全评价人员应按规定参加安全评价人员的业绩考核。

4.2.2 运行规则

4.2.2.1 安全评价机构与被评价对象存在投资咨询、工程设计、工程监理、工程咨询、物资供应等各种利益关系的，不得参与其关联项目的安全评价活动。

4.2.2.2 安全评价机构不得以不正当手段获取安全评价业务。

4.2.2.3 安全评价机构、安全评价人员应遵纪守法、恪守职业道德、诚实守信，并自觉维护安全评价市场秩序，公平竞争。

4.2.2.4 安全评价机构、安全评价人员应保守被评价单位的技术和商业秘密。

4.2.2.5 安全评价机构、安全评价人员应科学、客观、公正、独立地开展安全评价。

4.2.2.6 安全评价机构、安全评价人员应真实、准确地做出评价结论，并对评价报告的真实性负责。

4.2.2.7 安全评价机构应自觉按要求上报工作业绩并接受考核。

4.2.2.8 安全评价机构、安全评价人员应接受政府主管部门的监督检查。

4.2.2.9 安全评价机构、安全评价人员应对在当时条件下做出的安全评价结果承担法律责任。

4.3 过程控制

4.3.1 安全评价机构应编制安全评价过程控制文件，规范安全评价过程和行为、保证安全评价质量。

4.3.2 安全评价过程控制文件主要包括机构管理、项目管理、人员管理、内部资源管理和公共资源管理等内容。

4.3.3 安全评价机构开展业务活动应遵循安全评价过程控制文件的规定，并依据安全评价过程控制文件及相关的内部管理制度对安全评价全过程实施有效的控制。

5 安全评价程序

安全评价的程序包括前期准备，辨识与分析危险、有害因素；划分评价单元，定性、定量评价，提出安全对策措施建议，做出评价结论，编制安全评价报告。

安全评价程序框图见附录C。

6 安全评价内容

6.1 前期准备

明确评价对象，备齐有关安全评价所需的设备、工具，收集国内外相关法律法规、标准、规章、规范等资料。

6.2 辨识与分析危险、有害因素

根据评价对象的具体情况，辨识和分析危险、有害因素，确定其存在的部位、方式，以及发生作用的途径和变化规律。

6.3 划分评价单元

评价单元划分应科学、合理、便于实施评价、相对独立且具有明显的特征界限。

6.4 定性、定量评价

根据评价单元的特性，选择合理的评价方法，对评价对象发生事故的可能性及其严重程度进行定性、定量评价。

6.5 对策措施建议

6.5.1 依据危险、有害因素辨识结果与定性、定量评价结果，遵循针对性、技术可行性、经济合理性的原则，提出消除或减弱危险、危害的技术和管理对策措施建议。

6.5.2 对策措施建议应具体翔实、具有可操作性。按照针对性和重要性的不同，措施和建议可分为应采纳和宜采纳两种类型。

6.6 安全评价结论

6.6.1 安全评价机构应根据客观、公正、真实的原则，严谨、明确地做出安全评价结论。

6.6.2 安全评价结论的内容应包括高度概括评价结果，从风险管理角度给出评价对象在评价时与国家有关安全生产的法律法规、标准、规章、规范的符合性结论，给出事故发生的可能性和严重程度的预测性结论，以及采取安全对策措施后的安全状态等。

7 安全评价报告

7.1 安全评价报告是安全评价过程的具体体现和概括性总结。安全评价报告是评价对象实现安全运行的技术行指导文件，对完善自身安全管理、应用安全技术等方面具有重要作用。安全评价报告作为第三方出具的技术性咨询文件，可为政府安全生产监管、监察部门、行业主管部门等相关单位对评价对象的安全行为进行法律法规、标准、行政规章、规范的符合性判别所用。

7.2 安全评价报告应全面、概括地反映安全评价过程的全部工作，文字应简洁、准确，提出的资料清楚可靠，论点明确，利于阅读和审查。

7.3 安全评价报告格式见附录D。

附录 A

（规范性附录）

安全评价机构资质申报、审查程序图

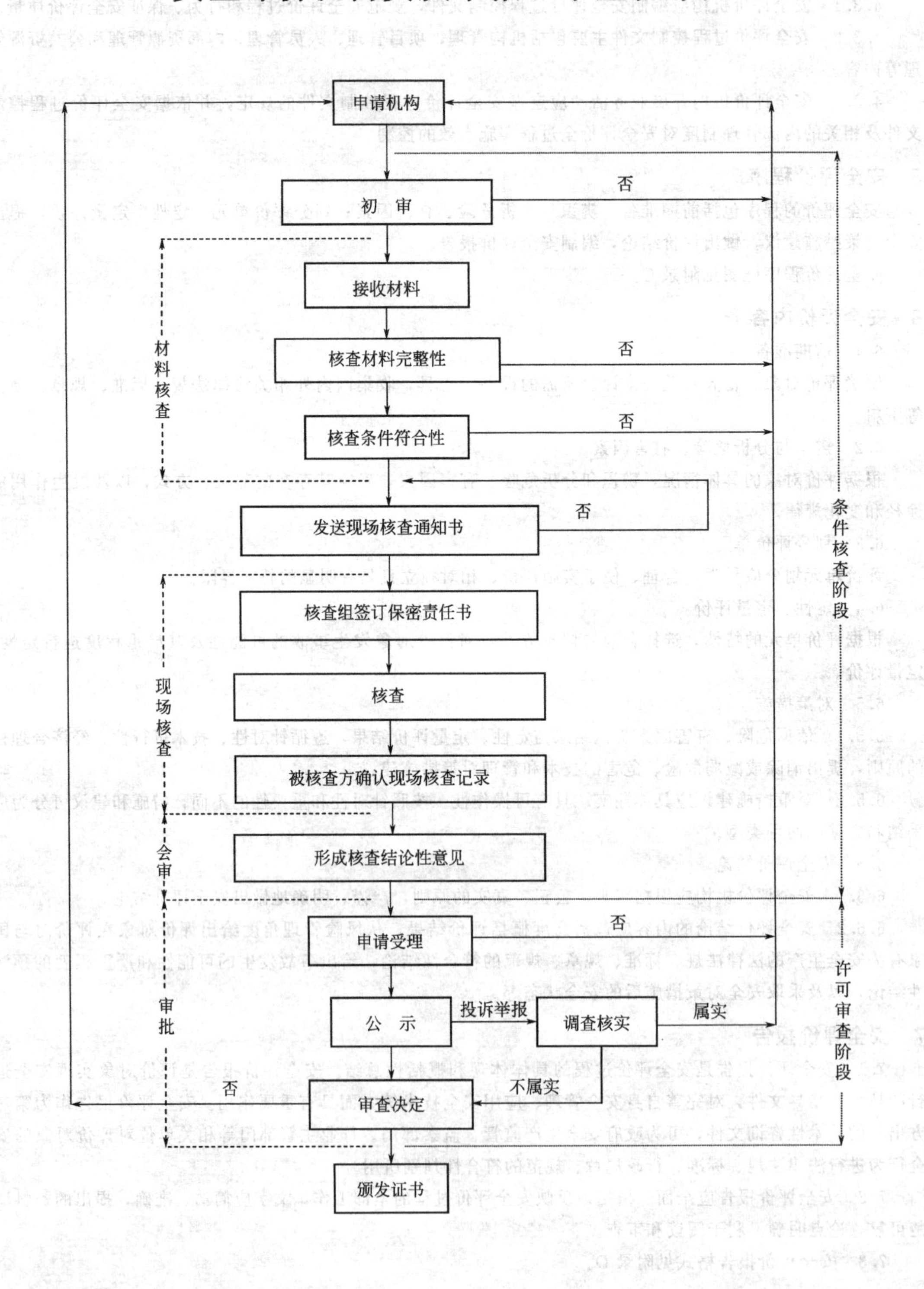

附录 B

（规范性附录）

安全评价业务分类

B.1 一类

B.1.1

a）煤炭开采；

b）煤炭洗选业。

B.1.2

a）金属采选业；

b）非金属矿采选业；

c）其他矿采选业；

d）尾矿库。

B.1.3

a）陆上石油开采业；

b）天然气开采业；

c）管道运输业。

B.1.4

a）石油加工业；

b）化学原料及化学品制造业；

c）医药制造业；

d）燃气生产和供应业；

e）炼焦业。

B.1.5

a）烟花爆竹制造业；

b）民用爆破器材制造业；

c）武器弹药制造业。

B.1.6

a）房屋和土木工程建筑业；

b）仓储业。

B.1.7

a）水利工程业；

b）水力发电业。

B.1.8

a）火力发电业；

b）热力生产和供应业。

B.1.9

a）核工业设施。

B.2 二类

B.2.1

a）黑色金属冶炼及压延加工业；

b）有色金属冶炼及压延加工业。

B.2.2

a）铁路运输业；

b）城市轨道交通运输业；

c）道路运输业；

d）航空运输业；

e）水上运输业。

B.2.3

a）公众聚集场所。

B.2.4

a）金属制品业；

b）非金属矿物制品业。

B.2.5

a）通用设备、专用设备制造业；

b）交通运输设备制造业；

c）电气机械及器材制造业；

d）仪器仪表及文化、办公用机械制造业；

e）通信设备、计算机及其他电子设备制造业；

f）邮政服务业；

g）电信服务业。

B.2.6

a）食品制造业；

b）农副食品加工业；

c）饮料制造业；

d）烟草制品业；

e）纺织业；

f）纺织服装、鞋、帽制造业；

g）皮革、毛皮、羽毛（绒）及其制品业。

B.2.7

a）木材加工及木、竹、藤、棕、草制品业；

b）造纸及纸制品业；

c）家具制造业；

d）印刷业；

e）记录媒介的复制业；

f）文教、体育用品制造业；

g）工艺品制造业。

B.2.8

水的生产和供应业。

B.2.9

废弃资源和废旧材料回收加工业。

注1：公众聚集场所包括住宿业、餐饮业、体育场馆、公共娱乐旅游场所及设施、文化艺术表演场馆及图书馆、档案馆、博物馆等；

注2：在业务范围内可以从事经营、储存、使用及废弃物处置等企业（项目或设施）的安全评价。

附录 C
（规范性附录）

安全评价程序框图

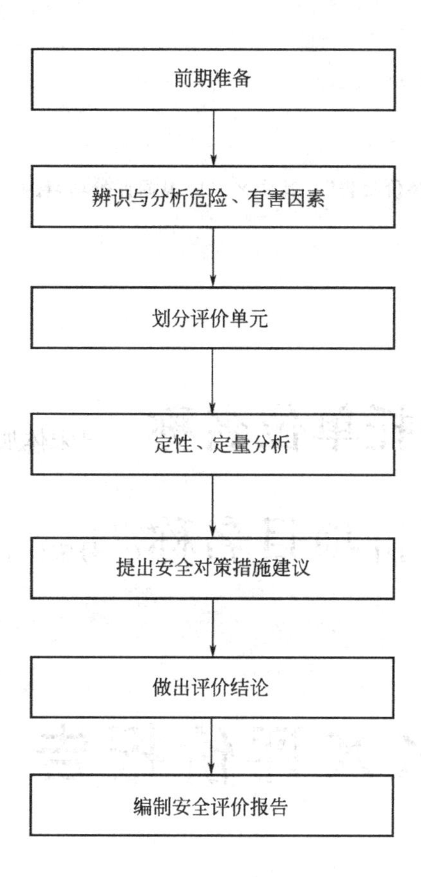

附录 D
（规范性附录）

安全评价报告格式

D.1　评价报告的基本格式要求

a）封面；

b）安全评价资质证书影印件；

c）著录项；

d）前言；

e）目录；

f）正文；

g）附件；

h）附录。

D.2　规格

安全评价报告应采用 A4 幅面，左侧装订。

D.3 封面格式

D.3.1 封面的内容应包括：

a）委托单位名称；

b）评价项目名称；

c）标题；

d）安全评价机构名称；

e）安全评价机构资质证书编号；

f）评价报告完成时间。

D.3.2 标题

标题应统一写为“安全××评价报告”，其中××应根据评价项目的类别填写为：预、验收或现状。

D.3.3 封面样张

封面式样如图D.1所示。

委托单位名称（二号宋体加粗）

评价项目名称（二号宋体加粗）

安全××评价报告（一号黑体加粗）

安全评价机构名称（二号宋体加粗）

安全评价机构资质证书编号（三号宋体加粗）

评价报告完成日期（三号宋体加粗）

图D.1 封面式样

D.4　著录项格式

D.4.1　布局

“安全评价机构法定代表人、评价项目组成员”等著录项一般分两页布置。第一页署明安全评价机构的法定代表人、技术负责人、评价项目负责人等主要责任者姓名，下方为报告编制完成的日期及安全评价机构公章用章区；第二页则为评价人员、各类技术专家以及其他有关责任者名单，评价人员和技术专家均应亲笔签名。

D.4.2　样张

著录项样张如图 D.2 和图 D.3 所示。

委托单位名称(三号宋体加粗)

评价项目名称(三号宋体加粗)

安全××评价报告(二号宋体加粗)

法定代表人：(四号宋体)

技术负责人：(四号宋体)

评价项目负责人：(四号宋体)

评价报告完成日期(小四号宋体加粗)

(安全评价机构公章)

图 D.2　著录项首页样张

评 价 人 员（三号宋体加粗）

	姓名	资格证书号	从业登记编号	签字
项目负责人				
项目组成员				
报告编制人				
报告审核人				
过程控制负责人				
技术负责人				

（此表应根据具体项目实际参与人数编制）

技术专家

姓名　　　　　　　　签字

（列出各类技术专家名单）

（以上全部小四号宋体）

图 D.3　著录项次页样张

附录3 安全预评价导则(AQ 8002—2007)

1 范围

本标准规定了安全预评价的程序、内容、报告格式等基本要求。

本标准适用于建设项目、工业园区规划或生产经营活动的安全预评价。

各行业或领域可根据《安全评价通则》和本标准规定的原则制订实施细则。

2 规范性引用文件

下列文件中的条款通过本标准的引用而成为本标准的条款，凡是注明日期的引用文件，其随后所有的修改本（不包括勘误的内容）或修订版不适用于本标准。然而，鼓励根据本标准达成协议的各方研究是否可以使用这些文件的最新版本。凡是不注明日期的引用文件，其最新版本适用于本标准。

3 安全预评价程序

安全预评价程序为：前期准备；辨识与分析危险、有害因素；划分评价单元；定性、定量评价；提出安全对策措施建议；做出评价结论；编制安全预评价报告等。

4 安全预评价内容

4.1 前期准备工作应包括：明确评价对象和评价范围；组建评价组；收集国内外相关法律法规、标准、规章、规范；收集并分析评价对象的基础资料、相关事故案例；对类比工程进行实地调查等内容。

安全预评价参考资料目录见附录 B。

4.2 辨识和分析评价对象可能存在的各种危险、有害因素；分析危险、有害因素发生作用的途径及其变化规律。

4.3 评价单元划分应考虑安全预评价的特点，以自然条件、基本工艺条件、危险、有害因素分布及状况、便于实施评价为原则进行。

4.4 根据评价的目的、要求和评价对象的特点、工艺、功能或活动分布，选择科学、合理、适用的定性、定量评价方法对危险、有害因素导致事故发生的可能性及其严重程度进行评价。对于不同的评价单元，可根据评价的需要和单元特征选择不同的评价方法。

4.5 为保障评价对象建成或实施后能安全运行，应从评价对象的总图布置、功能分布、工艺流程、设施、设备、装置等方面提出安全技术对策措施；从保证评价对象安全运行的需要提出其他安全对策措施。

4.6 评价结论

应概括评价结果，给出评价对象在评价时的条件下与国家有关法律法规、标准、规章、规范的符合性结论，给出危险、有害因素引发各类事故的可能性及其严重程度的预测性结论，明确评价对象建成或实施后能否安全运行的结论。

5 安全预评价报告

5.1 安全预评价报告的总体要求

安全预评价报告是安全预评价工作过程的具体体现，是评价对象在建设过程中或实施过程中的安全技术性指导文件。安全预评价报告文字应简洁、准确，可同时采用图表和照片，以使评价过程和结论清楚、明确，利于阅读和审查。

5.2 安全预评价报告的基本内容

5.2.1 结合评价对象的特点，阐述编制安全预评价报告的目的。

5.2.2 列出有关的法律法规、标准、规章、规范和评价对象被批准设立的相关文件及其他有关参考资料等安全预评价的依据。

5.2.3 介绍评价对象的选址、总图及平面布置、水文情况、地质条件、工业园区规划、生产规模、工艺流程、功能分布、主要设施、设备、装置、主要原材料、产品（中间产品)、经济技术指标、公用工程及辅助设施、人流、物流等概况。

5.2.4　列出辨识与分析危险、有害因素的依据，阐述辨识与分析危险、有害因素的过程。

5.2.5　阐述划分评价单元的原则、分析过程等。

5.2.6　列出选定的评价方法，并做简单介绍。阐述选定此方法的原因。详细列出定性、定量评价过程。明确重大危险源的分布、监控情况以及预防事故扩大的应急预案内容。给出相关的评价结果，并对得出的评价结果进行分析。

5.2.7　列出安全对策措施建议的依据、原则、内容。

5.2.8　作出评价结论。

安全预评价结论应简要列出主要危险、有害因素评价结果，指出评价对象应重点防范的重大危险有害因素，明确应重视的安全对策措施建议，明确评价对象潜在的危险、有害因素在采取安全对策措施后，能否得到控制以及受控的程度如何。给出评价对象从安全生产角度是否符合国家有关法律法规、标准、规章、规范的要求。

5.3　安全预评价报告的格式

安全预评价报告的格式应符合《安全评价通则》中规定的要求。

附录 A

（规范性附录）

安全预评价程序框图

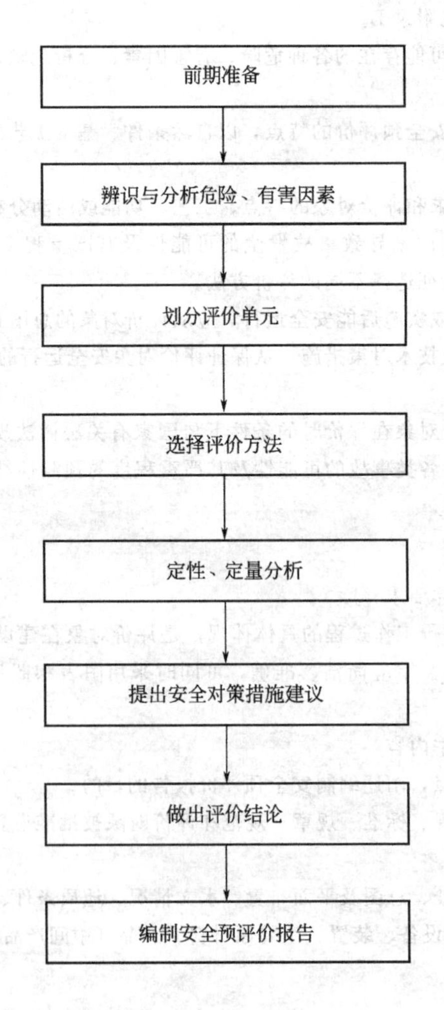

附录 B

（资料性附录）

安全预评价应获取的参考资料

B.1　综合性资料

B.1.1　概况

B.1.2　总平面图、工业园区规划图

B.1.3　气象条件、与周边环境关系位置图

B.1.4　工艺流程

B.1.5　人员分布

B.2　设立依据

B.2.1　项目申请书、项目建议书、立项批准文件

B.2.2　地质、水文资料

B.2.3　其他有关资料

B.3　设施、设备、装置

B.3.1　工艺过程描述与说明、工业园区规划说明、活动过程介绍

B.3.2　安全设施、设备、装置描述与说明

B.4　安全管理机构设置及人员配置

B.5　安全投入

B.6　相关安全生产法律、法规及标准

B.7　相关类比资料

B.7.1　类比工程资料

B.7.2　相关事故案例

B.8　其他可用于安全预评价的资料

附录4　安全验收评价导则(AQ 8003—2007)

1　范围

本标准规定了安全验收评价的程序、内容等基本要求，以及安全验收评价报告的编制格式。

本标准适用于对建设项目竣工验收前或工业园区建设完成后进行的安全验收评价。

各行业或领域可根据《安全评价通则》和本标准规定的原则制定实施细则。

2　规范性引用文件

下列文件中的条款通过本标准的引用而成为本标准的条款。凡是注明日期的引用文件，其随后所有的修改本（不包括勘误的内容）或修订版不适用于本标准。然而，鼓励根据本标准达成协议的各方研究是否可以使用这些文件的最新版本。凡是不注明日期的引用文件，其最新版本适用于本标准。

3　安全验收评价程序

安全验收评价程序分为：前期准备；危险、有害因素辨识；划分评价单元；选择评价方法，定性、定量评价；提出安全风险管理对策措施及建议；做出安全验收评价结论；编制安全验收评价报告等。

安全验收评价程序见附录 B。

4　安全验收评价内容

安全验收评价包括：危险、有害因素的辨识与分析；符合性评价和危险危害程度的评价；安全对策措

施建议；安全验收评价结论等内容。

安全验收评价主要从以下方面进行评价：评价对象前期（安全预评价、可行性研究报告、初步设计中安全卫生专篇等）对安全生产保障等内容的实施情况和相关对策实施建议的落实情况；评价对象的安全对策实施的具体设计、安装施工情况有效保障程度；评价对象的安全对策措施在试投产中的合理有效性和安全措施的实际运行情况；评价对象的安全管理制度和事故应急预案的建立与实际开展和演练有效性。

4.1　前期准备工作包括：明确评价对象及其评价范围；组建评价组；收集国内外相关法律法规、标准、规章、规范；安全预评价报告、初步设计文件、施工图、工程监理报告、工业园区规划设计文件，各项安全设施、设备、装置检测报告、交工报告、现场勘察记录、检测记录、查验特种设备使用、特殊作业、从业等许可证明，典型事故案例、事故应急预案及演练报告、安全管理制度台账、各级各类从业人员安全培训落实情况等实地调查收集到的基础资料。

安全验收评价参考资料目录参见附录A。

4.2　参考安全预评价报告，根据周边环境、平立面布局、生产工艺流程、辅助生产设施、公用工程、作业环境、场所特点或功能分布，分析并列出危险、有害因素及其存在的部位、重大危险源的分布、监控情况。

4.3　划分评价单元应符合科学、合理的原则。

评价单元可按以下内容划分：法律、法规等方面的符合性；设施、设备、装置及工艺方面的安全性；物料、产品安全性能；公用工程、辅助设施配套性；周边环境适应性和应急救援有效性；人员管理和安全培训方面充分性等。

评价单元的划分应能够保证安全验收评价的顺利实施。

4.4　依据建设项目或工业园区建设的实际情况选择适用的评价方法。

4.4.1　符合性评价

检查各类安全生产相关证照是否齐全，审查、确认建设项目、工业园区建设是否满足安全生产法律法规、标准、规章、规范的要求，检查安全设施、设备、装置是否已与主体工程同时设计、同时施工、同时投入生产和使用，检查安全预评价中各项安全对策措施建议的落实情况，检查安全生产管理措施是否到位，检查安全生产规章制度是否健全，检查是否建立了事故应急救援预案。

4.4.2　事故发生的可能性及其严重程度的预测

采用科学、合理、适用的评价方法对建设项目、工业园区实际存在的危险、有害因素引发事故的可能性及其严重程度进行预测性评价。

4.5　安全对策措施建议

根据评价结果，依照国家有关安全生产的法律法规、标准、规章、规范的要求，提出安全对策措施建议。安全对策措施建议应具有针对性、可操作性和经济合理性。

4.6　安全验收评价结论

安全验收评价结论应包括：符合性评价的综合结果；评价对象运行后存在的危险、有害因素及其危险危害程度；明确给出评价对象是否具备安全验收的条件。

对达不到安全验收要求的评价对象，明确提出整改措施建议。

5　安全验收评价报告

5.1　安全验收评价报告的总体要求

安全验收评价报告应全面、概括地反映验收评价的全部工作。安全验收评价报告应文字简洁、准确，可采用图表和照片，以使评价过程和结论清楚、明确，利于阅读和审查。符合性评价的数据、资料和预测性计算过程等可以编入附录。安全验收评价报告应根据评价对象的特点及要求，选择下列全部或部分内容进行编制。

5.2　安全验收评价报告的基本内容

5.2.1　结合评价对象的特点，阐述编制安全验收评价报告的目的。

5.2.2　列出有关的法律法规、标准、行政规章、规范；评价对象初步设计、变更设计或工业园区规划设计文件；安全验收评价报告；相关的批复文件等评价依据。

5.2.3 介绍评价对象的选址、总图及平面布置、生产规模、工艺流程、功能分布、主要设施、设备、装置、主要原材料、产品（中间产品）、经济技术指标、公用工程及辅助设施、人流、物流、工业园区规划等概况。

5.2.4 危险、有害因素的辨识与分析

列出辨识与分析危险、有害因素的依据，阐述辨识与分析危险、有害因素的过程。明确在安全运行中实际存在和潜在的危险、有害因素。

5.2.5 阐述划分评价单元的原则、分析过程等。

5.2.6 选择适当的评价方法并做简单介绍。描述符合性评价过程、事故发生可能性及其严重程度分析计算。得出评价结果，并进行分析。

5.2.7 列出安全对策措施建议的依据、原则、内容。

5.2.8 列出评价对象存在的危险、有害因素种类及其危险危害程度。说明评价对象是否具备安全验收的条件。对达不到安全验收要求的评价对象，明确提出整改措施建议。明确评价结论。

5.3 安全验收评价报告的格式

安全验收评价报告的格式应符合《安全评价通则》中规定的要求。

附录 A

(资料性附录)

安全验收评价参考资料目录

A.1 概况

A.1.1 基本情况，包括隶属关系、职工人数、所在地区及其交通情况等

A.1.2 生产营活动合法证明材料，包括：企业法人证明、营业执照、矿产资源开采许可证、工业园区规划批准文件等

A.2 设计依据

A.2.1 立项批准文件、可行性研究报告

A.2.2 初步设计批准文件

A.2.3 安全预评价报告

A.3 设计文件

A.3.1 可行性研究报告、初步设计

A.3.2 工艺、功能设计文件

A.3.3 生产系统和辅助系统设计文件

A.3.4 各类设计图纸

A.4 生产系统及辅助系统生产及安全说明

A.5 危险、有害因素分析所需资料

A.6 安全技术与安全管理措施资料

A.7 安全机构设置及人员配置

A.8 安全专项投资及其使用情况

A.9 安全检验、检测和测定的数据资料

A.10 特种设备使用、特种作业、从业许可证明、新技术鉴定证明

A.11 安全验收评价所需的其他资料和数据

附录 B

（规范性附录）

安全验收评价程序框图

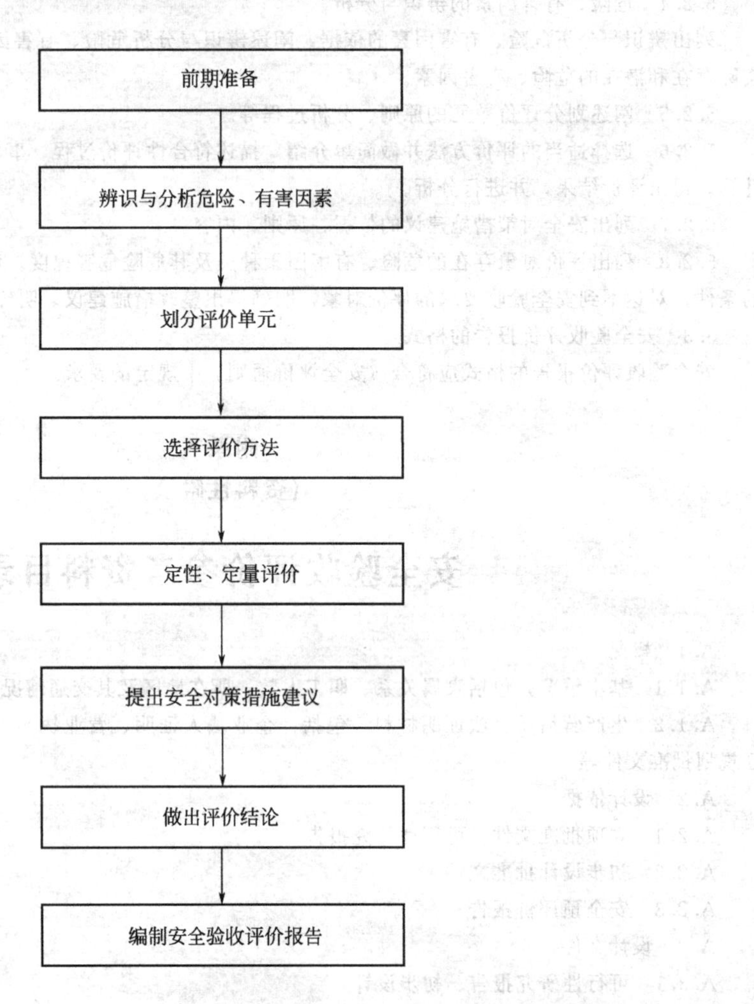

参考文献

[1] 国家安全生产监督管理局. 安全评价（修订版）[M]. 北京：煤炭工业出版社，2004.
[2] 中国就业培训指导中心，中国安全生产协会. 安全评价常用法律法规 [M]. 第 2 版. 北京：中国劳动社会保障出版社，2010.
[3] 中国就业培训指导中心，中国安全生产协会. 安全评价师（基础知识）[M]. 第 2 版. 北京：中国劳动社会保障出版社，2010.
[4] 中国就业培训指导中心，中国安全生产协会. 安全评价师（国家职业资格三级）[M].第 2 版. 北京：中国劳动社会保障出版社，2010.
[5] 中国就业培训指导中心，中国安全生产协会. 安全评价师（国家职业资格二级） [M]. 北京：中国劳动社会保障出版社，2010.
[6] 中国就业培训指导中心，中国安全生产协会. 安全评价师（国家职业资格一级） [M]. 北京：中国劳动社会保障出版社，2010.
[7] 王起全，徐德蜀. 安全评价操作实务 [M]. 北京：气象出版社，2009.
[8] 刘铁民，张兴凯，刘功智. 安全评价方法应用指南 [M]. 北京：化学工业出版社，2005.
[9] 刘双跃. 安全评价 [M]. 北京：冶金出版社，2010.
[10] 张乃禄. 安全评价技术 [M]. 第 2 版. 西安：西安电子科技出版社，2011.
[11] 彭力. 风险评价技术应用与实践 [M]. 北京：石油工业出版社，2001.
[12] 王起全. 主要负责人及管理人员安全健康培训教程 [M]. 北京：化学工业出版社，2010.
[13] 全国注册安全工程师职业资格考试辅导教材编审委员会. 安全生产管理知识(2011 版) [M]. 北京：中国大百科全书出版社，2011.
[14] 王起全. 重大危险源安全评估 [M]. 北京：气象出版社，2010.
[15] 王起全，郑乐.《中华人民共和国安全生产法》宣教读本 [M]. 北京：气象出版社，2014.
[16] 王起全，叶周景. 事故应急救援导论 [M]. 上海：上海交通大学出版社，2015.
[17] 王起全. 安全评价师职业资格考试模拟题库 [M]. 北京：气象出版社，2014.
[18] 吴宗之，高进东，魏利军. 危险评价方法及其应用 [M]. 北京：冶金工业出版社，2001.
[19] 刘诗飞，詹予忠. 重大危险源辨识及危害后果分析 [M]. 北京：化学工业出版社，2004.
[20] 吴宗之，高进东等. 重大危险源辨识与控制 [M]. 北京：冶金工业出版社，2003.
[21] 王延钊. 基于改进元胞自动机地下空间人员疏散模拟研究 [D]. 重庆：重庆大学，2008.
[22] 王起全. 灰色层次分析法在航空工业企业事故中的分析运用 [J]. 中国安全科学学报，2010，20(9)：27-31.
[23] 郭金玉. 层次分析法的研究与应用 [J]. 中国安全科学学报，2008，18(5)：148-152.
[24] 王起全. 蚁群算法在地铁车站内应急疏散的应用 [J]. 消防科学与技术，2015，34(1)：55-58.
[25] 薄涛等. 粉尘爆炸事故预防及其扑救对策研究 [J]. 武警学院学报，2008，24(4)：46-49.
[26] 王保凯. 特种设备事故预防研究 [D]. 济南：山东大学，2012.
[27] 陈华. 电梯事故的救援和预防 [J]. 武警学院学报，2008，24(6)：12-15
[28] 刘铁民. 重大事故灾难情景构建理论与方法 [J]. 复旦公共行政评论，2013(2)：46-59.
[29] 袁晓芳. 基于 PSR 与贝叶斯网络的非常规突发事件情景分析 [J]. 中国安全科学学报，2011，21(1)：169-176.
[30] 姚晓晖. 神经网络在电气安全评价中的应用研究 [D]. 北京：首都经济贸易大学，2004.
[31] 唐启义，冯明光. DPS 数据处理系统 [M]. 北京：科学出版社，2007:1056-1059.

[32] 赵凤芝，包锋.基于人工神经网络的智能故障诊断系统（NNIDS）［J］. 计算机系统应用，2000（1）：19-20.

[33] 罗云.现代企业安全生产管理［M］.北京：中国劳动社会保障出版社，2003：39-42.

[34] 刘方，陈飞，朱伟.基于区域网络人员疏散模型的计算机仿真［J］.安全与环境学报，2009,9（3）：170-173.

[35] 段海滨，王道波，于秀芬.蚁群算法的研究现状及其展望［J］.中国工程科学，2007,9（2）：98-102.

[36] 史峰，王辉，郁磊等. MATLAB 智能算法 30 个案例分析［M］.北京：北京航空航天大学出版社，2013.

[37] ISO 31010 风险管理-风险评估技术［S］.2009.

[38] 易丹辉.统计与预测：方法与应用［M］.第 2 版.北京：中国人民大学出版社，2001.

[39] 徐磊.基于贝叶斯网络的突发事件应急决策信息分析方法研究［D］.哈尔滨：哈尔滨工业大学，2013：86-89.

[40] 郭子东，岳海玲，吴立志.基于风险评价的重大火灾隐患判定方法［J］.消防科学与技术，2010，04：327-331.

[41] 孙殿阁，孙佳，王淼，秦康.基于 Bow-Tie 技术的民用机场安全风险分析应用研究［J］.中国安全生产科学技术，2010，04：85-89.